统计与数据科学丛书 2

多水平模型及其在经济领域中的应用

（第二版）

石　磊　向其凤　陈　飞　著

科　学　出　版　社

北　京

内 容 简 介

本书系统介绍多水平模型理论、方法以及在经济分析中的应用. 主要介绍多水平线性模型、多水平广义线性模型的理论和方法,包括模型定义、参数估计、模型检验等. 将多水平模型应用于宏观及微观经济数据的分析，提出多水平生长函数模型、多水平发展模型、多水平面板数据模型、多水平的因素分析模型等；结合实际经济问题，介绍如何使用多水平模型对微观经济、金融数据进行统计建模，为研究具有层次结构的经济数据提供了新的分析工具. 本书还介绍如何使用 MLwiN、SAS、Stata 及 R 软件计算多水平模型参数估计和检验统计量，并通过实例进行分析.

本书可作为统计学专业本科生、研究生的教材和参考书，也可作为经济学、管理学、社会学、生物医学等领域的研究人员和相关科技工作者的参考书.

图书在版编目(CIP)数据

多水平模型及其在经济领域中的应用/石磊，向其凤，陈飞著. —2 版. —北京: 科学出版社, 2020.12

ISBN 978-7-03-066486-0

Ⅰ. ①多… Ⅱ. ①石… ②向… ③陈… Ⅲ. ①统计模型-研究 Ⅳ. ①C815

中国版本图书馆 CIP 数据核字 (2020) 第 204117 号

责任编辑: 王丽平 / 责任校对: 彭珍珍
责任印制: 赵 博 / 封面设计: 无极书装

科学出版社 出版

北京东黄城根北街 16 号
邮政编码: 100717
http://www.sciencep.com

北京天宇星印刷厂印刷

科学出版社发行 各地新华书店经销

*

2013 年 8 月第 一 版 开本: B5(720×1000)
2020 年 12 月第 二 版 印张: 19
2025 年 2 月第三次印刷 字数: 380 000

定价: 138.00 元

(如有印装质量问题, 我社负责调换)

“统计与数据科学丛书”序

统计学是一门集收集、处理、分析与解释量化的数据的科学. 统计学也包含了一些实验科学的因素, 例如通过设计收集数据的实验方案获取有价值的数据, 为提供优化的决策以及推断问题中的因果关系提供依据.

统计学主要起源对国家经济以及人口的描述, 那时统计研究基本上是经济学的范畴. 之后, 因心理学、医学、人体测量学、遗传学和农业的需要逐渐发展壮大, 20 世纪上半叶是统计学发展的辉煌时代. 世界各国学者在共同努力下, 逐渐建立了统计学的框架, 并将其发展成为一个成熟的学科. 随着科学技术的进步, 作为信息处理的重要手段, 统计学已经从政府决策机构收集数据的管理工具发展成为各行各业必备的基础知识.

从 20 世纪 60 年代开始, 计算机技术的发展给统计学注入了新的发展动力. 特别是近二十年来, 社会生产活动与科学技术的数字化进程不断加快, 人们越来越多地希望能够从大量的数据中总结出一些经验规律, 对各行各业的发展提供数据科学的方法论, 统计学在其中扮演了越来越重要的角色. 从 20 世纪 80 年代开始, 科学家就阐明了统计学与数据科学的紧密关系. 进入 21 世纪, 把统计学扩展到数据计算的前沿领域已经成为当前重要的研究方向. 针对这一发展趋势, 进一步提高我国的统计学与数据处理的研究水平, 应用与数据分析有关的技术和理论服务社会, 加快青年人才的培养, 是我们当今面临的重要和紧迫的任务. “统计与数据科学丛书” 因此应运而生.

这套丛书旨在针对一些重要的统计学及其计算的相关领域与研究方向作较系统的介绍. 既阐述该领域的基础知识, 又反映其新发展, 力求深入浅出, 简明扼要, 注重创新. 丛书面向统计学、计算机科学、管理科学、经济金融等领域的高校师生、科研人员以及实际应用人员, 也可以作为大学相关专业的高年级本科生、研究生的教材或参考书.

朱力行

2019 年 11 月

第二版前言

本书第一版出版后, 不曾想还颇受欢迎. 特别是经济、管理领域的学生, 不断有人前来索要该书. 由于第一版距今已有 8 年, 考虑增加一些案例、数据和模型, 因此有了出第二版的想法. 随着互联网的发展, 我们处理的数据越来越复杂, 层次特征也越来越明显, 这也为多水平模型提供了更为广阔的应用空间. 现在流行的大数据分析, 虽然数据量大了, 但复杂度也相应增加, 特别是数据个体的异质性非常高, 处理起来就更加困难. 当大数据可以转化为常规数据 (比如使用再抽样方法、分治方法) 后进行统计分析和建模, 多水平模型的使用还是很有帮助的.

本书在第一版的基础上进行了补充和修订, 增加的一章 (第 10 章) 补充了多水平模型的贝叶斯统计推断及应用, 同时在第 11 章中增加了基于 R 语言的应用实例. 在第 4 章中, 增加了一节介绍高层次结构下的多水平模型, 将原来的 3 水平模型推广到 4 水平模型, 使用的农户数据的调查时间也由原来的 3 年延长到 4 年; 当然之所以可以用 4 水平模型是因为数据中确实存在 4 层结构, 原来使用 3 水平模型 (忽略其中一个层次) 是一种较简单的处理方式. 第 9 章中也增加了一节讨论 4 水平的 Logistics 模型. 其目的是让读者对更为复杂的层次结构数据的统计建模有更深刻的了解. 此外对原书中的部分章节进行了校正和修改, 使内容更为准确和简洁.

再次感谢国家社科基金 (项目编号: 08XTJ001) 和国家自然科学基金 (项目编号: 11161053, 11671348) 的资助. 在新的一版中, 我的博士生张敏参与完成了部分修订内容, 在此一并致谢. 由于作者水平有限, 疏漏和不足之处在所难免, 恳请专家和同行批评指正.

作　者

2020 年 9 月 9 日

第一版前言

在许多社会经济领域, 我们得到的数据都具有层次 (Multilevel or Hierarchical) 或聚类 (Aggregation or Clustering) 结构. 例如, 在教育学研究中, 学生嵌套于班级中, 班级又嵌套于学校中, 形成了一个具有三个层次 (学生—班级—学校) 的数据结构. 在分析地区经济发展的研究中, 城市嵌套于省, 省嵌套于国家或地区, 城市的经济发展与时间有关 (时间层), 也形成了一个多个层次的数据结构. 这种分层数据常见于人口普查、经济普查、抽样调查及跨地区跨文化的研究中. 对层次或聚类数据, 同一层次的数据具有较高的相似性, 不同层次的数据具有较强的差异性 (或异质性), 传统的最小二乘 (OLS) 估计的假设 (如同方差及独立性) 不再适合这类数据的要求, 使用传统的线性回归方法将会产生较大的估计误差, 并得出不正确的推断结果. 多水平模型 (Multilevel Model) 或多层次模型 (Hierarchical Model) 正是基于这样的结构数据发展而来的 (Longford, 1993; Goldstein, 1995; Randenbush, 1999; 石磊, 2008). 多层次线性模型考虑了数据的层次结构和聚集结构特征, 能准确地反映变量间基于层次框架下的关系, 并给出不同层次数据的差异性估计及跨级相关估计. 多水平模型可以允许回归参数具有随机性, 能处理一些较为复杂的多层次结构数据, 进而减小估计的误差. 近年来, 多水平模型得到了广泛的应用和发展, 如提出了多水平非线性模型、多水平时间序列模型、多水平测量误差模型、多水平离散数据模型等 (Goldstein, 1995), 并研发了相应的计算软件 (Goldstein et al., 1998). 在教育学、社会学、卫生及心理学领域, 多水平模型的应用极为广泛 (张雷等, 2002; 杨珉等, 2007; 王济川等, 2008).

在经济研究领域, 多水平模型的应用和发展还不多. 在国外, 利用多水平模型, Grieve 等 (2005) 研究了多国资源使用和成本的变化; Grieve 等 (2007) 研究了多国净收益增量的估计; Shu 等 (2007) 研究了全球化对中国城市劳动力市场性别差异的影响; Hansen (2007) 提出了经济计量模型 DD 估计 (Difference-in-Difference Estimation) 的多水平模型估计理论. 从这些文献可看出, 多水平模型的应用和研究已开始向经济学领域发展. 但在国内, 多水平模型在经济分析中的研究和应用未见相关文献报道.

在经济领域, 层次结构数据是非常普遍的, 如在许多普查和抽样调查数据中, 分层结构很明显. 在许多研究经济发展的结构变化中, 也会出现层次结构数据. 在许多情况下, 套用传统的 OLS 估计是不恰当的. 利用多水平模型, 不仅可以给出合理的预测模型和估计精度, 同时能有效地研究层次结构数据某些影响因素的影响特征. 对经济问题的研究, 不同的模型可能会产生截然不同的结论, 合理地选择和使用模型是一项重要的工作. 因此, 本书的研究为具有层次结构的经济数据的统计建模提供了重要的研究工具, 对经济问题的计量方法研究具有广泛的应用价值.

本书共分 10 章. 第 1 章是预备知识, 介绍多水平模型研究中涉及的一些基础知识, 包括线性模型、混合线性模型、广义线性模型、广义线性混合模型的理论和方法. 第 2 章介绍多水平模型理论、方法和统计诊断. 第 3 章介绍多水平面板数据模型及其估计理论. 第 4 章利用多水平模型, 构建西部民族地区农民收入增长的多水平发展模型, 研究影响农户人均收入及其增长的影响因素. 第 5 章基于我国 210 个地级及其以上城市 1990～2007 年的经济发展数据, 采用多水平模型, 从两个不同的层次角度对我国区域经济增长收敛性特征进行分析研究, 并从理论及实证两方面说明对我国区域经济增长分析采用多水平模型分析的必要性. 系统讨论在层次结构数据分析中, 我国区域经济增长中各省区或城市发展水平等级区域内部收敛及区域之间的异质性问题. 第 6 章在 C-D 生产函数的基础上, 引入多水平线性模型, 通过对模型进行比较, 提出多水平线性模型在研究宏观经济收入问题上的研究角度及方法, 并建立多水平 C-D 生产函数模型, 分别测算各要素对中国经济增长的贡献份额, 从而进行中国经济增长的源泉分析. 第 7 章为我国产业结构与经济增长和要素效率关系分析. 第 8 章从层次结构的分析角度, 以地区经济增长与上市公司发展的规律性分析为例, 利用 1997～2007 年我国的各省份数据, 建立多水平模型与静态面板数据模型进行实证分析. 第 9 章从农村住户的调查数据出发, 以劳动力迁移理论为基础, 构建分层结构数据的多水平 Logistic 模型, 分析各种制约因素对西部民族地区劳动力转移的影响, 并针对西部民族地区的特殊情况提出相关政策建议. 这一章基于云南省某地区 13 个县 (市), 298 个行政村, 2985 户农户的微观数据集, 设计一个两水平农户收入函数模型, 实证分析地理因素对农户收入的影响. 另外, 利用 1979～2007 年全国的经济数据, 引入多水平模型, 对我国产业结构与经济增长、要素效率分别进行实证分析. 第 10 章详细介绍基于 SAS、MLwiN、Stata 软件的使用方法, 同时给出了作者开发的基于 Matlab 软件平台的计算程序. 在第 3 章至第 9 章的实证研究中, 每一章都基于模型研究结果给出相关政策建议.

本书得到国家社科基金 (项目编号：08XTJ001), 国家自然科学基金 (项目编号：11161053), 国家自然科学基金数学天元基金 (项目编号：11126297) 的资助,在此表示感谢. 本书由课题组成员共同完成, 课题负责人指导的研究生王焕英、程海生、张洵、王尚坤参与了课题的研究, 完成了本书的部分内容, 在此一并致谢.
由于作者水平有限, 疏漏和不足之处在所难免, 恳请专家和同行批评指正.

作　者

2012 年 12 月 28 日

目　录

第 1 章 预 备 知 识

1.1 线性模型理论

在现实问题的研究中, 所研究的对象之间的关系往往是我们感兴趣的问题. 具体而言, 通常希望了解哪些因素在影响着我们所研究的对象, 影响的方式又是怎样的. 如果用变量来表征研究对象和因素, 我们要了解的就是某个变量与其他某些变量之间的关系. 由于随机因素的存在, 变量之间的关系未必总是确定的函数关系, 而很可能仅表现为某种趋势. 故我们面对的问题就是怎样从数据出发, 获得关于变量间关系的推断. 如果先验理论或数据基本特征显示, 变量间关系的基本趋势呈线性, 那么线性假设往往可以作为有关推断的出发点. 以变量间的线性关系为基本假定和出发点的统计推断理论就是我们要介绍的线性模型理论.

1.1.1 最小二乘估计

1.1.1.1 线性模型简介

首先介绍线性模型的基本形式和相关假设. 变量间的关系如下:

$$y = \beta_0 + \beta_1 x_1 + \cdots + \beta_k x_k + \varepsilon \tag{1.1.1}$$

其中, y 称为因变量或被解释变量; $x_1, \cdots, x_k$ 称为自变量或解释变量; $\beta_0, \beta_1, \cdots, \beta_k$ 为参数; ε 为随机误差项. 设来自该模型的样本为 $(x_{i1}, \cdots, x_{ik}, y_i), i = 1, \cdots, n$, 则模型的样本形式为

$$y_i = \beta_0 + \beta_1 x_{i1} + \beta_2 x_{i2} + \cdots + \beta_k x_{ik} + \varepsilon_i, \quad i = 1, \cdots, n \tag{1.1.2}$$

为简洁起见, 可将该模型表示为矩阵形式:

$$Y = X\beta + \varepsilon \tag{1.1.3}$$

其中, $Y = (y_1, \cdots, y_n)', X = (\mathbf{1}, X_1, \cdots, X_k), X_j = (x_{1j}, \cdots, x_{nj})', j = 1, \cdots, k$, $\mathbf{1} = (1, 1, \cdots, 1)', \beta = (\beta_0, \beta_1, \cdots, \beta_k)', \varepsilon = (\varepsilon_1, \cdots, \varepsilon_n)'$. 此外通常作如下假设:

(I) 自变量 $x_1, \cdots, x_k$ 均为非随机变量, 即 X 是非随机矩阵;

(II) 自变量 $x_1, \cdots, x_k$ 相互之间线性无关, 即设计矩阵 X 是列满秩矩阵;

(III) $EY = X\beta$ 和 $\mathrm{Cov}(Y) = \sigma^2 I$, 其中 I 为单位矩阵. 这个假设称为高斯–马尔可夫 (Gauss-Markov) 条件.

1.1.1.2　最小二乘估计的定义及表达式

模型 (1.1.3) 中, β 为未知参数向量, 获取 β 的估计是该模型下统计推断的基本任务之一. 下面介绍最小二乘法. 称

$$Q(\beta)\hat{=}\|Y-X\beta\|^2=(Y-X\beta)'(Y-X\beta) \tag{1.1.4}$$

的最小值点为线性模型 (1.1.3) 下 β 的最小二乘估计, 记作 $\hat{\beta}_{\rm LS}$.

注意到 $Q(\beta)=\|Y-X\beta\|^2$, 故有 $X\hat{\beta}_{\rm LS}$ 是 Y 在 X 的列空间 $L(X)$ 上的投影. 这意味着 $Y-X\hat{\beta}_{\rm LS}$ 应与 X 的所有列向量正交, 故有 $X'(Y-X\hat{\beta}_{\rm LS})=0$, 即

$$X'X\hat{\beta}_{\rm LS}=X'Y$$

上面方程称为正规方程组. 当 X 是列满秩时, 方程有唯一解, 即

$$\hat{\beta}_{\rm LS}=(X'X)^{-1}X'Y \tag{1.1.5}$$

上述对线性模型的拟合过程称为线性回归.

1.1.1.3　参数估计的性质

下面介绍最小二乘估计的性质. 若无特别说明, 下面所述性质均在基本假设 (I), (II), (III) 下获得.

(1) $\hat{\beta}_{\rm LS}$ 是 β 的线性无偏估计.

显然, $\hat{\beta}_{\rm LS}$ 是 Y 的线性函数, 而 $\hat{\beta}_{\rm LS}$ 的期望

$$E(\hat{\beta}_{\rm LS})=(X'X)^{-1}X'EY=(X'X)^{-1}X'X\beta=\beta$$

(2) ${\rm Cov}(\hat{\beta}_{\rm LS},\hat{\beta}_{\rm LS})=\sigma^2(X'X)^{-1}$.

事实上, ${\rm Cov}(\hat{\beta}_{\rm LS},\hat{\beta}_{\rm LS})=(X'X)^{-1}X'{\rm Cov}(Y,Y)X(X'X)^{-1}=\sigma^2(X'X)^{-1}$.

(3) $\hat{\sigma}^2\hat{=}SSE/(n-k-1)$ 是 σ^2 的无偏估计, 其中 $SSE\hat{=}\left\|Y-X\hat{\beta}_{\rm LS}\right\|^2=(Y-X\hat{\beta}_{\rm LS})'(Y-X\hat{\beta_{\rm LS}})$ 称为残差平方和.

易证

$$\begin{aligned}
E\hat{\sigma}^2&=\frac{1}{n-k-1}E\{Y'[I_n-X(X'X)^{-1}X'][I_n-X(X'X)^{-1}X']Y\}\\
&=\frac{1}{n-k-1}{\rm tr}\{[I_n-X(X'X)^{-1}X']E(YY')\}\\
&=\frac{\sigma^2}{n-k-1}{\rm tr}\{I_n-X(X'X)^{-1}X'\}\\
&=\frac{\sigma^2}{n-k-1}\{n-{\rm tr}[(X'X)^{-1}X'X]\}\\
&=\sigma^2
\end{aligned}$$

(4) 对于任意的 $k+1$ 维实向量 $\alpha, \alpha'\hat{\beta}_{\text{LS}}$ 是 $\alpha'\beta$ 的最小方差线性无偏估计, 即 $\alpha'\hat{\beta}_{\text{LS}}$ 的方差小于或等于 $\alpha'\beta$ 的任一线性无偏估计的方差. 该性质即为高斯-马尔可夫定理, 其证明如下:

任给 $\alpha'\beta$ 的无偏估计 $\gamma'Y$, 则由无偏性可知 $\gamma'X=\alpha'$, 从而有

$$\begin{aligned}\text{Var}(\gamma'Y)-\text{Var}(\alpha'\hat{\beta}_{\text{LS}}) &= \sigma^2\gamma'\gamma-\sigma^2\alpha'(X'X)^{-1}\alpha \\ &= \sigma^2\gamma'\gamma-\sigma^2\gamma'X(X'X)^{-1}X'\gamma \\ &= \sigma^2\gamma'[I-X(X'X)^{-1}X']\gamma\end{aligned}$$

注意到, $I-X(X'X)^{-1}X'$ 是正投影阵 (对称幂等阵), 故知其非负定性, 从而有 $\text{Var}(\gamma'Y)\geqslant\text{Var}(\alpha'\hat{\beta}_{\text{LS}})$, 结论得证.

(5) 在 $Y\sim N(X\beta,\sigma^2I)$ 的假定下, 有如下结论:

(i) $\hat{\beta}_{\text{LS}}\sim N(\beta,\sigma^2(X'X)^{-1})$;

(ii) $\dfrac{(n-k-1)\hat{\sigma}^2}{\sigma^2}\sim\chi^2(n-k-1)$;

(iii) $\hat{\beta}_{\text{LS}}$ 与 $\hat{\sigma}^2$ 独立.

证明 (i) 由 $\hat{\beta}_{\text{LS}}=(X'X)^{-1}X'Y$, Y 的正态性及性质 (I), (II) 知结论成立.

(ii) $\dfrac{(n-k-1)\hat{\sigma}^2}{\sigma^2}=\dfrac{1}{\sigma^2}(Y-X\hat{\beta}_{\text{LS}})'(Y-X\hat{\beta}_{\text{LS}})=\dfrac{1}{\sigma^2}Y'[I-X(X'X)^{-1}X']Y$.

注意到 $I-X(X'X)^{-1}X'$ 是 $L(X)$ 上的正投影阵, 所以 $[I-X(X'X)^{-1}X']X=0$, 且存在正交阵 T, 使得 $I-X(X'X)^{-1}X'=T'\begin{pmatrix}I_{n-k-1} & 0\\ 0 & 0\end{pmatrix}T$, 故而有

$$\frac{(n-k-1)\hat{\sigma}^2}{\sigma^2}=\left(\frac{Z}{\sigma}\right)'\begin{pmatrix}I_{n-k-1} & 0\\ 0 & 0\end{pmatrix}\left(\frac{Z}{\sigma}\right),\quad 其中,\ Z=T(Y-X\beta)$$

从而由 $\dfrac{Z}{\sigma}\sim N(0,I)$, 知 $\dfrac{(n-k-1)\hat{\sigma}^2}{\sigma^2}\sim\chi^2(n-k-1)$.

(iii) 由 $\begin{pmatrix}\hat{\beta}_{\text{LS}}\\ Y-X\hat{\beta}_{\text{LS}}\end{pmatrix}=\begin{pmatrix}(X'X)^{-1}X'\\ I-X(X'X)^{-1}X'\end{pmatrix}Y$ 知, $\begin{pmatrix}\hat{\beta}_{\text{LS}}\\ Y-X\hat{\beta}_{\text{LS}}\end{pmatrix}$ 服从正态分布, 且

$$\begin{aligned}\text{Cov}(\hat{\beta}_{\text{LS}},Y-X\hat{\beta}_{\text{LS}}) &= (X'X)^{-1}X'\text{Cov}(Y,Y)[I-X(X'X)^{-1}X'] \\ &= \sigma^2(X'X)^{-1}X'[I-X(X'X)^{-1}X'] \\ &= 0\end{aligned}$$

故而有 $\hat{\beta}_{\text{LS}}$ 与 $Y-X\hat{\beta}_{\text{LS}}$ 独立, 从而有 $\hat{\beta}_{\text{LS}}$ 与 $\hat{\sigma}^2$ 独立.

1.1.1.4　中心化和标准化

从 1.1.1.2 节和 1.1.1.3 节的讨论知, 矩阵 $X'X$ 在线性模型下的参数推断中起着重要的作用. 因此, 可以考虑对模型作一些适当的变换以简化该矩阵. 将要讨论的中心化和标准化可以起到这个作用.

记 $\bar{x}_j=\dfrac{1}{n}\sum\limits_{i=1}^{n}x_{ij}, j=1,\cdots,k, \bar{x}=(\bar{x}_1,\cdots,\bar{x}_k)'$, 则方程 $Y=X\beta+\varepsilon$ 可改写为 $Y_i=\beta_0^*+\sum\limits_{j=1}^{k}\beta_j(x_{ij}-\bar{x}_j)+\varepsilon_i, i=1,\cdots,n$, 其中, $\beta_0^*=\beta_0+\beta_1\bar{x}_1+\cdots+\beta_k\bar{x}_k$. 这里, $x_{ij}^*\hat{=}x_{ij}-\bar{x}_j, i=1,\cdots,n; j=1,\cdots,k$ 称为中心化的解释变量样本. 上式显示, 对解释变量样本的中心化, 从参数角度看, 只是将原参数 $\beta_0,\beta_1,\cdots,\beta_k$ 作了一个线性变换, 且变换中 $\beta_1,\cdots,\beta_k$ 没有变化. 若将上式的矩阵形式记作 $Y=(\mathbf{1},X^*)(\beta_0^*,\beta_1,\cdots,\beta_k)'+\varepsilon$, 则易证

$$(\mathbf{1},X^*)'(\mathbf{1},X^*)=\begin{pmatrix} n & 0 \\ 0 & X^{*\prime}X^* \end{pmatrix}$$

而 β_0^* 和 $(\beta_1,\cdots,\beta_k)'$ 的最小二乘估计为 $\hat{\beta}_0^*=\bar{Y}, (\hat{\beta}_1,\cdots,\hat{\beta}_k)'=(X^{*\prime}X^*)^{-1}X^{*\prime}Y$, 且 $(\hat{\beta}_0^*,\hat{\beta}_1,\cdots,\hat{\beta}_k)'$ 的协方差矩阵是

$$\sigma^2\begin{pmatrix} 1/n & 0 \\ 0 & (X^{*\prime}X^*)^{-1} \end{pmatrix}$$

这意味着, 通过中心化, 回归系数 $\beta_1,\cdots,\beta_k$ 同新的常数项 β_0^* 可以被分开处理, 这在某些问题的分析中将会提供很大的便利.

方程 $Y=X\beta+\varepsilon$ 还可进一步被改写为

$$y_j=\beta_0^*+\sum_{j=1}^{k}\tilde{\beta}_j\frac{x_{ij}-\bar{x}_j}{s_{jj}}+\varepsilon_i,\quad i=1,\cdots,n$$

其中, $\tilde{\beta}_j=\beta_j\cdot s_{jj}$, $s_{jj}^2=\sum\limits_{i=1}^{n}(x_{ij}-\bar{x}_j)^2$. 这里, $\tilde{x}_{ij}=\dfrac{x_{ij}-\bar{x}_j}{s_{jj}}$, $i=1,\cdots,n; j=1,\cdots,k$ 称为标准中心化的解释变量样本. 将上式的矩阵形式记作 $Y=(\mathbf{1},\widetilde{X})(\beta_0^*,\tilde{\beta}_1,\cdots,\tilde{\beta}_k)'+\varepsilon$, 则

$$(\mathbf{1},\widetilde{X})'(\mathbf{1},\widetilde{X})=\begin{pmatrix} n & 0 \\ 0 & \widetilde{X}'\widetilde{X} \end{pmatrix}$$

且 $\widetilde{X}'\widetilde{X}$ 恰为解释变量 $x_1,\cdots,x_k$ 的样本自相关矩阵. 标准化的另一个价值在于消除了自变量样本中的取值单位的影响, 避免了不同的解释变量样本值之间差异过大的问题.

1.1.1.5 极大似然估计

在 $Y \sim N(X\beta, \sigma^2 I)$ 的假设下, 可以获得 β 和 σ^2 的极大似然估计. 由假设易得似然函数

$$L(\beta, \sigma^2; Y) = p(Y; \beta, \sigma^2) = (2\pi)^{-\frac{n}{2}}(\sigma^2)^{-\frac{n}{2}} \exp\left\{-\frac{1}{2\sigma^2}(Y - X\beta)'(Y - X\beta)\right\}$$

易见, $L(\beta, \sigma^2; Y)$ 达到极大值的必要条件是 $(Y - X\beta)'(Y - X\beta)$ 达到极小, 故有 β 的极大似然估计 $\hat{\beta}_{\text{ML}} = \hat{\beta}_{\text{LS}}$. 将 $\hat{\beta}_{\text{ML}}$ 代入 $L(\beta, \sigma^2; Y)$ 得

$$L(\hat{\beta}_{\text{ML}}, \sigma^2; Y) = (2\pi)^{-\frac{n}{2}}(\sigma^2)^{-\frac{n}{2}} \exp\left\{-\frac{1}{2\sigma^2}(Y - X\hat{\beta}_{\text{ML}})'(Y - X\hat{\beta}_{\text{ML}})\right\}$$

极大化 $L(\hat{\beta}_{\text{ML}}, \sigma^2; Y)$ 可得 σ^2 的极大似然估计:

$$\hat{\sigma}^2_{\text{ML}} = \frac{1}{n}(Y - X\hat{\beta}_{\text{ML}})'(Y - X\hat{\beta}_{\text{ML}})$$

1.1.2 拟合优度和方程的显著性检验

在获得模型 $Y = X\beta + \varepsilon$ 中 β 的估计后, 一个值得关注的问题是, 得到的拟合方程 $Y = \hat{\beta}_0 + \hat{\beta}_1 x_1 + \cdots + \hat{\beta}_k x_k$ 与样本数据之间的接近程度如何. 这在一定程度上标志着拟合方程是否真正刻画了数据所遵从的规律. 注意到残差平方和 $SSE = \|Y - X\hat{\beta}_{\text{LS}}\|^2$ 所刻画的就是各个数据点的因变量值与拟合值之间差异的总和, 所以 SSE 可以作为对上述问题进行推断的一个依据. 然而, SSE 仍存在不足, 就是对量纲的依赖. 在 SSE 的基础上, 考虑到样本数据因变量值本身的离散程度, 可以定义拟合优度 (也称决定系数) 如下:

$$R^2 = 1 - \frac{SSE}{SST}$$

其中, $SST \hat{=} \|Y - \mathbf{1} \cdot \bar{y}\|^2 = \sum_{i=1}^{n}(y_i - \bar{y})^2$, 称为总平方和.

为了研究 R^2 的含义和性质, 先介绍一个有用的结论: $SST = SSE + SSR$, 其中, $SSR = \left\|X\hat{\beta}_{\text{LS}} - \mathbf{1} \cdot \bar{y}\right\|^2 = \sum_{i=1}^{n}(\hat{y}_i - \bar{y})^2$, 称为回归平方和. 事实上,

$$SST = \|Y - \mathbf{1} \cdot \bar{y}\|^2 = \left\|Y - X\hat{\beta}_{\text{LS}}\right\|^2 + \left\|X\hat{\beta}_{\text{LS}} - \mathbf{1} \cdot \bar{y}\right\|^2 + 2(Y - X\hat{\beta}_{\text{LS}})'(X\hat{\beta}_{\text{LS}} - \mathbf{1} \cdot \bar{y})$$

而 $(Y - X\hat{\beta}_{\text{LS}})'(X\hat{\beta}_{\text{LS}} - \mathbf{1} \cdot \bar{y}) = Y'[I - X(X'X)^{-1}X']\left[X(X'X)^{-1}X' - \frac{1}{n}\mathbf{1} \cdot \mathbf{1}'\right]Y =$

0 (因为 $\mathbf{1}$ 是 X 的第 1 列, 而 $[I-X(X'X)^{-1}X']X=0$). 综上所述, 上述平方和分解式成立.

由平方和分解式可知, $0\leqslant R^2\leqslant 1$. 拟合优度 R^2 刻画的是在拟合方程下, 因变量的取值变化中可以由自变量的取值变化解释的部分所占比例, 因而 R^2 可视作拟合好坏的评价标准. R^2 的一个缺点是, 在方程中添加自变量会导致 R^2 的减小. 这意味着, 在 R^2 的标准下, 方程中自变量越多越好, 这是不合理的. 因此, 人们往往采用调整后的拟合优度:

$$R^2_{\text{adj}}=1-\frac{SSE/(n-k-1)}{SST/(n-1)}$$

R^2_{adj} 中加入了对自变量个数的惩罚, 弥补了上述 R^2 的缺陷.

为了准确地推断所使用的线性模型是否真正合适, 也就是, 在目前的线性模型下, 自变量是否确实对因变量产生着影响, 我们需要确定一个 R^2(或 R^2_{adj}) 的临界值, 这就是方程的显著性检验问题. 作为 R^2 的单调函数, 统计量

$$F\triangleq\frac{(SST-SSE)/k}{SSE/(n-k-1)}$$

服从第一、二自由度分别为 k 和 $n-k-1$ 的 F-分布 (记作 $F(k,n-k-1)$). 由此可得检验的拒绝域:

$$\frac{(SST-SSE)/k}{SSE/(n-k-1)}>F_\alpha(k,n-k-1)$$

其中, $F_\alpha(k,n-k-1)$ 是 $F(k,n-k-1)$ 的上 α 分位点. 事实上, 该检验是 1.1.3 节中将要介绍的一般线性假设检验的特例. 有关理论细节, 如统计量分布的证明等, 见 1.1.3 节.

1.1.3　一般线性假设的检验及参数的置信区域

1.1.3.1　一般线性假设的检验

考虑一般线性假设如下

$$H_0: H\beta=\gamma_0 \tag{1.1.6}$$

其中, H 为 $s\times(k+1)$ 阶行满秩矩阵, 方程 $H\beta=\gamma_0$ 有解. 这个假设涵盖了许多常见的待检假设 (只需将 H 取为相应的矩阵). 下面列举两个重要假设.

(1) 取 $\gamma_0=0, H'=(0,\cdots,0,1,0,\cdots,0)'$, 即取 H' 为一个列向量, 其第 i 个元素为 1, 其余元素为 0, 则假设为

$$H_0: \beta_{i-1}=0 \tag{1.1.7}$$

对该假设的检验就是第 $i-1$ 个回归系数的显著性检验. 该检验的结果代表着第 $i-1$ 个自变量是否对因变量产生影响.

(2) 取 $\gamma_0=0, H=(0,I_k)$, 则假设为

$$H_0:\beta_1=\beta_2=\cdots=\beta_k=0 \tag{1.1.8}$$

直观上看, 若该假设无法被拒绝, 则说明模型中自变量对因变量均无显著的线性形式的影响, 这就意味着方程是不显著的. 事实上, 下面的讨论将会说明假设 (1.1.8) 的检验统计量与 1.1.2 节中的线性模型显著性检验统计量是相等的, 而对假设 (1.1.8) 的检验就是线性模型的显著性检验.

下面介绍假设 (1.1.6) 的检验方法. 使用似然比检验方法导出检验统计量. 易见似然比为

$$\lambda=\frac{\sup\limits_{\beta,\sigma^2}L(\beta,\sigma^2)}{\sup\limits_{H\beta=\gamma_0,\sigma^2}L(\beta,\sigma^2)}=\left(\frac{SSE_1}{SSE}\right)^{\frac{n}{2}}$$

其中, $SSE\doteq\min\limits_{\beta}\|Y-X\beta\|^2=\left\|Y-X\hat{\beta}_{\mathrm{LS}}\right\|^2, SSE_1\doteq\min\limits_{H\beta=\gamma_0}\|Y-X\beta\|^2$. 不难证明

$$SSE_1-SSE=(H\hat{\beta}_{\mathrm{LS}}-\gamma_0)'[H(X'X)^{-1}H']^{-1}(H\hat{\beta}_{\mathrm{LS}}-\gamma_0) \tag{1.1.9}$$

证明的细节可以参见有关文献 (卞国瑞等, 1979).

由 1.1.1.3 节性质 (5) 知: ① $SSE/\sigma^2\sim\chi^2(n-k-1)$; ② 在 H_0 下, $H\hat{\beta}_{\mathrm{LS}}-\gamma_0\sim N(0,\sigma^2H(X'X)^{-1}H')$, 进而有 $(SSE_1-SSE)/\sigma^2\sim\chi^2(s)$; ③ $\hat{\beta}_{\mathrm{LS}}$ 与 SSE 独立, 从而有 SSE_1-SSE 与 SSE 独立. 由上述事实, 得

$$\frac{(SSE_1-SSE)/s}{SSE/(n-k-1)}\sim F(s,n-k-1) \tag{1.1.10}$$

综上所述, 假设 (1.1.6) 的检验水平为 α 的拒绝域为

$$\frac{SSE_1-SSE}{SSE/(n-k-1)}>F_\alpha(s,n-k-1) \tag{1.1.11}$$

特别地, 注意到 t-分布与 F-分布之间的关系, 则易知, 对于第 $i-1$ 个回归系数 β_{i-1} 的显著性检验 (对假设 (1.1.7) 的检验), 实际上也可表达为一个 t-检验的形式. 此外, 对假设 (1.1.8) 的检验是在假设 (1.1.6) 中取 $\gamma_0=0, H=(0,I_k)$, 此时

$$SSE_1=\min_{\beta_1=\cdots=\beta_k=0}\|Y-X\beta\|^2=SST,\quad s=k$$

所以, 该检验的检验统计量就是 1.1.2 节中所述线性模型的显著性检验的统计量. 由此可见, 对假设 (1.1.8) 的检验就是线性模型的显著性检验.

1.1.3.2 置信区域

本节讨论 $\theta \hat{=} H\beta$ 的置信区域. 这里, H 为 $s \times (k+1)$ 阶行满秩矩阵. 特别地, 取 $H' = (0, \cdots, 0, 1, 0, \cdots, 0)'$ 时, $H\beta = \beta_{i-1}$, 故所求就是 β_{i-1} 的置信区间; 取 $H' = (1, x_0)'$ 时, $H\beta$ 的置信区域即为在自变量 $x = x_0$ 处, 变量 Y 的均值 $E(Y_0) = \beta_0 + x_0(\beta_1, \cdots, \beta_k)'$ 的置信区间.

由 1.1.1.3 节性质 (5), 类似于 1.1.3.1 节中的推导可得

$$\frac{(H\hat{\beta}_{\mathrm{LS}} - H\beta)'[H(X'X)^{-1}H']^{-1}(H\hat{\beta}_{\mathrm{LS}} - H\beta)/s}{SSE/(n-k-1)} \sim F(s, n-k-1) \tag{1.1.12}$$

故而, $\theta \hat{=} H\beta$ 的置信水平为 $1-\alpha$ 的置信区域为

$$\left\{\theta : \frac{(H\hat{\beta}_{\mathrm{LS}} - \theta)'[H(X'X)^{-1}H']^{-1}(H\hat{\beta}_{\mathrm{LS}} - \theta)}{SSE/(n-k-1)} \leqslant F_\alpha(s, n-k-1)\right\} \tag{1.1.13}$$

1.1.4 预测问题

在预测问题中, 我们关注的是怎样对因变量 Y 在一组指定的自变量值 $x_0 = (1, x_{01}, \cdots, x_{0k})'$ 处的取值 Y_0 作出推断. 由线性模型的基本假设, 显然有

$$Y_0 = x_0'\beta + \varepsilon_0 \tag{1.1.14}$$

其中, 随机误差项 ε_0 与 $\varepsilon_1, \cdots, \varepsilon_n$ 独立且同分布, $E(\varepsilon_0) = 0, \mathrm{Cov}(\varepsilon_0) = \sigma^2$.

下面我们说明 $\hat{Y}_0 = x_0'\hat{\beta}_{\mathrm{LS}}$ 是 Y_0 的一个合理的点预测.

(1) $x_0'\hat{\beta}_{\mathrm{LS}}$ 是 Y_0 的线性无偏预测, 即 $x_0'\hat{\beta}_{\mathrm{LS}}$ 是 Y 的线性函数, 且 $E(Y_0 - X_0'\hat{\beta}_{\mathrm{LS}}) = 0$. 事实上, 由 $x_0'\hat{\beta}_{\mathrm{LS}} = x_0'(X'X)^{-1}X'Y$ 知 $x_0'\hat{\beta}_{\mathrm{LS}}$ 是 Y 的线性函数. 此外, $E(Y_0 - x_0'\hat{\beta}_{\mathrm{LS}}) = x_0'\beta - x_0'E(\hat{\beta_{\mathrm{LS}}}) = 0$;

(2) $x_0'\hat{\beta}_{\mathrm{LS}}$ 是最小均方误差线性无偏预测, 即任给 Y_0 的线性无偏预测 $\alpha'Y$, 均有 $E(Y_0 - \alpha'Y)^2 \geqslant E(Y - X_0'\hat{\beta}_{\mathrm{LS}})^2$.

证明 任给 Y_0 的线性无偏预测 $\alpha'Y$, 必有 $E(\alpha'Y) = E(Y_0) = x_0'\beta$, 由高斯-马尔可夫定理知

$$\mathrm{Var}(\alpha'Y) \geqslant \mathrm{Var}(x_0'\hat{\beta}_{\mathrm{LS}})$$

故此

$$E(Y_0 - \alpha'Y)^2 = \sigma^2 + \mathrm{Var}(\alpha'Y) \geqslant \sigma^2 + \mathrm{Var}(x_0'\hat{\beta}_{\mathrm{LS}}) = E(Y_0 - x_0'\hat{\beta}_{\mathrm{LS}})^2$$

证毕.

除了 Y_0 的点预测, 我们还可进一步获得 Y_0 的预测区间. 注意到 $E(Y_0 - x_0'\hat{\beta}_{\rm LS}) = 0$. 而 $\mathrm{Var}(Y_0 - x_0'\hat{\beta}_{\rm LS}) = \sigma^2 + \mathrm{Var}(x_0'\hat{\beta}_{\rm LS}) = \sigma^2 + \sigma^2 x_0'(X'X)^{-1}x_0$. 故有

$$\frac{Y_0 - x_0'\hat{\beta}_{\rm LS}}{\hat{\sigma}\cdot\sqrt{1+x_0'(X'X)^{-1}x_0}} \sim t(n-k-1) \tag{1.1.15}$$

其中, $\hat{\sigma} = \sqrt{SSE/(n-k-1)}$. 综上所述, 有

$$p(Y_0 \in [\hat{Y}_{01}, \hat{Y}_{02}]) = 1-\alpha$$

其中

$$\begin{aligned}\hat{Y}_{01} =& x_0'\hat{\beta}_{\rm LS} - t_{\alpha/2}(n-k-1)\hat{\sigma}\cdot\sqrt{1+x_0'(X'X)^{-1}x_0}\\ \hat{Y}_{02} =& x_0'\hat{\beta}_{\rm LS} + t_{\alpha/2}(n-k-1)\hat{\sigma}\cdot\sqrt{1+x_0'(X'X)^{-1}x_0}\end{aligned}$$

则有 $[\hat{Y}_{01}, \hat{Y}_{02}]$ 是 Y_0 的水平为 $1-\alpha$ 的预测区间.

1.1.5 残差分析

1.1.5.1 残差概念及有关性质

首先介绍残差的定义. 在线性模型 (1.1.3) 的拟合中, 称 $e \hat{=} Y - X\hat{\beta}_{\rm LS} = (I-H)Y$ 为普通残差向量, 称 e 的第 i 个分量 e_i 为普通残差.

在一定程度上, 普通残差 e_i 可视为误差 ε_i 的近似. 根据残差的表现是否与高斯-马尔可夫假设下其应有的性质相一致, 就可以推断假设及模型的形式是否合理.

在线性模型 (1.1.3) 及高斯-马尔可夫假设下, 残差有下述性质:

(1) $E(e) = 0, \mathrm{Cov}(e) = \sigma^2(I-H)$, 其中 $H = X(X'X)^{-1}X'$, 称为帽子矩阵;

(2) $\mathrm{Cov}(\hat{Y}, e) = 0$, 其中, $\hat{Y} = X\hat{\beta}_{\rm LS}$ 称为拟合值向量, 其第 i 个分量称为 y_i 的拟合值, 记作 $\hat{y}_i$;

(3) 若 $Y \sim N(X\beta, \sigma^2 I)$, 则 $e \sim N(0, \sigma^2(I-H))$.

上述性质均易证, 故其证明从略.

从上述性质可以看出, 普通残差 e 的分布与 $H = X(X'X)^{-1}X'$ 有密切关系. 因此, 我们给出 $H = (h_{ij})_{n\times n}$ 的一些性质.

(1) $0 \leqslant h_{ii} \leqslant 1$, 且 $h_{ii} = 1$ 时, $h_{ij} = 0$, 当 $i \neq j$;

(2) $\sum\limits_{i=1}^{n} h_{ii} = k+1$;

(3) $h_{ii} = \dfrac{1}{n} + (x_i - \bar{x})'(X^{*'}X^*)^{-1}(x_i - \bar{x})$,

其中, $X = \begin{pmatrix} 1 & x_1' \\ 1 & x_2' \\ \vdots & \vdots \\ 1 & x_n' \end{pmatrix}, X^* = \begin{pmatrix} (x_1 - \bar{x})' \\ \vdots \\ (x_n - \bar{x})' \end{pmatrix}, \bar{x} = \frac{1}{n}\sum_{i=1}^{n} x_i.$

上述性质的证明可通过矩阵迹的性质和分块矩阵求逆公式获得, 这里不再赘述.

因为 $\text{Var}(e_i) = \sigma^2(1 - h_{ii})$, 所以 h_{ii} 越大, $\text{Var}(e_i)$ 就越小. 对应残差 $|e_i|$ 很大的数据点称为异常点, 而对应 h_{ii} 很大的数据点称为高杠杆点. 异常点和高杠杆点都有可能是对于参数推断有着强影响的数据点, 后者称为强影响点. 对于这些点的探测和研究是回归推断理论的重要内容, 相关理论可参见文献 (Cook et al., 1982; Cook, 1986) 等.

注意到 $\text{Cov}(e) = \sigma^2(I - H), e_1, \cdots, e_n$ 并非同方差, 也非互不相关, 故直接应用残差 e 判断高斯-马尔可夫假设及模型形式的合理性可能会遇到困难. 因此, 在普通残差的基础上, 人们定义一种新的残差, 称为学生化残差:

$$r_i = \frac{e_i}{\hat{\sigma}\sqrt{1 - h_{ii}}} \tag{1.1.16}$$

其中, $\hat{\sigma} = \left(\frac{SSE}{n-k-1}\right)^{\frac{1}{2}}$. 易见, 学生化残差是对普通残差标准化的结果, 其在假设 $\varepsilon \sim N(0, \sigma^2 I)$ 下具有如下性质:

$$E(r_i) = 0, \quad \text{Var}(r_i) = 1, \quad \text{Cov}(r_i, r_j) = -h_{ij}\Big/\sqrt{(1 - h_{ii})(1 - h_{jj})}, \quad i \neq j$$

上述性质及其他性质的详细介绍和证明可参见 (Cook et al., 1982). 由于 $\text{Cov}(r_i, r_j)$ 通常取值很小, 所以应用上常近似地认为 r_i 和 r_j 互不相关, 进而近似地认为 $r_1, \cdots, r_n$ 独立同分布, 服从 $N(0, 1)$. 这正是使用残差图进行模型假设合理性诊断的主要依据.

除了上述两种残差, 尚有许多种残差, 如预测残差、不相关残差等, 详情可参见相关文献 (陈希孺等, 1987).

1.1.5.2　残差图

残差图是以残差为纵坐标, 以其他变量为横坐标的散点图. 根据残差的定义知, 残差可视为误差 ε_i 的近似, 所以可根据残差的表现与模型假设下其性质是否统一来推断模型是否合理. 残差图正是这一思想的直观体现.

残差图横坐标的选择通常有如下几种：① 因变量的拟合值 $\hat{Y}_i$; ② 任一自变量 x_j; ③ 若样本为时间序列, 则横坐标也可取时间或样本序号. 下面讨论①和③两种类型的残差图, 以自变量为横坐标的残差图与①类似.

(1) 以因变量拟合值为横坐标的残差图.

对以学生化残差 r_i 为纵坐标, 拟合值 $\hat{Y}_i$ 为横坐标的残差图, 由 1.1.5.1 节的讨论知, 在假设 $\varepsilon \sim N(0,\sigma^2 I)$ 下, $r_i = 1, i = 1,\cdots,n$ 近似地服从 $N(0,1)$, 且近似地相互独立. 而由普通残差的性质 $\mathrm{Cov}(\hat{Y}, e) = 0$ 知, $r = (r_1,\cdots,r_n)'$ 与 $\hat{Y}$ 的相关性也很小. 所以, 若假设 $\varepsilon \sim N(0,\sigma^2 I)$ 得到满足, 则点 $(\hat{Y}_i, r_i), i = 1,\cdots,n$, 应基本落在 $|r| \leqslant 2$ 的水平带域内, 而且不呈现出任何明显的趋势.

残差图可以显示关于模型假设的不恰当之处. 如果残差的散布区域随着 $\hat{Y}_i$ 的增大分别呈现出越来越大和越来越小的趋势, 那么这意味着误差同方差 (即 $\mathrm{Var}(\varepsilon_i) = \sigma^2, i = 1,\cdots,n$) 的假设未得到满足. 如果 $(r_i, \hat{Y}_i)$ 的分布呈现出某种曲线的趋势, 那么这种情况可能的原因有数种：① 回归函数本身应该是非线性; ② 漏掉某个或某些重要的自变量; ③ 误差 $\varepsilon_1,\cdots,\varepsilon_n$ 相互之间具有相关性. 具体是哪一个原因, 需要进一步分析.

(2) 以时间为横坐标的残差图.

若因变量样本是依时间顺序收集得到, 则构成一个时间序列. 对于这种数据, 误差 ε_i 很有可能相关. 例如,

$$\varepsilon_i = \rho\varepsilon_{i-1} + u_i \tag{1.1.17}$$

其中, $u_i \sim N(0,\sigma_n^2)$, u_i 独立同分布, 且 u_i 与 ε_{i-1} 独立, $i = 1,\cdots,n, \rho(|\rho| < 1)$ 称为自相关参数, 这个模型称为一阶自回归模型. 若 $\rho < 0$, 称为负相关; 若 $\rho > 0$, 称为正相关. 以时间或样本序号为横坐标的残差图是探测序列相关是否存在的有力工具. 当误差 ε_i 之间是正相关时, 残差的符号改变频度会很低; 反之, 当 ε_i 之间是负相关时, 残差的符号大致呈正负相间的趋势.

残差图可以大致诊断出一些问题, 而解决这些问题则需要视具体情况而定. 1.1.6~1.1.8 节将介绍一些问题的处理方法.

1.1.6 异方差模型

1.1.6.1 异方差性及其后果

在模型 $Y = X\beta + \varepsilon$ 中, 若 $\mathrm{Var}(\varepsilon_i) = \sigma_i^2$, $i = 1,\cdots,n$, 其中, $\sigma_1^2,\cdots,\sigma_n^2$ 不全相等, 则称该模型是异方差的线性模型.

异方差性在实际问题中经常发生, 尤其是截面数据的分析中. 例如, 在消费水平与居民收入的研究中, 收入水平低的家庭, 其消费选择有限, 往往局限于生活必

需品的购买, 故低收入家庭的消费额变化不大. 这意味着, 若以消费额为因变量, 以收入量为自变量建立线性回归模型, 则从低收入家庭中抽取的样本, 较之从高收入家庭中抽取的样本其因变量方差会更小, 这就是一个典型的异方差性问题.

当模型中存在异方差性时, 普通最小二乘估计虽然仍有无偏性, 但不再是最小方差线性无偏估计. 此外, 参数的显著性检验也往往会失效. 关于异方差性发生时, 普通最小二乘估计的有关性质的详细讨论, 可参见有关文献 (格林, 1998).

1.1.6.2 异方差性的探测和检验

对异方差性的探测, 残差图是一个实用而有效的工具. 探测的依据就是残差图中点的散布范围是否有明显的变化趋势, 细节已在 1.1.5.2 节讨论过, 不再重复.

异方差性的检验方法较多, 如 White 检验 (White, 1980)、Goldfeld-Quandt 检验 (Goldfeld et al., 1965)、Glesjer 检验 (Glesjer, 1969) 等. 这些检验方法中, 有些方法 (如 Glesjer 检验) 针对指定的异方差模型 (以同方差为原假设, 以指定的异方差模式为备择假设) 进行检验, 具有较高的功效, 但需要对异方差可能的模式有所了解. 有些方法 (如 White 检验) 则不需要对异方差模式作出假设, 但功效较低. 选择哪种方法需视具体情况而定. 限于篇幅, 我们只介绍常用的 Goldfeld-Quandt 检验.

残差图可以提供一些具体的待检异方差模式, 如存在某个自变量 x_j, 使得 $\sigma_i^2 = \sigma^2 \cdot x_{ij}^2$, 如此则可以将这样的异方差模式作为备择假设, 而以同方差假设作为原假设, 使用 Goldfeld-Quandt 检验法进行检验. 以备择假设 $\sigma_i^2 = \sigma^2 x_{ij}^2$ 为例.

根据 x_{ij}^2 的大小对观测样本进行排列, 将样本分为高方差和低方差两部分. 假设这两个样本组的样本个数分别是 n_1 和 n_2. 对这两个样本分别以原模型进行一般最小二乘法的回归, 则可分别得到残差平方和 $SSE^{(1)}$ 和 $SSE^{(2)}$. 检验的统计量即为

$$\frac{SSE^{(1)}/(n_1-k-1)}{SSE^{(2)}/(n_2-k-1)} \tag{1.1.18}$$

在同方差假设下, 统计量 (1.1.18) 服从分布 $F(n_1-k-1, n_2-k-1)$. 若 $SSE^{(1)}$ 对应的是较大的 x_{ij}^2 值, 则水平为 α 的拒绝域为

$$\frac{SSE^{(1)}/(n_1-k-1)}{SSE^{(2)}/(n_2-k-1)} > F_\alpha(n_1-k-1, n_2-k-1) \tag{1.1.19}$$

为了提高该检验的功效, 在样本量 n 较大时, 可以将对应着中间大小的 x_{ij}^2 值的样本略去一部分, 但略去的样本比例通常不应高于总样本的 1/3.

1.1.6.3 异方差性的处理

首先介绍广义最小二乘估计. 假设在线性模型 $Y = X\beta+\varepsilon$ 中, ε 满足 $E(\varepsilon) = 0, \mathrm{Cov}(\varepsilon) = \sigma^2\Omega$, 其中 σ^2 未知, 而 Ω 是一个已知的一般的正定矩阵 (不一定是单位阵). 为了获得 β 的最小方差线性无偏估计, 我们先对模型进行恒等变换:

$$\Omega^{-1/2}Y = \Omega^{-1/2}X\beta + \Omega^{-1/2}\varepsilon$$

若记 $\widetilde{Y} = \Omega^{-1/2}Y, \widetilde{X} = \Omega^{-1/2}X, \tilde{\varepsilon} = \Omega^{-1/2}\varepsilon$, 则模型可记为

$$\widetilde{Y} = \widetilde{X}\beta + \tilde{\varepsilon} \tag{1.1.20}$$

其中, $\mathrm{Cov}(\tilde{\varepsilon}) = \sigma^2 I, E(\tilde{\varepsilon}) = 0$, 这意味着高斯-马尔可夫假设得到了满足. 由此得

$$\tilde{\beta}_{\mathrm{GLS}} \hat{=} (\widetilde{X}'\widetilde{X})^{-1}\widetilde{X}'\widetilde{Y} = (X'\Omega^{-1}X)^{-1}X'\Omega^{-1}Y \tag{1.1.21}$$

是 β 的最小方差线性无偏估计, 称 $\tilde{\beta}_{\mathrm{GLS}}$ 为 β 的广义最小二乘估计.

异方差性问题实际上对应着上述模型中 $\sigma^2\Omega = \sigma^2\begin{pmatrix} \omega_1 & & \\ & \ddots & \\ & & \omega_n \end{pmatrix}$ 的情形. 从而可知, 当 $\omega_1, \cdots, \omega_n$ 已知时,

$$\hat{\beta}_{\mathrm{GLS}} = \left[X'\begin{pmatrix} 1/\omega_1 & & \\ & \ddots & \\ & & 1/\omega_n \end{pmatrix}X\right]^{-1} X'\begin{pmatrix} 1/\omega_1 & & \\ & \ddots & \\ & & 1/\omega_n \end{pmatrix}Y$$

就是 β 的最小方差线性无偏估计, 称这个估计为加权最小二乘估计. 当 $\omega_1, \cdots, \omega_n$ 未知时, 通常先求出 $\omega_1, \cdots, \omega_n$ 的估计, 然后在 β 的加权最小二乘估计中将 $\omega_1, \cdots, \omega_n$ 用其估计替代, 得到 β 的二阶段最小二乘估计如下:

$$\hat{\beta}_{\mathrm{TS}} = \left[X'\begin{pmatrix} 1/\hat{\omega}_1 & & \\ & \ddots & \\ & & 1/\hat{\omega}_n \end{pmatrix}X\right]^{-1} X'\begin{pmatrix} 1/\hat{\omega}_1 & & \\ & \ddots & \\ & & 1/\hat{\omega}_n \end{pmatrix}Y \tag{1.1.22}$$

如何获取 $\omega_1, \cdots, \omega_n$ 的估计需视情况而定. 例如, 若经过检验, 基本确定异方差模式为 $\sigma_i^2 = g(\alpha, Z_i)$, 其中, $g(\cdot)$ 为已知函数, Z_i 为某个变量的样本, α 为未知参数,

则可以建立回归模型 $e_i^2=g(\alpha,X_i)+v_i$(e_i 为普通残差, v_i 为本模型的随机误差), 获取 α 的一致估计 $\hat{\alpha}$, 从而得到 $\hat{\sigma}_i^2=g(\hat{\alpha},Z_i)$. 这种方法的基本依据是：即便在异方差情形下, β 的最小二乘估计 $\hat{\beta}_{\mathrm{LS}}$ 仍是相合估计. 更详细的理论分析可参见相关的文献 (格林, 1998).

1.1.7 序列相关模型

1.1.7.1 序列相关及其后果

在线性模型 $Y=X\beta+\varepsilon$ 中, 若 $\mathrm{Cov}(\varepsilon,\varepsilon)$ 的非对角元不全为零, 即 $\varepsilon_1,\cdots,\varepsilon_n$ 之间存在相关性, 则称该模型是序列相关的线性模型.

序列相关性常常发生在时间序列数据中. 一阶自回归形式的相关是序列相关性中较为常见的形式：

$$\varepsilon_i=\rho\varepsilon_{i-1}+u_i \tag{1.1.23}$$

其中, $u_i\sim N(0,\sigma_n^2)$, u_i 独立同分布且 u_i 与 ε_{i-1} 独立, $i=1,\cdots,n$, $\rho(|\rho|<1)$ 称为自相关参数.

序列相关性的存在会导致最小二乘估计丧失有效性, 即 $\hat{\beta}_{\mathrm{LS}}$ 不再是最小方差线性无偏估计.

1.1.7.2 序列相关性的诊断和检验

1.1.5 节介绍的以时间或样本序号为横坐标的残差图可以帮助我们探测到只有一阶自回归形式的序列相关. 此外, $(e_t,e_{t-1}),t=2,\cdots,n$ 的散点残差图, 对于探测序列相关也有较好的效果. 若该残差图中点的分布具有较为明显的正斜率直线趋势, 则应当警惕随机误差之间的正相关; 若有明显的负斜率直线趋势, 则预示着可能发生了负相关.

对于序列相关的检验通常使用 Durbin-Watson 检验方法 (Durbin and Watson, 1950, 1951). 这种检验方法是针对误差的一阶自回归序列相关提出的, 检验统计量为

$$D=\frac{\displaystyle\sum_{i=2}^{n}(e_i-e_{i-1})^2}{\displaystyle\sum_{i=1}^{n}e_i^2} \tag{1.1.24}$$

统计量 (1.1.24) 与样本自相关存在密切联系, 当样本量足够大时, $D\approx 2(1-\hat{\rho})$, 其中 $\hat{\rho}=\displaystyle\sum_{i=2}^{n}e_ie_{i-1}\Big/\sum_{i=2}^{n}e_{i-1}^2$, 可以证明 $\hat{\rho}$ 是 ρ 的相合估计. 若原假设 $H_0:\rho=0$

成立, 则 D 应当很接近于 2; ρ 接近 -1 时, D 应当取值在 4 附近; ρ 接近 1 时, D 取值在 0 附近.

由于统计量 D 的分布与设计阵 X 有关, 这给检验临界点的设定带来了困难, 所以 Durbin 等 (1950, 1951) 提出了一种近似方法. 他们证明：存在与设计阵 X 无关的两个分布的随机变量 D_L 和 D_U, 使得 $D_L \leqslant D \leqslant D_U$, 并对于不同的 n 和 k, 以及 $\alpha = 1\%$, 2.5%和 5%, 计算出了 D_L 和 D_U 的上 α-分位点 $d_L(\alpha)$ 和 $d_U(\alpha)$. 若设定检验水平为 α, 则

(1) 对于误差的正一阶自相关的检验 (备择假设为 $H_1: \rho < 0$) 有如下法则: 若 $D < d_L(\alpha)$, 则拒绝 H_0; 若 $D > d_U(\alpha)$, 则不能拒绝 H_0; 若 $d_L(\alpha) \leqslant D \leqslant d_U(\alpha)$, 则无法决定.

(2) 对于负一阶自相关的检验可采用如下法则: 若 $4-D < d_L(\alpha)$, 则拒绝 H_0; 若 $4-D > d_U(\alpha)$, 则不能拒绝 H_0; 若 $d_L(\alpha) \leqslant 4-D \leqslant d_U(\alpha)$, 则无法决定.

(3) 对于一阶自回归的双边检验 (备择假设为 $H_1: \rho \neq 0$), 法则为：若 $D < d_L(\alpha/2)$ 或 $D > 4 - d_L(\alpha/2)$, 则拒绝 H_0; 若 $d_U(\alpha/2) < D < 4 - d_U(\alpha/2)$, 则不能拒绝 H_0; 若 $d_L(\alpha/2) \leqslant D \leqslant d_U(\alpha/2)$ 或 $4 - d_U(\alpha/2) \leqslant D \leqslant 4 - d_L(\alpha/2)$, 则无法决定.

需要注意的是, 上述检验不适合用于回归方程中含滞后因变量的情形. Durbin (1970) 设计了一个不受滞后因变量影响的拉格朗日乘数检验, 具体方法参见相关文献.

1.1.7.3 序列相关性的处理

下面主要讨论一阶自回归形式的误差序列相关的处理.

1) 当 ρ 已知时

(1) 广义最小二乘估计:

$$\hat{\beta}_{\mathrm{GLS}} = [x'\Omega^{-1}X]^{-1}[X'\Omega^{-1}Y] = [(PX)'(PX)]^{-1}(PX)'(PY)$$

其中, $P = \begin{pmatrix} \sqrt{1-\rho^2} & 0 & 0 & 0 & \cdots & 0 & 0 \\ -\rho & 1 & 0 & 0 & \cdots & 0 & 0 \\ 0 & -\rho & 1 & 0 & \cdots & 0 & 0 \\ \vdots & \vdots & \vdots & \vdots & & \vdots & \vdots \\ 0 & 0 & 0 & 0 & \cdots & -\rho & 1 \end{pmatrix}$.

(2) 广义差分法.

事实上, 注意到

$$y_t - \rho y_{t-1} = (1-\rho)\beta_0 + \sum_{j=1}^{k} \beta_j (x_{tj} - \rho x_{t-1,j}) + u_t, \quad t = 2, \cdots, n$$

而 $u_t, t = 1, \cdots, n$ 独立同分布, 服从 $N(0, \sigma_u^2)$. 所以, 若令

$$y_t^* = y_t - \rho y_{t-1}, \quad \beta_0^* = (1-\rho)\beta_0, \quad x_{ij}^* = x_{ij} - \rho x_{t-1,j}, \quad j = 1, \cdots, k; t = 2, \cdots, n$$

则模型

$$y_t^* = \beta_0^* + \beta_1 x_{t1}^* + \cdots + \beta_k x_{tk}^* + u_t, \quad t = 2, \cdots, n \tag{1.1.25}$$

是满足高斯-马尔可夫假设的. 所以, 对该模型使用普通最小二乘估计是恰当的. 事实上, 该方法与广义最小二乘法本质上都是对样本作变换后, 再使用一般最小二乘法, 唯一的区别在于, 该方法使用的变换后的样本中不包括 $t = 1$ 时的样本 $\sqrt{1-\rho^2}(1, x_{11}, \cdots, x_{1k}, y_1)'$. 当样本量 n 较大时, 这两种方法所得的结果通常区别不大, 但对于小样本情形, 这两种方法的差异不可完全忽略.

2) 当 ρ 未知时

实际问题中, ρ 常常是未知的, 此时需要求取 ρ 的估计. 实际上,

$$\hat{\rho} = \sum_{t=2}^{n} e_t e_{t-1} \Big/ \sum_{t=2}^{n} e_{t-1}^2$$

是 ρ 的一个不错的初始估计. 我们可以选择在广义最小二乘估计中用 $\hat{\rho}$ 替换 $\hat{\rho}$ 来获得 β 的估计 (Prais et al., 1954), 也可以在广义差分法中用 $\hat{\rho}$ 代替 ρ 以求取 β 的估计 (Cochrane et al.,1949).

当样本量不是非常大时, 使用迭代方法获取更准确的估计是必要的. 我们以广义差分法为例说明这个过程：第一步, 对原线性回归模型直接使用普通最小二乘法, 得到残差, 求出 $\hat{\rho} = \sum_{t=2}^{n} e_t e_{t-1} \Big/ \sum_{t=2}^{n} e_{t-1}^2$; 第二步, 取 $\rho = \hat{\rho}$, 使用广义差分法获得 β 的新估计 $\tilde{\beta}$, 并利用 $\tilde{\beta}$ 计算新的残差向量 $\tilde{e} = Y - X\tilde{\beta}$, 从而求取 ρ 的新估计 $\tilde{\rho} = \sum_{t=2}^{n} \tilde{e}_t \tilde{e}_{t-1} \Big/ \sum_{t=2}^{n} \tilde{e}_{t-1}^2$; 第三步, 考察 $\left|\dfrac{\tilde{\rho} - \hat{\rho}}{\hat{\rho}}\right| \leqslant \delta$ 是否成立 (δ 为预先给定的精度, 例如可取 $\delta = 10^{-3}, 10^{-4}$ 等), 若不等式不成立, 则将 $\hat{\rho}$ 的值更新为当前的 $\tilde{\rho}$ 值, 并返回第二步; 若不等式成立, 则停止迭代, 以当前的 $\tilde{\beta}$ 和 $\tilde{\rho}$ 值为 β 和 ρ 的最终估计值. 这个迭代过程称为 Cochrane-Orcutt 迭代法.

1.1.8 多重共线性问题

1.1.8.1 多重共线性的含义及其后果

在线性模型 $Y = X\beta + \varepsilon$ 中, ① 若设计阵 X 不是列满秩, 存在模为 1 的实向量 $a = (a_0, a_1, \cdots, a_k)'$, 使得 $Xa = a_0\mathbf{1} + a_1 X_1 + \cdots + a_k X_k = 0$(其中 $\mathbf{1}$

表示元素全为 1 的 n 维列向量, $X_1,\cdots,X_k$ 分别表示 X 的第 2 列至第 $k+1$ 列), 则称模型中存在完全的多重共线性; ② 若 X 列满秩, 但存在模为 1 的实向量 $a=(a_0,a_1,\cdots,a_k)'$, 使得 $a'X=a_0\mathbf{1}+a_1X_1+\cdots+a_kX_k\approx 0$, 则称模型中存在不完全多重共线性.

在完全多重共线性下, $\beta_0+\beta_1x_1+\cdots+\beta_kx_k$ 被 $\mathbf{1},X_1,\cdots,X_k$ 线性表出的方式不唯一, 这意味着模型不可识别. 反映在参数估计上, 由 X 列不满秩, 知 $X'X$ 不满秩, 所以 $X'X\beta=X'Y$ 有解但解不唯一. 在不完全多重共线性下, $\hat{\beta}_{\rm LS}$ 的性质也会严重恶化. 均方误差是估计量优良性的重要评价标准. 下面考察多重共线性下一般最小二乘估计的均方误差表现如何.

$$
\begin{aligned}
MSE(\hat{\beta}_{\rm LS})=E\|\hat{\beta}_{\rm LS}-\beta\|^2&=\mathrm{tr}[\mathrm{Cov}(\hat{\beta}_{\rm LS},\hat{\beta}_{\rm LS})]+\|E(\hat{\beta}_{\rm LS})-\beta\|^2\\
&=\sigma^2\mathrm{tr}(X'X)^{-1}=\sigma^2\sum_{i=1}^{k+1}\frac{1}{\lambda_i}
\end{aligned}
$$

其中, $\lambda_1\geqslant\cdots\geqslant\lambda_{k+1}>0$ 且 $\lambda_1,\lambda_2,\cdots,\lambda_{k+1}$ 为 $X'X$ 的特征根. 若 $X'X$ 的特征根 λ_{k+1} 接近于 0, 则 $MSE(\hat{\beta}_{\rm LS})$ 会很大. 而 λ_{k+1} 接近于 0 意味着发生了不完全的多重共线性 (事实上, 存在模为 1 的向量 $\alpha=(a_0,a_1,\cdots,a_k)'$, 使得 $X'X\alpha=\lambda_k\alpha\approx 0$, 从而有 $\alpha'X'X\alpha\approx 0$, 故此 $X\alpha\approx 0$, 即 $a_0\mathbf{1}'+a_1X_1+\cdots+a_kX_k\approx 0$). 由此可见, 当不完全多重共线性发生时, $\hat{\beta}_{\rm LS}$ 作为 β 的估计, 精度很差.

1.1.8.2 多重共线性的诊断及严重程度的度量

对于多重共线性的诊断及严重程度的度量, 常用的方法有特征分析法、条件数法、方差扩大因子法等, 可参见文献 (陈希孺等, 1987). 这里简要介绍特征分析法和条件数法.

若 X 发生多重共线性, 则 $X'X$ 至少有一个特征根接近于 0. 不妨设 $\lambda_{r+1},\cdots,\lambda_{k+1}\approx 0$, 记 $\alpha_{r+1},\cdots,\alpha_{k+1}$ 为 $\lambda_{r+1},\cdots,\lambda_{k+1}$ 对应的标准正交化特征向量, 则有

$$
X\alpha_j\approx 0,\quad j=r+1,\cdots,k+1
$$

故此, 根据 $X'X$ 的特征根是否有接近于 0 者, 可以判断是否发生多重共线性, 且能够给出具体的多重共线性关系, 这就是特征分析法.

然而, $X'X$ 的特征根受到量纲的影响, 它们取值多大时认为很接近于 0 是难以判定的. 为此, 人们定义矩阵 $X'X$ 的条件数为 $v=\lambda_1/\lambda_{k+1}$. 显然, 条件数消除了量纲的影响, 度量了 $X'X$ 特征根的散布程度. 经验表明, 若 $0<v<100$, 则可以认为没有多重共线性; 若 $100\leqslant v\leqslant 1000$, 则认为多重共线性明显存在; 若 $v>1000$, 则认为存在严重的多重共线性.

1.1.8.3 多重共线性的处理方法

由 1.1.8.1 节的讨论知, 即使只发生不完全多重共线性, 最小二乘估计 $\hat{\beta}_{\mathrm{LS}}$ 的精度也是很差的. 而由高斯-马尔可夫定理知, $\hat{\beta}_{\mathrm{LS}}$ 已是所有线性无偏估计中精度最佳者. 故此, 在发生多重共线性的线性模型中, 线性无偏估计总是面临精度不好的问题. 因此, 对于多重共线性的处理, 人们通常考虑两种手段.

(1) 对于原模型作一些修改, 以清除模型中的多重共线性, 如删除一些不重要的解释变量.

(2) 放弃无偏性, 考虑使得均方误差较小的有偏估计. 近几十年来, 人们提出了许多有价值的有偏估计, 如岭估计 (Hoerl et al., 1970)、Stein 估计 (Stein, 1956)、主成分估计 (Massy, 1965) 等.

下面简要介绍主成分估计.

先介绍主成分的概念. 设 $X=(X_1,\cdots,X_k)'$ 是一个随机向量, $EX=0$, $\mathrm{Cov}(X,X)=\Sigma$. X 的主成分是 X 的一些线性组合, 要求尽可能少的线性组合尽可能多地包含 X 中的信息, 且各个线性组合的信息互不重叠. 将这个想法用数学形式表达出来, 就是求解极值问题.

$$\max_{\alpha\in c_1}\mathrm{Var}(\alpha'X),\max_{\alpha\in c_2}\mathrm{Var}(\alpha'X),\cdots,\max_{\alpha\in c_m}\mathrm{Var}(\alpha'X) \tag{1.1.26}$$

其中, $c_i=\big\{\alpha:\alpha'\alpha=1$ 且 $\mathrm{Cov}(\alpha'X,\gamma^{(1)'}X)=\cdots=\mathrm{Cov}(\alpha'X,\gamma^{(i-1)'}X)=0\big\},i=2,\cdots,m$, $c_1=\{\alpha:\alpha'\alpha=1\},\gamma^{(i)}$ 是第 i 个极值问题的解, $\gamma^{(i)'}X$ 就称为 X 的第 i 个主成分. 注意到 $\mathrm{Var}(\alpha'X)=\alpha'\Sigma\alpha,\mathrm{Cov}(\alpha'X,\gamma'X)=\alpha'\Sigma\gamma$, 则由矩阵知识易得 X 的第 i 个主成分就是 $\varphi_i'X,i=1,\cdots,m$, 其中, $\varphi_1,\cdots,\varphi_k$ 是 Σ 的标准正交化特征向量, 依次对应 Σ 的特征根为 $\lambda_1,\lambda_2,\cdots,\lambda_m,\lambda_{m+1},\cdots,\lambda_k$ 且 $\lambda_1\geqslant\lambda_2\geqslant\cdots\geqslant\lambda_m>0=\lambda_{m+1}=\cdots=\lambda_k$.

当 Σ 未知时, 我们可根据 x 的样本 $x_1,\cdots,x_n$ 求得 Σ 的估计 $\hat{\Sigma}$. 若记 $\hat{\varphi}_1,\cdots,\hat{\varphi}_k$ 是 $\hat{\Sigma}$ 的标准正交化特征向量 (依次对应 $\hat{\Sigma}$ 由大到小的特征值), 则 n 维向量 $(x_1-\bar{x},\cdots,x_n-\bar{x})'\hat{\varphi}_i$ 称为 x 的第 i 个样本主成分, $i=1,\cdots,k$, 其中, $\bar{x}=\dfrac{1}{n}\sum\limits_{j=1}^{n}x_j$.

将线性模型 $Y=X\beta+\varepsilon$ 改写成下述形式:

$$Y=\beta_0^*\mathbf{1}+X^*(\beta_1,\cdots,\beta_k)'+\varepsilon \tag{1.1.27}$$

其中, X^* 由解释变量样本 $X_1,\cdots,X_k$ 中心化所得, 即 $X^*=(X_1-\mathbf{1}\bar{x}_1,\cdots,X_k-\mathbf{1}\bar{x}_k)$(见 1.1.1.4 节). 注意到上述线性模型的两种形式中 $\beta_1,\cdots,\beta_k$ 是相同的参数,

而 $\beta_0^*=\beta_0+\beta_1\bar{x}_1+\cdots+\beta_k\bar{x}_k$. 此外, 易证 $X=(\mathbf{1},X_1,\cdots,X_k)$ 列满秩当且仅当 X^* 列满秩, 所以 X 中发生多重共线性当且仅当 X^* 中发生多重共线性.

β_0^* 的估计仍可取其一般最小二乘估计. 事实上, $(\beta_0^*,\ \beta_1,\ \cdots,\ \beta_k)'$ 的一般最小二乘估计为 $\hat{\beta}_0^*=\overline{Y}$, $(\hat{\beta}_1,\ \cdots,\ \hat{\beta}_k)'=(X^{*'}\ X^*)^{-1}X^{*'}\ Y$ 其协方差矩阵为

$$\sigma^2\begin{pmatrix} 1/n & 0 \\ 0 & (X^{*'}X^*)^{-1} \end{pmatrix}$$

可见, $\mathrm{Var}(\hat{\beta}_0^*)=\mathrm{Var}(\bar{Y})=\dfrac{\sigma^2}{n}$, $\hat{\beta}_0^*$ 的方差并不受多重共线性的影响, 而 $\hat{\beta}_1,\cdots,\hat{\beta}_k$ 的方差则由于 X^* 中的多重共线性会变得很大. 故此, 不失一般性, 我们在上述中心化的模型下讨论 $(\beta_1,\cdots,\beta_k)'$ 的主成分估计.

为了避免 X^* 中多重共线性的影响, 我们不直接对原来的 k 个自变量 $(X_1,\cdots,X_k)$ 进行回归, 而是对另外一些变量进行回归, 要求这些变量既与 $X_1,\cdots,X_k$ 有密切的联系, 又不能发生样本列之间的多重共线性. 主成分的思想恰好能满足这些要求. 故此, 可以用 Y 对 $X_1,\cdots,X_k$ 的样本主成分进行回归. 注意到 $X^{*'}X^*/n$ 就是 $X_1,\cdots,X_k$ 的协方差阵 Σ 的一个估计. 记 $\varphi_1,\cdots,\varphi_k$ 是 $X^{*'}X^*$ 的标准正交化特征向量, 分别对应其特征根 $\lambda_1\geqslant\lambda_2\geqslant\cdots\geqslant\lambda_k$. 另记 $Z_j=X^*\varphi_j$, 则 $Z_1,\cdots,Z_k$ 就是 $X_1,\cdots,X_k$ 的第 1 个至第 k 个样本主成分.

由于 X^* 中存在多重共线性, 所以 $X^{*'}X^*$ 的特征根中有一部分很小, 不妨设后 $k-r$ 个很小, 即 $\lambda_{r+1},\cdots,\lambda_k\approx 0$. 由于 $\bar{z}_j\hat{=}\dfrac{1}{n}\mathbf{1}'Z_j=\dfrac{1}{n}\mathbf{1}'X^*\varphi_j=0$, 所以

$$\sum_{i=1}^{n}(z_{ij}-\bar{z}_j)^2=Z_j^{'}Z_j=\varphi_j^{'}X^{*'}X^*\varphi_j=\varphi_j^{'}(\lambda_j\varphi_j)=\lambda_j\approx 0$$

其中, $j=r+1,\cdots,k$. 这意味着, 对于 $j=r+1,\cdots,k,Z_j$ 的 n 个元素的取值波动很小, 故而可将它们的作用并入常数项. 故可以对下述新的回归模型进行最小二乘拟合:

$$Y=\beta_0^*\mathbf{1}+Z_{(1)}\beta_{(1)}^*+\varepsilon,\quad E(\varepsilon)=0,\quad \mathrm{Cov}(\varepsilon,\varepsilon)=\sigma^2 I \tag{1.1.28}$$

其中, $Z_{(1)}=(Z_1,\cdots,Z_r)$. 注意到中心化的原模型

$$\begin{aligned} Y&=\beta_0^*\mathbf{1}+X^*(\beta_1,\cdots,\beta_k)'+\varepsilon \\ &=\beta_0^*\mathbf{1}+X^*\varPhi\varPhi'(\beta_1,\cdots,\beta_k)'+\varepsilon \\ &=\beta_0^*\mathbf{1}+Z_{(1)}\beta_{(1)}^*+Z_{(2)}\beta_{(2)}^*+\varepsilon \end{aligned}$$

其中, $Z_{(2)}=(Z_{r+1},\cdots,Z_k)$, $\beta_{(1)}^*=\varPhi_{(1)}'(\beta_1,\cdots,\beta_k)'$, $\beta_{(2)}^*=\varPhi_{(2)}'(\beta_1,\cdots,\beta_k)'$. $\varPhi=(\varphi_1,\cdots,\varphi_k)=(\varPhi_{(1)},\varPhi_{(2)})$. 故此, 对新模型进行拟合, 相当于在原模型中取

$\hat{\beta}^*_{(2)} = 0$, 然后再使用一般最小二乘法求 $\hat{\beta}^*_{(1)}$ 的估计. 由于 $(\mathbf{1}, Z_{(1)})'(\mathbf{1}, Z_{(1)}) = \begin{pmatrix} n & \mathbf{1}'X^*\Phi_{(1)} \\ \Phi'_{(1)}X^{*'}\mathbf{1} & \Phi'_{(1)}X^{*'}X^*\Phi_{(1)} \end{pmatrix} = \begin{pmatrix} n & 0 \\ 0 & \Lambda_{(1)} \end{pmatrix}$, 其中, $\Lambda_{(1)} = \begin{pmatrix} \lambda_1 & & 0 \\ & \ddots & \\ 0 & & \lambda_r \end{pmatrix}$.

所以

$$\hat{\beta}^*_{(1)} = \Lambda^{-1}_{(1)} Z'_{(1)} Y = \Lambda^{-1}_{(1)} \Phi'_{(1)} X^{*'} Y$$

注意到 $(\beta_1, \cdots, \beta_k)' = \Phi \begin{pmatrix} \beta^*_{(1)} \\ \beta^*_{(2)} \end{pmatrix}$, 从而有 $(\beta_1, \cdots, \beta_k)'$ 的主成分估计:

$$\tilde{\beta} = \Phi \begin{pmatrix} \hat{\beta}^*_{(1)} \\ \hat{\beta}^*_{(2)} \end{pmatrix} = \Phi \begin{pmatrix} \hat{\beta}^*_{(1)} \\ 0 \end{pmatrix} = \Phi_{(1)} \hat{\beta}^*_{(1)} = \Phi_{(1)} \Lambda^{-1}_{(1)} \Phi'_{(1)} X^{*'} Y \tag{1.1.29}$$

可以证明, $(\beta_1, \cdots, \beta_k)$ 的主成分估计 $\tilde{\beta}$ 具有如下性质:

(1) $\tilde{\beta} = \Phi_{(1)} \Phi'_{(1)} \hat{\beta}_{\text{LS}}$, 其中, $\hat{\beta}_{\text{LS}}$ 是 β 的普通最小二乘估计;

(2) $E(\tilde{\beta}) = \Phi_{(1)} \Phi'_{(1)} \beta$, 故只要 $r < k, \tilde{\beta}$ 就是有偏估计;

(3) $\left\|\tilde{\beta}\right\| < \left\|\hat{\beta}_{\text{LS}}\right\|$, 当 $r < k$ 时;

(4) 当设计矩阵 X 中存在多重共线性时, 适当选择 r, 可使得当 β 属于某个集合时,

$$MSE(\tilde{\beta}) < MSE(\hat{\beta}_{\text{LS}})$$

r 的选择通常有两种方法: ① 删去特征根很接近于 0 的主成分; ② 选择 r, 使得 $\sum_{j=1}^{r} \lambda_j \Big/ \sum_{j=1}^{k} \lambda_j$ 达到一个预先给定的值, 如 75%, 80%等.

1.2　混合线性模型

1.2.1　模型定义

在许多实际数据中, 如重复测量数据 (Repeated Measurement Data)、纵向数据 (Logitudinal Data) 或面板数据 (Panel Data)、分层数据 (Hierarchical Data) 及聚集数据 (Clustered Data), 我们需要了解个体之间存在的差异及差异的大小. 以往的线性模型已经不能很好地描述这样的数据结构和特征, 此时可以在线性模型中引入随机效应, 以反映这种特征. 由此产生的模型称为混合线性模型 (Mixed Linear Model).

假设 y_{ij} 表示第 j 个个体的第 i 次观测, 它可以表示为

$$y_{ij} = x'_{ij}\beta + z'_{ij}u_j + \varepsilon_{ij}, \quad j = 1, \cdots, n; i = 1, \cdots, r \tag{1.2.1}$$

其中, $x_{ij}' = (x_{ij1}, \cdots, x_{ijp}) \in P^p$ 表示固定参数 $\beta \in \mathbf{R}^p$ 对应的解释性变量. $z'_{ij} = (z_{ij1}, \cdots, z_{ijm}) \in \mathbf{R}^m$ 表示随机效应 $u_j = (u_{j1}, \cdots, u_{jm})$ 对应的解释变量. ε_{ij} 为随机误差, 一般假设

$$\varepsilon_{ij} \sim (0, \sigma^2), \quad u_j \sim (0, \Sigma_0)$$

$\varepsilon_{ij}(i = 1, \cdots, n, j = 1, \cdots, r)$ 相互独立, $u_1, \cdots, u_r$ 相互独立. 令

$$y_j = (y_{1j}, \cdots, y_{nj})', \quad X_j = (x_{1j}, \cdots, x_{nj})', \quad z_j = (z_{1j}, \cdots, z_{rj})', \quad \varepsilon_j = (\varepsilon_{1j}, \cdots, \varepsilon_{nj})'$$

则模型 (1.2.1) 可以写为

$$y_j = X_j\beta + z_ju_j + \varepsilon_j, \quad j = 1, \cdots, r \tag{1.2.2}$$

模型 (1.2.2) 可以扩展为更一般的混合线性模型:

$$Y = X\beta + ZU + \varepsilon \tag{1.2.3}$$

其中, Y 为 $N \times 1$ 观测变量, $N = nr, X \in \mathbf{R}^{N\times p}$ 为固定参数 $\beta \in \mathbf{R}^p$ 的设计矩阵, $Z \in \mathbf{R}^{N\times q}$ 为随机效应 $U \in \mathbf{R}^q$ 的设计矩阵, ε 为随机误差, 其有更一般的假设:

$$E\varepsilon = 0, \quad \mathrm{Cov}(\varepsilon) = R > 0, \quad \mathrm{Cov}(U) = \Sigma$$

因此模型 (1.2.3) 中的 Y 具有如下的结构:

$$EY = X\beta, \quad \mathrm{Cov}(Y) = V(\theta) = Z\Sigma Z' + R$$

其中, θ 表示 $Z\Sigma Z' + R$ 中的未知参数, 它反映了随机效应 U 及随机误差 ε 中方差及协方差参数, 而 β 为固定效应参数, 在模型 (1.2.2) 中 $R = \sigma^2 I_N$.

1.2.2 固定效应及随机效应的估计

令 $e = ZU + \varepsilon$, 则 $Ee = 0, \mathrm{Cov}(e) = V(\theta) = Z\Sigma Z' + R$. 假设 Σ 及 R 是已知的, 则 β 的估计可以通过 GLS(Generalized Least Square) 估计方法求得, 即

$$\hat{\beta} = (X'V^{-1}X)^{-1}X'V^{-1}Y \tag{1.2.4}$$

这时假设 $V(\theta)=Z\Sigma Z'+R$ 是可逆的. 一般情况下, θ 是未知的, 此时常用的方法是给出 θ 的一个估计 (最好是相合估计), 然后代入式 (1.2.4) 中, 可得到 β 的一个两步估计:

$$\hat{\beta}_{\text{2-stage}}=(X'V^{-1}(\hat{\theta})X)^{-1}X'V^{-1}(\hat{\theta})Y$$

两步估计在计量经济模型, 特别是面板数据模型中经常使用. 只有当 $\hat{\theta}$ 是 θ 的相合估计时, $\hat{\beta}_{\text{2-stage}}$ 才是一个 β 的相合估计.

在模型 (1.2.3) 中, U 是一个不可观测的随机变量, 我们可以给出 U 的一个估计, 称为预测. 可以证明 U 的一个最佳线性无偏预测 (BLUP) 是

$$\hat{U}=\Sigma Z'V^{-1}(Y-X\hat{\beta}) \tag{1.2.5}$$

Haville (1977) 同时考虑给出 β 及 U 的估计时, 可以通过下面的混合模型方程 (Mixed Model Equation) 导出:

$$\begin{bmatrix} X'R^{-1}X & X'R^{-1}Z \\ Z'R^{-1}X & Z'R^{-1}Z+\Sigma^{-1} \end{bmatrix}\begin{bmatrix} \beta^* \\ U^* \end{bmatrix}=\begin{bmatrix} X'R^{-1}Y \\ Z'R^{-1}Y \end{bmatrix} \tag{1.2.6}$$

可以证明式 (1.2.6) 的解等价于式 (1.2.4) 及式 (1.2.5) 给出的估计, 这时假设 $R>0, \Sigma>0$.

1.2.3 参数的极大似然估计

极大似然估计方法是利用模型 (1.2.3) 的似然函数给出参数 β 和 θ 的估计. 要给出极大似然估计, 必须对 U 及 ε 分布作出假设. 在正态分布假设下, 模型 (1.2.3) 的对数似然函数 (省略常数项后) 为

$$L(\beta,\theta|Y)=-\frac{1}{2}\log|V(\theta)|-\frac{1}{2}(Y-X\beta)'V^{-1}(\theta)(Y-X\beta) \tag{1.2.7}$$

令 Ω 为参数 θ 的取值空间, 则 β 及 θ 的极大似然估计 $\hat{\beta}$ 及 $\hat{\theta}$ 为满足

$$L(\hat{\beta},\hat{\theta}|Y)=\sup_{\beta,\theta\in\Omega}L(\beta,\theta|Y)$$

的解. 假定 β 及 θ 的极大似然估计 (MLE) 存在, 则 β,θ 的极大似然估计可以通过两步求出: 首先固定 θ, 则通过极大化式 (1.2.7) 可以得到 β 的 MLE 为

$$\hat{\beta}(\theta)=(X'V^{-1}(\theta)X)^{-1}X'V^{-1}(\theta)Y$$

其次将 $\hat{\beta}(\theta)$ 代入 $L(\beta,\theta|Y)$ 中, 得到

$$L^*(\theta|Y)=L(\hat{\beta}(\theta),\theta|Y)$$

通过极大化 $L^*(\theta|Y)$ 即可求出 θ 的极大似然估计. 一般情况下, 对 θ 的 MLE 只能通过迭代算法求. 下面我们简要介绍 Newton-Raphson 算法的基本思想. 当 θ 的 MLE 存在时, 它满足下列似然方程:

$$\frac{\partial L^*(\theta|Y)}{\partial\theta}=0$$

将上式在 θ_0 处按 Taylor 级数展开:

$$\left.\frac{\partial L^*(\theta|Y)}{\partial\theta}\right|_{\theta=\theta_0}+\left.\frac{\partial^2 L^*(\theta|Y)}{\partial\theta\partial\theta'}\right|_{\theta=\theta_0}(\theta-\theta_0)=0$$

因此有

$$\theta-\theta_0=-\left[\left.\frac{\partial^2 L^*(\theta|Y)}{\partial\theta\partial\theta'}\right|_{\theta=\theta_0}\right]^{-1}\left.\frac{\partial L^*(\theta|Y)}{\partial\theta}\right|_{\theta=\theta_0}\tag{1.2.8}$$

令 $A(\theta_0,Y)=-\left.\frac{\partial^2 L^*(\theta|Y)}{\partial\theta\partial\theta'}\right|_{\theta=\theta_0}$, $b(\theta_0,Y)=\left.\frac{\partial L^*(\theta|Y)}{\partial\theta}\right|_{\theta=\theta_0}$, 则式 (1.2.8) 变为 $\theta=\theta_0+A^{-1}(\theta_0,Y)b(\theta_0,Y)$, 因此 Newton-Raphson 迭代算法公式为

$$\theta^{(m+1)}=\theta^{(m)}+A^{-1}(\theta^{(m)},Y)b(\theta^{(m)},Y)\tag{1.2.9}$$

其中, $\theta(m)$ 为第 m 步迭代时 θ 的解. 当 θ 的一个初始值 $\theta^{(0)}$ 给定后, 可以由式 (1.2.9) 得到 $\theta^{(1)}$, 进而得到 $\theta^{(2)},\cdots$. 一直迭代下去, 直到 θ 收敛为止. 式 (1.2.9) 右边的 $A^{-1}(\theta^{(m)},Y)b(\theta^{(m)},Y)$ 可以看成是对前一步 $\theta^{(m)}$ 的一个修正量, 当 $\theta^{(m)}$ 接近真实值时, $b(\theta^{(m)},Y)\approx 0$ 迭代收敛. Fisher-Scoring 算法类似于上面的迭代过程, 但式 (1.2.9) 中的 A 变为 $E\left[-\frac{\partial^2 L^*(\theta|Y)}{\partial\theta\partial\theta'}\right]$, 即参数 θ 的信息矩阵 $I(\theta)$. 在混合线性模型中, θ 的信息矩阵 $I(\theta)$ 的第 ij 个元素为

$$I_{ij}(\theta)=-\frac{1}{2}\mathrm{tr}\left[V^{-1}\left(\frac{\partial V}{\partial\theta_i}\right)V^{-1}\left(\frac{\partial V}{\partial\theta_j}\right)\right]$$

1.2.4 限制极大似然估计

在混合线性模型的极大似然估计中, 其缺点之一是在估计 θ 时没有考虑到估计 β 后引起的自由度的损失, 其结果是得到的估计是有偏的. 在一般情况下, 这种偏差会比较大. 为此 Patterson 和 Thompson(1971) 提出了一种修正方法, 称为限制极大似然 (Restricted Maximum Likelihood, REML) 估计.

REML 估计的基本思想是, 通过对原模型做适当的变换, 使得新模型下与参数 β 有关部分被消去, 仅保留有关 θ 的信息. 需要注意的是, 这个变换下, 对原

模型方程两端的变换方式是完全相同的, 所以, REML 估计并不是改变原模型, 而仅是从原模型中提取有关 θ 的那部分信息, 从而避免 θ 的估计过程受到其他参数 (如 β) 估计过程的干扰, 提高 θ 的估计精度.

在混合线性模型下, 设 $X_\perp$ 是以 X 的列空间 $L(X)$ 的正交补空间的一组基作为列向量所形成的矩阵, 则显然有 $X'_\perp X = 0$. 为了估计 θ, 在混合线性模型两边均左乘 $X_\perp{}'$, 得到

$$X'_\perp Y = X'_\perp ZU + X'_\perp \varepsilon$$

记 $Y^* = X'_\perp Y$, 则 Y^* 的联合密度

$$\begin{aligned} p(Y^*;\theta) &= (2\pi)^{-(n-p^*)/2}|X'_\perp V(\theta)X_\perp|^{-1/2}\exp\left\{-\frac{1}{2}Y^{*'}(X'_\perp V(\theta)X_\perp)^{-1}Y^*\right\} \\ &= (2\pi)^{-(n-p^*)/2}|X'_\perp V(\theta)X_\perp|^{-\frac{1}{2}}\exp\left\{-\frac{1}{2}Y'X_\perp(X'_\perp V(\theta)X_\perp)^{-1}X'_\perp Y\right\} \end{aligned}$$

其中, p^* 为 X 的秩. 从而在线性混合模型下, 基于 $Y^* = X_\perp{}'Y$ 的对数似然函数

$$L_R(\theta|Y^*) = -\frac{n-p^*}{2}\log(2\pi) - \frac{1}{2}\log|X'_\perp V(\theta)X_\perp| - \frac{1}{2}Y^{*'}(X'_\perp V(\theta)X_\perp)^{-1}Y^*$$

该似然函数称为限制对数似然函数, 而 REML 估计正是通过极大化该似然函数得到. 下面简述 θ 的 REML 估计求取过程. θ 的 REML 估计若存在, 则必满足 $\dfrac{\partial L_R(\theta|Y^*)}{\partial\theta} = 0$. 该方程的求解可使用 Newton-Raphson 迭代法, 类似于 MLE 的求取过程, 可导出算法公式

$$\theta^{(m+1)} = \theta^{(m)} + A_R^{-1}(\theta^{(m)}, Y)b_R(\theta^{(m)}, Y)$$

其中, $A_R(\theta, Y) = -\dfrac{\partial^2 L_R(\theta|Y^*)}{\partial\theta\partial\theta^{\mathrm{T}}}$, $b_R(\theta, Y) = \dfrac{\partial L_R(\theta|Y^*)}{\partial\theta}$, $\theta^{(m)}$ 为第 m 步迭代时 θ 的解. 选定 θ 的一个初始值 $\theta^{(0)}$ 后, 可以由上述迭代式获取每一步迭代后 θ 的解, 直至 $b_R(\theta^{(m)}, Y) \approx 0$.

Fisher-Scoring 算法类似于上述迭代过程, 但迭代式中的 $A_R(\theta, Y)$ 应更换为 $-E\left\{\dfrac{\partial^2 L_R(\theta|Y^*)}{\partial\theta\partial\theta'}\right\}$, 即参数 θ 在限制对数似然函数 $L_R(\theta|Y^*)$ 下的信息矩阵 $I_R(\theta)$, 其第 ij 个元素为 $\dfrac{1}{2}\mathrm{tr}\left[P\dfrac{\partial V}{\partial\theta_i}P\dfrac{\partial V}{\partial\theta_j}\right]$, 其中,

$$P = X_\perp(X'_\perp VX_\perp)^{-1}X'_\perp = V^{-1} - V^{-1}X(X'V^{-1}X)^{-1}X'V^{-1}$$

获得 θ 的 REML 估计 $\hat\theta_R$ 后, 即可获得 β 的估计

$$\hat\beta_R = (X'V^{-1}(\hat\theta_R)X)^{-1}X'V^{-1}(\hat\theta_R)Y$$

注意, 虽然 X 的列空间的正交补空间中基的选取方式并不唯一 (即 $X_\perp$ 不唯一), 但 θ 的 REML 估计并不依赖于 $X_\perp$ 的选取方式. 事实上, 若 $X_\perp$ 和 $X_\perp^{(1)}$ 为 X 的列空间的正交补空间中两组基分别作为列向量形成的矩阵, 则必存在可逆方阵 B, 使得 $X_\perp^{(1)} = X_\perp B$. 基于 $Y_1^* = X_\perp^{(1)} Y$ 所得限制对数似然函数为

$$
\begin{aligned}
L_R(\theta|Y_{(1)}^*) = & -\frac{n-p^*}{2}\log(2\pi) - \frac{1}{2}\log|X_\perp^{(1)\prime}V(\theta)X_\perp^{(1)}| \\
& -\frac{1}{2}Y_{(1)}^{*}{}'(X_\perp^{(1)\prime}V(\theta)X_\perp^{(1)})^{-1}Y_{(1)}^* \\
= & -\frac{1}{2}\log|B'B| + L_R(\theta|Y^*)
\end{aligned}
$$

其中, $L_R(\theta|Y^*)$ 是基于 $Y^* = X_\perp' Y$ 所得限制对数似然函数. 注意到 $-\frac{1}{2}\log|B'B|$ 是与 θ 无关的常数, 知 θ 的 REML 估计不依赖于 $X_\perp$ 的选取方式.

1.2.5 方差分量模型

方差分量模型 (Variance Component Model) 可表示为

$$
Y = X\beta + U_1\Im_1 + U_2\Im_2 + \cdots + U_k\Im_k \tag{1.2.10}
$$

其中, $\Im_i \sim N(0, \sigma_i^2 I_{r_i}), i = 1, \cdots, k, \Im_1, \cdots, \Im_k$ 相互独立, $U_k = I_N$. 因此 $U_k\Im_k$ 对应于线性混合模型中的随机误差. 令 $Z = (U_1, \cdots, U_{k-1}), u = (\Im_1{}', \cdots, \Im_{k-1}{}')'$, $\varepsilon = \Im_k$, 则模型 (1.2.10) 可以写为模型 (1.2.3) 的形式, 即方差分量模型是线性混合模型的特殊形式, $V(\theta) = \mathrm{Cov}(Y) = \sum_{i=1}^{k}\sigma_i^2 U_i U_i{}' = \sum_{i=1}^{k}\sigma_i^2 V_i$, 其中, $V_i \hat{=} U_i U_i{}', \theta = (\sigma_1^2, \cdots, \sigma_k^2)'$. 假设 $V(\theta) > 0$, 则 (β, θ) 对数似然函数为

$$
L(\beta, \theta|Y) = -\ln|V(\theta)| - \mathrm{tr}[V^{-1}(\theta)(Y - X\beta)(Y - X\beta)'] \tag{1.2.11}
$$

下面基于似然函数方程 (1.2.11) 给出参数 β 及 θ 的 MLE 的迭代算法. 假定 (β, θ) 的 MLE 存在, 则对式 (1.2.11) 求导可得

$$
\begin{aligned}
\frac{\partial L(\beta, \theta|Y)}{\partial \beta} &= -2X'V^{-1}(\theta)X\beta + 2X'V^{-1}(\theta)Y \\
\frac{\partial L(\beta, \theta|Y)}{\partial \sigma_i^2} &= -\mathrm{tr}(V_iV^{-1}(\theta)) + \mathrm{tr}[V^{-1}(\theta)V_iV^{-1}(\theta)(Y - X\beta)(Y - X\beta)'] \\
& \quad i = 1, 2, \cdots, k
\end{aligned}
$$

令其为零, 可得到似然方程:

$$
\begin{cases}
X'V^{-1}(\theta)X\beta = X'V^{-1}(\theta)Y \\
\mathrm{tr}(V_iV^{-1}(\theta)) = (Y - X\beta)'V^{-1}(\theta)V_iV^{-1}(\theta)(Y - X\beta)
\end{cases} \tag{1.2.12}
$$

假设 $X'V^{-1}(\theta)X$ 可逆, 则

$$\hat{\beta} = (X'V^{-1}(\theta)X)^{-1}X'V^{-1}(\theta)Y \tag{1.2.13}$$

将其代入式 (1.2.12) 的第二项, 得到

$$\mathrm{tr}(V_iV^{-1}(\theta)) = Y'(I-P_*)'V^{-1}(\theta)V_iV^{-1}(\theta)(I-P_*)Y \tag{1.2.14}$$

其中, $P_* = X(X'V^{-1}(\theta)X)^{-1}X'V^{-1}(\theta)$, 利用 $V^{-1}(\theta)V(\theta) = I_N$ 以及 $V(\theta) = \sum_{j=1}^{k} V_j\sigma_j^2$, 式 (1.2.14) 左边可以写为

$$\mathrm{tr}(V_iV^{-1}(\theta)) = \mathrm{tr}(V_iV^{-1}(\theta)V(\theta)V^{-1}(\theta)) = \sum_{j=1}^{k}\mathrm{tr}(V_iV^{-1}(\theta)V_jV^{-1}(\theta))\sigma_j^2$$

因此式 (1.2.14) 可以表示为

$$\sum_{j=1}^{k}\mathrm{tr}(V_iV^{-1}(\theta)V_jV^{-1}(\theta))\sigma_j^2 = Y'(I-P_*)'V^{-1}(\theta)V_iV^{-1}(\theta)(I-P_*)Y$$

若记 $H(\theta) = (h_{ij}(\theta))_{k\times k}, h_{ij}(\theta) = \mathrm{tr}(V_iV^{-1}(\theta)V_jV^{-1}(\theta)), h(\theta,Y) = (h_i(\theta,Y))_{k\times 1}$, $h_i(\theta,Y) = Y'(I-P_*)'V^{-1}(\theta)V_iV^{-1}(\theta)(I-P_*)Y$, 则参数 β 及 θ 的联合求解方程可表示为

$$\begin{cases} (X'V^{-1}(\theta)X)\ \beta = X'V^{-1}(\theta)Y \\ H(\theta)\theta = h(\theta,Y) \end{cases}$$

上式第 2 个方程 θ 求解表示成一个线性方程组的形式, 但注意到 $H(\theta)$, $h(\theta,Y)$ 及 $V(\theta)$ 均依赖于未知参数 θ, 因此 θ 的估计只能通过迭代求解. 令 $\theta^{(m)}$ 表示 θ 的第 m 次迭代解, 则第 $m+1$ 次 θ 的迭代解可以通过

$$\hat{\theta}^{(m+1)} = H^{-1}(\theta^{(m)})h(\theta^{(m)},Y)$$

求出. 只要给出 θ 的初始值 $\theta^{(0)}$, 即可求出 $\theta^{(1)}$, 从而可求出 $\theta^{(2)},\cdots$, 一直迭代下去, 直至 $\left\|\hat{\theta}^{(m+1)} - \hat{\theta}^{(m)}\right\| \leqslant \delta$($\delta$ 为任意给定的收敛标准). 这样, 即可求出 θ 的收敛解 $\hat{\theta}$. 将 $\hat{\theta}$ 代入式 (1.2.13), 可得到 β 的估计. 这种迭代算法是由 Anderson(1973) 提出的, 它的优点是比较直观, 易于编程计算.

对于 $\theta = (\sigma_1^2,\cdots,\sigma_k^2)'$ 的估计, 可以使用 REML 估计方法, 以提高估计的精度. $X_\perp$ 的含义仍如 1.2.4 节, 基于 $Y^* = X_\perp'Y$ 的限制似然函数为

$$L_R(\theta|Y^*) = -\frac{n-p^*}{2}\log(2\pi) - \frac{1}{2}\log|X_\perp'V(\theta)X_\perp| - \frac{1}{2}Y^{*'}(X_\perp'V(\theta)X_\perp)^{-1}Y^*$$

$$
\begin{aligned}
= & -\frac{n-p^*}{2}\log(2\pi)-\frac{1}{2}\log|X_{\perp}{}'V(\theta)X_{\perp}| \\
& -\frac{1}{2}Y'X_{\perp}(X_{\perp}{}'V(\theta)X_{\perp})^{-1}X_{\perp}{}'Y
\end{aligned}
$$

令 $L_R(\theta|Y^*)$ 对 θ 求导并令导数等于 0, 得如下限制极大似然方程组

$$
\begin{aligned}
& \mathrm{tr}[V_iX_{\perp}(X_{\perp}{}'V(\theta)X_{\perp})^{-1}X_{\perp}{}'] \\
= & Y'X_{\perp}(X_{\perp}{}'V(\theta)X_{\perp})^{-1}X_{\perp}{}'V_iX_{\perp}(X_{\perp}{}'V(\theta)X_{\perp})^{-1}X_{\perp}{}'Y
\end{aligned}
$$

$i=1,\cdots,k$. 参数 θ 的 REML 估计若存在, 则必满足上述方程组. 可以证明, 该方程等价于

$$
\sum_{j=1}^{k}\sigma_j^2\mathrm{tr}[V_iV(\theta)^{-1}(I-P_*)V_jV(\theta)^{-1}(I-P_*)]=Y'(I-P_*)'V(\theta)^{-1}V_iV(\theta)^{-1}(I-P_*)Y
$$

$i=1,\cdots,k$, 其中, P_* 的定义与前面相同. 记

$$
h_{ij}^{(R)}(\theta)\hat{=}\mathrm{tr}[V_iV(\theta)^{-1}(I-P_*)V_jV(\theta)^{-1}(I-P_*)],\quad H^{(R)}(\theta)\hat{=}(h_{ij}^{(R)}(\theta))_{k\times k}
$$

则有方程组

$$
H^{(R)}(\theta)\theta=h(\theta,Y)
$$

其中, $h(\theta,Y)$ 的定义与前面相同. 该方程中 $H^{(R)}(\theta)$ 和 $h(\theta,Y)$ 均为 θ 的函数, 故通常无法获得显式解, 但可类似 ML 方程的求解过程, 使用迭代方法, 只是 $H(\theta)$ 更换为 $H^{(R)}(\theta)$.

对方差分量模型, 除 MLE 及 REML 估计之外, 还有其他估计方法, 如 ANOVA 方法、MINQUE(最小范数二次无偏估计) 方法, 以及 EM 算法, MCMC 方法等. 有兴趣的读者可参见相关文献 (Goldstein, 1995; Bryk et al., 1992), 下面给出方差分量模型的一些简单例子.

例 1.2.1 单向分类随机效应模型

$$
y_{ij}=u+\alpha_j+\varepsilon_{ij},\quad i=1,\cdots,n_j;j=1,\cdots,r
$$

这里, α_j 为随机效应, $\alpha_j\sim N(0,\sigma_\alpha^2),\varepsilon_{ij}\sim N(0,\sigma_e^2)$, 所有 $\alpha_j,\varepsilon_{ij}$ 都相互独立, 此时 $V(\theta)=\sigma_e^2I_N+\sigma_\alpha^2\mathrm{diag}(n_1J_{n_1},\cdots,n_rJ_{n_r})$. 其中, $J_{nj}=\mathbf{1}_{n_j}\mathbf{1}_{n_j}'/n_j,N=\sum\limits_{j=1}^{r}n_j$, 可以证明

$$
|V(\theta)|=\sigma_e^{2(N-r)}\prod_{j=1}^{r}(\sigma_e^2+n_j\sigma_\alpha^2)
$$

$$V(\theta)^{-1}=\sigma_e^{-2}I_N+\text{diag}(((\sigma_e^{-2}+n_1\sigma_\alpha^2)^{-1}-\sigma_e^{-2})J_{n_1},\cdots,((\sigma_e^{-2}+n_r\sigma_\alpha^2)^{-1}-\sigma_e^{-2})J_{n_r})$$

因此 (β,θ) 的似然函数为

$$\begin{aligned}L(u,\sigma_e^2,\sigma_\alpha^2|Y)=&-\frac{1}{2}(N-r)\ln\sigma_e^2-\frac{1}{2}\sum_{j=1}^{r}\ln(\sigma_e^2+n_j\sigma_\alpha^2)\\&-\frac{1}{2\sigma_e^2}\sum_{j=1}^{r}\sum_{i=1}^{n_j}(y_{ij}-\bar{y}_j)^2-\frac{1}{2}\sum_{j=1}^{r}\frac{n_j(\bar{y}_j-u)^2}{\sigma_e^2+n_j\sigma_\alpha^2}\end{aligned}$$

当 $n_1=n_2=\cdots=n_r=n$ 时, 参数 u,σ_e^2 及 σ_α^2 可以得到显式解

$$\begin{aligned}\hat{u}&=\bar{y}\\\hat{\sigma}_e^2&=\sum_j\sum_i\frac{(y_{ij}-\bar{y}_j)^2}{r(n-1)}\\\hat{\sigma}_\alpha^2&=\sum_j\sum_i\frac{(\bar{y}_j-\bar{y})^2}{rn}-\frac{\hat{\sigma}_e^2}{n}\end{aligned}$$

但在非平衡情形 (n_j 不等), 参数的估计只能通过迭代求得.

例 1.2.2 双向分类随机交互效应模型

$$\begin{gathered}y_{ijk}=u+\alpha_j+\beta_k+\gamma_{jk}+\varepsilon_{ijk}\\j=1,\cdots,r;\quad k=1,\cdots,m;\quad i=1,\cdots,n\end{gathered}$$

其中, $\alpha_j,\beta_k,\gamma_{jk}$ 均为随机效应. 假设 $\alpha_j\sim N(0,\sigma_\alpha^2),\beta_k\sim N(0,\sigma_\beta^2),\gamma_{jk}\sim N(0,\sigma_\gamma^2),\varepsilon_{ijk}\sim N(0,\sigma_e^2)$, 均相互独立. 该模型可以写为矩阵形式

$$Y=XU+V_1\alpha+V_2\beta+V_3\gamma+\varepsilon$$

其中, $X=\mathbf{1}_r\otimes\mathbf{1}_m\otimes\mathbf{1}_n,V_1=I_r\otimes\mathbf{1}_m\otimes\mathbf{1}_n,V_2=\mathbf{1}_r\otimes I_m\otimes\mathbf{1}_n,V_3=I_r\otimes I_m\otimes\mathbf{1}_n$, 这里, $\mathbf{1}_r$ 表示元素均为 1 的 $r\times1$ 向量, I_r 表示 $r\times r$ 单位矩阵, $\otimes$ 表示 Kronecker 乘积. 在该模型中, 参数 $\beta,\sigma_e^2,\sigma_\alpha^2,\sigma_\beta^2$ 及 σ_γ^2 没有显式解, 只能通过迭代计算给出.

1.3 广义线性模型

1.3.1 模型介绍

广义线性模型是传统线性模型的推广, 为了对广义线性模型的定义有一个更好的了解, 我们首先回顾一下线性模型的形式. 假设 y_i 表示第 i 个观测数据,

$x_i = (x_{i1}, \cdots, x_{ip})'$ 表示与 y_i 有线性关系的解释性变量, 则线性回归模型可以表示为

$$y_i = {x_i}'\beta + \varepsilon_i, \quad i = 1, \cdots, n \tag{1.3.1}$$

其中, ε_i 为随机误差, 它们相互独立, 且 $\varepsilon_i \sim N(0, \sigma^2)$. 模型 (1.3.1) 的一个等价表示为

$$Ey_i = \mu_i = {x_i}'\beta, \quad y_i \sim N(\mu, \sigma^2)$$

即线性模型 (1.3.1) 意味着用解释变量 x_i 的线性函数拟合随机观测值 y_i 的均值, 并假设 y_i 是正态的, 并且具有常数方差.

但在许多数据分析中, 人们发现 y_i 服从正态分布的假设并不一定成立, 它可能服从其他的分布, 如 Poisson 分布、Weibull 分布或其他形式的分布. 有时 y_i 本身并不与 x_i 有很好的线性关系, 而是通过某种形式的变换才可能与 x_i 建立很好的线性关系, 如 Box-Cox 变换模型就是其中的一种解决办法. 如果 y_i 是离散变量, 如 y_i 为 0-1 分布:

$$P(y_i = 1) = p_i, \quad P(y_i = 0) = 1 - p_i$$

那么此时用模型 (1.3.1) 建立线性模型是不可行的, 但拟合 y_i 的均值 $Ey_i = p_i$ 的某个函数可能是合理的.

由 Nelder 和 Wedderburn(1972) 提出的广义线性模型 (Generalized Linear Model, GLM) 理论能够很好地解决模型 (1.3.1) 拟合中存在的问题.

广义线性模型由三个部分构成.

(1) 分布部分: 随机变量 y_i 服从指数族分布

$$f(y_i; \theta_i, \varphi) = \exp\left\{\frac{y_i\theta_i - b(\theta_i)}{\varphi} + c(y_i, \varphi)\right\} \tag{1.3.2}$$

其中, θ_i 随 i 的不同而不同, φ 称为散布参数 (Dispersion Parameter). 指数族分布是一类应用非常广泛的分布族, 它包括指数分布、正态分布、0-1 分布、二项分布、Gamma 分布等常用分布.

(2) 系统部分: 由解释变量 $x_i = (x_{i1}, \cdots, x_{ip})$ 产生的一个线性预测 η_i,

$$\eta_i = {x_i}'\beta \tag{1.3.3}$$

(3) 连接函数: 连接函数指定了系统部分 η_i 与随机变量 y_i 的期望 $Ey_i = \mu_i$ 之间的函数关系,

$$g(\mu_i) = \eta_i = {x_i}'\beta \tag{1.3.4}$$

GLM 的三个部分构成了 GLM 的模型结构, 指数族分布 (1.3.2) 具有较好的统计性质, 并且包含了大部分常用的统计分布. 容易证明:

$$Ey_i = \mu_i = \dot{b}(\theta_i), \quad \mathrm{Var}(y_i) = \ddot{b}(\theta_i)\varphi \tag{1.3.5}$$

这里, $\dot{b}(\theta) = \mathrm{d}b(\theta)/\mathrm{d}\theta, \ddot{b}(\theta) = \mathrm{d}^2 b(\theta)/\mathrm{d}\theta^2$. 由式 (1.3.4) 及式 (1.3.5) 可知

$$\theta_i = \dot{b}^{-1}(\mu_i) = \dot{b}^{-1}(g^{-1}(x_i{}'\beta)) \triangleq h(x_i{}'\beta) \tag{1.3.6}$$

式 (1.3.6) 给出了 θ_i 与 β 的函数关系. 把满足 $h(x) = x$(Identity Function) 时的连接函数 g 称为典则 (Canonical) 连接函数.

例 1.3.1 正态分布下的 GLM.

假设 $y_i \sim N(\mu_i, \sigma^2)$, 则其概率密度函数为

$$\begin{aligned} f(y_i;\theta_i,\varphi) &= (2\pi\sigma^2)^{\frac{1}{2}} \exp\left\{-\frac{1}{2\sigma^2}(y_i - \mu_i)^2\right\} \\ &= \exp\left\{\frac{y_i\mu_i - \mu_i^2}{2\sigma^2} - \frac{1}{2}\frac{y_i^2}{\sigma^2} + \log(2\pi\sigma^2)\right\} \end{aligned}$$

因此 $\theta = \mu, \varphi = \sigma^2$, 且有

$$b(\theta_i) = \frac{\theta_i^2}{2}, \quad c(y_i, \varphi) = -\frac{1}{2}\left\{\frac{y_i^2}{\sigma^2} + \log(2)\pi\sigma^2\right\}$$

由于 $\dot{b}(\theta_i) = \theta_i$, 因此当 $g(x) = x$ 时, $\mu_i = x_i{}'\beta$(典则连接函数). 因此, 在正态分布下, 取 g 为典则连接函数时, GLM 化简为普通线性模型.

例 1.3.2 Logistic 回归.

假设 $y_1, \cdots, y_n$ 为来自二项分布 $B(m, \pi_i)$ 的 n 个相互独立的样本, $x_i = (x_{i1}, \cdots, x_{ip})'$ 为影响 y_i 的解释性变量. y_i 的密度函数为

$$\begin{aligned} f(y_i;\beta) &= \begin{pmatrix} m \\ y_i \end{pmatrix} \pi_i^{y_i}(1-\pi_i)^{m-y_i} \\ &= \exp\left\{y_i \log\left(\frac{\pi_i}{1-\pi_i}\right) + m\log(1-\pi_i) + \log\begin{pmatrix} m \\ y_i \end{pmatrix}\right\} \\ &= \exp\left\{y_i \log\left(\frac{\pi_i}{1-\pi_i}\right) + c(\pi_i, y_i)\right\} \end{aligned}$$

其中, $c(\pi_i, y_i) = m\log(1-\pi_i) + \log\begin{pmatrix} m \\ y_i \end{pmatrix}$, 因此在典则连接函数下

$$\log\left(\frac{\pi_i}{1-\pi_i}\right) = x_i{}'\beta \tag{1.3.7}$$

就是经常使用的 Logistic 式或 Logistic 回归模型.

在社会科学的其他研究中, 许多因变量为具有 3 个或更多类别的无序性离散变量, 如投票选举候选人、选择运输工具、选择攻读的学术专业等. 因变量可用多项 Logistic 模型来分析, 该模型是二项 Logistic 回归分析的扩展. 对于一个具有 $m = 1, 2, \cdots, M$ 个类别的因变量, 可以表述为多项 Logistic 回归模型:

$$\log\left(\frac{P(y=m)}{P(y=M)}\right) = \alpha_m + \sum_{k=1}^{K}\beta_{mk}x_k$$

在多项 Logistic 模型中, 每一模型是由因变量的不重复的类别对的对比形成的, 然后对每一个分别建模. 若因变量有 M 个类别, 则有 $M-1$ 个 Logistic 模型, 其中每一个对数发生比都是一个因变量类别与参照类别的比较. 具体模型表述如下:

$$\log\left(\frac{\Pr(y=1)}{\Pr(y=M)}\right) = \alpha_1 + \sum_{k=1}^{K}\beta_{1k}x_k$$

$$\cdots\cdots$$

$$\log\left(\frac{\Pr(y=m)}{\Pr(y=M)}\right) = \alpha_m + \sum_{k=1}^{K}\beta_{mk}x_k$$

$$\cdots\cdots$$

$$\log\left(\frac{\Pr(y=(M-1))}{\Pr(y=M)}\right) = \alpha_{(M-1)} + \sum_{k=1}^{K}\beta_{(M-1)k}x_k$$

其中, 最后的类别或第 M 个类别为参照组, 多项 Logistic 模型中的 $M-1$ 个 Logistic 模型是同时进行模型估计的. 如果不选择一个特定的参照组, 也可以用 M 个类别中的任何可能的 $M-1$ 个作比较进行分析.

例 1.3.3 Poisson 分布与对数线性模型.

设 $y_1, \cdots, y_n$ 为来自 Poisson 分布的 n 个独立样本, y_i 的密度函数为

$$\begin{aligned} f(y_i;\lambda_i) &= \frac{\lambda_i^{y_i}}{y_i!}\mathrm{e}^{-\lambda_i} = \exp\left(y_i\log\lambda_i - \lambda_i + \log\left(\frac{1}{y_i!}\right)\right) \\ &= \exp(y_i\log\lambda_i + c(y_i,\lambda_i)) \end{aligned}$$

其中, $c(y_i,\lambda_i) = \log\left(\dfrac{1}{y_i!}\right) - \lambda_i$, 如果 $x_i = (x_{i1}, \cdots, x_{ip})'$ 为影响 y_i 的解释性变

量, 在典则连接函数下, 有

$$\log \lambda_i = x_i{}'\beta \tag{1.3.8}$$

即为对数线性模型. 表 1.1 给出了几种常用指数族分布下对应的相关函数特征.

表 1.1 几种常用指数族分布下对应的相关函数特征

分布	正态分布	Poisson 分布	二项分布	Gamma 分布	Inverse Gaussian 分布
记号	$N(\mu,\sigma^2)$	$P(\mu)$	$B(m,\pi)$	$G(\mu,v)$	$IG(\mu,\sigma^2)$
φ	$\varphi=\sigma^2$	1	$\frac{1}{m}$	v^{-1}	σ^2
$b(\theta)$	$\theta^2/2$	e^θ	$\log(1+\mathrm{e}^\theta)$	$-\log(-\theta)$	$-(-2\theta)^{\frac{1}{2}}$
$c(y,\varphi)$	$-\frac{1}{2}\left(\frac{y^2}{4}+\log(2\pi\varphi)\right)$	$-\log\ y!$	$\log\begin{pmatrix} m \\ my \end{pmatrix}$	$v\log(vy)-\log y$ $-L^{\mathrm{T}}\log v$	$-\frac{1}{2}\left\{\log(2\pi\varphi y^3)+\frac{1}{\varphi y}\right\}$
$\mu(\theta)$	θ	$\exp(\theta)$	$\mathrm{e}^\theta/(1+\mathrm{e}^\theta)$	$-1/\theta$	$(-2\theta)^{-\frac{1}{2}}$
连接函数 $\theta(\mu)$	Identity	log	Logistic	reciprocal	$-1/\mu^2$
方差函数 $v(\mu)$	1	μ	$\mu(1-\mu)$	μ^2	μ^3

1.3.2 参数估计

广义线性模型的参数估计使用极大似然估计方法, 假设 $y_1,\cdots,y_n$ 为来自指数族 (1.3.2) 的独立样本, 则 $Y=(y_1,\cdots,y_n)'$ 的对数似然函数为

$$L(\theta,\varphi|Y)=\log\prod_{i=1}^n f(y_i;\theta_i,\varphi)=\sum_{i=1}^n\frac{y_i\theta_i-b(\theta_i)}{\varphi}+\sum_{i=1}^n c(y_i,\varphi) \tag{1.3.9}$$

θ_i 与 $x_i{}'\beta$ 之间的关系由式 (1.3.4) 和式 (1.3.6) 确定. 当 β 的极大似然估计唯一存在时, 它满足似然方程 $\dfrac{\partial L(\theta,\varphi|Y)}{\partial\beta_j}=0$, 即

$$\frac{1}{\varphi}\sum_{i=1}^n(y_i-\dot{b}(\theta_i))\frac{\partial\theta_i}{\partial\beta_j}=0,\quad j=1,\cdots,p \tag{1.3.10}$$

注意到 $\dfrac{\partial\theta_i}{\partial\beta_j}=\dfrac{\mathrm{d}\theta_i}{\mathrm{d}\mu_i}\cdot\dfrac{\mathrm{d}\mu_i}{\mathrm{d}\eta_i}\cdot\dfrac{\mathrm{d}\eta_i}{\mathrm{d}\beta_j};\dfrac{\mathrm{d}\eta_i}{\mathrm{d}\beta_j}=x_{ij}$, 令 $w_i=\left(\dfrac{\mathrm{d}\mu_i}{\mathrm{d}\eta_i}\right)^2\cdot\dfrac{\mathrm{d}\theta_i}{\mathrm{d}\mu_i}$, 则式 (1.3.10) 变为

$$S_j=\sum_{i=1}^n w_i(y_i-\mu_i)\frac{\mathrm{d}\eta_i}{\mathrm{d}\mu_i}x_{ij}=0 \tag{1.3.11}$$

方程 (1.3.11) 非常类似于加权最小二乘方法的估计方程, 但 μ_i,w_i 及 $\dfrac{\mathrm{d}\eta_i}{\mathrm{d}\mu_i}$ 中含有未知参数. 方程 (1.3.11) 必须通过迭代求解, 利用前面讲过的 Fisher-Scoring 方

法, 此时 Fisher 信息阵为

$$A = -E\left(\frac{\partial^2 L}{\partial \beta_j \partial \beta_k}\right)$$

因此

$$\begin{aligned}
A_{jk} &= -E\left(\frac{\partial^2 L}{\partial \beta_j \partial \beta_k}\right) \\
&= -E\left\{\sum_{i=1}^{n}\left[(y_i-\mu_i)\frac{\partial}{\partial \beta_k}\left(w_i\frac{\mathrm{d}\eta_i}{\mathrm{d}\mu_i}x_{ij}\right)+w_i\frac{\mathrm{d}\eta}{\mathrm{d}\mu_i}x_{ij}\frac{\partial}{\partial \beta_k}(y_i-\mu_i)\right]\right\} \\
&= \sum_{i=1}^{n} w_i\frac{\mathrm{d}\eta_i}{\mathrm{d}\mu_i}x_{ij}\left(\frac{\mathrm{d}\mu_i}{\mathrm{d}\beta_k}\right) \\
&= \sum_{i=1}^{n} w_i\frac{\mathrm{d}\eta_i}{\mathrm{d}\mu_i}x_{ij}\frac{\mathrm{d}\mu_i}{\mathrm{d}\eta_i}\cdot\frac{\mathrm{d}\eta_i}{\mathrm{d}\beta_k} \\
&= \sum_{i=1}^{n} w_i x_{ij} x_{ik}
\end{aligned}$$

因此 β 在 $m+1$ 次的迭代解为

$$\beta^{(m+1)} = \beta^{(m)} + (X'WX)^{-1}X'WS \tag{1.3.12}$$

其中, $W=\mathrm{diag}(w_1,\cdots,w_n), S=(s_1,\cdots,s_n)', s_i=\dfrac{\mathrm{d}\eta_i}{\mathrm{d}\mu_i}(y_i-\mu_i)$, 式 (1.3.12) 右边第二项中的参数在 $\beta^{(m)}$ 处取值. 式 (1.3.12) 还可以写为

$$\begin{aligned}
\beta^{(m+1)} &= (X'WX)^{-1}X'W(X\beta^{(m)}+S) \\
&= (X'WX)^{-1}X'WZ
\end{aligned} \tag{1.3.13}$$

其中, $Z=X\beta^{(m)}+S$ 称为工作变量 (Working Variable). 式 (1.3.13) 可以看成是一个加权最小二乘估计. 因此广义线性模型中参数 β 的估计也称为迭代加权最小二乘估计 (Reweighted Least Square Estimation). 对典则连接函数 $\dfrac{\mathrm{d}\eta_i}{\mathrm{d}\mu_i}=1, w_i=\left(\dfrac{\mathrm{d}\mu_i}{\mathrm{d}\eta_i}\right)^2\dfrac{\mathrm{d}\theta_i}{\mathrm{d}\mu_i}=\dfrac{\mathrm{d}\theta_i}{\mathrm{d}\mu_i}$, 此时 Fisher-Scoring 方法等价于 Newton-Raphson 方法.

如果 φ 不为常数, 那么其极大似然估计可以用类似于正态线性模型对方差参数的 MLE 估计的方法求出. 可以证明:

$$-E\left(\frac{\partial^2 L}{\partial \beta \partial \beta'}\right)=\frac{X'WX}{\varphi}, \quad -E\left(\frac{\partial^2 L}{\partial \beta \partial \varphi}\right)=0$$

由 MLE 估计的大样本估计理论, $\hat{\beta}$ 的渐近方差为

$$\mathrm{Var}(\hat{\beta}) = (X'WX)^{-1}\varphi$$

1.3.3 拟合优度及检验统计量

1.3.3.1 Deviance 统计量

当使用一个模型拟合数据之后, 一个重要的问题是如何衡量模型拟合的好坏. 在广义线性模型中, 常用的拟合优度统计量称为 Deviance 统计量. 为了给出 Deviance 统计量的定义, 我们把对数似然函数记为 μ(均值) 的函数, 即 $L(\mu,\varphi|Y)$. 在完全模型 (Full Model) 下, 可以假设有 n 个独立参数, 因此 μ_i 可以完全拟合 y_i, 即 $\hat{\mu}_i=y_i(i=1,\cdots,n)$, 记此时对应的 θ 为 $\tilde{\theta}$, 则

$$\begin{aligned} D(Y;\hat{\mu}) &= 2[L(Y,\varphi|Y)-L(\hat{\mu},\varphi|Y)] \\ &= 2[L(\tilde{\theta},\varphi|Y)-L(\hat{\theta},\varphi|Y)] \end{aligned} \tag{1.3.14}$$

由于 n 个观测值是独立的, $D(Y;\hat{\mu})=\sum\limits_{i=1}^{n}d_i(y_i;\hat{\mu})$. 这里 $\hat{\mu}$ 表示在拟合模型下得到的 μ 的估计. $D(Y;\hat{\mu})$ 越小, 表明拟合程度越高.

另外一种拟合优度统计量是 Pearson χ^2 统计量, 其定义为

$$\chi^2=\frac{\sum\limits_{i=1}^{n}(y_i-\hat{\mu}_i)^2}{v(\hat{\mu}_i)} \tag{1.3.15}$$

其中, $v(\hat{\mu}_i)$ 表示 y_i 的方差函数的估计.

在正态假设下的线性模型中, Deviance 统计量服从一个精确的 χ^2-分布, 但在一般广义线性模型中, 只能使用渐近的 χ^2-分布进行近似.

1.3.3.2 残差

在线性模型中, 残差 (观测值与拟合值的差) 可以用来反映模型的好坏, 还可以用于识别数据中存在的异常值和影响点, 以及模型存在的不足等特征. 残差分析是模型分析的一个主要组成部分.

广义线性模型中, 使用的比较多的有 Pearson 残差和 Deviance 残差. Pearson 残差定义为

$$e_{Pi}=\frac{y_i-\hat{\mu}_i}{\sqrt{v(\hat{\mu}_i)}} \tag{1.3.16}$$

式 (1.3.16) 可以看成是一个刻度化残差, 容易看出式 (1.3.15) 中定义的 Pearson 统计量可以变成 e_{Pi} 的平方和, 即 $\sum\limits_{i=1}^{n}e_{Pi}^2=\chi^2$.

Deviance 残差定义为

$$e_{Di} = \text{sign}(y_i - \hat{\mu}_i)\sqrt{d_i} \tag{1.3.17}$$

其中, d_i 为式 (1.3.14) 中的对应于第 i 个观测的量, 即

$$d_i = 2[l_i(\tilde{\theta}, \varphi|Y) - l_i(\hat{\theta}, \varphi|Y)]$$

因此 $D(Y; \hat{\mu}) = \sum_{i=1}^{n} d_i^2$.

1.3.3.3 检验及置信区间

似然比检验主要用于检验似然模型中零假设与备择假设的检验问题. 假设 $\theta' = (\theta_1', \theta_2')$, 其中, θ_1 为兴趣参数, θ_2 为多余 (Nuisance Parameter) 参数 (也称为讨厌参数). 假设 H_0 为某种常用约束条件的零假设, 而备择假设 H_1 为无约束假设. 考虑简单约束的 $H_0 : \theta_1 = \theta_{10}$, 其中, θ_{10} 为指定的数值, 令 $\hat{\theta}_{20}$ 表示在约束条件 $\theta_1 = \theta_{10}$ 下 θ_2 的 MLE, $\hat{\theta}_1, \hat{\theta}_2$ 分别表示在 H_1 下 θ_1 及 θ_2 的 MLE, 则似然比统计量为

$$-2\log(\Lambda) = -2[L(\theta_{10}, \hat{\theta}_{20}|Y) - L(\tilde{\theta}_1, \hat{\theta}_2|Y)] \tag{1.3.18}$$

当 $-2\log(\Lambda) > \chi^2_{m,1-\alpha}$ 时, 拒绝 H_0 而倾向于 H_1, 这里 m 为 θ_1 的维度.

似然比检验 (1.3.18) 常常用来在模型选择中比较两个模型的拟合选择. 例如, 我们有两个模型 A 和 B, 其对应的参数分别记为 Θ_A 及 Θ_B, 当 $\Theta_A \subset \Theta_B$(通常称为套模型) 时, Θ_A 就可以看成是具有约束条件的零假设模型, 令 $\hat{\theta}_A$ 及 $\hat{\theta}_B$ 分别表示 θ 在模型 A 及模型 B 下的 MLE, 似然比统计量为

$$-2\log(\Lambda) = -2[L(\hat{\theta}_A|Y) - L(\hat{\theta}_B|Y)]$$

当 $-2\log(\Lambda) > \chi^2_{m,1-\alpha}$ 时, 则倾向于选择模型 B.

在广义线性模型中, 另外一种对参数零假设进行检验的是 Wald 检验方法. 根据极大似然估计的渐近正态性, 有

$$\hat{\theta} \sim AN(\theta, I^{-1}(\theta)) \tag{1.3.19}$$

其中, AN 表示渐近正态性 (Asymptotic Normality), $I(\theta)$ 表示 $\hat{\theta}$ 的 Fisher 信息阵. 若 θ 有分块形式 $\theta' = (\theta_1', \theta_2')$, 对应的 $I(\theta)$ 的分块矩阵为

$$I(\theta) = \begin{bmatrix} I_{11} & I_{12} \\ I_{21} & I_{22} \end{bmatrix} \tag{1.3.20}$$

则 $\hat{\theta}_1$ 的方差矩阵为 $I^{-1}(\theta)$ 对应的分块子矩阵. 可以证明

$$\mathrm{Var}(\hat{\theta}_1) = (I_{11} - I_{12}I_{22}^{-1}I_{21})^{-1}$$

因此对 $H_0 : \theta_1 = \theta_{10}$, Wald 检验统计量为

$$w = (\tilde{\theta}_1 - \theta_{10})'[\mathrm{Var}(\hat{\theta}_1)]^{-1}(\hat{\theta}_1 - \theta_{10}) \tag{1.3.21}$$

在 H_0 成立的条件下, w 渐近服从 χ^2_m-分布, 其中, m 为 θ_1 的维度, 它与似然比检验的渐近分布是一致的. 一般情况下, 当样本量较大时, Wald 检验与似然比检验类似, 但对较小的样本量, 似然比检验往往比 Wald 检验好 (Cox et al.,1974; McCullagh et al.,1989).

Wald 检验统计量的一个优点是计算比较简单, 由此构造 θ_1 的一个简单置信区域:

$$(\hat{\theta}_1 - \theta_1)'[\mathrm{Var}(\hat{\theta}_1)]^{-1}(\hat{\theta}_1 - \theta_1) \leqslant \chi^2_{m,1-\alpha} \tag{1.3.22}$$

例如, 广义线性模型回归系数参数 β 的置信区域满足

$$(\hat{\beta} - \beta)'(X'WX)(\hat{\beta} - \beta)/\hat{\varphi} \leqslant \chi^2_{m,1-\alpha}$$

其中, $\hat{\varphi}$ 为 φ 的 MLE, 对 β 的某个分量 β_i, 其置信区间可类似求出.

1.4 广义线性混合模型

1.4.1 模型定义

当广义线性模型的线性部分有随机效应项时, 得到的模型称为广义线性混合模型 (GLMM). GLMM 是广义线性模型和混合模型的结合.

广义线性混合模型经常用于分析纵向数据 (Longitudinal Data) 及重复观测数据 (Repeated Measurement Data), 令 y_{ij} 表示第 j 个个体的第 i 个观测值, 固定效应 β 的解释性变量为 $x_{ij} \in \mathbf{R}^p$, 那么具有随机截距的广义线性模型可以写为

$$\eta_{ij} = x'_{ij}\beta + u_j \quad (i = 1, \cdots, m_j; j = 1, \cdots, n) \tag{1.4.1}$$

其中, u_j 是一个随机变量式, 表示随机效应, 一般地可假设 $u_j \sim N(0, \sigma_u^2)$. 引入随机效应 u_j 的原因是, 这可以表示重复观测中个体 j 的影响, 同时 n 个个体可以看成是个体所在总体的一个样本, 因此存在随机误差. 模型 (1.4.1) 可以推广到多个随机效应情形, 写成模型形式为

$$\eta_{ij} = x'_{ij}\beta + z'_{ij}u_j \tag{1.4.2}$$

其中, z'_{ij} 表示 u_j 的解释变量, $u_1, \cdots, u_n$ 相互独立. 这里 u_j 与混合线性模型下的定义是类似的. 广义混合线性模型的三个部分可以写为

(1) 分布形式:

$$y_{ij}|u_j \quad iid \sim f_{Y_{ij}|U_j}(y_{ij}|u_j), \quad u_j \sim f_{U_j}(u_j)$$

其中, $f(y_{ij}|u_j) = \exp\{(y_{ij}\theta_{ij} - b(\theta_{ij}))/\varphi + c(y_{ij}, \varphi)\}$.

(2) 系统部分:

$$\eta_{ij} = x'_{ij}\beta + z'_{ij}u_j$$

(3) 连接函数:

$$g(\mu_{ij}) = \eta_{ij} = x'_{ij}\beta + z'_{ij}u_j, \quad \mu_{ij} = E(y_{ij}|u)$$

当引入随机效应之后, 观测值的相关结构会发生改变. 例如,

$$\begin{aligned}\operatorname{Cov}(y_{ij}, y_{kl}) &= \operatorname{Cov}(E(y_{ij}|u), E(y_{kl}|u)) + E(\operatorname{Cov}(y_{ij}, y_{kl}|u)) \\ &= \operatorname{Cov}(\mu_{ij}, \mu_{kl}) + E(0) \\ &= \operatorname{Cov}(g^{-1}(x'_{ij}\beta + z'_{ij}u_j), g^{-1}(x'_{kl}\beta + z'_{kl}u_l))\end{aligned}$$

因此, 类似于混合线性模型, 同一个体不同观测值之间的相关系数一般不为零.

1.4.2 极大似然估计

广义混合线性模型的似然函数可以写为

$$L = \log \int \prod_{i,j} f_{Y_{ij}|u_j}(y_{ij}|u_j) f_{U_j}(u_j) \mathrm{d}u_j \tag{1.4.3}$$

通过极大化求出未知参数 (包括 $Y_{ij}|u_j$ 及 U_j 的分布参数) 的 MLE 在 GLMM 中非常复杂. 这主要涉及式 (1.4.3) 中的高维积分.

鉴于式 (1.4.3) 中高维积分求解困难, 人们提出了多种近似算法, 以解决 GLMM 中 MLE 的求解问题. 其中, Monte Carlo EM 算法 (MCEM 算法) 是近年来应用较为广泛的一种. 下面简要介绍 MCEM 算法. 该算法由两个重要算法——EM 算法和 Markov Chain Monte Carlo(MCMC) 算法结合而成.

1.4.2.1 EM 算法

事实上, 式 (1.4.2) 中的随机效应 u_j 可以视为潜在变量 (Latent Variable), 即模型中无法获取观测值的变量. 对于潜在变量的处理, EM 算法 (Dempster et al., 1977) 具有独特的优势. 为了表述方便, 现将 $u_j, j=1,\cdots,n$, 合记为 U, 将 $Y_{ij}, i=1,\cdots,m_j, j=1,\cdots,n$, 合记为 Y, 而将 Y, U 的联合密度记为 $p(y,u;\theta)$, 将 Y 的联合密度记为 $p(y;\theta)$, 其中, θ 包含模型中所有未知参数. 我们的目的是计算 θ 的 MLE, 即 $p(Y;\theta)$ 的极大值点. EM 算法通过下述迭代过程实现这个目的. 记 $\theta^{(i)}$ 为第 $i+1$ 次迭代开始时 θ 的估计值, 则第 $i+1$ 次迭代的两步如下.

E 步：求 $\log p(Y,U;\theta)$ 在给定 Y 时的条件期望, 即

$$Q(\theta|\theta^{(i)},Y)\hat{=}E[\log p(Y,U;\theta)|Y,\theta^{(i)}] \tag{1.4.4}$$

注意, 上述条件期望依赖于 U 在给定 Y 时的条件分布, 而该条件分布所依赖的参数 θ 应取值为 $\theta^{(i)}$.

M 步：将 $Q(\theta|\theta^{(i)},Y)$ 极大化, 即找到一个点 $\theta^{(i+1)}$, 使

$$Q(\theta^{(i+1)}|\theta^{(i)},Y)=\max_{\theta} Q(\theta^{(i)},Y) \tag{1.4.5}$$

如此便完成了一次迭代 $\theta^{(i)}\to\theta^{(i+1)}$. 取定初值 $\theta^{(0)}$, 将上述 E 步和 M 步进行迭代直至 $\|\theta^{(i)}-\theta^{(i+1)}\|$ 或 $|Q(\theta^{(i+1)}|\theta^{(i)},Y)-Q(\theta^{(i)}|\theta^{(i)},Y)|$ 充分小时停止, 则最后一步迭代所得 $\theta^{(i+1)}$ 即为所求. 利用对数函数的凹函数性质和 Jensen 不等式, 易证序列 $\{p(Y;\theta^{(i)})\}$ 对 i 的单调递增性和收敛性, Wu (1983) 证明了 EM 算法下 $\{\theta^{(i)}\}$ 的收敛性质.

EM 算法提供了一个回避高维积分, 求解 θ 的 MLE 的基本思路. 然而, 仔细考察式 (1.4.4), 可以发现该式中条件期望的求取并非易事. 事实上, 在许多场合, $Q(\theta|\theta^{(i)},Y)$ 是无法求取显式的. 所以, 在 EM 算法中, 常常需要通过近似方法求取 U 的某些函数在给定 Y 时的条件期望. 事实上, 注意到在一定的条件下

$$\frac{\partial}{\partial\theta}Q(\theta|\theta^{(i)},Y)=E\left[\frac{\partial}{\partial\theta}\log p(Y,U;\theta)|Y,\theta^{(i)}\right]$$

故 M 步可以通过求解方程

$$E\left[\frac{\partial}{\partial\theta}\log p(Y,U;\theta)|Y,\theta^{(i)}\right]=0$$

来实现, 而无论该方程可求显式解或是需要使用迭代方法 (如 Newton-Raphson 方法) 求解, 均需获知某些 U 的函数在给定 Y(分布参数值取为 $\theta^{(i)}$) 时的条件期望. 这个求条件期望的步骤可以通过 MCMC 方法实现. 下面对 MCMC 方法做简要介绍.

1.4.2.2 MCMC 算法

MCMC 算法的基本思路是建立一个平稳分布为 $\pi(u)$ 的 Markov 链, 产生这个 Markov 链的一个实现 (Realization)$\{U^{(k)}\}$, 取其一段 $U^{(m)},\cdots,U^{(n_M)}$, 将其视为 $\pi(u)$ 的一个样本, 基于这个样本就可以对 $\pi(u)$ 作统计推断. 这个思路可以用来求取前面所述在给定 Y(参数值取为 $\theta^{(i)}$) 时, U 的某个函数 $f(U)$ 的条件期望. 取 $\pi(u)$ 为 U 在给定 Y 时的条件分布, 则 $E(f(U)|Y,\theta^{(i)})$ 可估计为

$$\hat{E}(f(U)|Y,\theta^{(i)})=\frac{1}{n_M-m}\sum_{k=m+1}^{N_M}f(U^{(k)})$$

这就是 Monte Carlo 积分. 虽然 $U^{(m)},\cdots,U^{(n_M)}$ 未必相互独立, 但由 Markov 链的遍历性定理知, 上述估计是 $E(f(U)|Y,\theta^{(i)})$ 的相合估计.

MCMC 方法的核心问题是怎样产生一个平稳分布为 $\pi(u)$ 的 Markov 链的一个实现 $\{U^{(k)}\}$. 这个问题是通过控制转移核来解决的. Markov 链 $\{U^{(k)}\}$ 下, 若 $p(\cdot,\cdot)$ 满足

$$p(u,u^*)=P(U^{(t+1)}=u^*|U^{(t)}=u),\quad 任意u,u^*(离散)$$

或

$$P(U^{(t+1)}\in B|U^{(t)}=u)=\int_B p(u,u^*)\mathrm{d}u^*,\quad 任意u,B(连续)$$

则称 $p(\cdot,\cdot)$ 为 $\{U^{(k)}\}$ 的转移核. 选取恰当的转移核 $p(\cdot,\cdot)$, 使得

$$\int p(u,u^*)\pi(u)\mathrm{d}u=\pi(u^*)$$

再给定初值 $U^{(0)}$, 则可据转移核逐个产生 $U^{(1)},\cdots,U^{(k)},\cdots$. 由于初值 $U^{(0)}$ 是人为选取, 未必服从 $\pi(u)$, 序列 $\{U^{(k)}\}_{k=1}^{+\infty}$ 需在一定的步数之后才会是一个真正以 $\pi(u)$ 为平稳分布的 Markov 链的实现. 所以, 通常取序列 $\{U^{(k)}\}_{k=1}^{+\infty}$ 的某步以后的一段 $U^{(m)},\cdots,U^{(n_M)}$ 为样本, 进行前述统计推断 (如求取期望), 其中, m 和 n_M 根据具体情况分析确定. 一个常用的选择 m 的方法是图示方法：以几个不同初值为起点, 产生多个序列, 并绘出序列值对序列编号的折线图 (或散点图), 观察这几个序列的折线在大约何时开始混合, 选择充分混合时的步数为 m.

在 MCMC 方法中, 转移核的构造至关重要, 不同的 MCMC 方法往往就是转移核的构造方法不同. 下面介绍一种应用非常广泛的方法——Metropolis-Hastings 抽样法 (Metropolis et al.,1953; Hastings,1970), 简称 MH 抽样法. MH 抽样法的实施过程如下.

首先选定一个转移概率函数 $q(\cdot,\cdot)$, 若 $U^{(t)}=u$, 则产生一个待选的转移 $u\to u^*$(转移概率函数使用 $q(\cdot,\cdot)$, 即在给定 $U^{(t)}=u$ 时, 产生 u^* 所依据的条件分布服从 $q(u,\cdot)$), 然后根据概率

$$\alpha(u,u^*)\hat{=}\min\left\{1,\frac{\pi(u^*)q(u^*,u)}{\pi(u)q(u,u^*)}\right\}$$

决定是否转移. 换言之, $U^{(t+1)}$ 以概率 $\alpha(u,u^*)$ 取值为 u^*, 而以概率 $1-\alpha(u,u^*)$ 仍取值为 u. 该方法产生的 Markov 链, 其转移核就是

$$p(u,u^*)=\begin{cases} q(u,u^*), & \pi(u^*)q(u^*,u)\geqslant\pi(u)q(u,u^*) \\ \dfrac{q(u^*,u)\pi(u^*)}{\pi(u)}, & \pi(u^*)q(u^*,u)<\pi(u)q(u,u^*) \end{cases}$$

可以证明, 上述方法产生的 Markov 链以 $\pi(u)$ 为平稳分布. 上述过程中, $q(u,\cdot)$ 称为建议分布 (Proposal Distribution).

注意到, 在上述转移核表达式中, $\pi(u)$ 可以用 $c\pi(u)$ 代替 (其中 c 是与 u 无关的常数), 这对于 EM 算法有着重要的意义. 事实上, 在 EM 算法的第 $i+1$ 步迭代中需要抽样的分布 $\pi(u)=p(y,u;\theta^{(i)})/p(y;\theta^{(i)})$, 而 $p(y;\theta^{(i)})$ 中含高维积分正是我们面临的难题. MH 抽样法中, 可以用 $p(y,u;\theta^{(i)})$ 代替 $\pi(u)$(因为 $p(y;\theta^{(i)})$ 与 u 无关), 从而避免了求解 $p(y;\theta^{(i)})$.

MH 抽样法中的建议分布 $q(u,u^*)$ 可以选取多种形式, 下面介绍几种常用的建议分布的选择方法.

(1) Metropolis 选择:

取 $q(u,u^*)$ 为对称, 即 $q(u,u^*)=q(u^*,u)$, 对任意 u,u^*. 此时

$$\alpha(u,u^*)=\min\left\{1,\frac{\pi(u^*)}{\pi(u)}\right\}$$

(2) 单元素 MH 抽样:

设 $U\hat{=}(U_1,\cdots,U_r)'$ 是 r 维向量, $U^{(k)}$ 的产生通过逐个产生其分量完成, 每次只产生 $U^{(k)}$ 的一个元素的新值, 而令其他元素取值保持不变 (以 $U^{(k-1)}$ 的取值作为 $U^{(k)}$ 的初始取值). 记 U_{-i} 为 U 中剔除 U_i 后所得向量. $U^{(k)}$ 的第 i 个元素 $U_i^{(k)}$ 的产生按照下述方法进行：选择一个转移核 $q_i(u_i,u_i^*|u_{-i})$, 即选定 $U^{(k)}$ 的第 i 个元素 $U_i^{(k)}$ 的备选新值 u_i^* 产生所依据的建议分布, 该分布依赖于 $U^{(k)}$ 的当前取值 u(包括 u_i 和 u_{-i}). 由该转移核 $q_i(u_i,u_i^*|u_{-i})$ 产生一个待选的 u_i^*, 然后以概率

$$\alpha_i(u_i,u_i^*|u_{-i})=\min\left\{1,\frac{\pi(u^*)q_i(u_i^*,u_i|u_{-i})}{\pi(u)q_i(u_i,u_i^*|u_{-i})}\right\}$$

接受 u_i^* 作为 $U_i^{(k)}$ 的取值, 以概率 $1-\alpha_i(u_i,u_i^*|u_{-i})$ 仍将 u_i 作为 $U_i^{(k)}$ 的取值, 其中, u^* 为 u 中将第 i 个元素更换为 u_i^* 而保持其他元素值不变所得向量.

(3) Gibbs 抽样:

特别地, 在单元素 MH 抽样中, 建议分布 $q_i(u_i,u_i^*|u_{-i})$ 取为 $\pi(u_i^*|u_{-i})$, 即分布 $\pi(u)$ 下, 给定 $U_{-i}=u_{-i}$ 时, U_i 的条件分布 (这个分布称为满条件分布). 易证, 此时 $\alpha_i(u_i,u_i^*|u_{-i})=1$. 这样的抽样过程就是 Gibbs 抽样, 由 S. Geman 和 D. Geman (1984) 首先提出. 具体而言, Gibbs 抽样的过程如下.

在给出起始点 $u^{(0)}=(u_1^{(0)},\cdots,u_r^{(0)})'$ 后, 假定所求 Markov 链的第 $k-1$ 步状态为 $u^{(k-1)}$, 则第 k 步状态 $u^{(k)}$ 的产生分为如下 r 小步.

第 1 步根据满条件分布 $\pi(u_1|u_2^{(k-1)},\cdots,u_r^{(k-1)})$ 抽取 $u_1^{(k)}$;

……

第 i 步根据满条件分布 $\pi(u_i|u_1^{(k)},\cdots,u_{i-1}^{(k)},u_{i+1}^{(k-1)},\cdots,u_r^{(k-1)})$ 抽取 $u_i^{(k)}$;

……

第 r 步根据满条件分布 $\pi(u_r|u_1^{(k)},\cdots,u_{r-1}^{(k)})$ 抽取 $u_r^{(k)}$.

记 $u^{(k)}=(u_1^{(k)},\cdots,u_r^{(k)})'$, 则 $u^{(1)},u^{(2)},\cdots,u^{(k)}$ 是所求 Markov 链的实现值.

例 1.4.1 MCEM 算法在基于阈值模型的两点分布数据分析中的应用.

McCulloch(1994) 研究了一个阈值模型下的参数估计问题. 该模型下, 观测数据 $y_i=I\{u_i>0\},i=1,\cdots,N$, 其中, $I\{\cdot\}$ 代表示性函数, $u_i(i=1,\cdots,N)$ 是不可观测的连续响应变量值. 记 $u=(u_1,\cdots,u_N)'$, 假定 $u=X\beta+Z_1\alpha_1+\cdots+Z_s\alpha_s+\varepsilon$, 其中, β 为未知固定效应参数向量; $\alpha_1,\cdots,\alpha_s$ 为相互独立的随机效应向量; $\alpha_j\sim N(0,\sigma_j^2I_{m_j}),j=1,\cdots,s;X,Z_1,\cdots,Z_s$ 为已知矩阵; ε 为随机误差向量, 与 $\alpha_1,\cdots,\alpha_s$ 独立, 且 $\varepsilon\sim N(0,\tau^2I_N)$. 注意到 $u_i>0$ 等价于 $u_i/\tau>0$, 所以参数 τ 不可识别, 故不妨固定 $\tau^2=1$, 即 $\varepsilon\sim N(0,I_N)$.

易见, 上述模型是 GLMM 的一个特例, 连接函数是 Probit 函数 $\Phi^{-1}(\cdot)$, 其中 $\Phi(\cdot)$ 表示 $N(0,1)$ 的分布函数. 事实上, $\Phi^{-1}(\mu_i)={x_i}'\beta+z_{i1}'\alpha_1+\cdots+z_{is}'\alpha_s$, 其中, $\mu_i\hat{=}E(y_i|\alpha_1,\cdots,\alpha_s),x_i,z_{i1},\cdots,z_{is}$ 分别表示 $X,Z_1,\cdots,Z_s$ 的第 i 行转置. 随机效应向量是 $({\alpha_1}',\cdots,{\alpha_s}')'$, 随机效应对应的解释变量的第 i 个样本为 $(z_{i1}',\cdots,z_{is}')'$. 下面使用 MCEM 算法求取 β 和 $\sigma^2\hat{=}(\sigma_1^2,\cdots,\sigma_s^2)'$ 的 MLE.

该模型下, 可视 u 和 $\alpha_1,\cdots,\alpha_s$ 为潜在变量, 则基于完整数据 $(y,u,\alpha_1,\cdots,\alpha_s)$ 的对数似然函数为

$$L_c(\beta,\sigma^2)=c+h(y,u)-\frac{1}{2}\left[\sum_{r=1}^{s}m_r\log(\sigma_r^2)+\sum_{r=1}^{s}\frac{{\alpha_r}'\alpha_r}{\sigma_r^2}\right]$$

$$-\frac{1}{2}\left(u-X\beta-\sum_{r=1}^{s}Z_r\alpha_r\right)'\left(u-X\beta-\sum_{r=1}^{s}Z_r\alpha_r\right)$$

其中, $h(y,u)=\log I\{(\{u_i>0\}\cap\{y_i=1\})\cup(\{u_i\leqslant 0\}\cap\{y_i=0\})\}$, 与未知参数无关; c 是与未知参数和数据无关的常数. 令 $L_c(\beta,\sigma^2)$ 对 $\beta,\sigma_1^2,\cdots,\sigma_s^2$ 求导, 然后求取该导数在给定 y 时的条件期望, 建立方程 $E\left[\frac{m_r}{\sigma_r^2}-\frac{\alpha_r'\alpha_r}{(\sigma_r^2)^2}\middle|y\right]=0, 1\leqslant r\leqslant s$ 和 $E\left[X'\left(u-\sum_{r=1}^{s}Z_r\alpha_r-X\beta\right)\middle|y\right]=0$. 解方程得 $\hat{\sigma}_r^2=\frac{1}{m^r}\Big/E(\alpha_r'\alpha_r|y),\quad 1\leqslant r\leqslant s$ 和 $\hat{\beta}=(X'X)^{-1}X'\left[E(u|y)-\sum_{r=1}^{s}Z_rE(\alpha_r|y)\right]$, 按照 EM 算法, 迭代过程中, $\sigma^2\hat{=}(\sigma_1^2,\cdots,\sigma_s^2)$ 和 β 在第 $k+1$ 步的估计为

$$(\sigma_r^2)^{(k+1)}=\frac{1}{m_r}E(\alpha_r'\alpha_r|y)\Big|_{\beta=\beta^{(k)},\sigma^2=(\sigma^2)^{(k)}},\quad 1\leqslant r\leqslant s$$

$$\beta^{(k+1)}=(X'X)^{-1}X'\left[E(u|y)|_{\beta=\beta^{(k)},\sigma^2=(\sigma^2)^{(k)}}-\sum_{r=1}^{s}Z_rE(\alpha_r|y)|_{\beta=\beta^{(k)},\sigma^2=(\sigma^2)^{(k)}}\right]$$

注意到

$$E(\alpha_r'\alpha_r|y)=E\{E(\alpha_r'\alpha_r|u,y)|y\}=E\{(\alpha_r'\alpha_r|u)|y\}$$
$$E(\alpha_r|y)=E\{E(\alpha_r|u,y)|y\}=E\{E(\alpha_r|u)|y\}$$

而由多元正态分布的性质易得, 对 $1\leqslant r\leqslant s$, 均有

$$E[\alpha_r|u]=\sigma_r^2Z_r'V^{-1}(u-X\beta)$$
$$E[\alpha_r'\alpha_r|u]=(\sigma_r^2)^2(u-X\beta)'V^{-1}Z_rZ_r'V^{-1}(u-X\beta)+\sigma_r^2m_r-(\sigma_r^2)^2\mathrm{tr}(Z_r'V^{-1}Z_r)$$

其中, $V=\mathrm{Cov}(u)=I_N+\sum_{r=1}^{s}\sigma_r^2Z_rZ_r'$.

虽然我们已得到 $E[\alpha_r|u]$ 和 $E[\alpha_r{}'\alpha_r|u]$ 的显式表达式, 但由于难以获取条件分布 $u|y,\beta=\beta^{(k)},\sigma^2=(\sigma^2)^{(k)}$ 的显式, 故难以得到 $E(u|y),E(\alpha_r|y)$ 和 $E(\alpha_r'\alpha_r|y)$ 的显式, 但可以使用 Gibbs 抽样法获得以 $u|y,\ \beta=\beta^{(k)},\ \sigma^2=(\sigma^2)^{(k)}$ 为平稳分布的 Markov 链的一个实现 $\{u^{(t)}\}$, 并截取一段 $u^{(m)},\cdots,u^{(n_M)}$ 作为样本, 算出上述三个条件期望的近似值:

$$\hat{E}(\alpha_r{}'\alpha_r|y)|_{\beta=\beta^{(k)},\sigma^2=(\sigma^2)^{(k)}}=\frac{1}{n_M-m}\sum_{i=m+1}^{n_M}E(\alpha_r'\alpha_r|u=u^{(i)})$$

$$\hat{E}(\alpha_r\alpha_r|y)|_{\beta=\beta^{(k)},\sigma^2=(\sigma^2)^{(k)}}=\frac{1}{n_M-m}\sum_{i=m+1}^{n_M}E(\alpha_r|u=u^{(i)})$$

$$\hat{E}(u|y)|_{\beta=\beta^{(k)},\sigma^2=(\sigma^2)^{(k)}}=\frac{1}{n_M-m}\sum_{i=m+1}^{n_M}u^{(i)}$$

上式右端条件期望的求取较为简单, 只需将 $u=u^{(i)}$ 代入前面得到的显式即可.

为了获取以 $u|y,\beta=\beta^{(k)},\sigma^2=(\sigma^2)^{(k)}$ 为平稳分布的 Markov 链的实现 $\{u^{(t)}\}$, 使用 Gibbs 抽样方法, 依次从满条件分布 $u_i|u_{-i},y,\ \beta=\beta^{(k)},\sigma^2=(\sigma^2)^{(k)}$ 抽取样本 $u_i^{(t)}$. 具体的实施方法是根据多元正态分布的性质计算出 $\sigma_i^2\hat{=}\mathrm{Var}(u_i|u_{-i})$ 和 $\mu_i\hat{=}E(u_i|u_{-i})$. 若 $y_i=1$, 在 $(0,+\infty)$ 上的截尾正态分布 (以 μ_i 为期望, σ_i^2 为方差) 产生样本, 作为 $u_i^{(t)}$ 的取值; 若 $y_i=0$, 在 $(-\infty,0)$ 上的截尾正态分布 (以 μ_i 为期望, σ_i^2 为方差) 产生样本, 作为 $\mu_i^{(t)}$ 的取值.

上述内容阐述了在一种 GLMM 中, 基于 Gibbs 抽样的 MCEM 算法的实现过程, McCulloch (1994) 在该模型下应用 MCEM 算法分析了火蜥蜴交配数据, 获得了未知参数的 MLE. 事实上, 在 GLMM 下, 除 Gibbs 抽样方法以外, 基于其他 MH 抽样方法的 MCEM 算法也被广泛使用, 尤其在随机效应的正态假设无法满足的情形下, 比较典型的例子可参见文献 (McCulloch, 1997) 等.

除了 MCEM 算法, 人们还提出了多种近似算法, 计算式 (1.4.3) 中随机效应分布的多维积分. 使用比较广泛的是基于一阶或二阶 Taylor 展式. 其中包括 MQL(Marginal Quasi-Likelihood), PQL (Penalized or Prediction Quasi-Likelihood), 这些方法的评价参考 Rodriguez 和 Goldman (1995). 现有的许多软件都具有计算 GLMM 模型参数的功能. 例如, SAS、Stata、MLwiN、HLM 等. 这为该模型的使用提供了非常方便的工具.

第 2 章　多水平模型理论

2.1　具有层次结构的多水平数据

社会科学研究中的一个基本概念是, 社会是一个具有分级结构的整体, 社会的分级结构自然而然地使由其所产生的数据呈现水平 (层次) 结构. 在该类数据中, 低一水平 (层次) 的数据单位嵌套或聚集在高一水平 (层次) 的单位中.

长期以来, 用以说明具有多水平结构的数据的例子是对学生学习成绩的研究. 学生的学习状况不仅与个人的内在因素 (如智力水平) 相联系, 而且与其所处的环境 (如学习风气、教师的教学经验、学校的设施等) 相联系. 因此, 在对学习成绩与个体水平变量 (如性别、智力水平、种族等) 关系的研究中, 可采用将学生个体嵌套于班级里, 将班级嵌套于学校里的形式进行数据采集. 由此形成了 3 个水平 (层次) 的结构数据, 第 1 个水平 (层次) 的观察数据单位是学生个体, 第 2 个水平 (层次) 的观察数据单位是班级, 第 3 个水平 (层次) 的观察数据单位是学校. 在实际中最常见的是具有两水平结构的数据, 如在对学生学习成绩的研究中, 通常采用来自学生水平和学校水平的信息进行两水平模型分析.

在人口学研究中, 通常而言, 不同国家的生育率水平不同, 发展中国家生育率较高, 发达国家生育率较低. 生育率是受不同因素共同影响的, 如种族、教育水平、家庭收入、对子女的偏好程度等个体特征, 影响个体的生育行为, 如地域、文化、国内生产总值、平均受教育程度、计划生育工作的实施情况等, 对生育率均有较大的影响. 因此在人口生育研究中, 不仅要搜集个体特征的数据, 而且要搜集社会关系或社会环境的数据, 这样就可以较完整地考虑影响生育率的多水平 (层次) 结构因素. 此方面的例子有 Mason 等 (1983) 检查 15 个国家中母亲的教育程度和城乡居住类型对其生育率的影响, 发现在所有的国家中, 母亲教育程度较高的确与较低的生育率相联系. 但是, 城乡生育率的差别在各国之间有所不同, 处于差别两极情况的国家是国民生产总值很高的国家和几乎没有组织化计划生育工作的国家.

在公共卫生研究领域, 个体的健康相关行为是个体特征和环境因素共同作用的结果, 从而在研究过程中自然而然地涉及多水平 (层次) 数据. 在成长研究中也存在着类似的数据形式, 其数据的收集往往是对同一组个体在不同时点做多次的观察. Huttenloacher 等 (1991) 研究了不同的家庭语言环境对儿童在成长过程中掌握词汇量的影响, 每一个个体样本是按相同时点被不断进行观察时, 通常将其视为不同个体于不同时点的一种交互研究设计. 语言能力发展研究假设个人词汇的获取取决于两个方面：一是适当的语言环境; 二是从环境中学习的先天能力. 人们普遍认为, 儿童词汇发展上的差别主要是由先天能力上的差别决定的. 然而, 研究结果并不太支持这种假设. 遗传可能性研究发现, 父母的标准化词汇测试得分只能解释子女在该测试得分差别中的 10%～20%.

在经济领域相关问题的研究中, 国家、省、地级市、县的众多经济指标数据就存在着明显的水平结构, 县级指标数据嵌套于地级市数据, 地级市嵌套于省份, 省份又嵌套于国家. 因此可视为多水平数据, 即第 1 水平的观察单位是县, 第 2 水平的观察单位是地级市, 第 3 水平的观察单位是省份, 第 4 水平的观察单位则是国家. 在医学研究的实验设计中, 随机选取诊所或医疗中心的多中心临床实验数据就是多水平数据. 在纵向研究中, 需要长期追踪研究对象, 对同一研究对象在不同时刻反复收集数据. 这种纵向观测数据也可以看成是分级结构数据. 在这类数据中, 重复测量嵌套于个体研究对象之中. 因此, 研究对象不同时间的重复测量是第 1 水平单位, 而被研究的个体是第 2 水平单位. 当然, 如果还有嵌套研究对象个体的更高水平单位的数据, 也可以创建更高水平的数据结构. 通过分层抽样得到的样本数据, 具有明显的水平结构, 因而也是多水平数据.

2.2 基于多水平数据的多水平线性分析模型

在多水平模型统计理论出现之前, 多水平数据分析常在个体水平或组水平的单一水平上分别进行数据分析. 对于个体水平而言, 注重了个体间变异和个体特征, 但忽略了组间变异, 因此忽略了影响个体水平的组水平特征. 而对于组水平模型忽略了组内变异和个体水平变异的影响, 另外, 组水平模型用的是组水平样本, 这样使样本量大大缩小, 降低了模型的统计功效. 在初始的研究中, 较多学者试图用单一水平的模型分析结果来推论另一水平的统计结论, 结果证明该种方法是错误的. 两个不同水平模型的分析模型结果表明, 不同水平效应的量并不相同, 有时甚至连符号都相反. 在组水平上的效应不支持个体水平上的效应, 同样在个体上的效应也不支持组水平上的效应.

另外, 个体水平上的解释变量和被解释变量之间的关系可能随组的不同而变化, 即存在着解释变量和被解释变量的关系异质性问题, 之前处理关系异质性问题常使用两步模型法 (Two-Stage Model). 然而这种方法存在着很大的局限性：

① 两步模型法应用的是 OLS 参数估计方法, 这在技术上是错误的; ② 当分组较多时, 计算较为复杂; ③ 当某些组的个体观察量太小时, 不宜进行回归分析; ④ 此方法假设组间不相关是不符合实际情况的.

基于存在着以上问题, 学者提出了多水平模型 (Multilevel Model). 多水平模型的产生是社会科学理论研究和方法论的进步, 为研究具有多水平结构的数据提供了一个方便的分析框架, 研究者可以利用该框架系统分析微观和宏观水平的效应, 检验宏观变量如何调节微观变量的效应, 以及个体水平解释变量是否影响组水平解释变量的效应. 另外, 多水平分析模型还可以用来研究纵向数据中被解释变量随时间变化的发展轨迹, 即多水平模型中的发展模型.

近 30 年来, 多水平模型已广泛地应用于社会科学各个领域, 如教育学、心理学、社会学、经济学和公共卫生研究等学科, 多水平统计分析模型所分析的数据, 不仅包括在微观水平所观察到的信息, 也包括从宏观角度所得到的数据. 在不同领域的文献中多水平模型有着不同的名称. 在社会学研究中称为多层线性模型 (Hierarchical or Multilevel Linear Model), 参阅 (Goldstein, 1995) 和 (Mason et al., 1983); 在生物统计中称为混合效应模型 (Mixed-Effects Model) 和随机效应模型 (Random-Effect Model), 参阅 (Elston et al., 1962)、(Laird et al., 1982) 和 (Singer, 1998); 在计量经济学中称为随机系数回归模型 (Random-Coefficient Regression Model), 参阅 (Rosenberg, 1973) 和 (Longford, 1993); 在统计学中则称为协方差成分模型 (Covariance Components Model), 参阅 (Dempster et al., 1981).

2.3　多水平线性模型理论

2.3.1　两水平线性分析模型

2.3.1.1　无条件两水平模型

假设数据具有两个层次, y_{ij} 表示第 i 个个体 (第二层次) 的第 j 次 (第一层次) 观测变量, 此时 j 表示水平 2, 而 i 代表水平 1. 考虑最简单的无条件两水平模型, 又称为截距模型 (Intercept-Only Model) 或空模型 (Empty Model), 是两水平模型建模的基础. 其模型形式为

$$\text{水平 1：} y_{ij} = \alpha_i + e_{ij} \tag{2.3.1}$$

$$\text{水平 2：} \alpha_i = \alpha_0 + u_{0i} \tag{2.3.2}$$

$i = 1, \cdots, n; j = 1, \cdots, m_i$. 将式 (2.3.2) 代入式 (2.3.1) 可得总模型为

$$y_{ij} = \alpha_0 + u_{0i} + e_{ij} \tag{2.3.3}$$

在总模型 (2.3.3) 中, α_0 可称为固定效应部分, $u_{0i}+e_{ij}$ 称为随机效应部分, 该模型的水平 1 和水平 2 均没有解释变量, 因此称为无条件两水平模型. 其中, 式 (2.3.1) 中, α_i 表示第 i 组的平均值, $e_{ij}\sim N(0,\sigma^2)$ 为相互独立的水平 1 残差; 在式 (2.3.2) 中, α_0 表示总截距 (y_{ij} 的总平均水平), $u_{0i}\sim N(0,\sigma_{u0}^2)$ 为相互独立的截距项水平 2 残差, 且 $\mathrm{Cov}(u_{0i},e_{ij})=0$.

通过截距模型可以计算组内相关系数 ICC, 根据经典定义 (Shrout et al., 1979), ICC 被定义为组间方差与总方差之比. 对于截距模型, ICC 定义为

$$\mathrm{ICC}=\frac{\sigma_{u0}^2}{\sigma_{u0}^2+\sigma^2}$$

其中, σ_{u0}^2 表示组间方差或组水平方差, σ^2 表示为组内方差或个体水平方差. ICC 既能反映组间变异, 也能表示组内个体间的相关系数, 其范围在 0 到 1 之间. 当 ICC 值趋于 1 时表示组间方差相对于组内方差非常大, 相反, 当 ICC 值趋于 0 时表示没有组群效应, 此时两水平模型可简化为固定效应模型. 由 σ_{u0}^2 和 σ^2 的统计显著性可以判断 ICC 值的统计显著性, 如果 ICC 值统计不显著, 则应进行多元回归模型分析, 而不需要两水平模型分析. 如果 ICC 值统计显著, 则应考虑对其进行两水平模型分析.

2.3.1.2 条件两水平模型

ICC 值判断需要建立条件两水平模型. 条件两水平模型是在截距模型中加入了解释变量, 其中既包括一水平解释变量也可能包括二水平解释变量. 设 y 为因变量, x 为一水平解释变量, w 为二水平解释变量, 且均为线性函数形式的关系 (可以具有其他函数形式的关系).

当只有一水平解释变量时为如下模型

$$\text{水平 1：}\ y_{ij}=\alpha_i+\beta_i x_{ij}+e_{ij} \tag{2.3.4}$$

$$\text{水平 2：}\ \alpha_i=\alpha_0+u_{0i},\quad \beta_i=\beta_0+u_{1i} \tag{2.3.5}$$

将式 (2.3.5) 代入式 (2.3.4) 可得总模型为

$$y_{ij}=\alpha_0+\beta_0 x_{ij}+u_{0i}+u_{1i}x_{ij}+e_{ij} \tag{2.3.6}$$

在总模型 (2.3.6) 中, $\alpha_0+\beta_0 x_{ij}$ 称为固定效应部分, 其中, α_0 为截距项的平均水平, β_0 为平均斜率; $u_{0i}+u_{1i}x_{ij}+e_{ij}$ 称为随机效应部分, $e_{ij}\sim N(0,\sigma^2)$ 为相互独立的水平 1 残差, $u_{0i}\sim N(0,\sigma_{u0}^2)$ 为相互独立的截距项水平 2 残差, $u_{1i}\sim N(0,\sigma_{u1}^2)$ 为相互独立的斜率项水平 2 残差, $\mathrm{Cov}(u_{0i},u_{1i})=\sigma_{u01}$, 不同水平残差间相互独立.

当存在二水平解释变量时为如下模型

$$\text{水平 1：} y_{ij} = \tilde{\alpha}_i + \tilde{\beta}_i x_{ij} + e_{ij} \tag{2.3.7}$$

$$\text{水平 2：} \tilde{\alpha}_i = \alpha_0 + \alpha_1 w_i + u_{0i}, \quad \tilde{\beta}_i = \beta_0 + \beta_1 w_i + u_{1i} \tag{2.3.8}$$

将式 (2.3.8) 代入式 (2.3.7) 可得总模型为

$$y_{ij} = \alpha_0 + \alpha_1 w_i + \beta_0 x_{ij} + \beta_1 w_i x_{ij} + u_{0i} + u_{1i} x_{ij} + e_{ij} \tag{2.3.9}$$

在总模型 (2.3.9) 中, $\alpha_0 + \alpha_1 w_i + \beta_0 x_{ij} + \beta_1 w_i x_{ij}$ 称为固定效应部分, 其中, α_0 为截距项的平均水平, α_1 为二水平解释变量 w_i 的主效应, β_0 为一水平解释变量 x_{ij} 的主效应, β_1 为二水平解释变量 w_i 与一水平解释变量 x_{ij} 的交互效应; $u_{0i} + u_{1i} x_{ij} + e_{ij}$ 称为随机效应部分.

2.3.1.3 两水平发展模型

在分析纵向数据的两水平发展模型中, 水平 1 观察单位是各研究对象的重复观察值, 而水平 2 观察单位则是个体研究对象, 其模型可表示为

$$\text{水平 1：} y_{ij} = \tilde{\beta}_{0i} + \tilde{\beta}_{1i} t_{ij} + e_{ij} \tag{2.3.10}$$

$$\text{水平 2：} \tilde{\beta}_{0i} = \beta_{00} + \beta_{01} w_i + u_{0i} \quad \tilde{\beta}_{1i} = \beta_{10} + \beta_{11} w_i + u_{1i} \tag{2.3.11}$$

将式 (2.3.11) 代入式 (2.3.10) 可得总模型为

$$y_{ij} = \beta_{00} + \beta_{01} w_i + \beta_{10} t_{ij} + \beta_{11} w_i t_{ij} + u_{0i} + u_{1i} t_{ij} + e_{ij} \tag{2.3.12}$$

其中, 总模型 (2.3.12) 中, y_{ij} 为研究对象 i(水平 2 单位 i) 的第 j 次 (水平 1 单位 j) 的观察值; $\beta_{00} + \beta_{01} w_i + \beta_{10} t_{ij} + \beta_{11} w_i t_{ij}$ 称为固定效应部分, 其中, β_{00} 为截距项的平均水平, β_{01} 为二水平解释变量 w_i 的主效应, β_{10} 为一水平解释变量 t_{ij} 的主效应, β_{11} 为二水平解释变量 w_i 与一水平解释变量 t_{ij} 的交互效应; $u_{0i} + u_{1i} t_{ij} + e_{ij}$ 称为随机效应部分, $e_{ij} \sim N(0, \sigma^2)$ 为相互独立的水平 1 残差, $u_{0i} \sim N(0, \sigma_{u0}^2)$ 为相互独立的截距项水平 2 残差, $u_{1i} \sim N(0, \sigma_{u1}^2)$ 为相互独立的斜率项水平 2 残差, $\text{Cov}(u_{0i}, u_{1i}) = \sigma_{u01}$, 不同水平残差间相互独立. 其中, β_{0i} 和 β_{1i} 都是随机的, 代表不同研究对象有不同的测量初始值和随时间变化的不同变化率.

2.3.2 两水平模型的变异解释指标

在多元回归方程中, 模型中由解释变量所解释的比例多用确定系数或 R^2 测量, 而在两水平模型分析中, 两个水平上均有未解释的方差, 因此, 通常用一个类似 R^2 的指标——方差缩减比例指数, 来分别测量水平 1 可解释的方差和水平 2 可解释的方差.

如果我们将空模型 (2.3.3) 设为零模型, 条件两水平模型 (2.3.6) 为设定模型, 那么可以定义水平 1 方差可解释的比例 (Raudenbush et al., 2002) 为

$$R_1=\frac{\hat{\sigma}^2(\text{零模型})-\hat{\sigma}^2(\text{设定模型})}{\hat{\sigma}^2(\text{零模型})}=1-\frac{\hat{\sigma}^2(\text{设定模型})}{\hat{\sigma}^2(\text{零模型})} \tag{2.3.13}$$

其中, $\hat{\sigma}^2$(零模型) 为零模型 (2.3.3) 的水平 1 残差方差估计, $\hat{\sigma}^2$(设定模型) 为设定模型 (2.3.6) 的水平 1 残差方差估计.

如果我们将空模型 (2.3.6) 设为零模型, 条件两水平模型 (2.3.9) 设为设定模型, 那么可以定义水平 1 方差可解释的比例 (Raudenbush et al., 2002) 为

$$R_{20}^2=\frac{\hat{\sigma}_{u0}^2(\text{零模型})-\hat{\sigma}_{u0}^2(\text{设定模型})}{\hat{\sigma}_{u0}^2(\text{零模型})}=1-\frac{\hat{\sigma}_{u0}^2(\text{设定模型})}{\hat{\sigma}_{u0}^2(\text{零模型})} \tag{2.3.14}$$

其中, $\hat{\sigma}_{u0}^2$(零模型) 为零模型 (2.3.6) 的水平 2 残差方差估计, $\hat{\sigma}_{u0}^2$(设定模型) 为设定模型 (2.3.9) 的水平 2 残差方差估计. 在实际研究中, 水平 1 和水平 2 解释的方差可能会因模型中加入解释变量下降, 而不是增加. 当发生这种反方向的变化且解释方差下降很小时, 则可能是偶然的结果, 但如果解释方差下降达到 0.05 或更大, 则意味着模型设定错误的可能性. 从这点来看, 计算的水平 1 和水平 2 解释方差反方向的变化则可以诊断模型错误设定提供有用信息 (Snijders et al., 2003).

2.3.3 三水平统计分析模型

2.3.3.1 无条件三水平模型

建立无条件三水平模型, 即任何一层中都不定义自变量, 这样一个模型代表测量结果的变差是如何在三个不同水平中分配的. 其模型形式为

$$\text{水平 1：} y_{ikj}=\alpha_{0ik}+e_{ikj} \tag{2.3.15}$$

$$\text{水平 2：} \alpha_{0ik}=\gamma_{00k}+u_{0ik} \tag{2.3.16}$$

$$\text{水平 3：} \gamma_{00k}=\tau_{000}+u_{00k} \tag{2.3.17}$$

将式 (2.3.17)、式 (2.3.16) 代入式 (2.3.15), 可得总模型为

$$y_{ikj}=\tau_{000}+u_{00k}+u_{0ik}+e_{ikj} \tag{2.3.18}$$

在总模型 (2.3.18) 中, τ_{000} 称为固定效应部分, $u_{00k}+u_{0ik}+e_{ikj}$ 称为随机效应部分. 其中, 式 (2.3.15) 中, α_{0ik} 分别表示在 i, k 水平下 j 的平均值, $e_{ikj}\sim N(0,\sigma^2)$ 为相互独立的水平 1 残差; 式 (2.3.16) 中 γ_{00k} 表示在 k 水平下的平均值, $u_{0ik}\sim N(0,\sigma_{u0}^2)$ 为相互独立的水平 2 残差; 式 (2.3.17) 中 τ_{000} 为总截距 (y_{ikj} 的总平均水平), $u_{00k}\sim N(0,\sigma_{u00}^2)$ 为相互独立的水平 3 残差, 且 $\mathrm{Cov}(u_{0ik},e_{ikj})=0$, $\mathrm{Cov}(u_{00k},e_{ikj})=0$, $\mathrm{Cov}(u_{0ik},u_{00k})=0$.

2.3.3.2 条件三水平模型

条件三水平模型是在各水平中分别加入了解释变量, 设 y 为因变量, x 为一水平解释变量, w 为二水平解释变量, h 为三水平解释变量, 且均为线性函数形式的关系 (可以具有其他函数形式的关系).

当只有一水平解释变量时为如下模型

$$\text{水平 1：} y_{ikj} = \alpha_{ik} + \beta_{ik}x_{ikj} + e_{ikj} \tag{2.3.19}$$

$$\text{水平 2：} \alpha_{ik} = \alpha_{0k} + u_{0ik}, \quad \beta_{ik} = \beta_{0k} + u_{1ik} \tag{2.3.20}$$

$$\text{水平 3：} \alpha_{0k} = \alpha_{00} + u_{00k}, \quad \beta_{0k} = \beta_{00} + u_{10k} \tag{2.3.21}$$

将式 (2.3.21)、式 (2.3.20) 代入式 (2.3.19) 可得总模型为

$$y_{ikj} = \alpha_{00} + \beta_{00}x_{ikj} + u_{00k} + u_{0ik} + u_{10k}x_{ikj} + u_{1ik}x_{ikj} + e_{ikj} \tag{2.3.22}$$

在总模型 (2.3.22) 中, $\alpha_{00} + \beta_{00}x_{ikj}$ 称为固定效应部分, 其中, α_{00} 为截距项的平均水平, β_{00} 为平均斜率; $u_{00k} + u_{0ik} + u_{10k}x_{ikj} + u_{1ik}x_{ikj} + e_{ikj}$ 称为随机效应部分, $e_{ikj} \sim N(0, \sigma^2)$ 为相互独立的水平 1 残差, $u_{0ik} \sim N(0, \sigma_{u0}^2)$ 为相互独立的截距项水平 2 残差, $u_{1ik} \sim N(0, \sigma_{u1}^2)$ 为相互独立的斜率项水平 2 残差, $u_{00k} \sim N(0, \sigma_{u00}^2)$ 为相互独立的截距项水平 3 残差, $u_{10k} \sim N(0, \sigma_{u10}^2)$ 为相互独立的斜率项水平 3 残差, 不同水平残差间相互独立.

当存在二水平解释变量时为如下模型

$$\text{水平 1：} y_{ikj} = \tilde{\alpha}_{ik} + \tilde{\beta}_{ik}x_{ikj} + e_{ikj} \tag{2.3.23}$$

$$\text{水平 2：} \tilde{\alpha}_{ik} = \alpha_{0k} + \alpha_{1k}^{*}w_{ik} + u_{0ik}, \quad \tilde{\beta}_{ik} = \beta_{0k} + \beta_{1k}^{*}w_{ik} + u_{1ik} \tag{2.3.24}$$

$$\begin{aligned}\text{水平 3：} \alpha_{0k} &= \alpha_{00} + u_{00k}, \quad \alpha_{1k}^{*} = \alpha_{11} + u_{01k} \\ \beta_{0k} &= \beta_{00} + u_{10k}, \quad \beta_{1k}^{*} = \beta_{11} + u_{11k}\end{aligned} \tag{2.3.25}$$

将式 (2.3.25)、式 (2.3.24) 代入式 (2.3.23) 可得总模型为

$$\begin{aligned}y_{ikj} =& \alpha_{00} + \alpha_{11}w_{ik} + \beta_{00}x_{ikj} + \beta_{11}w_{ik}x_{ikj} + u_{00k} + u_{01k}w_{ik} + u_{0ik} + u_{10k}x_{ikj} \\ &+ u_{11k}w_{ik}x_{ikj} + u_{1ik}x_{ikj} + e_{ikj}\end{aligned} \tag{2.3.26}$$

在总模型 (2.3.26) 中, $\alpha_{00} + \alpha_{11}w_{ik} + \beta_{00}x_{ikj} + \beta_{11}w_{ik}x_{ikj}$ 称为固定效应部分, 其中, α_{00} 为截距项的平均水平, α_{11} 为二水平解释变量 w_{ik} 的主效应, β_{00} 为一水平解释变量 x_{ikj} 的主效应, β_{11} 为二水平解释变量 w_{ik} 与一水平解释变量 x_{ikj} 的交互效应; $e_{ikj} \sim N(0, \sigma^2)$ 为相互独立的水平 1 残差, $u_{0ik} \sim N(0, \sigma_{u0}^2)$ 为相互独立的截距项水平 2 残差, $u_{1ik} \sim N(0, \sigma_{u1}^2)$ 为相互独立的斜率项水平 2 残差, $u_{00k} \sim N(0, \sigma_{u00}^2)$, $u_{10k} \sim N(0, \sigma_{u10}^2)$ 为相互独立的截距项水平 3 残差,

$u_{01k} \sim N(0, \sigma_{u01}^2)$, $u_{11k} \sim N(0, \sigma_{u11}^2)$ 为相互独立的斜率项水平 3 残差, 不同水平残差间相互独立.

当存在三水平解释变量时为如下模型

$$\text{水平 1: } y_{ikj} = \tilde{\alpha}_{ik} + \tilde{\beta}_{ik} x_{ikj} + e_{ikj} \tag{2.3.27}$$

$$\text{水平 2: } \tilde{\alpha}_{ik} = \alpha_{0k} + \alpha_{1k}^* w_{ik} + u_{0ik}, \quad \tilde{\beta}_{ik} = \beta_{0k} + \beta_{1k}^* w_{ik} + u_{1ik} \tag{2.3.28}$$

$$\begin{aligned} \text{水平 3: } & \alpha_{0k} = \alpha_{00} + \tau_{00} h_k + u_{00k}, \quad \alpha_{1k}^* = \alpha_{11} + \tau_{01} h_k + u_{01k} \\ & \beta_{0k} = \beta_{00} + \tau_{10} h_k + u_{10k}, \quad \beta_{1k}^* = \beta_{11} + \tau_{11} h_k + u_{11k} \end{aligned} \tag{2.3.29}$$

将式 (2.3.29)、式 (2.3.28) 代入式 (2.3.27) 可得总模型为

$$\begin{aligned} y_{ikj} = & \alpha_{00} + \alpha_{11} w_{ik} + \tau_{00} h_k + \tau_{01} h_k w_{ik} + \beta_{00} x_{ikj} + \tau_{10} h_k x_{ikj} + \beta_{11} w_{ik} x_{ikj} \\ & + \tau_{11} h_k w_{ik} x_{ikj} + u_{00k} + u_{01k} w_{ik} + u_{0ik} + u_{10k} x_{ikj} \\ & + u_{11k} w_{ik} x_{ikj} + u_{1ik} x_{ikj} + e_{ikj} \end{aligned} \tag{2.3.30}$$

在总模型 (2.3.30) 中, $e_{ikj} \sim N(0, \sigma^2)$ 为相互独立的水平 1 残差, $u_{0ik} \sim N(0, \sigma_{u0}^2)$ 为相互独立的截距项水平 2 残差, $u_{1ik} \sim N(0, \sigma_{u1}^2)$ 为相互独立的斜率项水平 2 残差, $u_{00k} \sim N(0, \sigma_{u00}^2)$, $u_{10k} \sim N(0, \sigma_{u10}^2)$ 为相互独立的截距项水平 3 残差, $u_{01k} \sim N(0, \sigma_{u01}^2)$, $u_{11k} \sim N(0, \sigma_{u11}^2)$ 为相互独立的斜率项水平 3 残差, 不同水平残差间相互独立.

具体采用哪一种形式, 根据建模结果在统计上是否显著而定. 三水平及更多水平的模型原理并不复杂, 但实际研究中三水平以上的模型所需要的数据量往往较大.

2.3.4 多水平模型估计理论

2.3.4.1 一般多水平模型形式

一般两水平模型可写为如下形式

$$y_{ij} = x_{ij}' \beta + e_{ij} \tag{2.3.31}$$

其中,

$e_{ij} = z_{ij}^{(2)\prime} e_i^{(2)} + z_{ij}^{(1)\prime} e_{ij}^{(1)}, z_{ij}^{(2)\prime} e_i^{(2)} = \sum\limits_{h=0}^{q_2-1} z_{hij}^{(2)} e_{hi}^{(2)}, z_{ij}^{(1)\prime} e_{ij}^{(1)} = \sum\limits_{h=0}^{q_1-1} z_{hij}^{(1)} e_{hij}^{(1)}, \quad i = 1, 2, \cdots, n; j = 1, 2, \cdots, m_i, y_{ij}$ 是第 i 个单元的第 j 个观察值的响应变量, x_{ij} 是与固定效应参数 β 有关的 $p \times 1$ 维解释性变量,

$$z_{ij}^{(1)} = \left(z_{0ij}^{(1)}, \cdots, z_{(q_1-1)ij}^{(1)} \right)', \quad z_{ij}^{(2)} = \left(z_{0ij}^{(2)}, \cdots, z_{(q_2-1)ij}^{(2)} \right)'$$

是 $q_1\times1$ 和 $q_2\times1$ 维的已知向量, $e_{ij}^{(1)}=\left(e_{0ij}^{(1)},\cdots,e_{(q_1-1)ij}^{(1)}\right)'$ 和 $e_i^{(2)}=\left(e_{0i}^{(2)},\cdots,e_{(q_2-1)i}^{(2)}\right)'$ 分别是水平 1 及水平 2 下的零均值, 且满足

$$E\left(e_{ij}^{(1)}e_{ij}^{(1)\prime}\right)=\Omega_1,\quad E\left(e_i^{(2)}e_i^{(2)\prime}\right)=\Omega_2,\quad E\left(e_{ij}^{(1)}e_i^{(2)\prime}\right)=0$$

的 $q_1\times1$ 和 $q_2\times1$ 维的随机误差. 令

$$\begin{aligned}
Y&=(y_1',\cdots,y_n')',\quad y_i=(y_{i1},\cdots,y_{im_i})',\quad N=m_1+\cdots+m_n,\\
X&=(X_1',\cdots,X_n')',\quad X_i=(x_{i1},\cdots,x_{im_i})'\\
Z^{(2)}&=\mathrm{diag}\left(Z_1^{(2)},\cdots,Z_n^{(2)}\right),\quad Z_i^{(2)}=(z_{i1}^{(2)},\cdots,z_{im_i}^{(2)})'\\
Z^{(1)}&=\mathrm{diag}\left(Z_1^{(1)},\cdots,Z_n^{(1)}\right),\quad Z_i^{(1)}=\mathrm{diag}\left(z_{i1}^{(1)\prime},\cdots,z_{im_i}^{(1)\prime}\right)\\
e^{(1)}&=\left(e_1^{(1)\prime},\cdots,e_n^{(1)\prime}\right)',\quad e_i^{(1)}=\left(e_{i1}^{(1)\prime},\cdots,e_{im_i}^{(1)\prime}\right)',\quad e^{(2)}=\left(e_1^{(2)\prime},\cdots,e_n^{(2)\prime}\right)'
\end{aligned}$$

则式 (2.3.31) 可写为 $Y=X\beta+e, e=Z^{(2)}e^{(2)}+Z^{(1)}e^{(1)}$. 若记 $\mathrm{Cov}(Z^{(1)}e^{(1)})=V_{(1)}$, $\mathrm{Cov}(Z^{(2)}e^{(2)})=V_{(2)}$, 则 $V=\mathrm{Cov}(e)=V_{(1)}+V_{(2)}$. 通常我们假设水平 1 和水平 2 的误差在各自的水平单元里是独立的, 因此 $V_{(1)}$ 是以 $z_{ij}^{(1)\prime}\Omega_1z_{ij}^{(1)}$ 为对角元的对角矩阵, $V_{(2)}$ 是第 i 块为 $V_i^{(2)}=z_i^{(2)\prime}\Omega_2z_i^{(2)}$ 的块对角矩阵.

模型 (2.3.31) 可以推广为更一般的形式

$$Y=X\beta+e \tag{2.3.32}$$

其中, $e=Z^{(s)}e^{(s)}+\cdots+Z^{(1)}e^{(1)}$, Y 为 $N\times1$ 响应变量, X 为关于固定效应参数 β 的 $N\times p$ 解释性变量的设计矩阵; $e^{(k)}(k=1,2,\cdots,s)$ 为水平 k 下均值为 0 的随机误差, $Z^{(k)}$ 为其相应的设计阵. 模型 (2.3.32) 具有混合效应线性模型的形式, 但由于多水平模型强调水平结构的特征, 所以在参数估计及统计推断方面有其独特的方面.

2.3.4.2 基于似然函数的参数估计理论

1) 极大似然估计及迭代广义最小二乘估计

在一般模型 (2.3.31) 中令 $\mathrm{Cov}(Y)=V$, 且 $V=V(\theta)$, 在 $e^{(k)},k=1,2,\cdots,s$ 的正态性假设下, 模型的对数似然函数为

$$\ln(L)=-\mathrm{tr}(V^{-1}(\theta)\,S)-\ln|V(\theta)|,$$

其中, $S=(Y-X\beta)(Y-X\beta)'$, 上式通过极大化即可得到参数的极大似然估计. 在多水平模型中, 参数的极大似然估计过程与混合线性模型的估计过程是类似的, 一般情况下, 估计过程需要迭代计算.

在多水平模型中, 一种更有用的估计方法是迭代广义最小二乘估计 (IGLS 估计), 它不需要模型的正态性假设, 只要求有前两阶矩假设. 令 θ 是满足 $vec(V(\theta)) = Z^*\theta$ 的随机效应参数向量, 其中 Z^* 是一个已知矩阵, vec 是矩阵按列拉直运算的向量算子. 若 θ 已知, 则固定效应参数 β 的广义最小二乘估计为

$$\hat{\beta} = (X'V^{-1}X)^{-1}X'V^{-1}Y \tag{2.3.33}$$

令 $Y^{**} = vec(\hat{e}\hat{e'}), \hat{e} = Y - X\hat{\beta}$ 利用回归模型我们可得 θ 的广义最小二乘估计为

$$\hat{\theta} = (Z^{*\prime}V^{*-1}Z^*)^{-1}Z^{*\prime}V^{*-1}Y^{**} \tag{2.3.34}$$

其中, $V^* = V \otimes V, \otimes$ 是 Kronecker 乘积. IGLS 估计过程是固定效应参数 β 的估计和随机效应参数 θ 的估计在式 (2.3.33) 和式 (2.3.34) 交替进行的过程. 当迭代收敛时, $\hat{\beta}$ 及 $\hat{\theta}$ 的协方差分别为

$$\mathrm{Cov}(\hat{\beta}) = (X'\hat{V}^{-1}X)^{-1}, \quad \mathrm{Cov}(\hat{\theta}) = 2(Z^{*\prime}\hat{V}^{*-1}Z^*)^{-1}$$

可以证明, 在正态性假设下, β 和 θ 的 IGLS 估计等价于极大似然估计 (Goldstein, 1986).

2) 限制极大似然估计与限制迭代广义最小二乘估计

上面讨论的极大似然估计及 IGLS 估计是一个有偏估计. 一种修正方法是使用限制极大似然估计 (REML, 参看 1.2.4 节). 在正态性假设下, 多水平模型的 REML 估计是通过极大化

$$\ln(L) = -\frac{1}{2}\ln|X_\perp' V X_\perp| - \frac{1}{2}\mathrm{tr}[(X_\perp' V X_\perp)^{-1}X_\perp' yy' X_\perp]$$

得到的, 其中, $X_\perp$ 表示以 X 列空间的正交补空间的一组基为列向量的矩阵. 其估计过程与混合线性模型也是一致的. 此时对应于 IGLS 估计的过程称为限制迭代广义最小二乘估计 (RIGLS), 其过程如下.

注意到在给定 θ 时,

$$E\left\{(Y - X\hat{\beta})(Y - X\hat{\beta})'\right\} = V - X(X'V^{-1}X)^{-1}X'$$

在 IGLS 估计中, 用 $vec(Y - X\hat{\beta})(Y - X\hat{\beta})'$ 对 $vec(V) = Z^*\theta$ 做回归, 实际上忽略了上式中右边的第二项, 从而给出的 θ 的估计是有偏的. 如果用

$$Y^{**} = vec\left\{(Y - X\hat{\beta})(Y - X\hat{\beta})' + X(X'V^{-1}X)^{-1}X'\right\}$$

代替 $\hat{\theta} = (Z^{*\prime}V^{*-1}Z^*)^{-1}Z^{*\prime}V^{*-1}Y^{**}$ 中的 Y^{**}, 再与 $\hat{\beta} = (X'V^{-1}X)^{-1}X'V^{-1}Y$ 进行迭代计算, 则获得的估计称为 RIGLS 估计. 可以证明, 在正态性假设下, β 和 θ 的 RIGLS 估计等价于限制极大似然估计 (Goldstein, 1989).

2.3.5　多水平模型的假设检验理论

随机效应假设检验是对组合模型中方差、协方差参数进行统计显著性检验, 这里采用 Wald Z 统计量 (参数估计值与标准误之比) 进行检验. 因为方差不能为负数, 因此用于检验残差方差的 Wald Z 检验是单尾检验, 其 Wald Z 统计量的 P 值应除以 2. 如果水平 2 的残差方差统计显著, 表示相应的水平 1 回归系数是随机系数, 那么水平 2 残差方差的显著性检验事实上是用来检查哪个水平 1 回归系数是随机系数. 如果组水平残差协方差呈现统计显著, 则表明某特定组中的不同水平解释变量的效应存在这种相关性. 另外一种检验方法是似然比检验$-2\ln(\text{likelihood})$, 假设 H_0 及 H_1 分别为零假设和备择假设, λ_0, λ_1 分别为对应于 H_0 及 H_1 的对数似然函数的估计值 (极大值), 则似然比统计量为

$$D_{01} = -2\ln\left(\frac{\lambda_0}{\lambda_1}\right)$$

在大样本情况下, D_{01} 服从自由度为 q 的 χ^2-分布, 其中 q 为对应于 H_0 及 H_1 的模型涉及的参数个数的差.

固定效应假设检验: 固定参数是组合模型中的固定成分, 它包括截距、不同水平中解释变量的主效应以及不同水平间解释变量的交互效应. 与多元回归模型相类似, 用 t 检验作为固定效应显著性检验.

2.3.6　多水平模型的置信区间理论

在多水平模型的估计理论中, 对区间估计问题很难得到精确的小样本性质, 但可以通过已有的大样本理论进行处理. 对于固定效应而言, 定义一个 $r \times p$ 的对照矩阵 C, 令 $f = C\beta$, 则 f 的每一元素对应一个 β 的线性函数, 在实际中常对应着某个对照. 设 α 为给定的置信水平, $\chi^2(r, 1-\alpha)$ 表示自由度为 r 的 χ^2-分布的上 α 分位点, 则

$$R = (\hat{f} - f)'[C(X'\hat{V}^{-1}X)^{-1}C']^{-1}(\hat{f} - f) \sim \chi^2(r, 1-\alpha)$$

是 f 的一个二次函数, 确定了 f 的水平为 α 的置信区间. 在多参数情况, 置信区域相对应的还有同时置信区间. 假设我们感兴趣的是 β 的一系列对照的置信区间, 如 $C_i\beta$, 这里 C_i 是矩阵 C 的第 i 个行向量. $C_i\beta$, $i = 1, 2, \cdots, r$ 的水平为 α 的同时置信区间为

$$(C_i\hat{\beta} - d_i, C_i\hat{\beta} + d_i), \quad i = 1, 2, \cdots, r$$

其中, $d_i = \left[C_i(X'\hat{V}^{-1}X)^{-1}C_i'\chi^2\left(r, 1-\frac{\alpha}{r}\right)\right]^{1/2}$. 由于随机效应参数的估计也可

以写成一个回归模型的形式，且其标准差的形式也类似于固定效应参数，因此对随机效应的置信区间研究可以类似于固定效应参数的处理.

2.3.7 多水平模型的拟合与比较理论

多水平模型在对模型拟合的评价方法上采用$-2\ln(\text{likelihood})$ 统计量，即 -2 倍的对数似然值. 当用不同模型拟合同一组数据时，模型可以是嵌套模型 (Nested Model)，也可以是非嵌套模型 (Non-Nested Model).

对嵌套模型，即一个模型是另一个模型的压模型可用似然比检验 (LR test) 进行比较. 两模型间的 $-2\ln(\text{likelihood})$ 可用来进行似然比检验. 假定现有一个包括 Q 个解释变量的零模型，另一个是替代模型，其包括同样的 Q 个解释变量，另加额外的 m 个解释变量. 此时，替代模型的偏差统计量为 $D_A = -2\ln(\text{likelihood}_A)$，零模型的偏差统计量为 $D_0 = -2\ln(\text{likelihood}_0)$，两模型的偏差统计量的差为

$$D_A - D_0 = -2\ln\left(\frac{\text{likelihood}_A}{\text{likelihood}_0}\right)$$

即 -2 乘以替代模型与零模型似然函数之比的自然对数. 此偏差统计量差的分布近似卡方分布，其自由度为两模型的参数数目之差 (此例为 m).

对于非嵌套模型，LR 检验不再适用，在这种情况下，可以用信息标准统计量，如 AIC、AICC 和 BIC 进行模型比较，它们既可以用于嵌套模型的比较，也可以用于非嵌套模型的比较，AIC、AICC 和 BIC 的值越接近于 0，则模型拟合数据就越好. 指标公式如下所示：

$$\begin{aligned}
\text{AIC} &= -2\ln(\text{likelihood}) + 2d \\
\text{BIC} &= -2\ln(\text{likelihood}) + d \times \ln(n) \\
\text{AICC} &= -2\ln(\text{likelihood}) + 2d \times \frac{n}{n-d-1}
\end{aligned}$$

其中，$-2\ln(\text{likelihood})$ 是 -2 乘以最大似然函数的对数值，d 代表模型中模型估计参数个数，n 是有效观察个数 (样本量).

2.3.8 其他参数估计理论

2.3.8.1 基于 Bayesian 方法的 MCMC 估计

MCMC 的全称为 Markov Chain Monte Carlo(马尔可夫链蒙特卡罗)，它是一种迭代算法，是对复杂模型进行参数估计的有效方法 (Gilks et al., 1996). 在多水平模型中，MCMC 方法使用也很广泛，特别是一些复杂的多水平模型，如后面提到的广义多水平模型. 此外介绍基于 Bayesian 理论的 MCMC 方法，首先假设

需要估计的参数有一个先验信息 (先验分布), 通过抽取的样本和似然函数, 导出参数的后验分布, 然后从这些后验分布中抽取样本, 获得所谓的样本链, 并以此给出参数的点估计和区间估计. 我们以两水平方差分量模型为例进行说明

$$y_{ij} = (X\beta)_{ij} + u_i + e_{ij}, \quad \mathrm{Var}(e_{ij}) = \sigma_e^2, \quad \mathrm{Var}(u_i) = \sigma_u^2 \tag{2.3.35}$$

其中, $(X\beta)_{ij}$ 表示模型的固定效应部分在 (ij) 水平上的取值. 在模型 (2.3.35) 中, β 为固定效应参数, σ_e^2, σ_u^2 为随机效应参数. 在 Bayesian 分析中, 这些参数被看成是随机变量, 并被赋予先验分布. 基于获得数据之后 y_{ij} 的分布或似然函数以及参数的先验分布就可得到参数的后验分布. 一般情况下, 参数的后验分布可以写为

$$p(\theta\,|y) \propto L(y;\theta)p(\theta) \tag{2.3.36}$$

其中, θ 为未知参数, $L(y;\theta), p(\theta)$ 分别为参数 θ 的似然函数和先验分布. 基于该后验分布, 我们可得到样本链, 从而构造有用的统计量, 如某个参数的点估计, 区间估计或分位点估计等. 由此可见, Bayesian 区间估计的解释不同于传统意义下频率学派区间估计的解释, 但在实际应用中, 我们可以对它们的差别不做严格区分.

在 Bayesian 估计中, 如何选择先验分布是一个容易引起争论的问题. 在实际中, 人们常选用共轭先验分布 (相关的讨论可以参看 Bayesian 估计的经典著作). 使用共轭先验分布的一个优点是可以避免采用具有主观性的先验信息, 在许多情况下, MCMC 估计与 IGLS 估计和 RIGLS 估计是比较类似的. 对一些复杂模型, MCMC 方法还可以用于给出近似的极大似然估计. 在 MCMC 方法中, 最重要的一个过程是如何基于参数联合后验分布给出样本链, 常用的方法包括 Gibbs 抽样和 Metropolis-Hastings(MH) 抽样 (见 1.4.2 节).

2.3.8.2 EM 算法

EM 算法是一种对缺失数据模型给出参数极大似然估计的迭代算法, 它包括 E(Expectation) 步和 M(Maximum) 步 (Dempster et al., 1977). 在具有随机效应的模型中, 我们常把随机效应看成是缺失数据, 再利用 EM 算法进行估计. 我们以两水平方差分量模型 (2.3.35) 为例进行说明, 此时完全数据 (Y, u) 服从的分布为

$$\begin{pmatrix} Y \\ u \end{pmatrix} = N\left\{\begin{pmatrix} X\beta \\ 0 \end{pmatrix}, \begin{bmatrix} V & J'\sigma_u^2 \\ J\sigma_u^2 & \sigma_u^2 I \end{bmatrix}\right\} \tag{2.3.37}$$

令 $L(\beta, \sigma_e^2, \sigma_u^2; Y, u)$ 为完全数据 (Y, u) 的似然函数, u 是不可观测的, 因此在 E 步我们先求出给定可观测的 Y 及参数 $\beta, \sigma_e^2, \sigma_u^2$ 在第 k 步的估计值 (或初始值) 时的完全数据对数似然函数的条件均值

$$E\{L(\beta, \sigma_e^2, \sigma_u^2; Y, u)\,|Y, \beta^{(k)}, \sigma_e^{2(k)}, \sigma_u^{2(k)}\} \tag{2.3.38}$$

其中, $\beta^{(k)}, \sigma_e^{2(k)}, \sigma_u^{2(k)}$ 表示参数 $\beta, \sigma_e^2, \sigma_u^2$ 在第 k 步的估计值 (k=0,1,2,$\cdots$, 当 k=0 时为参数的初始估计). 在 M 步, 极大化 (2.3.38) 求出参数在第 $k+1$ 步的极大似然估计. 上述过程一直迭代下去直至收敛, 可以证明, EM 算法的迭代解收敛到极大似然估计 (见 1.4.2 节).

2.4 多水平广义线性模型

2.4.1 多水平广义线性模型的定义

当使用广义线性模型分析具有层次结构的数据时, 就会涉及多水平广义线性模型. 我们以两水平为例, 假设数据具有两个层次, y_{ij} 表示第 i 个个体 (第二层次) 的第 j 次 (第一层次) 观测变量, x_{ij} 为对应的解释变量. y_{ij} 服从式 (1.3.2) 所示的指数族分布, 其系统分量为具有随机截距和随机斜率的线性形式, 即

$$\eta_{ij} = \tilde{\beta}_{0i} + \tilde{\beta}_{1i} x_{1ij} \tag{2.4.1}$$

其中, $E(Y_{ij}) = g(\eta_{ij})$, $g(\cdot)$ 称为连接函数.

$$\tilde{\beta}_{0i} = \beta_{00} + \beta_{01} w_i + u_{0i}, \quad \tilde{\beta}_{1i} = \beta_{10} + \beta_{11} w_i + u_{1i} \tag{2.4.2}$$

这里 w_i 表示个体 i 上的 2 水平变量. $u_{0i} \sim N(0, \sigma_{u0}^2)$ 为相互独立的截距项水平 2 残差, $u_{1i} \sim N(0, \sigma_{u1}^2)$ 为相互独立的斜率项水平 2 残差, 且 $\mathrm{Cov}(u_{0j}, u_{1j}) = \sigma_{01}$. 将式 (2.4.2) 代入式 (2.4.1) 中有

$$\eta_{ij} = \beta_{00} + \beta_{01} w_i + \beta_{10} x_{1ij} + \beta_{11} x_{1ij} w_i + (u_{0i} + u_{1i} x_{1ij}) \tag{2.4.3}$$

注意到式 (2.4.3) 中没有一水平残差. 对三水平涉及更多解释性变量时, 多水平广义线性模型可以类似定义. 式 (2.4.3) 可以写成矩阵形式, 有

$$\eta = X\beta + ZU \tag{2.4.4}$$

因此多水平广义线性模型可以写成一个广义线性混合模型的形式.

2.4.2 多水平 Logistic 回归模型

多水平 Logistic 回归模型是固定效应 Logistic 回归模型的扩展, 通过在模型中加入随机效应来处理多水平数据中的组内相关问题. 与前几节介绍的多水平线性模型相似, 多水平 Logistic 回归模型也具有混合效应形式, 其模型形式表述如下:

$$\ln\left(\frac{p}{1-p}\right) = X\beta + ZU \tag{2.4.5}$$

其中, X 为固定效应的解释变量设计矩阵; β 为水平 1 固定回归系数向量; Z 为随机效应的解释变量设计矩阵; U 为随机回归系数向量, 其具有零均值和协方差矩阵为对角阵的正态分布, 只是没有一水平残差项. 与前几节类似, 多水平 Logistic 回归模型可以表示为如下形式

$$\text{水平 1：} \ln\left(\frac{p_{ij}}{1-p_{ij}}\right)=\tilde{\beta}_{0i}+\tilde{\beta}_{1i}x_{1ij} \tag{2.4.6}$$

$$\text{水平 2：} \tilde{\beta}_{0i}=\beta_{00}+\beta_{01}w_i+u_{0i},\quad \tilde{\beta}_{1i}=\beta_{10}+\beta_{11}w_i+u_{1i} \tag{2.4.7}$$

其中, 水平 1 随机截距 $\tilde{\beta}_{0i}$ 和随机斜率 $\tilde{\beta}_{1i}$ 是水平 2 解释变量 w_i 的线性函数. 总模型为

$$\ln\left(\frac{p_{ij}}{1-p_{ij}}\right)=\beta_{00}+\beta_{01}w_i+\beta_{10}x_{1ij}+\beta_{11}x_{1ij}w_i+(u_{0i}+u_{1i}x_{1ij})$$

在模型中随机效应部分为 $(u_{0i}+u_{1i}x_{1ij})$, 固定效应部分为 $\beta_{00}+\beta_{01}w_i+\beta_{10}x_{1ij}+\beta_{11}x_{1ij}w_i$.

2.4.3 多水平多项 Logistic 回归模型

对于一个具有 M 个类别的因变量, 分析第 m 类的多水平多项 Logistic 回归模型可用广义线性混合效应模型的形式表达

$$\ln\left(\frac{\Pr(y=m)}{\Pr(y=M)}\right)=\eta_m=X\beta_m+ZU_m \tag{2.4.8}$$

其中, $m=1,2,\cdots,M$; β_m 为设计矩阵 X 相应的固定效应向量; U_m 为设计矩阵 Z 相应的随机效应的向量, 具有零均值和协方差矩阵为对角阵的正态分布, 没有一水平残差项. 其输出结果有 $M-1$ 组参数估计. 每个 Logistic 回归模型的水平 1 随机回归系数可跨水平 2 单位随机变化. 以一个具有三种类别的因变量为例, 其多水平多项模型有两个 Logistic 回归模型:

$$\ln\left(\frac{\Pr(y=1)}{\Pr(y=3)}\right)=\eta_1=X\beta_1+ZU_1 \tag{2.4.9}$$

$$\ln\left(\frac{\Pr(y=2)}{\Pr(y=3)}\right)=\eta_2=X\beta_2+ZU_2 \tag{2.4.10}$$

以上模型中有两组固定效应 (β_1 和 β_2) 和两组随机效应 (U_1 和 U_2), 它们由各自的 Logistic 回归模型估计所得.

2.4.4 多水平广义线性模型的参数估计

多水平广义线性模型的参数估计一般采用极大似然估计, 其方法与广义混合线性模型相似 (见 1.4.2 节). 但由于多水平广义线性模型中存在随机效应, 其中涉

及多重积分的计算, 当维数较大时, 计算非常复杂, 从而限制了 ML 估计的应用. 近年来, 一些新方法的产生为其计算提供了可行性, 如 EM 算法, Monte Carlo EM 算法, Monte Carlo Newton Raphson 算法 (McCulloch, 1994, 1997), Bootstrap 估计以及基于 Bayesian 估计的 MCMC 算法 (Zeger et al., 1991).

为了简化计算, 不少学者提出了一些近似算法, 如 Breslow 和 Clayton (1993) 提出了 PQL(Penalized Quasi-Likelihood) 及 MQL(Marginal Quasi-Likelihood) 算法. 但这种近似算法是有偏的, 有时候偏差还较大. 为此又提出了一些偏的修正算法 (Breslow et al., 1995; Lin et al., 1996) 或迭代 Boostrap 算法 (Kuh, 1995).

2.4.5 其他多水平模型

多水平线性模型和多水平广义线性模型是两种使用非常广泛的多水平模型, 本书主要使用这两类模型进行应用研究. 因此这里仅介绍这两类模型的相关方法和理论.

在多水平模型中, 除上述模型外, 近年来还发展出许多更为复杂的多水平模型, 如非线性多水平模型, 多水平测量误差模型 (Multilevel Measurement Error Model), 多水平生存分析模型 (或称事件历史模型)(Multilevel Event History Model), 多水平交叉分类模型 (Multilevel Cross Classification Model) 等, 这里不过多介绍, 有兴趣的读者可参阅文献 (Goldstein, 2003).

2.5 多水平模型应用实例

2.5.1 "小学项目"JSP 数据分析

在这里我们以两水平为例说明如何构造一个适合水平结构数据的两水平模型. 我们使用的数据是 "小学项目"(JSP) 的一部分, 来自伦敦市 48 所小学的 728 名学生, 是 Mortimore 等 (1988) 数据集的一个子样. 这组数据考察了两个时间段: 第一个时间段是小学生在学校的第四年, 即他们 8 岁时; 第二个时间段是三年后小学学习的最后一年, 即他们 11 岁时. 我们有这两个时间段学生数学考试的成绩, 外加收集到的学生社会背景及性别的信息. 我们想到拟合一个 11 岁时数学成绩与 8 岁时数学成绩的线性模型.

为了考察第 i 所学校是否也存在这样的线性关系, 我们设

$$y_{ij} = \beta_{0i} + \beta_{1i}x_{ij} + e_{ij}, \quad i = 1, \cdots, 48; j = 1, \cdots, m_i \tag{2.5.1}$$

其中, y_{ij} 和 x_{ij} 分别为第 i 所学校的第 j 个学生 11 岁时和 8 岁时的成绩, β_{0i} 和 β_{1i} 分别为第 i 所学校的截距和斜率, e_{ij} 是均值为 0、方差为 σ_e^2 的随机误差. 如

果我们仅关心样本中的学校因子, 那么我们可得到 β_{0i}, β_{1i}, $i=1,\cdots,48$, σ_e^2 共 $2\times 48+1$ 个参数的估计并进行相关的研究. 然而, 如果我们仅对学校里的学生感兴趣, 我们就需要将样本中的学校看成从学生中随机选取的, 并使用这些被选取的学校估计学生的特征. 这样, 我们就把 β_{0i} 和 β_{1i} 变成了随机变量, 建立一个两水平模型:

$$\beta_{0i}=\beta_0+u_{0i},\quad \beta_{1i}=\beta_1+u_{1i} \tag{2.5.2}$$

其中,u_{0i}, u_{1i} 及 e_{ij} 是相互独立的随机变量且满足

$$E(u_{0i})=E(u_{1i})=0,\quad \mathrm{Var}(u_{0i})=\sigma_{u0}^2,\quad \mathrm{Var}(u_{1i})=\sigma_{u1}^2,\quad \mathrm{Cov}(u_{0i},u_{1i})=\sigma_{u01}$$

因此模型 (2.5.1) 可以写为

$$y_{ij}=\beta_0+\beta_1x_{ij}+(u_{0i}+u_{1i}x_{ij}+e_{ij}) \tag{2.5.3}$$

其中, u_{0i} 和 u_{1i} 为水平 2 的残差, e_{ij} 为水平 1 的残差. β_0 及 β_1 为固定参数, σ_{ui}^2, $i=0,1$, σ^2 及 σ_{u01} 为随机效应参数, 它们是模型中的随机变量及随机误差产生的参数 (有时也简称为随机参数 (Random Parameter)).

引入更多的解释变量 x_{1ij}, x_{2ij}, x_{3ij} 分别表示第 i 所学校第 j 个学生在 8 岁时的数学成绩, 性别 (1 为男孩, 0 为女孩) 及社会背景 (1 为脑力劳动家庭, 0 为体力劳动家庭).

考虑最简单的两水平方差分量模型:

$$y_{ij}=\beta_0+\beta_1x_{ij}+u_{0i}+e_{ij},\quad i=1,\cdots,n;j=1,\cdots,m_i \tag{2.5.4}$$

我们用多水平模型参数估计的方法给出固定效应参数 $\beta=(\beta_0,\beta_1)'$ 及随机效应参数 $\theta=(\sigma_e^2,\sigma_{u0}^2)'$ 的估计. 为了与最小二乘估计 (OLS) 作比较, 我们将 OLS 得到的结果也计算出来, 列在表 2.1 中. 从表 2.1 中可以看出, 8 岁学生数学成绩对 11 岁学生数学成绩有显著影响, 同时随机效应的两个方差 σ_{u0}^2(学校之间) 及 σ_e^2(学生之间) 的估计也是很显著的. 与 OLS 估计相比, 虽然回归系数的估计很相似, 但 IGLS 估计给出了两个方差估计, 而 OLS 只能给出水平 1 上的方差估计. 似然比统计量可以衡量拟合模型的优劣. IGLS 与 OLS 模型下 $-2\ln(\text{likelihood})$ 的差为 63.06, 与自由度为 1 的 χ^2-分布的临界值 (置信水平设为 0.05, $\chi^2(1,0.95)=3.84$) 相比较是显著的. 因此, IGLS 估计 (或多水平模型) 与 OLS 估计 (GLM 模型) 相比有显著的改进.

表 2.1 模型 (2.5.4) 参数的 IGLS 估计和 OLS 估计及检验

参数	IGLS 估计 (s.e.)	P 值	OLS 估计 (s.e.)	P 值
固定效应参数				
β_0(常数项)	13.936(0.714)		13.845(0.693)	
β_1(8 岁学生数学成绩)	0.3238(0.03087)	0.000	0.6496(0.0258)	0.000
随机效应参数				
水平 2				
σ_{u0}^2	3.1889(0.969)	0.001		
水平 1				
σ_e^2	19.776(1.071)	0.000	23.4053	
$-2\ln(\text{likelihood})$	4294.24		4357.3	

注：s.e. 代表 standard error

在该实验中, 另外两个解释性变量是性别和社会背景. 可以将这两个变量加入到多水平回归模型中, 研究它们的影响. 此时模型 (2.5.4) 变为

$$y_{ij} = \beta_0 + \beta_1 x_{1ij} + \beta_2 x_{2ij} + \beta_3 x_{3ij} + u_{0i} + e_{ij} \tag{2.5.5}$$

其中, $i = 1, \cdots, n$; $j = 1, \cdots, m_i$, u_{0i} 及 e_{ij} 的假设同模型 (2.5.4).

表 2.2 的第 3 列给出了模型 (2.5.5) 中 IGLS 估计及检验的 P 值. 从表 2.2 中可以看出, 性别效应很小而且倾向于女生, 但并不显著. 社会背景因素倾向于非体力劳动家庭. 虽然不显著 (P 值为 0.06), 但其 P 值已经很接近置信水平 0.05, 从 $-2\ln(\text{likelihood})$ 的值来看, 它与表 2.1 中的 $-2\ln(\text{likelihood})$ 的差为 4.5, 与 χ^2-分布的临界值 3.84 相比, 模型 (2.5.5) 有一定程度上的改进. 为了更明确了解性别与社会背景对观察值 (11 岁学生数学成绩) 的影响, 我们将 x_1(8 岁学生数学成绩) 从模型 (2.5.5) 中剔除, 拟合多水平回归模型后的 IGLS 估计及检验结果列在表 2.2 的后两列. 可以看出性别及社会背景因素不显著, 可能是由于 x_1 对 y(11 岁学生数学成绩) 的影响较为显著, 而掩盖了性别及社会背景的影响. 在表 2.2 的后两列中, 水平 1 及水平 2 估计方差明显增大, 说明 x_1 作为解析变量的重要性. 因此综合来看, 将 x_3(性别) 及 x_4(社会背景) 放在模型中是合理的.

在前面分析的模型中, 解释性变量都是水平 1 上的度量. 在多水平模型中, 解释性变量可以是一种定义在任意高水平上的度量值. 在许多情况下, 研究这种变量的影响和建模是很重要的. 在 “JSP”2 水平模型中, 这种变量可以定义为每个学校 8 岁学生数学成绩的平均, 即 $x_{1i}^* = \sum_{j=1}^{m_i} \frac{x_{1ij}}{m_i}$, 这种变量称为合成变量. 为了便于比较, 我们对 x_1 作中心化, 即 x_1 为 8 岁学生数学成绩减去其样本均值 25.98(注意这里 25.98 为全部学生数学成绩的平均值), 同时我们在建模中还考虑了 x_{1ij} 与 x_{1i}^* 的交互作用的交互效应. 由此我们研究的模型变为

$$y_{ij} = \beta_0 + \beta_1 x_{1ij} + \beta_2 x_{2ij} + \beta_3 x_{3ij} + \beta_4 x_{1i}^* + \beta_5 x_{1ij} \cdot x_{1i}^* + u_{0i} + e_{ij} \quad (2.5.6)$$

其中, u_{0i} 及 e_{ij} 的假设同模型 (2.5.4), β_4 所对应的变量即为 2 水平 (高水平) 上的解释性变量.

表 2.2 模型 (2.5.5) 参数的 IGLS 估计及检验

参数	IGLS 估计 (s.e.)	P 值	IGLS 估计 (s.e.)	P 值
固定效应参数				
β_0(常数项)	14.877(0.84)		32.879(0.577)	
β_1(8 岁学生数学成绩)	0.639(0.025)	0.00		
β_2(性别)	−0.358(0.339)	0.29	−0.386(0.465)	0.04
β_3(社会背景)	−0.719(0.386)	0.06	−2.926(0.514)	0.00
随机效应参数				
水平 2				
σ_{u0}^2	3.208(0.971)	0.001	4.521(1.503)	0.0026
水平 1				
σ_e^2	19.643(1.06)	0.000	37.154(2.01)	0.00
−2ln(likelihood)	4289.74		4744.79	

表 2.3 的第 2 列、第 3 列给出了模型 (2.5.5) 中加入平均成绩及交互效应后参数的 IGLS 估计及检验. 水平 2 上的解释性变量 x_{1i}^* 并不显著, 水平 2 上的解释性变量还可能是学校内部学生成绩的变异度量, 这类变量的影响还可进一步研

表 2.3 模型 (2.5.6) 参数的 IGLS 估计及检验

参数	IGLS 估计 (s.e.)	P 值	OLS 估计 (s.e.)	P 值
固定效应参数				
β_0(常数项)	31.472(0.445)		31.693(0.452)	
β_1(中心化的 8 岁学生数学成绩)	0.639(0.0259)	0.00	0.633(0.0259)	0.0
β_2(性别)	−0.3575(0.3393)	0.29	−0.373(0.338)	0.269
β_3(社会背景)	−0.7206(0.3863)	0.06	−0.788(0.386)	0.0411
β_4(学校平均 8 岁学生数学成绩)	−0.0096(0.1207)	0.93	−0.028(0.1199)	0.8174
$\beta_5(x_{1ij} \cdot x_{1i}^*)$	3.208(0.971)	0.001	−0.0236(0.0099)	0.017
随机效应参数				
水平 2				
σ_{u0}^2	3.2094(0.9712)	0.095	3.133(0.953)	0.001
水平 1				
σ^2	19.6427(1.0639)	0.00	19.505(1.056)	0.00
−2ln(likelihood)	4289.7		4284.1	

究 (这里不再讨论). 表 2.3 的前两列给出了模型 (2.5.6)(有交互效应) 下参数的 IGLS 估计及检验, 其中交互效应 $(x_{1ij}\cdot x_{1i}^*)$ 是显著的, 其值为正. 因此, 可以做这样的解释：学校 8 岁学生数学的平均成绩越高, 8 岁学生数学成绩变量的系数越低, 其暗含的一个解释是在一个学校平均成绩比较高的学校里, 8 岁时数学成绩比较低的学生在 11 岁更容易有较好的表现.

为了进一步研究这一问题, 我们需要假设 x_{1ij} 的回归系数和常数项在水平 2 上是随机变化的. 这就出现下面的两水平模型

$$y_{ij}=\beta_0+\beta_1x_{1ij}+\beta_2x_{2ij}+\beta_3x_{3ij}+\beta_4x_{1i}^*+\beta_5x_{1ij}\cdot x_{1i}^*+u_{0i}+u_{1i}x_{1ij}+e_{ij} \tag{2.5.7}$$

u_{0i} 与 e_{ij} 相互独立. 式 (2.5.7) 中 u_{1i} 均值为零, 且 $\mathrm{Var}(u_{1i})=\sigma_{u1}^2$, $\mathrm{Cov}(u_{1i},u_{0i})=\sigma_{u01}$, u_{1i} 与 e_{ij} 相互独立. 式 (2.5.7) 中的方差结构比模型 (2.5.6) 的方差结构更为复杂, 其参数估计及检验见表 2.4.

表 2.4 模型 (2.5.7) 参数的 IGLS 估计及检验

参数	IGLS 估计 (s.e.)	P 值
固定效应参数		
β_0(常数项)	31.681(0.451)	
β_1(中心化的 8 岁学生数学成绩)	0.624(0.036)	0.00
β_2(性别)	−0.248(0.322)	0.44
β_3(社会背景)	−0.957(0.361)	0.008
β_4(学校平均 8 岁学生数学成绩)	−0.038(0.125)	0.761
β_5 $(x_{1ij}\cdot x_{1i}^*)$	−0.019(0.013)	0.167
随机效应参数		
水平 2		
σ_{u0}^2	3.008(1.031)	0.0004
σ_{u1}^2	0.0295(0.0113)	0.009
σ_{u01}	−0.34(0.073)	0.0003
水平 1		
σ_e^2	17.753(0.98)	0.000
−2ln(likelihood)	4232.1	

与表 2.3 的结构相比较, 8 岁学生数学成绩的回归系数在水平 2 的随机化增加了社会背景的影响, 但这使得学生性别的影响有所减弱, 此时水平 1 上的方差估计 σ^2 减少了. 但所有方差估计都是非常显著的. 值得注意的是, 此时交互效应参数 β_5 不再显著.

2.5.2 血清胆红素数据分析

在许多生长曲线的研究中, 经常对同一个研究对象进行多次重复测量. 对于这样的纵向数据, 人们已经提出了线性固定效应和混合效应模型. 事实上, 时间

变量也可以加入到模型中, 便于解释研究对象自身的可变性. 因此, 多水平模型 (Goldstein, 1989, 1995) 被认为是进行纵向数据分析的较完善模型, 而且已经被广泛应用于教育科学和社会科学领域.

这里我们要介绍的数据来自 Vonesh 和 Chinchilli(1997), 他们列出了 Carithers 等 (1989) 从多个医学研究中心随机抽取患者做安慰剂对照试验得到的数据. 这一试验的目的在于, 比较短时间内用肾上腺皮质激素类治疗和只用安慰剂控制的酒精肝患者的死亡率的差别. 从试验开始一周测量一次, 四周的时间里总共测量到 31 个受安慰剂控制的患者和 35 个甲基强的松龙治疗的患者的血清胆红素数据. 有些患者在试验期间死亡, 因此有些患者的数据可能少于 5 个. 在 Vonesh 和 Chinchilli(1997) 的初步分析里, 与缺失数据有关问题已解决并找到一些适合的线性模型. 他们认为一个二次回归模型符合这一数据, 而且试验开始时的血清胆红素数据是潜在的解释性变量. 现在我们将重新分析这组数据以改进模型, 并以这一模型为例说明检验统计量.

设 y_{ij} 为第 i 个患者第 j 星期的响应变量; t_{ij} 为对应的星期 (0, 1, 2, 3, 4); w_i 为初始的血清胆红素值, 即 $y_{i0}=w_i$; z_i 为患者治疗与否的指示变量 (如果患者被治疗, 那么 $z_i=1$, 否则 $z_i=0$). Vonesh 和 Chinchilli(1997) 的水平 1 模型为

$$y_{ij}=z_i\gamma+\alpha_{0i}+\alpha_{1i}t_{ij}+\alpha_{2i}t_{ij}^2+e_{ij} \tag{2.5.8}$$

Shi 和 Ojeda(2004) 提出下面的水平 2 模型:

$$\begin{aligned}\alpha_{0i}&=\beta_{00}+\beta_{01}w_i+u_{0i}\\ \alpha_{1i}&=\beta_{10}+\beta_{11}w_i+u_{1i}\\ \alpha_{2i}&=\beta_{20}+\beta_{21}w_i+u_{2i}\end{aligned} \tag{2.5.9}$$

将式 (2.5.9) 代入式 (2.5.8), 可得

$$\begin{aligned}y_{ij}=&z_i\gamma+\beta_{00}+\beta_{10}t_{ij}+\beta_{20}t_{ij}^2+\beta_{01}w_i+\beta_{11}(t_{ij}\cdot w_i)\\ &+\beta_{21}(t_{ij}^2\cdot w_i)+u_{0i}+u_{1i}t_{ij}+u_{2i}t_{ij}^2+e_{ij}\end{aligned} \tag{2.5.10}$$

该模型的方差函数为

$$\mathrm{Var}(u_{0i}+u_{1i}t_{ij}+u_{2i}t_{ij}^2+e_{ij})=\sigma_{u0}^2+\sigma_{u1}^2t_{ij}^2+\sigma_{u2}^2t_{ij}^4+2\sigma_{u01}t_{ij}+2\sigma_{u02}t_{ij}^2+2\sigma_{u12}t_{ij}^3+\sigma_e^2$$

表 2.5 给出了模型 (2.5.10) 基于 OLS 及 IGLS 的估计和检验. OLS 估计只有一个 1 水平的方差, IGLS 估计还有水平 2 上的六个方差参数, 两个模型的

$-2\ln$ (likelihood) 的差为 323.1, 与 χ_6^2 的临界值 $\chi^2(6, 0.95) = 12.5916$ 相比是显著的, 因此水平 2 上的方差假设是合理的. 但由于随机项 u_{0i} 的估计方差等于零. 因此可假设 α_{0i} 为固定效应, 得到如下模型

$$\begin{aligned} y_{ij} = &z_i\gamma + \beta_{00} + \beta_{10}t_{ij} + \beta_{20}t_{ij}^2 + \beta_{01}w_i + \beta_{11}(t_{ij} \cdot w_i) \\ &+ \beta_{21}(t_{ij}^2 \cdot w_i) + u_{1i}t_{ij} + u_{2i}t_{ij}^2 + e_{ij} \end{aligned} \tag{2.5.11}$$

表 2.5 模型 (2.5.10) 参数的估计 (IGLS 和 OLS) 及检验

参数	IGLS 估计 (s.e.)	P 值	OLS 估计 (s.e.)	P 值
固定效应参数				
γ	2.7064(9.8660)	0.7838	−33.4669(11.9935)	0.0053
β_{00}	−1.993(12.9119)		19.5127(28.1253)	
β_{10}	−0.8268(21.0065)	0.9686	−2.7927(33.4327)	0.9334
β_{20}	0.0348(4.6751)	0.9941	0.3176(8.2104)	0.9692
β_{01}	1.0044(0.0352)	0.0000	0.9948(0.0834)	0
β_{11}	−0.2015(0.0644)	0.0017	−0.1833(0.1024)	0.0734
β_{21}	0.0227(0.0142)	0.1099	0.0164(0.0251)	0.5132
随机效应参数				
水平 2				
σ_{u0}^2	0.000(358.8)	1.000		
σ_{u01}	1766.7(414.7)	0.000		
σ_{u02}	−373.6(90.3)	0.000		
σ_{u1}^2	2686.7(978.2)	0.006		
σ_{u12}	−376.3(203.7)	0.065		
σ_{u2}^2	96.9(48.8)	0.047		
水平 1				
σ_e^2	1811.5(246)	0.000		
−2ln(likelihood)	3147.5		3470.6	

模型 (2.5.11) 的参数估计及检验列于表 2.6 中, 与表 2.5 的结果相比, 多水平模型的 $-2\ln$(likelihood) 没有多少改变, 因此模型 (2.5.10) 中 u_{0i} 是不显著的. 同时模型 (2.5.11) 的方差参数的显著性大为提高.

但在模型 (2.5.10) 及模型 (2.5.11) 中, 时间效应及其二次项都不显著, 而与 w_i 相关的几项显著得多. 可能是由于 w_i 的显著性高而掩盖了 t_{ij} 的影响, 所以可以将与 w_i 相关的几项删除, 考虑如下模型

$$y_{ij} = z_i\gamma + \beta_{00} + \beta_{10}t_{ij} + \beta_{20}t_{ij}^2 + u_{1i}t_{ij} + u_{2i}t_{ij}^2 + e_{ij} \tag{2.5.12}$$

拟合模型的计算结果列于表 2.7 中, 从表 2.7 中可看出, 此时 t_{ij} 及 t_{ij}^2 的显著性大幅提高, 但方差参数的显著性有所下降. 因此 t_{ij} 及 t_{ij}^2 作为回归项是合理的. 一

个有趣的事实是, 在标准线性回归中, 参数 γ 是显著的, 但在多水平模型下, 参数 γ 不再显著. γ 所反映的是肾上腺皮质激素类治疗和安慰剂治疗的差异, 也就是说, 不同的模型给出了截然不同的结果. 然而从模型拟合的离差度 (Deviance) 来看, 多水平模型 (2.5.12) 显然是更合理的 ($-2\ln(\text{likelihood})$ 的差 $3437.8-3298.7 = 139.1 > \chi^2(3, 0.95) = 7.81$).

表 2.6　模型 (2.5.11) 参数的估计 (IGLS 和 OLS) 及检验

参数	IGLS 估计 (s.e.)	P 值	OLS 估计 (s.e.)	P 值
固定效应参数				
γ	−1.581(7.71)	0.8437	−33.4669(11.9935)	0.0053
β_{00}	0.631(10.59)		19.5127(28.1253)	
β_{10}	−1.475(24.06)	0.951	−2.7927(33.4327)	0.9334
β_{20}	0.338(5.328)	0.949	0.3176(8.2104)	0.9692
β_{01}	1.003(0.293)	0.000	0.9948(0.0834)	0
β_{11}	−0.198(0.074)	0.007	−0.1833(0.1024)	0.0734
β_{21}	0.021(0.016)	0.191	0.0164(0.0251)	0.5132
随机效应参数				
水平 2				
σ_{u1}^2	5041(1056)	0.000018		
σ_{u12}	−896.3(224.8)	0.00006		
σ_{u2}^2	213.6(54.14)	0.00008		
水平 1				
σ_e^2	1249(134.8)	0.000	10202	
−2ln(likelihood)	3148.0		3470.6	

表 2.7　模型 (2.5.12) 参数的估计 (IGLS 和 OLS) 及检验

参数	IGLS 估计 (s.e.)	P 值	OLS 估计 (s.e.)	P 值
固定效应参数				
γ	−18.77(17.9)	0.29	−34.92(16.1)	0.03
β_{00}	299.35(14.4)		308.52(17.9)	
β_{10}	−58.89(18.76)	0.0017	−61.00(19.6)	0.0019
β_{20}	5.49(3.83)	0.1538	5.55(4.84)	0.251
随机效应参数				
水平 2				
σ_{u0}^2	10128(2861)	0.0004		
σ_{u01}	−1739(609)	0.0043		
σ_{u1}^2	253(134)	0.0592		
水平 1				
σ_e^2	8365(912)	0.000	17558	
−2ln(likelihood)	3298.7		3437.8	

2.5.3 多水平 Logistic 回归案例

前面我们已经研究了关于多水平 Logistic 回归模型, 下面我们给出关于两水平 Logistic 回归模型的案例. 此案例主要是研究与避孕有关的因素, 并探讨不同避孕药具的使用之间的变异程度, 其中二分类响应变量为调查期间一个女人是否避孕, 在文献 (Amin et al., 1997) 中给出了其全样本分析, 但对多分类观测变量以不同类别的避孕方法进行区分. 数据来源于 1989 年孟加拉国生育调查的数据 (Huq et al., 1990), 我们基于两水平 Logistic 随机效应模型, 采用 60 个地区 (District, 2 水平单位 i) 的 2867 名妇女 (Woman, 1 水平单位 j), 利用多水平模型分析软件 MLwiN 对居住于不同地区的妇女对避孕药具的使用情况进行了研究. 主要变量有三类. 响应变量 use, 在调查期间避孕药具的使用状况 (1 表示使用避孕药具; 0 表示不使用避孕药具). 1 水平解释变量 lc, 在调查期间拥有孩子的数量 (0 表示没有孩子; 1 表示有一个; 2 表示有两个; 3 表示有三个或以上); age, 在调查期间妇女的年龄, 并使其以平均年龄 30 岁中心化; $urban$, 被调查的妇女居住区的类别 (1 表示城市; 0 表示乡村); $educ$, 妇女的受教育程度 (1 表示没有受教育; 2 表示初级以下; 3 表示初级以上; 4 表示其他); $hindu$, 妇女的宗教信仰 (1 表示信奉印度教; 0 表示信奉伊斯兰教). 2 水平解释变量：d_lit, 在各地区内认识字的妇女的比例; d_pray, 在各地区内信奉伊斯兰教的妇女的比例.

建立两水平的 Logistic 回归模型来研究哪些因素影响妇女对避孕药具的使用. 我们建立一个两水平 Logistic 随机截距模型来研究是否使用避孕药具随着地区的不同而存在的随机变化, 其中我们先加入 lc, age 两个影响变量 (1 水平解释变量). 模型如下：

水平 1：$\text{logit}(p_{ij}) = \beta_{0i} + \beta_1 lc1_{ij} + \beta_2 lc2_{ij} + \beta_3 lc3plus_{ij} + \beta_4 age_{ij}$ (2.5.13)

水平 2：$\beta_{0i} = \beta_{00} + u_{0i}$ (2.5.14)

此处由于 lc 有 4 个水平, 因此模型 (2.5.13) 中有三个哑变量 (lc=0 视为对照水平不列入模型). 将式 (2.5.14) 代入式 (2.5.13) 得到以下模型

$$\text{logit}(p_{ij}) = \beta_{00} + \beta_1 lc1_{ij} + \beta_2 lc2_{ij} + \beta_3 lc3plus_{ij} + \beta_4 age_{ij} + u_{0i} \tag{2.5.15}$$

其中, p_{ij} 表示第 $i(i = 1, \cdots, 60)$ 地区的第 $j(j = 1, \cdots, n_i)$ 个妇女避孕的概率, 且 $use_{ij} \sim B(1, p_{ij})$, $u_{0i} \sim N(0, \sigma_{u0}^2)$. MLwiN 软件对多水平多项式模型提供了边际准似然 (Marginal Quasi-Likelihood, MQL) 估计法和预测准似然 (Predictive Quasi-Likelihood, PQL) 估计法. 这两种方法都包括一阶或二阶 Taylor 级数展开序列 (Goldstein, 2003). MLwiN 软件默认的为一阶 MQL 估计, 但是由于一阶 MQL 估计是有偏的, MLwiN 软件还提供了二阶 PQL 估计, 其中一阶 MQL 估计

和二阶的 PQL 估计可以交互使用. 式 (2.5.15) 基于 MLwiN 的参数估计 (MQL 及 PQL 估计) 的结果见表 2.8(第 2、3 列). 从表 2.8(第 2、3 列) 的结果中我们可以发现一阶 MQL 估计与二阶 PQL 估计结果略有差异, 后者的参数估计绝对值略大于前者, 但差异不大. 准似然估计方法中似然函数是不可用的, 因此似然比检验是无效的. 对 σ_{u0}^2 的显著性的检验, 一种方法是 Wald 检验, 这种检验方法是非正态分布情形下的方差近似检验 (第 10 章). 另一种可取的办法就是用 MCMC 建立方差置信区间估计 (Goldstein, 2003). 通过采用 Wald 检验, 我们得到检验统计量 χ^2 为 15.267, 自由度为 1, σ_{u0}^2 是显著的. 由此可认为不同地区之间存在着显著的差异.

进一步研究其他因素对响应变量的影响, 我们加入有关妇女特征的解释变量 $urban$, $educ$ 和 $hindu$. 模型如下:

水平 1:

$$\begin{aligned}\text{logit}(p_{ij}) = &\beta_{0i} + \beta_1 lc1_{ij} + \beta_2 lc2_{ij} + \beta_3 lc3plus_{ij} + \beta_4 age_{ij} \\ &+ \beta_5 urban_{ij} + \beta_6 ed\_lprim_{ij} + \beta_7 ed\_uprim_{ij} \\ &+ \beta_8 ed\_secplus_{ij} + \beta_9 hindu_{ij}\end{aligned} \tag{2.5.16}$$

水平 2:

$$\beta_{0i} = \beta_{00} + u_{0i} \tag{2.5.17}$$

其中 $ed\_lprim, ed\_uprim, ed\_secplus$ 分别表示妇女受教育程度在初级以下, 初级以上及其他三个水平对应的哑变量 (没有受教育视为对照水平不列入模型). 将式 (2.5.17) 代入式 (2.5.16) 得到以下模型

$$\begin{aligned}\text{logit}(p_{ij}) = &\beta_{00} + \beta_1 lc1_{ij} + \beta_2 lc2_{ij} + \beta_3 lc3plus_{ij} + \beta_4 age_{ij} \\ &+ \beta_5 urban_{ij} + \beta_6 ed\_lprim_{ij} + \beta_7 ed\_uprim_{ij} \\ &+ \beta_8 ed\_secplus_{ij} + \beta_9 hindu_{ij} + u_{0i}\end{aligned} \tag{2.5.18}$$

运行结果置于表 2.8(第 4 列), 从结果中我们可以看出妇女年龄及拥有孩子的数量的影响系数稍微有所变化, 但是结论是相同的. 并且我们发现教育水平越高、居住在城市、信奉伊斯兰教的妇女比居住在乡村、信奉伊斯兰教的妇女使用避孕药具的概率更大. 2 水平方差从式 (2.5.15) 的 0.308 降到了 0.234, 由此可以看出妇女的不同教育水平、不同居住区及其不同的宗教信仰能够部分地解释不同地区之间避孕药具使用概率之间的变异.

表 2.8 模型 (2.5.15) 参数的估计及模型 (2.5.18) 参数的估计

参数	一阶 MQL 估计	二阶 PQL 估计	一阶 MQL 估计
固定效应参数			
β_{00}	−1.367(0.123)	−1.466(0.128)	−2.053(0.138)
β_1	0.990(0.126)	1.063(0.129)	1.152(0.134)
β_2	1.275(0.138)	1.370(0.142)	1.512(0.147)
β_3	1.216(0.142)	1.304(0.146)	1.502(0.153)
β_4	−0.0199(0.006)	−0.020(0.006)	−0.017(0.007)
β_5			0.533(0.105)
β_6			0.247(0.128)
β_7			0.724(0.144)
β_8			1.170(0.127)
β_9			0.433(0.128)
随机效应参数			
σ_{u0}^2	0.274 (0.071)	0.308(0.079)	0.234(0.066)

上面我们研究了使用避孕药具的概率在各地区之间存在着差异, 但我们假设每个地区的解释变量的影响是相同的. 我们现在允许城市和农村地区在各地区之间存在变异, 假设 $urban$ 变量的系数在地区之间随机变化. 模型如下:

水平 1:

$$\begin{aligned}\text{logit}(p_{ij}) = &\beta_{0i} + \beta_1 lc1_{ij} + \beta_2 lc2_{ij} + \beta_3 lc3plus_{ij} + \beta_4 age_{ij} \\ &+ \beta_{5i} urban_{ij} + \beta_6 ed\_lprim_{ij} + \beta_7 ed\_uprim_{ij} \\ &+ \beta_8 ed\_secplus_{ij} + \beta_9 hindu_{ij}\end{aligned} \tag{2.5.19}$$

水平 2:

$$\beta_{0i} = \beta_{00} + u_{0i}, \quad \beta_{5i} = \beta_{50} + u_{5i} \tag{2.5.20}$$

将式 (2.5.20) 代入式 (2.5.19) 得到以下模型

$$\begin{aligned}\text{logit}(p_{ij}) = &\beta_{00} + \beta_1 lc1_{ij} + \beta_2 lc2_{ij} + \beta_3 lc3plus_{ij} + \beta_4 age_{ij} \\ &+ \beta_{50} urban_{ij} + \beta_6 ed\_lprim_{ij} + \beta_7 ed\_uprim_{ij} \\ &+ \beta_8 ed\_secplus_{ij} + \beta_9 hindu_{ij} + (u_{0i} + u_{5i} urban_{ij})\end{aligned} \tag{2.5.21}$$

其中, $u_{0i} \sim N(0, \sigma_{u0}^2)$ 为相互独立的截距项水平 2 残差, $u_{5i} \sim N(0, \sigma_{u5}^2)$ 为相互独立的斜率项水平 2 残差, $\text{Cov}(u_{0i}, u_{5i}) = \sigma_{u05}$, 不同水平残差间相互独立. 式 (2.5.21) 表示截距项及妇女居住区不同对是否采用避孕药具的概率影响系数在不同组间有差异.

式 (2.5.21) 的分析结果列于表 2.9(第 2 列). 从表 2.9 中我们可以得到水平 2 方差及其协方差分别为 $\sigma_{u5}^2 = 0.349$, $\sigma_{u05} = -0.258$. 我们采用 Wald 检验对水平 2 变异进行检验, 检验统计量 χ^2 为 5.471, 自由度为 2(P=0.065), 在 0.10 的显著性水平下, 我们认为水平 2 方差及协方差是显著不为零的, 也就是说居住在城市的妇女用避孕药具的概率确实因地区的不同而存在差异.

表 2.9　式 (2.5.21) 及式 (2.5.22) 的参数估计

参数	1 阶 MQL 估计	1 阶 MQL 估计
固定效应参数		
β_{00}	−2.094(0.148)	−1.723(0.263)
β_1	1.176(0.135)	1.171(0.135)
β_2	1.527(0.148)	1.535(0.149)
β_3	1.523(0.154)	1.529(0.154)
β_4	−0.018(0.007)	−0.018(0.007)
β_{50}	0.574(0.137)	0.528(0.138)
β_6	0.245(0.130)	0.238(0.130)
β_7	0.734(0.145)	0.743(0.146)
β_8	1.180(0.128)	1.197(0.129)
β_9	0.510(0.133)	0.510(0.133)
β_{51}		2.076(1.707)
β_{52}		−1.410(0.534)
随机效应参数		
σ_{u0}^2	0.360(0.099)	0.305(0.088)
σ_{u05}	−0.258(0.111)	−0.233(0.106)
σ_{u5}^2	0.349(0.173)	0.352(0.174)

为了更好地解释居住在城市和居住在乡村的妇女使用避孕药具的概率因地区不同而存在的差异, 我们在式 (2.5.20) 中截距 β_{0i} 上加入地区之间 (水平 2) 的解释变量 d_lit 和 d_pray, 模型如下:

$$
\begin{aligned}
\text{logit}(p_{ij}) = {} & \beta_{00} + \beta_1 lc1_{ij} + \beta_2 lc2_{ij} + \beta_3 lc3plus_{ij} + \beta_4 age_{ij} \\
& + \beta_{50} urban_{ij} + \beta_6 ed\_lprim_{ij} + \beta_7 ed\_uprim_{i_j} \\
& + \beta_8 ed\_secplus_{ij} + \beta_9 hindu_{ij} + \beta_{51} d\_lit_i + \beta_{52} d\_pray_i \\
& + (u_{0i} + u_{5i} urban_{ij})
\end{aligned}
\tag{2.5.22}
$$

式 (2.5.22) 的分析结果列于表 2.9 中 (第 3 列), 从结果中我们可以看出各地区内妇女识字比例对避孕药具使用概率呈正向的影响, 但是影响并不显著. 各地区妇女的宗教信仰对避孕药具使用的概率有显著影响, 在信奉伊斯兰教妇女比例越高的地区内, 妇女不用避孕药具的概率越大. 从表 2.9(第 3 列) 我们可以看出, 居住在乡村的妇女对避孕药具的使用情况在不同地区之间的平均变异 (2 水平残差方差) 为 0.305, 而居住在城市地区的妇女的地区之间的变异为 $0.305 + 2\times(-0.233) + 0.352 = 0.191$, 因此说明居住在乡村的妇女对避孕药具的使用情况在地区之间的变异一部分被地区宗教信仰情况的差异所解释, 而居住在城市的妇女地区间变异却没有变化.

2.6 多水平模型统计诊断

在许多统计数据, 影响点的存在对统计建模以及相应的统计推断会产生很大的影响, 因此影响点的识别问题是统计学中的一个重要研究领域, 并受到了广泛重视. 影响点一般定义为那些对模型参数估计和统计推断产生重要影响的数据点 (Cook, 1977). 由此可见, 影响点是相对于参数估计和统计推断而言的, 即其目标是比较明确的. 当我们讲影响点时, 是相对于其影响对象而言的, 比如对参数估计、检验统计量或是置信区间, 这一点有别于异常值的定义 (Barnett et al., 1994; Cook et al., 1982; 石磊, 2008). 影响分析自出现以来, 获得了广泛的重视和深入的研究, 相关的文献浩若烟海. 在以往文献中诊断影响点的方法大致可以分为两类, 一类是数据删除法 (Case Deletion) 或总体影响分析 (Global Influence Analysis); 另一类是局部影响分析 (Local Influence Analysis). 在线性模型、广义线性模型、混合线性模型中, 统计模型诊断都得到了深入的研究 (Cook et al., 1982; Atkinson, 1985; Rousseeuw et al., 1987; Chatterjee et al., 1988).

在多水平模型领域, Shi 等 (2004) 首次用局部影响分析方法研究了多水平模型中个体影响点的识别问题, 并定义了各水平残差及残差分析. Shi 和 Chen (2008a) 利用数据删除法给出了多水平模型参数估计的递推公式 (Update Formula), 并导出了诊断统计量. Shi 和 Chen (2008b) 研究了多水平模型异常值识别问题. Shi 和 Chen(2008c) 研究了观测影响点的局部影响分析.

2.6.1 数据删除法

数据删除法是一种最直观的研究影响点的诊断方法. 影响点是指那些对模型参数估计和统计推断产生重要影响的数据点, 因此一种简单的方法就是删除某个或某几个数据点后的参数估计或统计推断与完全数据下的情形相比较, 来判定这些点对统计推断结果的影响. 例如, 假设 θ 是给定模型中的未知参数, $\hat{\theta}$ 是 θ 的某种估计. 这种估计可能是极大似然估计、Bayesian 估计或是线性模型中的最小二乘估计. 数据删除方法是通过比较删除某个或某几个数据点后的参数估计与完全

数据下的参数估计, 来判定这些点对参数估计的影响:

$$D_{[a]}(\theta) = \frac{(\hat{\theta} - \hat{\theta}_{[a]})' M (\hat{\theta} - \hat{\theta}_{[a]})}{c} \tag{2.6.1}$$

其中, M 是一个实对称正定矩阵, c 是一个非零刻度值, $\hat{\theta}_{[a]}$ 表示在标识集 a 中数据点删除后 θ 的估计. 从理论上讲, 式 (2.6.1) 中的 $\hat{\theta}_{[a]}$ 可以通过删除 a 中数据点后重新计算 θ 的估计获得 (这称为真实的影响), 但这就不是统计诊断了. 在现代计算机速度大幅提高的时代, 这样做似乎也是可行的, 但当数据量很大时, 每次估计都需要迭代, 同时要对多个数据点的所有组合进行计算, 计算工作量是很大的. 因此统计诊断内容是要通过某种技巧, 获得 $\hat{\theta}_{[a]}$ 的一个递推公式 (Update Formula), 即 $\hat{\theta}_{[a]}$ 的计算只能通过完全数据下的估计及相关的统计量获得, 即 (石磊, 2008)

$$\hat{\theta}_{[a]} = \hat{\theta} + \Delta(\hat{\theta}, Y) \tag{2.6.2}$$

其中, Y 为观测数据, $\Delta(\hat{\theta}, Y)$ 为删除数据前后估计的差. 它仅通过在完全数据下的估计计算 (只进行一次估计计算) 获得. 由于似然函数是衡量模型好坏的一个重要统计量, 许多诊断统计量是基于似然函数得到的. 令 $L(\theta\,|Y)$ 表示基于观测数据 Y, 参数为 θ 的似然函数, 则数据点删除法诊断统计量为

$$LD_{[a]}(\theta) = 2[L(\hat{\theta}\,|Y) - L(\hat{\theta}_{[a]}\,|Y)] \tag{2.6.3}$$

在正态线性模型下, 如果仅考虑回归系数估计的影响, 式 (2.6.1) 和式 (2.6.3) 是等价的.

对 Bayesian 估计方法, 用数据删除法可以类似地讨论影响点的识别, 但式 (2.6.3) 一般用 Bullback-Lebeiler 距离进行替换. 基于 Bayesian 估计的这种方法有些文献称之为 Bayesian 影响分析, 其实这种方法与数据删除法在本质上是一致的. 但数据删除法对一些需要迭代计算的复杂模型在计算上存在很多困难, 事实上, 要得到精确的替代公式 (2.6.2) 是不可能的, 因此, 一般只能采用一步近似 (One-Step Approximation) 方法 (Pregiben, 1981), 在某些情况下, 这会带来一定的误差.

数据删除法的相关文献较多, 读者可参看这一领域的相关专著 (Belsley et al., 1980; Cook et al., 1982; 韦博成等, 1992; 石磊, 2008). 对于多水平模型, 利用数据删除法的研究结果见 Shi 和 Chen (2008a, 2008b).

2.6.2 局部影响分析

1986 年, 著名统计学家 Dennies Cook 开创性地提出了一种局部影响分析方法. 该方法同时扰动模型的某个部分, 使用似然距离的影响图的法曲率来度量

扰动的影响, 并由此得到诊断统计量来识别数据中的影响点. 扰动是同时扰动或称为联合扰动 (Joint Perturbation Scheme), 使得数据中多个影响点的联合效应 (Joint Effect) 能够被识别出来, 再加上该方法对许多复杂模型 (如需要迭代计算的模型) 的计算比数据删除法简便易行, 这一新的方法提出之后获得了广泛的应用, 如 Beckman 等 (1987) 讨论了方差分量模型的局部影响分析, Lawrance(1988) 研究了变换模型下的局部影响分析, St.Laurent 和 Cook(1993) 研究了非线性模型的局部影响分析等. 同时在此思想基础上发展一系列改进或新的局部影响分析方法, 如 Wu 和 Luo(1993) 的二阶局部影响分析, Thomas 和 Cook(1990) 提出的基于 Pearson chi-2 统计量的局部影响分析, Shi(1997) 提出的基于广义影响函数及广义 Cook 统计量的局部影响分析, W. Y. Poon 和 Y. S. Poon (1999) 的保形变换下的局部影响分析, Zhu 等 (2001) 的不完全数据模型的局部影响分析, Zhu 等 (2007) 的基于扰动模式选择下的局部影响分析等. 这些结果极大地丰富了局部影响分析的内容. 下面我们简要介绍 Cook(1986) 的主要思想.

记模型 M 相应的随机变量 Y 的对数似然函数为 $L(\theta)$, θ 为未知的 p 维向量参数, 其定义域 Θ 为 R^p 上的任一开集. $\omega=(\omega_1,\omega_2,\cdots,\omega_q)'$ 为描述扰动因素的向量, 其定义域 Ω 为 R^q 上的某一开集. 受扰动的模型记为 $M(\omega)$, 其相应的对数似然函数记为 $L(\theta|\omega)$. 假定 $L(\theta|\omega)$ 在 (θ',ω') 上是二阶连续可导的, 存在 $\omega_0\in\Omega$, 使 $M(\omega_0)=M$, 因此相应的对数似然函数, $L(\theta)=L(\theta|\omega_0)$. 假定 θ 相应于 $L(\theta)$ 的最大似然估计为 $\hat{\theta}$, 相应于 $L(\theta|\omega)$ 的最大似然估计为 $\hat{\theta}(\omega)$, 简记为 $\hat{\theta}_\omega$, 因此有 $\hat{\theta}=\hat{\theta}(\omega_0)=\hat{\theta}_{\omega_0}$. 我们把符合以上条件的模式简称为 ω-模式. 定义扰动下似然距离为

$$LD(\omega)=2\left[L(\hat{\theta})-L(\hat{\theta}_\omega)\right]$$

如果 θ 分划为 $\theta'=(\theta_1',\theta_2')$, θ_1 为有兴趣的参数, θ_2 为多余参数, 分别为 p_1 维和 p_2 维. 对应地把 $\hat{\theta}_\omega'$ 也分划为 $\hat{\theta}_\omega'=(\hat{\theta}_{1\omega}',\hat{\theta}_{2\omega}')$, 则关于子集参数 θ_1 的似然距离定义为

$$LD_s(\omega)=2\left[L(\hat{\theta})-L\left(\hat{\theta}_{1\omega},g(\hat{\theta}_{1\omega})\right)\right]$$

其中, $g(\theta_1)$ 为 θ_2 固定 θ_1 的最大似然估计. 当对模型 M 进行扰动变为模型 $M(\omega)$ 时, 似然距离 $LD(\omega)$ 或 $LD_s(\omega)$ 包含了有关扰动的主要信息. 令 $\alpha(\omega)=\begin{pmatrix}\omega\\ LD(\omega)\end{pmatrix}$, 易见 $\alpha(\omega)$ 刻画了 $LD(\omega)$ 随 ω 的变化情况, 反映了扰动 ω 对于模型的影响. 从几何上看, $\alpha(\omega)$ 表示 $q+1$ 维空间的一个 q 曲面, 这个曲面称为影响图 (Influence Graph). 一种衡量扰动影响大小的方式是使用影响图 $\alpha(\omega)$ 在 ω_0 处的保形曲率 (Conformal Curvature). 考虑空间 Ω 中过 ω_0 以 l 为方向的一条直

线 $\omega(a) = \omega_0 + al$, 其中 $a \in R^1$ 为一实参数, l 为 R^q 中一固定的非零单位长度方向向量, 满足 $l'l = 1$. 这条直线映射到 $\alpha(\omega_0)$ 的影响图上, 就得到一条曲线

$$\alpha = \alpha[\omega(a)] = \alpha(\omega_0 + al)$$

我们将之称为提升线 (Lifted Line). 每一个方向 l 确定这样的一条提升线, 而每一条提升线又对应于一个正则空间, 提升线的正则曲率就是影响图 $\alpha(\omega)$ 沿着 l 方向的曲率. 可以证明该曲率可表示为

$$c_l = 2\left|l'\Delta'(\ddot{L})^{-1}\Delta l\right| \tag{2.6.4}$$

其中,

$$\ddot{L} = \left(\frac{\partial^2 L(\theta|\omega)}{\partial\theta\partial\theta'}\right)_{\theta=\hat{\theta},\omega=\omega_0}, \quad \Delta = \left(\frac{\partial^2 L(\theta|\omega)}{\partial\theta\partial\omega'}\right)_{\theta=\hat{\theta},\omega=\omega_0}$$

因而 $c_{\max} = 2|\lambda_1|$, λ_1 为 $\Delta'(\ddot{L})^{-1}\Delta$ 的最大特征值, $l_{\max}$ 为 $\Delta'(\ddot{L})^{-1}\Delta$ 相应于 λ_1 的特征向量. 易见, 影响曲率 c_l 表示影响图 $\alpha(\omega)$ 在 ω_0 处沿 l 方向的变化率, 它反映了模型对于 ω 沿 l 方向扰动的敏感程度. 而 $l_{\max}$ 则表示对于扰动最敏感的方向. 这个最敏感的方向是研究局部影响最重要的统计量. 当扰动向量的元素对应观测数据时, $l_{\max}$ 对应元素绝对值大小就反映了相应观测数据点的影响.

在多水平模型下, 局部影响分析的研究结果可参看 Shi 和 Ojeda (2004) 以及 Shi 和 Chen (2008c) 的相关文献.

第 3 章　多水平面板数据模型及其估计理论

多水平模型与静态面板数据模型在处理具有面板结构的数据时有着很多相似之处. 事实上, 面板数据可以看成是一个具有两水平结构的分层数据, 个体是第 2 水平, 时间观测数据是第 1 水平. 一些面板数据也可以通过两水平模型进行分析 (Shi et al., 2004), 在多水平模型中, 两水平模型所研究的数据往往就是典型的面板数据 (郭志刚等, 2007). 在此情况下, 一个有趣的问题是这两种模型在拟合具有面板结构的数据中有什么差异.

此外在应用两水平模型处理面板数据时, 两水平模型不能体现时间上的独立效应, 因此本章我们将两水平模型和面板数据结合起来, 构造两水平面板数据模型. 进而分析该模型的方差、协方差结构, 采用迭代广义最小二乘法和限制迭代广义最小二乘法对模型参数进行估计, 并用模拟数据验证了该模型参数估计的性质.

3.1　多水平模型及静态面板数据模型比较

3.1.1　多水平模型结构

多水平模型主要用于处理具有多个层次的问题, 它可以很好地反映层次之间的交互效应, 建模中可以把一个变量嵌套于另一个变量. 特别地, 两水平模型是针对具有两个层次结构的实际问题而提出的. 其模型形式设定如下 (郭志刚等, 2007):

$$Y_{ij} = \beta_{0j} + \sum_{p=1}^{P} \beta_{pj} X_{pij} + e_{ij} \quad (i = 1, \cdots, N; j = 1, \cdots, n) \tag{3.1.1}$$

$$\beta_{kj} = \gamma_{k0} + \sum_{m=1}^{M} \gamma_{km} \omega_{mj} + u_{kj} \quad (k = 0, \cdots, P; j = 1, \cdots, n) \tag{3.1.2}$$

$$\begin{aligned} Y_{ij} = {} & \gamma_{00} + \sum_{m=1}^{M} \gamma_{0m} w_{mj} + \sum_{p=1}^{P} \gamma_{p0} X_{pij} + \sum_{p=1}^{P} \sum_{m=1}^{M} \gamma_{pm} w_{mj} X_{pij} \\ & + \sum_{p=1}^{P} X_{pij} u_{pj} + u_{0j} + e_{ij} \quad (i = 1, \cdots, N; j = 1, \cdots, n) \end{aligned} \tag{3.1.3}$$

其中, 式 (3.1.1) 为一水平模型, 式 (3.1.2) 表示二水平模型. Y_{ij} 表示二水平中第 i 个体所对应的第 j 个一水平观测变量. 模型 (3.1.2) 表明一水平模型中回归系数与二水平变量有关. 例如, 截距项 β_{0j} 具有跨水平变化的特点, 即第二水平变量能够影响第一水平截距项的大小. e_{ij} 为一水平残差, $u_{pj}(p=1,\cdots,P)$ 为二水平残差. 将式 (3.1.2) 代入到式 (3.1.1) 中得到的组合模型 (3.1.3), 它是一个具有复合残差结构的线性模型, 其复合残差项为 $\sum\limits_{p=1}^{P} X_{pij}u_{pj}+u_{0j}+e_{ij}$. 一般情况下, 我们假设不同水平的残差相互独立, 即 $\mathrm{Cov}(e_{ij},u_{pj})=0, p=1,\cdots,P; i=1,\cdots,N; j=1,\cdots,n$. 此外 $e_{ij}\sim(0,\sigma^2)$,

$$\begin{pmatrix} u_{0j} \\ u_{1j} \\ \vdots \\ u_{Pj} \end{pmatrix} \sim \left[\begin{pmatrix} 0 \\ 0 \\ \vdots \\ 0 \end{pmatrix}, \begin{pmatrix} \sigma_{00}^2 & \cdots & \sigma_{0P}^2 \\ \vdots & & \vdots \\ \sigma_{P0}^2 & \cdots & \sigma_{PP}^2 \end{pmatrix}\right]$$

3.1.2 静态面板数据模型结构

宏观经济与微观经济数据很多都是面板数据, 静态面板数据模型是针对具有面板结构的数据而提出的. 利用静态面板数据模型, 处理实际问题能够更好地识别和度量单纯时间序列模型与截面数据模型不能描述的效应. 总体来看, 面板数据模型可以分为静态面板数据模型和动态面板数据模型. 为了与多水平模型进行比较, 我们仅考虑一类特殊的无内生变量的静态面板数据模型, 其一般形式为 (Baltagi, 2005)

$$Y_{it}=\alpha+\sum_{p=1}^{P}\beta_p X_{pit}+u_{it}\quad (i=1,\cdots,N; t=1,\cdots,T) \tag{3.1.4}$$

$$u_{it}=v_i+\lambda_t+e_{it}$$

其中, α 为常数项参数, β_p 为未知参数, X_{pit} 为外生的解释变量 ($\mathrm{Cov}(u_{it},X_{pit})=0$), v_i 是不可观测的个体效应, λ_t 是不可观测的时间效应, e_{it} 是随机干扰项, 它们三者的和组成了一般静态面板数据模型的复合残差结构.

(1) 当假定 v_i 和 λ_t 是可估计的固定参数且 $e_{it}\sim iid,(0,\sigma_e^2)$(表示相互独立同分布, 均值为 0, 方差为 σ_e^2) 时, 模型 (3.1.4) 是一个固定效应静态面板数据模型, 即

$$Y_{it}=\alpha+v_i+\lambda_t+\sum_{p=1}^{P}\beta_p X_{pit}+e_{it}\quad (i=1,\cdots,N; t=1,\cdots,T)$$

这时 $\alpha, \beta_p, v_i, \lambda_t$ 均为可估参数, 固定效应静态面板数据模型的残差为 e_{it}, v_i 为个体效应, λ_t 为时间效应. 固定效应静态面板数据模型的参数估计包括最小二乘虚拟变量回归 (LSDV) 或广义最小二乘法的协方差分析 (ANCOVA)(Baltagi, 2005; Hsiao, 2005).

(2) 当 $v_i \sim iid, (0, \sigma_v^2)$, $\lambda_i \sim iid, (0, \sigma_\lambda^2)$, $e_{it} \sim iid, (0, \sigma_e^2)$ 且三者互相独立时, 模型 (3.1.4) 是一个随机效应静态面板数据模型, 即

$$Y_{it} = \alpha + \sum_{p=1}^{P} \beta_p X_{pit} + v_i + \lambda_t + e_{it}, \quad (i = 1, \cdots, N; t = 1, \cdots, T)$$

其中, $v_i + \lambda_t + e_{it}$ 为复合残差, 包括了不可观测的截面误差 v_i, 不可观测的时间误差 λ_t 以及随机干扰项 e_{it}. 随机效应静态面板数据模型可以采用广义最小二乘法 (GLS) 和极大似然估计 (MLE) 进行模型参数估计等方法 (Baltagi, 2005; Hsiao, 2005).

3.1.3 两水平模型与静态面板数据模型比较

两水平模型可以用来处理具有两个层次结构的两层数据, 面板数据可以看成是一个两层数据, 它包括一个截面水平与一个时间水平. 而多水平模型处理的多层数据所包含的层次结构更加广泛和复杂. 两层数据包括了面板数据, 进而两水平模型也能处理面板数据. 但是两水平模型与静态面板数据模型是在不同的研究背景下提出的, 因此比较它们对正确理解它们两个模型是有意义的.

3.1.3.1 两水平模型与固定、随机效应静态面板数据模型比较

不失一般性, 考虑只有一个自变量的静态面板数据模型

$$Y_{it} = \alpha + v_i + \lambda_t + \beta_1 X_{it} + e_{it} \quad (i = 1, \cdots, N; t = 1, \cdots, T) \tag{3.1.5}$$

其中, v_i 及 λ_t 可以是固定效应或随机效应, 但当 v_i 及 λ_t 均为固定效应时, 式 (3.1.5) 本质上是一个具有离散变量的线性模型, 因此这里仅考虑 v_i 及 λ_t 至少有一个为随机效应的情况.

对该类数据, 也可考虑一个两水平模型,

$$\text{水平 1：} Y_{it} = \pi_{0i} + \pi_{1i} X_{it} + e_{it} \quad (i = 1, \cdots, N; t = 1, \cdots, T) \tag{3.1.6}$$

$$\text{水平 2：} \pi_{0i} = \beta_{00} + \beta_{01} w_i + u_{0i}, \quad \pi_{1i} = \beta_{10} + \beta_{11} w_i + u_{1i} \tag{3.1.7}$$

其中水平 1 也仅含有一个自变量, 在水平 2 上也假设只有一个影响变量. 组合模型为

$$Y_{it} = \beta_{00} + \beta_{10} X_{it} + \beta_{01} w_i + \beta_{11} w_i X_{it} + (u_{0i} + u_{1i} X_{it} + e_{it}) \tag{3.1.8}$$

在两水平模型 (3.1.8) 中, 复合残差 $u_{it}=u_{1i}X_{it}+u_{0i}+e_{it}$ 具有比较复杂的结构, 其包括了个体随机效应 $\nu_i=u_{0i}$, 由于 u_{it} 中含 $u_{1i}X_{it}$, 此时回归项 X_{it} 及 $X_{it}w_i$ 变成了面板数据模型中的内生变量. 很明显, 模型具有异方差特征并能给出明确的异方差结构. 两水平模型 (3.1.8) 却不能反映随机时间效应 λ_t, 这是两水平模型与面板数据模型的一个主要区别.

特别地, 当水平 2 模型 (3.1.7) 中 $\pi_{1i}=\beta_{10}$ 为固定参数时, X_{it} 的效应在水平 2 各单元之间不变, β_{10} 为 X_{it} 对水平 2 所有单元的共同效应. 此时两水平模型的组合模型为

$$Y_{it}=\beta_{00}+\beta_{01}w_i+\beta_{10}X_{it}+(u_{0i}+e_{it})\quad(i=1,\cdots,N;t=1,\cdots,T)$$

这时, u_{0i} 等价于面板数据模型中的个体随机效应 v_i, $\beta_{01}w_i$ 可以看成是一个解释变量为 w_i 的回归项. 此时两水平模型就等价于一个无时间随机效应的静态面板数据模型. 因此只有截距项为随机效应模型的两水平模型时, 才可以看成是一个无时间随机效应的静态面板数据模型. 但是面板数据模型中的随机时间效应是不能用多水平模型来描述的.

从上面分析可以看出, 两水平模型的优点是模型拟合形式比较灵活, 可以根据不同的层次结构进行建模. 当两水平模型仅有截距项为随机变化时, 两水平模型等价于一个无随机时间效应的静态面板数据模型. 在多水平模型中, 层次随机系数模型可以研究模型参数的异质性. 面板数据模型除反映个体的异质性之外, 还可以研究在时间层次上的随机效应.

3.1.3.2 两水平模型与随机系数静态面板数据模型比较

随着面板数据模型的发展, 在处理实际经济问题时, 社会经济因素、地缘经济因素和人文经济因素等都会影响个体间的关系. 每个个体可以视为从服从某种随机分布的总体中抽取的一个样本. 于是, Hsiao 提出了常用的 Hsiao 随机系数静态面板数据模型 (白仲林, 2008; Hsiao, 2005)

$$Y_{it}=\sum_{p=1}^{P}\beta_{pit}X_{pit}+e_{it}\quad(i=1,\cdots,N;t=1,\cdots,T),\quad \beta_{pit}=\bar{\beta}_{pi}+\xi_{pi}+\zeta_{pt} \tag{3.1.9}$$

$$Y_{it}=\sum_{p=1}^{P}\bar{\beta}_{pi}X_{pit}+\sum_{p=1}^{P}\xi_{pi}X_{pit}+\sum_{p=1}^{P}\zeta_{pt}X_{pit}+e_{it}\quad(i=1,\cdots,N;t=1,\cdots,T) \tag{3.1.10}$$

其中, $\bar{\beta}_{pi}$ 为可估参数, ξ_{pi}, ζ_{pt} 是均值为零, 具有固定协方差矩阵的随机变量, $\xi_{pi},\zeta_{pt},e_{it}$ 相互独立.

对比式 (3.1.3), 可以看出, 当式 (3.1.9) 中的 X_{1it} 为常数项时, 模型 (3.1.10) 包含了个体随机效应和时间随机效应. 在随机系数模型 (3.1.9) 中, 误差变量包括个体误差 ξ_{pi} 和时间误差 ζ_{pt}. 若在式 (3.1.9) 中令 $\zeta_{pt}=0$, 则模型 (3.1.10) 本质上就是一个两水平模型. 一般地, 在模型 (3.1.9) 中还可考虑加入可能的解释性变量的影响 (Hsiao, 2005)[163-166], 因此, 随机系数静态面板数据模型从模型结构上看非常类似于两水平模型. 但它与两水平模型相比主要有两点差别：① 在估计方法上, 随机系数静态面板数据模型采用 Two-Stage 估计方法, 其主要关心的是对回归系数的估计, 多水平模型一般采用迭代广义最小二乘估计或限制迭代广义最小二乘估计, 对回归系数和方差参数的估计同等重要; ② 多水平模型关注层次嵌套结构对模型的影响, 通过方差估计及相关检验判定随机假设的必要性, 从而建立一个更精确的层次统计模型.

3.2 多水平静态面板数据模型

3.2.1 两水平静态面板数据模型示例

多水平模型可以处理单一截面具有多个分层的实际问题, 而面板数据模型主要是针对具有一个截面层次与一个时间层次的数据而提出的. 由上面的分析可以看出, 在一定条件下两水平模型与静态面板数据模型在模型结构上具有相似性, 但在估计和统计推断上却存在较大的差异.

在应用两水平模型处理面板数据时, 两水平模型不能体现时间上的独立效应, 因此一个自然的想法是能否将两水平模型和面板数据结合起来, 构造两水平面板数据模型.

$$Y_{it} = \pi_{0i} + \pi_{1i}X_{it} + \lambda_t + e_{it}^{(1)} \quad (i = 1, \cdots, N; t = 1, \cdots, T)$$
$$\pi_{0i} = \beta_{00} + \beta_{01}w_i + e_{0i}^{(2)}, \quad \pi_{1i} = \beta_{10} + \beta_{11}w_i + e_{1i}^{(2)}$$

在水平 2 上也假设只有一个影响变量. 组合模型为

$$Y_{it} = \beta_{00} + \beta_{10}X_{it} + \beta_{01}w_i + \beta_{11}w_iX_{it} + (e_{0i}^{(2)} + \lambda_t + e_{1i}^{(2)}X_{it} + e_{it}^{(1)})$$

其中, λ_t 表示时间上的随机效应. 可以看出, 该模型与一般两水平模型在残差结构上多了一个时间上的随机效应, 可以更好地识别时间层次上的效应.

一般地, 当所研究的实际问题在截面上存在多个层次结构且还存在一个时间层次, 如研究税收对经济增长的影响, 选用全国各省份连续 10 年的数据进行研究.

因为各省的税收与经济增长受到各省所包含各个城市的影响, 所以考虑把市嵌套于省里, 可以基于静态面板数据模型与多水平模型构造多水平的面板数据模型.

对于只含有一个解释性变量的多水平面板数据模型可以做如下分解.

水平 1 模型: $Y_{ijt}=\pi_{0ij}+\pi_{1ij}X_{1ijt}+\lambda_t+e_{ijt}^{(1)}$ $(i=1,\cdots,N;j=1,\cdots,M;t=1,\cdots,T)$

水平 2 模型: $\pi_{0ij}=\gamma_{00i}+\gamma_{01i}w_{ij}+e_{0ij}^{(2)},\quad \pi_{1ij}=\gamma_{10i}+\gamma_{11i}w_{ij}+e_{1ij}^{(2)}$

水平 3 模型: $\gamma_{00i}=\beta_{000}+\beta_{001}z_i+e_{00i}^{(3)},\quad \gamma_{01i}=\beta_{010}+\beta_{011}z_i+e_{01i}^{(3)}$

$$\gamma_{10i}=\beta_{100}+\beta_{101}z_i+e_{10i}^{(3)},\quad \gamma_{11i}=\beta_{110}+\beta_{111}z_i+e_{11i}^{(3)}$$

组合模型为

$$\begin{aligned}Y_{ijt}=&\beta_{000}+\beta_{001}z_i+\beta_{010}w_{ij}+\beta_{011}z_iw_{ij}+\beta_{100}X_{1ijt}\\&+\beta_{101}z_iX_{1ijt}+\beta_{110}w_{ij}X_{1ijt}+\beta_{111}z_iw_{ij}X_{1ijt}\\&+\left(\lambda_t+e_{00i}^{(3)}+w_{ij}e_{01i}^{(3)}+X_{1ijt}e_{10i}^{(3)}+X_{1ijt}w_{ij}e_{11i}^{(3)}+e_{0ij}^{(2)}+X_{1ijt}e_{1ij}^{(2)}+e_{ijt}^{(1)}\right)\end{aligned}$$

随机误差的假设类似于模型式 (3.1.1)~ 式 (3.1.3), λ_t 为随机时间效应. 在二水平模型中, 截距项和斜率项系数的解释性变量可以不同, 为简化记号, 同用一个变量; 三水平模型也是类似处理. 多水平面板数据模型在正态性假设条件下可以采用极大似然估计 (MLE) 或限制极大似然估计 (RMLE) 进行模型参数估计. 由于此时模型残差结构比较复杂 (多了一个随机时间效应), 所以估计理论和统计推断将会发生变化. 这一新模型既考虑了拟合数据的层次结构, 也包含了面板结构数据在时间层次的随机时间效应.

3.2.2　两水平面板数据模型的一般形式

两水平面板数据模型的一般形式可以用以下模型表示:

水平 1 模型可表述为

$$y_{it}=\pi_{0i}+\sum_{k=1}^{K}\pi_{ki}x_{kit}+\lambda_t+e_{it},\quad i=1,\cdots,N;\ t=1,\cdots,T \tag{3.2.1}$$

其中, y_{it} 表示第 i 个个体在第 t 时间的结局测量值, x_{kit} 表示第 i 个个体的第 k 个解释性变量在 t 时间的测量值, π_{0i} 表示随机截距, π_{ki} 表示第 k 个解释性变量随机系数代表结局测量随个体变化的不同变化率, λ_t 表示影响结局测量的时间随机因素, e_{it} 表示结局测量 y_{it} 不能被解释性变量 x_{it} 及其时间随机因素 λ_t 所解释的随机误差部分.

水平 2 模型可表述为

$$\pi_{0i} = \beta_{00} + \sum_{q=1}^{Q} \beta_{0q}\omega_{iq} + u_{0i}, \quad i = 1, \cdots, N \tag{3.2.2}$$

$$\pi_{ki} = \beta_{k0} + \sum_{q=1}^{Q} \beta_{kq}\omega_{iq} + u_{ki}, \quad i = 1, \cdots, N; k = 1, \cdots, K \tag{3.2.3}$$

其中, β_{00} 和 $\beta_{k0}\,(k = 1, \cdots, K)$ 分别代表与 π_{0i} 和 $\pi_{ki}\,(k = 1, \cdots, K)$ 相关的水平 2 截距, ω_{iq} 代表水平 2 解释性变量, β_{0q} 和 $\beta_{kq}\,(k = 1, \cdots, K)$ 是水平 2 中 ω_{iq} 的系数. u_{0i} 和 $u_{ki}\,(k = 1, \cdots, K)$ 表示水平 2 随机误差部分.

将式 (3.2.2), 式 (3.2.3) 代入式 (3.2.1), 得到其组合模型为

$$\begin{aligned} y_{it} = {} & \beta_{00} + \sum_{q=1}^{Q} \beta_{0q}\omega_{iq} + \sum_{k=1}^{K} \beta_{k0}x_{kit} + \sum_{k=1}^{K}\sum_{q=1}^{Q} \beta_{kq}\omega_{iq}x_{kit} + u_{0i} \\ & + \sum_{k=1}^{K} u_{ki}x_{kit} + \lambda_t + e_{it}, \quad i = 1, \cdots, N;\ t = 1, \cdots, T \end{aligned} \tag{3.2.4}$$

模型的矩阵形式表示为

$$Y = X\,W\beta + Xu + (1_N \otimes I_T)\,\lambda + e \tag{3.2.5}$$

其中, 1_N 是元素为 1 的 N 维向量, I_T 是 T 阶单位阵,

$$X = \begin{pmatrix} X_1 & 0 & \cdots & 0 \\ 0 & X_2 & \cdots & 0 \\ \vdots & \vdots & & \vdots \\ 0 & 0 & \cdots & X_N \end{pmatrix}_{NT\times N(K+1)}, \qquad X_i = \begin{pmatrix} 1 & x_{1i1} & \cdots & x_{Ki1} \\ 1 & x_{1i2} & \cdots & x_{Ki2} \\ \vdots & \vdots & & \vdots \\ 1 & x_{1iT} & \cdots & x_{KiT} \end{pmatrix}_{T\times(K+1)}$$

$$Y = \begin{pmatrix} y_1 \\ \vdots \\ y_N \end{pmatrix}, \quad y_i = \begin{pmatrix} y_{i1} \\ \vdots \\ y_{iT} \end{pmatrix}, \quad W = \begin{pmatrix} I_{K+1} \bigotimes w_1' \\ \vdots \\ I_{K+1} \bigotimes w_N' \end{pmatrix}, \quad w_i = \begin{pmatrix} 1 \\ w_{i1} \\ \vdots \\ w_{iQ} \end{pmatrix}$$

$$\beta = (\beta_0',\ \beta_1',\ \cdots,\ \beta_K')', \quad \beta_k = (\beta_{k0},\ \beta_{k1},\ \cdots,\ \beta_{kQ})'$$

$$u = (u_1',\ u_2',\ \cdots,\ u_N')', \quad u_i = (u_{0i},\ u_{1i},\ \cdots,\ u_{Ki})'$$

$$\lambda = (\lambda_1,\ \lambda_2,\ \cdots,\ \lambda_T)', \quad e = (e_1',\ e_2',\ \cdots,\ e_N')', \quad e_i = (e_{i1},\ e_{i2},\ \cdots,\ e_{iT})'$$

此模型与一般两水平模型的最大不同之处是在水平 1 模型中引入了独立时间随机效应.

3.3 多水平静态面板数据模型的估计理论

3.3.1 两水平面板数据模型的假设条件

根据多水平模型和面板数据模型理论, 对模型 (3.2.1) ~ 模型 (3.2.3), 可作如下假设

$$e_{it} \sim N(0,\sigma_e^2),\quad \lambda_t \sim N(0,\sigma_\lambda^2),\quad E\lambda_t\lambda_s'=0,\quad t\neq s \tag{3.3.1}$$

$$\begin{pmatrix} u_{0i}\\ u_{1i}\\ \vdots \\ u_{Ki}\end{pmatrix} \sim N\left[\begin{pmatrix}0\\0\\ \vdots\\ 0\end{pmatrix},\ \begin{pmatrix}\sigma_{u0}^2 & \sigma_{u01} & \cdots & \sigma_{u0K}\\ \sigma_{u01} & \sigma_{u1}^2 & \cdots & \sigma_{u1K}\\ \vdots & \vdots & & \vdots\\ \sigma_{u0K} & \sigma_{u1K} & \cdots & \sigma_{uK}^2\end{pmatrix}\right] \tag{3.3.2}$$

$$\begin{aligned}&\mathrm{Cov}(e_{it},u_{ji})=0,\quad \mathrm{Cov}(u_{ji},\lambda_t)=0,\quad \mathrm{Cov}(e_{it},\lambda_t)=0\\ &i=1,2,\cdots,N;\quad j=0,1,2,\cdots,K;\quad t=1,2,\cdots,T\end{aligned} \tag{3.3.3}$$

3.3.2 两水平面板数据模型的方差结构

模型 (3.2.5) 包含两部分, 一部分是固定效应 $XW\beta$, 另一部分是随机效应部分. 随机效应部分用 ε 表示如下:

$$\varepsilon=\mathrm{diag}\left(X_1,X_2,\cdots,X_N\right)\begin{pmatrix}u_1\\u_2\\ \vdots\\ u_N\end{pmatrix}+\left(1_N\otimes I_T\right)\lambda+e \tag{3.3.4}$$

由前面的假设条件式 (3.3.1) ~ 式 (3.3.3), 可以得到模型的协方差结构为

$$V=\mathrm{Cov}(Y)=E\varepsilon\varepsilon'=\begin{pmatrix}X_1\Omega X_1' & & & \\ & X_2\Omega X_2' & & \\ & & \ddots & \\ & & & X_N\Omega X_N'\end{pmatrix}+\left(J_N\otimes I_T\right)\sigma_\lambda^2+\sigma_e^2 I_{NT} \tag{3.3.5}$$

其中, $\Omega=\begin{pmatrix}\sigma_{u0}^2 & \sigma_{u01} & \cdots & \sigma_{u0K}\\ \sigma_{u01} & \sigma_{u1}^2 & \cdots & \sigma_{u1K}\\ \vdots & \vdots & & \vdots\\ \sigma_{u0K} & \sigma_{u1K} & \cdots & \sigma_{uK}^2\end{pmatrix}$, J_N 是元素全为 1 的 N 阶方阵.

由于此方差协方差结构复杂, 当 N 和 T 都较大时, 直接计算比较困难, 所以将其进行简化. 令 $d_k=(0,\cdots,1,\cdots,0)'$ 表示第 k 个位置为 1, 其余都为 0 的 $K+1$ 维向量, 则 $X_i\,d_k$ 表示 X_i 的第 k 列,

$$X_i\Omega X_i'=\sum_{k=1}^{K+1}X_id_kd_k'X_i'\sigma^2_{u(k-1)}+\sum_{k>j}\left(X_id_kd_j'X_i'+X_id_jd_k'X_i'\right)\sigma_{u(k-1)(j-1)}$$

从而有

$$\begin{aligned}V=&\sum_{k=1}^{K+1}\begin{pmatrix}X_1d_kd_k'X_1' & & & \\ & X_2d_kd_k'X_2' & & \\ & & \ddots & \\ & & & X_Nd_kd_k'X_N'\end{pmatrix}\sigma^2_{u(k-1)}\\ &+\sum_{k>j}\begin{pmatrix}X_1\left(d_kd_j'+d_jd_k'\right)X_1' & & & \\ & X_2\left(d_kd_j'+d_jd_k'\right)X_2' & & \\ & & \ddots & \\ & & & X_N\left(d_kd_j'+d_jd_k'\right)X_N'\end{pmatrix}\\ &\cdot\sigma_{u(j-1)(k-1)}+(J_N\otimes I_T)\sigma^2_\lambda+\sigma^2_eI_{NT}\end{aligned}\tag{3.3.6}$$

从协方差结构中可以看出, $V=V(\theta)$, 其中 θ 是包含参数

$$\left(\sigma^2_{u0},\sigma_{u0k},\sigma^2_{uk},\sigma_{ujk},\sigma^2_\lambda,\sigma^2_e,k=1,2,\cdots,K;j=1,2,\cdots,K-1\right)$$

的向量, 因此 $V(\theta)$ 具有如下形式

$$V(\theta)=\sum_{i=1}^{M}A_i\theta_i\tag{3.3.7}$$

其中, A_i 是对称矩阵. 例如, 当 $\theta_i=\sigma^2_{u(k-1)}$ 时,

$$A_i=\begin{pmatrix}X_1d_kd_k'X_1' & & & \\ & X_2d_kd_k'X_2' & & \\ & & \ddots & \\ & & & X_Nd_kd_k'X_N'\end{pmatrix}$$

当 $\theta_i=\sigma^2_\lambda$ 时, $A_i=J_N\otimes I_T$. 而且, A_i 与 V 有相同的维数. $\theta=(\theta_1,\cdots,\theta_M)'$, M 是随机效应部分未知参数的个数, θ 的维数. 在该模型中, $M=2+(K+1)(K+2)/2$.

3.3.3 两水平面板数据模型的参数估计

根据多水平模型理论及其估计方法, 可以采用迭代广义最小二乘估计 (IGLS) 和限制迭代广义最小二乘估计 (RIGLS) 对模型 (3.2.4) 和模型 (3.2.5) 进行参数估计.

3.3.3.1 迭代广义最小二乘估计

IGLS 和 RIGLS 都是从普通最小二乘 (OLS) 开始估计固定回归系数, 首先计算出 OLS 残差及其方差协方差矩阵 V^*, 然后以 $\hat{V}^{*(-1)}$ 为权重的广义最小二乘法 (GLS) 来估计模型随机参数的方差协方差矩阵 $\hat{V}$. 这些估计出来的方差协方差矩阵被用来作为新的 GLS 的权重, 重新估计固定回归系数, 再计算出新的 GLS 的残差及其方差协方差矩阵 $\hat{V}^*$. 这两部分的计算交替进行, 直到估计过程收敛. 模型 (3.2.5) 的 IGLS 估计过程如下.

由两水平面板数据模型 (3.3.7) 的方差协方差结构知, $V(\theta)$ 是 θ 的线性函数, 若将 $V(\theta)$ 按列拉直运算, 可以得到

$$vec(V(\theta)) = Z^*\theta, \quad Z^* = (vec(A_1), \cdots, vec(A_M))$$

其中, vec 是按列拉直运算的向量算子. 例如, 在式 (3.3.6) 中, 若取 $K = 1$, 则随机效应参数向量 $\theta = (\sigma_{u0}^2, \sigma_{u01}, \sigma_{u1}^2, \sigma_\lambda^2, \sigma_e^2)'$, $Z^* = (vec(A_1), \cdots, vec(A_5))$. 其中,

$$A_1 = \begin{pmatrix} X_1 d_1 d_1' X_1' & & & \\ & X_2 d_1 d_1' X_2' & & \\ & & \ddots & \\ & & & X_N d_1 d_1' X_N' \end{pmatrix}$$

$$A_2 = \begin{pmatrix} X_1 (d_2 d_1' + d_1 d_2') X_1' & & & \\ & X_2 (d_2 d_1' + d_1 d_2') X_2' & & \\ & & \ddots & \\ & & & X_N (d_2 d_1' + d_1 d_2') X_N' \end{pmatrix}$$

$$A_3 = \begin{pmatrix} X_1 d_2 d_2' X_1' & & & \\ & X_2 d_2 d_2' X_2' & & \\ & & \ddots & \\ & & & X_N d_2 d_2' X_N' \end{pmatrix}$$

$A_4 = J_N \otimes I_T, A_5 = I_{NT}$. 它们分别是 $\sigma_{u0}^2, \sigma_{u01}, \sigma_{u1}^2, \sigma_\lambda^2, \sigma_e^2$ 的系数矩阵.

若 θ 已知, 则固定效应参数 β 的最佳线性无偏估计就是广义最小二乘估计为

$$\hat{\beta} = \left(X'V^{-1}X\right)^{-1} X'V^{-1}Y \tag{3.3.8}$$

得到 β 的估计 $\hat{\beta}$ 后, 令

$$Y^{**} = vec\left(\left(Y - X\hat{\beta}\right)\left(Y - X\hat{\beta}\right)'\right) \tag{3.3.9}$$

Goldstein(1986) 提出, 利用 Y^{**} 关于 Z^* 的回归模型, 可以得到 θ 的广义最小二乘估计

$$\hat{\theta} = \left(Z^{*'}V^{*(-1)}Z^*\right)^{-1} Z^{*'}V^{*(-1)}Y^{**} \tag{3.3.10}$$

其中, $V^* = V \otimes V$, $\otimes$ 是 Kronecker 乘积.

当给定 β 和 θ 一个初始值, IGLS 估计就开始在式 (3.3.8)～ 式 (3.3.10) 进行迭代计算, 直到迭代收敛, 就可以估计出固定效应参数 β 和随机效应参数 θ 的值, β 和 θ 的协方差分别为

$$\text{Cov}\left(\hat{\beta}\right) = \left(X'V^{-1}X\right)^{-1}, \quad \text{Cov}\left(\hat{\theta}\right) = 2\left(Z^{*'}V^{*(-1)}Z^*\right)^{-1}$$

3.3.3.2 限制迭代广义最小二乘估计

IGLS 对参数 θ 的估计是一个有偏估计, 当 θ 给定时,

$$E\left\{\left(Y - X\hat{\beta}\right)\left(Y - X\hat{\beta}\right)'\right\} = V - X\left(X'V^{-1}X\right)^{-1}X'$$

在 IGLS 估计过程中, 用

$$Y^{**} = vec\left(\left(Y - X\hat{\beta}\right)\left(Y - X\hat{\beta}\right)'\right)$$

对 $vec(V(\theta)) = Z^*\theta$ 中的 Z^* 做回归忽略了 $X\left(X'V^{-1}X\right)^{-1}X'$, 因而 θ 的估计是有偏估计. 若用

$$Y^{**} = vec\left\{\left(Y - X\hat{\beta}\right)\left(Y - X\hat{\beta}\right)' + X\left(X'V^{-1}X\right)^{-1}X'\right\}$$

代替式 (3.3.9) 中的 Y^{**} 进行迭代, 可以得到 RIGLS 估计, 而 RIGLS 估计是无偏估计.

由于我们提出的多水平面板数据模型的方差结构更复杂, 所以不能采用现有的多水平统计软件进行参数估计. 作者编写了 Matlab 程序对模型的参数进行估计.

3.4 模拟分析

为了验证上述估计方法对多水平面板数据模型是否可行, 首先对模型 (3.2.1)~模型 (3.2.3) 中的模拟数据进行验证水平 1 只有一个解释性变量, 水平 2 不含解释性变量的模型. 模拟模型如下.

水平 1:

$$y_{it} = \pi_{0i} + \pi_{1i}x_{it} + \lambda_t + e_{it}, \quad i = 1, \cdots, N; t = 1, \cdots, T \tag{3.4.1}$$

水平 2:

$$\pi_{0i} = \beta_{00} + u_{0i}, \quad i = 1, \cdots, N \tag{3.4.2}$$

$$\pi_{1i} = \beta_{10} + u_{1i}, \quad i = 1, \cdots, N \tag{3.4.3}$$

将式 (3.4.2) 和式 (3.4.3) 代入式 (3.4.1), 得如下组合模型

$$y_{it} = \beta_{00} + \beta_{10}x_{it} + (u_{0i} + u_{1i}x_{it} + \lambda_t + e_{it}), \quad i = 1, \cdots, N; t = 1, \cdots, T \tag{3.4.4}$$

针对模型 (3.4.4), 假定 x_{it} 是从标准正态分布中随机选取的数据, 并且根据模型假设条件式 (3.3.1) ~ 式 (3.3.3), 分别取参数 $(\beta_{00}, \beta_{10}, \sigma_{u0}^2, \sigma_{u01}, \sigma_{u1}^2, \sigma_e^2, \sigma_\lambda^2)$ 的三组不同真实值. 对于参数的每一组真实值, 模拟 1000 次 200 个个体在 10 个时间点的观测值形成的 y_{it} 与 x_{it} 组成的面板数据, 将该数据应用到模型 (3.4.4) 中, 并分别采用 IGLS 和 RIGLS 对模拟数据进行参数估计, 对估计结果进行分析.

由于每次参数估计结果与真实值之间都有一定的偏差, 于是, 我们将 1000 次估计结果作了进一步的处理. 首先, 对于每一个参数, 将其 1000 次估计结果进行平均, 用来说明参数估计值与真实值之间的偏差程度. 其次, 用 1000 次样本标准差的平均值表示参数的估计结果的波动程度. 最后, 考察在 0.05 的显著性水平下, 各参数在 1000 次估计结果中显著次数的比率, 该显著率可以用来说明参数估计结果的可信度. 将三组真实值对应的参数估计分析结果见表 3.1.

从表 3.1 知, 对于参数的三组不同真实值, 其估计结果都显著, 首先说明参数的估计结果是可信的. 其次从参数估计结果的平均值来看, 在三组不同真实值中, 其参数估计结果的平均值与真实值之间都相当接近, 这说明参数估计结果与真实值之间的偏差程度很小; 参数估计结果的平均标准误都比较小, 说明参数估计值的波动程度较弱. 最后 IGLS 和 RIGLS 对参数的估计结果差别不明显, 说明这两种参数估计方法都可以运用到该模型中, 并且都可以得到比较好的估计结果.

表 3.1 模型 (3.4.4) 参数的 IGLS 和 RIGLS 估计与参数三组真实值的对比表

参数	真实值	IGLS		RIGLS		显著率
		估计平均值	平均标准误	估计平均值	平均标准误	
固定效应参数	第一组					
β_{00}	5	5.0458	0.2938	5.0458	0.3081	100%
β_{10}	0.6	0.6166	0.0745	0.6166	0.0747	100%
随机效应参数						
σ_{u0}^2	1	1.0010	0.1115	1.0024	0.1116	100%
σ_{u01}	0.5	0.4827	0.0858	0.4852	0.0861	100%
σ_{u1}^2	1	0.9805	0.1113	0.9861	0.1118	100%
σ_e^2	1	0.9975	0.0353	0.9975	0.0353	100%
σ_λ^2	1	0.8469	0.3829	0.9375	0.4234	100%
固定效应参数	第二组					
β_{00}	4	4.0304	0.3210	4.0304	0.3370	100%
β_{10}	0.7	0.7334	0.0693	0.7334	0.0695	100%
随机效应参数						
σ_{u0}^2	0.9	0.8931	0.1030	0.8943	0.1031	100%
σ_{u01}	0.4	0.4104	0.0762	0.4125	0.0765	100%
σ_{u1}^2	0.8	0.8045	0.0962	0.8094	0.0967	100%
σ_e^2	1.1	1.2123	0.0429	1.2122	0.0429	100%
σ_λ^2	1.1	1.0058	0.4543	1.1145	0.5029	100%
固定效应参数	第三组					
β_{00}	6	6.0081	0.3233	6.0081	0.3392	100%
β_{10}	0.5	0.5252	0.0793	0.5252	0.0795	100%
随机效应参数						
σ_{u0}^2	1.1	1.1168	0.1266	1.1186	0.1267	100%
σ_{u01}	0.6	0.6040	0.0990	0.6071	0.0993	100%
σ_{u1}^2	1.1	1.0909	0.1261	1.0972	0.1267	100%
σ_e^2	1.15	1.3154	0.0466	1.3154	0.0466	100%
σ_λ^2	1.15	1.0162	0.4594	1.1256	0.5084	100%

另外, 对于模型 (3.2.1) ~ 模型 (3.2.3) 模拟数据进行验证. 其中水平 1 只有一个解释性变量, 水平 2 也含一个解释性变量的模型. 该模型如下:

水平 1 模型可表述为

$$y_{it} = \pi_{0i} + \pi_{1i}x_{it} + \lambda_t + e_{it}, \quad i = 1, \cdots, N;\ t = 1, \cdots, T$$

水平 2 模型为

$$\pi_{0i} = \beta_{00} + \beta_{01}w_{i1} + u_{0i}, \quad i = 1, \cdots, N \tag{3.4.5}$$

$$\pi_{1i} = \beta_{10} + \beta_{11}w_{i1} + u_{1i}, \quad i = 1, \cdots, N \tag{3.4.6}$$

其组合模型为

$$y_{it} = \beta_{00} + \beta_{01}w_{i1} + \beta_{10}x_{it} + \beta_{11}x_{it}w_{i1}$$

$$+\left(u_{0i}+u_{1i}x_{it}+\lambda_t+e_{it}\right),\quad i=1,\cdots,N;\ t=1,\cdots,T \tag{3.4.7}$$

对于模型 (3.4.7), 假定 x_{it} 与 w_{i1} 都是从标准正态分布中随机选取的数据, 并且根据模型假设条件式 (3.3.1) ~ 式 (3.3.3), 我们选取了参数 $(\beta_{00},\beta_{01},\beta_{10},\beta_{11},\sigma_{u0}^2,\sigma_{u01},\sigma_{u1}^2,\sigma_e^2,\sigma_\lambda^2)$ 的两组不同真实值. 对于参数的每一组真实值, 模拟 1000 次 200 个个体在 10 个时间点的观测值, 得到 y_{it}, x_{it} 与 w_{i1} 组成的面板数据, 将该数据应用到模型 (3.4.7) 中, 并分别采用 IGLS 和 RIGLS 对模拟数据进行参数估计, 将 1000 次估计结果按照前面的分析方法进行分析, 分析结果见表 3.2.

表 3.2 模型 (3.4.7) 参数的 IGLS 和 RIGLS 估计与参数两组真实值的对比表

参数	真实值	IGLS		RIGLS		显著率
		估计平均值	平均标准误	估计平均值	平均标准误	
固定效应参数	第一组					
β_{00}	5	4.9017	0.3153	4.9017	0.3309	100%
β_{01}	0.1	0.0998	0.0744	0.0998	0.0747	90%
β_{10}	0.6	0.5873	0.0756	0.5873	0.0760	100%
β_{11}	0.1	0.1172	0.0771	0.1172	0.0775	90%
随机效应参数						
σ_{u0}^2	1	0.9497	0.1065	0.9563	0.1071	100%
σ_{u01}	0.5	0.4884	0.0851	0.4934	0.0858	100%
σ_{u1}^2	1	1.0019	0.1136	1.0135	0.1147	100%
σ_e^2	1	1.0073	0.0357	1.0073	0.0357	100%
σ_λ^2	1	0.9704	0.4380	1.0750	0.4848	100%
固定效应参数	第二组					
β_{00}	6	6.0944	0.3548	6.0944	0.3729	100%
β_{01}	0.2	0.2031	0.0746	0.2031	0.0748	90%
β_{10}	0.5	0.5334	0.0732	0.5334	0.0736	100%
β_{11}	0.2	0.1911	0.0745	0.1911	0.0749	100%
随机效应参数						
σ_{u0}^2	0.9	0.9405	0.1075	0.9478	0.1082	100%
σ_{u01}	0.6	0.6083	0.0872	0.6145	0.0880	100%
σ_{u1}^2	0.9	0.9126	0.1067	0.9234	0.1078	100%
σ_e^2	1.1	1.1911	0.0422	1.1911	0.0422	100%
σ_λ^2	1.1	1.2246	0.5518	1.3582	0.6116	100%

从表 3.2 可以看出, 对于参数的两组不同真实值, 在显著性水平为 0.05 的情况下, 参数 β_{01} 与 β_{11} 的估计值 90%都显著, 其他参数的估计结果全都是显著的. 在 IGLS 和 RIGLS 两种估计方法下, 各参数的估计平均值与真实值之间偏差都很小, 平均标准误也说明了在估计过程中的波动程度不大.

最后, 按照前面模拟数据的方法进行参数估计, 我们还将两水平面板数据模型与两水平模型、二维随机误差分解模型进行了模拟比较分析. 当模型 (3.4.1) 中不含时间随机效应时, 其组合模型 (3.4.4) 变为

$$y_{it}=\beta_{00}+\beta_{10}x_{it}+(u_{0i}+u_{1i}x_{it}+e_{it}),\quad i=1,\cdots,N;\ t=1,\cdots,T \tag{3.4.8}$$

这实际上就是水平 2 不含解释性变量的一般两水平组合模型. 同样假定 x_{it} 是从标准正态分布中随机选取的数据, 取参数 $(\beta_{00},\beta_{10},\sigma_{u0}^2,\sigma_{u01},\sigma_{u1}^2,\sigma_e^2,\sigma_\lambda^2)$ 的两组不同真实值, 按照模型 (3.4.4) 模拟数据 1000 次, 并将数据分别应用于模型 (3.4.4) 与模型 (3.4.8) 进行参数估计, 分析结果见表 3.3.

表 3.3 模型 (3.4.4) 与模型 (3.4.8) 参数的 IGLS 估计

参数	真实值	IGLS(模型 (3.4.8))		IGLS(模型 (3.4.4))		显著率
		估计平均值	平均标准误	估计平均值	平均标准误	
固定效应参数	第一组					
β_{00}	5	5.0207	0.3074	5.0207	0.0742	100%
β_{10}	0.6	0.6063	0.075	0.6055	0.0789	100%
随机效应参数						
σ_{u0}^2	1	0.9876	0.1102	0.9797	0.1105	100%
σ_{u01}	0.5	0.4953	0.0862	0.4972	0.0900	100%
σ_{u1}^2	1	0.9936	0.1127	0.9898	0.1246	100%
σ_e^2	1	1.0004	0.0354	2.0430	0.0721	100%
σ_λ^2	1	0.9416	0.4252			100%
固定效应参数	第二组					
β_{00}	6	6.0475	0.3233	6.0486	0.0713	100%
β_{10}	0.5	0.4966	0.071	0.5025	0.0760	100%
随机效应参数						
σ_{u0}^2	0.9	0.8802	0.1018	0.7634	0.1023	100%
σ_{u01}	0.4	0.3945	0.077	0.3957	0.0817	100%
σ_{u1}^2	0.9	0.8507	0.101	0.8653	0.1156	100%
σ_e^2	1.1	1.121	0.0432	2.3606	0.0832	100%
σ_λ^2	1.1	1.033	0.4665			100%

从表 3.3 可以看出, 两模型中的参数估计结果在 0.05 的显著性水平下都显著. 从两模型的参数估计结果的平均值与真实值的对比可以看出, 两模型中的参数估计值与真实值的偏差都很小. 由于两水平模型没有考虑时间因素的影响, 所以参数估计结果中, 时间随机误差的影响效应被当成了模型的设定误差来考虑的, 其参数 σ_e^2 的估计结果大于真实值. 这说明两水平面板数据模型能够详细地解释模型中方差变异的来源.

从模拟数据估计的过程中还发现, 虽然模型 (3.4.4) 与模型 (3.4.8) 的估计结果中固定效应参数的估计值相当接近, 随机效应参数 σ_{u0}^2, σ_{u01}, σ_{u1}^2 的估计值也相差

不大, 但是, 每次估计结果中, 模型 (3.4.4) 的似然比检验统计量 $-2\ln(\text{likelihood})$ 的值都要小于模型 (3.4.8) 的似然比检验统计量 $-2\ln(\text{likelihood})$ 的值. 对于参数的两组不同真实值, 我们分别随机选取一次估计结果中的 $-2\ln(\text{likelihood})$ 值, 显示在表 3.4 中.

表 3.4　模型 (3.4.4) 与模型 (3.4.8) 的 $-2\ln(\text{likelihood})$

$-2\ln(\text{likelihood})$	IGLS(模型 (3.4.4))	IGLS(模型 (3.4.8))
(参数取第一组真实值)$-2\ln(\text{likelihood})$	2358.0	2561.8
(参数取第二组真实值)$-2\ln(\text{likelihood})$	2461.9	2677.3

从表 3.4 知, 模型 (3.4.8) 与模型 (3.4.4) 的 $-2\ln(\text{likelihood})$ 的差分别为 203.8, 215.4, 与自由度为 1 的 χ^2-分布的临界值 (置信水平设为 0.05, $\chi^2(1, 0.95) = 3.84$) 相比都是显著的. 由于似然比检验统计量可以用来衡量拟合模型的优劣, $-2\ln(\text{likelihood})$ 的值越小, 表示模型拟合得越好, 并且统计量还达到了显著性水平. 因此, 模型 (3.4.4) 比模型 (3.4.8) 能更好地拟合数据, 这说明用真实模型 (3.4.4) 能得到更好的拟合效果.

对于模型 (3.4.1)$\sim$ 模型 (3.4.4), 若没有考虑到数据的层次效应, 则模型就是典型的二维随机误差分解模型, 可将模型表示为

$$y_{it} = \beta_0 + \beta_1 x_{it} + u_i + \lambda_t + e_{it}, \quad i = 1, \cdots, N;\ t = 1, \cdots, T \tag{3.4.9}$$

其中, u_i, λ_t, e_{it} 是两两相互独立的随机变量, 且 $u_i \sim iid, (0, \sigma_u^2)$, $\lambda_i \sim iid, (0, \sigma_\lambda^2)$, $e_{it} \sim iid, (0, \sigma_e^2)$. 同样也取参数 $(\beta_{00}, \beta_{10}, \sigma_{u0}^2, \sigma_{u01}, \sigma_{u1}^2, \sigma_e^2, \sigma_\lambda^2)$ 的两组不同真实值, 按照模型 (3.4.4) 分别模拟数据 1000 次, 将数据用于模型 (3.4.4) 和模型 (3.4.9), 分别采用 IGLS 和可行的广义最小二乘 (FGLS) 估计方法估计参数, 并将参数估计结果对比分析, 用表 3.5 表示.

从表 3.5 知, 在两种不同的模型中, 固定效应参数的估计结果与参数真实值之间都相差很小, 其参数估计结果的波动幅度也不大, 但是对于不同模型, 其解释性变量解释的结局测量变异有很大的不同. 两水平面板数据模型的结局测量值受到不同层次效应、时间效应及其模型随机误差效应的影响. 而面板数据模型的结局测量值受到个体随机效应、时间随机效应和模型随机误差效应影响, 它没有考虑数据的层次结构, 造成参数 σ_e^2 的估计值大于其真实值.

表 3.5　模型 (3.4.4) 参数的 IGLS 估计及模型 (3.4.9) 参数的 FGLS 估计

参数	真实值	IGLS(模型 3.4.4)		FGLS(模型 3.4.9)		显著率
		估计平均值	平均标准误	估计平均值	平均标准误	
固定效应参数	第一组					
β_{00}	5	5.0222	0.3018	5.0222	0.3189	100%
β_{10}	0.6	0.6005	0.0752	0.6019	0.0331	100%
随机效应参数						
σ_{u0}^2	1	1.0036	0.1118	1.0037		100%
σ_{u01}	0.5	0.4978	0.0870			100%
σ_{u1}^2	1	0.9987	0.1132			100%
σ_e^2	1	1.0005	0.0354	2.0005		100%
σ_λ^2	1	0.9903	0.4067	1.0084		100%
固定效应参数	第二组					
β_{00}	6	5.9382	0.3201	5.9365	0.3371	100%
β_{10}	0.5	0.5023	0.0724	0.5071	0.0340	100%
随机效应参数						
σ_{u0}^2	0.9	0.8859	0.1023	0.8842		100%
σ_{u01}	0.4	0.3966	0.0783			100%
σ_{u1}^2	0.9	0.8908	0.1049			100%
σ_e^2	1.1	1.1102	0.0429	2.1129		100%
σ_λ^2	1.1	1.0239	0.4624	1.1380		100%

3.5 结　论

对于实际问题中需要研究的面板数据, 应该根据研究的不同目的、不同内容, 从多方面加以分析, 找到适合的模型对数据进行建模. 多水平模型和面板数据模型都可以分析面板数据. 多水平模型可以分析不同层次的数据, 通过建立不同层次的模型, 解释组群效应和个体间的差异, 但不能体现随机时间效应的影响. 面板数据模型则可以很好地刻画个体异质性, 在模型中可以引入个体和时间随机因素, 但是它却不能分析数据的层次效应.

多数面板数据都是通过随机选取 N 个个体在 T 个时间点的观测值, 相对于总体来说, 个体和时间都存在随机因素. 在分析实际问题时, 不应该忽略这些随机效应的影响. 本书提出的多水平面板数据模型是一个新型的模型, 它结合了面板数据模型和多水平模型的优点, 能够分析具有层级结构的数据, 同时还能在模型中引入时间随机因素, 充分考虑个体、组群的差异性, 更详细地解释模型中方差变异的来源.

模拟分析的结果也说明, 多水平模型的建模思想、估计方法同样适合于多水平面板数据模型. 并且, IGLS 和 RIGLS 两种估计方法能够很好地估计多水平面板数据模型的参数.

第 4 章 农户收入增长的多水平发展模型

本章基于云南省某地 (州) 少数民族地区农户抽样调查数据建立了一个多水平发展模型 (Multilevel Growth Model), 研究了影响农户人均收入及其增长的因素, 并基于结果进行了分析. 通过分析多水平发展模型对微观经济数据的建模过程, 并与 OLS 估计结果进行了对比, 结果表明, 基于多水平发展模型的方法能够得到更有效的模型拟合效果和合理的参数解释, 为多水平发展模型在经济领域的应用提供了一个较好的研究范例.

4.1 研究目的及数据说明

数据来自云南省某地 (州) 2006~2008 年对 3000 农户的跟踪调查数据. 该调查覆盖了全州 13 个县市, 298 个行政村. 每个行政村随机抽取 10~15 户进行调查, 每户进行了三年的跟踪调查. 调查数据对各县市及乡镇均有较好的代表性, 调查指标涵盖了农户基本的社会经济情况和地理环境因素, 是一组能够全面反映边疆少数民族地区农户经济发展和社会进步的微观经济数据, 对研究边疆民族地区农户经济发展提供了重要的基础信息.

该地 (州) 地处云南南部, 是一个山区多、民族多、贫困人口多的地区, 其农民人均纯收入低于云南省平均水平, 也远低于全国平均水平. 因此研究农民收入增长及其影响因素对了解我国边疆民族地区农业发展状况, 制定科学的农业政策具有重要的现实意义. 在现有文献中, 对农户收入的经济分析已有一些研究成果 (蒋乃华等, 2006; 高梦滔等, 2006; 辛翔飞等, 2008). 这些研究有一些共同的特点, 一是大都基于收入函数进行研究, 其目的主要是了解收入函数的影响因素, 对收入增长的影响因素的分析并不多. 二是所用模型大都基于线性模型下的 OLS 估计理论, 忽略了数据存在的层次结构和异质特征, 这样必然带来估计上的误差, 影响分析结果.

在传统的增长模型 (Growth Model) 的基础上, 考虑到层次结构的影响, 我们建立了一个两水平发展模型, 用于研究影响农户人均收入及增长的影响因素及其特征. 研究中所涉及的变量或指标如下所示.

结局测量变量:

y, 农户家庭的人均纯收入 (全年纯收入/常住人口数, 单位：千元).

解释变量 (水平 1)：

t, 观测时间, 其中 0, 1, 2 分别表示 2006 年, 2007 年, 2008 年.

解释变量 (水平 2)：

x_1, 调查户从业类型 (按从业劳动力比例计算, 其中, 1 为农业户, 2 为农业兼业户, 3 为非农业兼业户, 4 为非农业户);

x_2, 人均生产性固定资产原值 (生产性固定资产原值/常住人口数, 单位：千元);

x_3, 人均实际经营的土地面积 ([(期初 + 期末实际经营的土地面积)/2]/常住人口数, 单位：亩, 1 亩 ≈0.0667 公顷);

x_4, 人均经济作物播种面积 (单位：亩);

x_5, 经济作物种植比例 (经济作物播种面积/(经济作物播种面积 + 粮食播种面积));

x_6, 整半劳动力人数 (单位：人);

x_7, 劳动力的平均年龄 (单位：周岁);

x_8, 劳动力的平均受教育程度 (其中, 1 为文盲, 2 为小学程度, 3 为初中程度, 4 为高中程度, 5 为中专程度, 6 为大专及以上程度);

x_9, 劳动力培训比例 (受过专业培训的人数/整半劳动力人数).

在上述指标中, 人均生产性固定资产原值 (x_2), 人均实际经营的土地面积 (x_3), 人均经济作物播种面积 (x_4) 为物质资本指标; 整半劳动力人数 (x_6), 劳动力的平均年龄 (x_7), 劳动力的平均受教育程度 (x_8) 和劳动力培训比例 (x_9) 为劳动力资本指标; 调查户从业类型 (x_1) 和经济作物种植比例 (x_5) 反映了农户生产经营结构 [1)]剔除部分不可用数据, 共得到包含 2985 个个体的样本, 其中包括只有两

1) 注：① 根据统计指标的解释, 全年纯收入是指农户当年从各个来源得到的总收入相应地扣除所发生的费用后的收入总和. 按照收入来源纯收入划分为工资性收入、家庭经营纯收入、财产性纯收入、转移性纯收入. 计算方法：纯收入 = 总收入–家庭经营费用支出–税费支出–生产性固定资产折旧–赠送农村内部亲友支出; 常住人口指全年经常在家或在家居住 6 个月以上, 而且经济和生活与本户连成一体的人口. 外出从业人员在外居住时间虽然在 6 个月以上, 但收入主要带回家中, 经济与本户连为一体, 仍视为家庭常住人口; 在家居住, 生活和本户连成一体的国家职工、退休人员也为家庭常住人口. 但是现役军人、中专及以上 (走读生除外) 的在校学生, 以及常年在外 (不包括探亲、看病等) 且已有稳定的职业与居住场所的外出从业人员, 不应当作家庭常住人口.

② 调查户从业类型在该跟踪调查数据里有两种分法, 一种是按照住户的经营收入的主要来源分类, 另一种是按照家庭劳动力从事农业劳动的时间占全部劳动时间的比例分类. 这里采用的是第二种分法. 将调查户分为 4 个类型：农业户、农业兼业户、非农业兼业户、非农业户. 农业户是指农户家庭中农业劳动时间占总劳动时间 95%以上的农户; 农业兼业户是指农业劳动时间占总劳动时间 50%～95%的农户; 非农业兼业户是指农业劳动时间占总劳动时间 5%～50%的农户; 非农业户是指农业劳动时间占 5%以下的农户.

③ 生产性固定资产是指生产过程中使用年限较长、单位价值较高, 并在使用过程中保持原有物质形态的资产, 包括厂房、机器设备等. 农户家庭使用的固定资产, 需同时具备两个条件, 即使用年限在两年以上, 单位价值在 50 元以上.

年的缺失样本, 因此是一个非平衡的多层结构数据.

4.2　多水平模型建模及分析

我们用下标 ij 表示第 i 个个体 (农户) 在时间 j(0,1,2) 上的测量指标. 图 4.1 给出了四个不同个体 y_{ij} 与 t_{ij} 的点图, 图 4.2 给出了所有个体 y_{ij} 与 t_{ij} 的点图. 可以发现, 总体来讲, 农户人均收入逐年增长, 但个体差异比较明显, 且增长轨迹也有差异, 因此不适合用传统的线性增长模型进行分析.

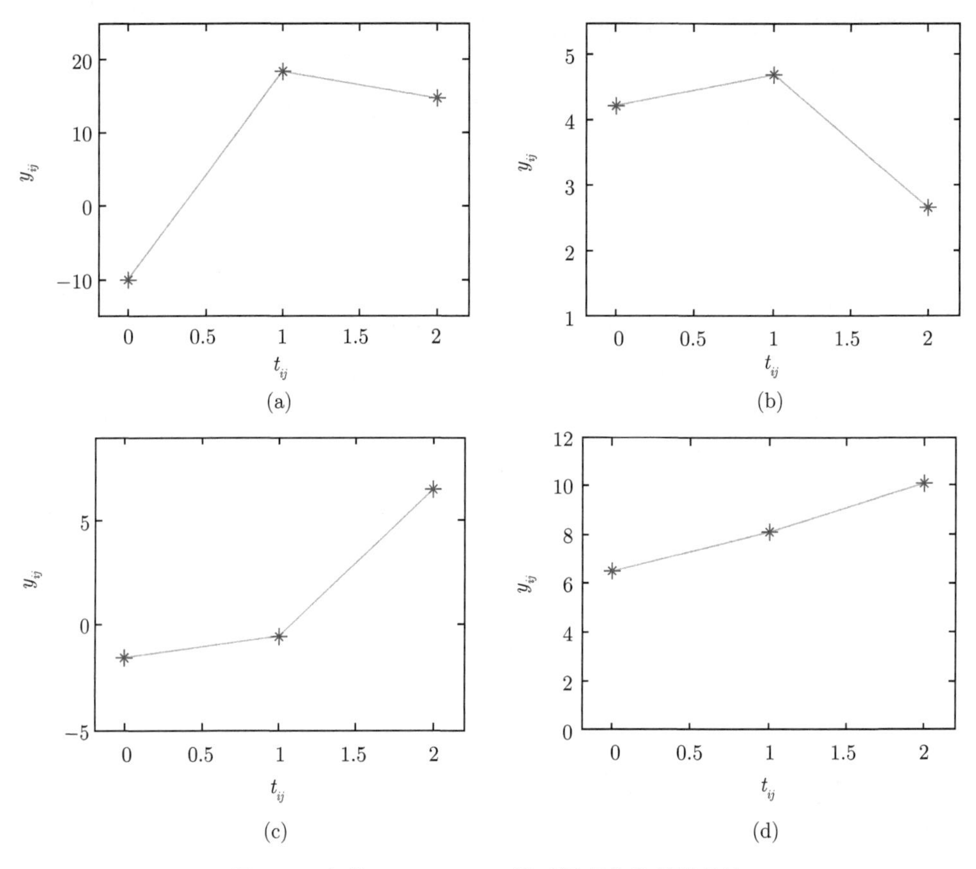

图 4.1　个体 4, 59, 65, 85 随时间变化的增长轨迹

④ 整半劳动力数是指调查期内本户家庭常住人口中劳动年龄 (16 周岁) 以上、能够经常参加生产经营活动的人. 分为整劳动力和半劳动力. 整劳动力指男子 18 周岁到 50 周岁, 女子 18 周岁到 45 周岁, 能够经常参加劳动的人. 半劳动力指男子 16 周岁到 17 周岁, 51 周岁到 60 周岁; 女子 16 周岁到 17 周岁, 46 周岁到 55 周岁, 同时具有劳动能力的人. 超过劳动年龄, 但能经常参加劳动, 计入半劳动力. 虽然在劳动年龄之内, 但已丧失劳动能力的人, 不算为劳动力.

⑤ 为统计数据方便, 采用了千元 (1000 元) 等单位.

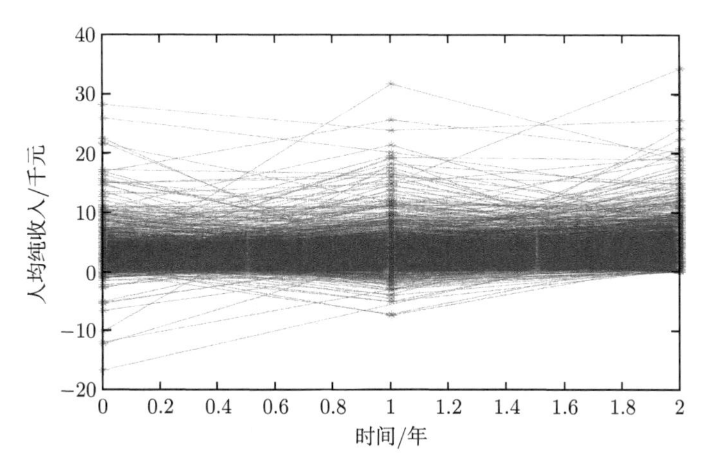

图 4.2 不同个体随时间变化的趋势线

4.2.1 对数据层次结构的检验——空模型

为了检验数据中是否存在层次结构, 我们考虑如下的无解释变量的空模型

$$y_{ij} = \beta_{0i} + e_{ij} \tag{4.2.1}$$

$$\beta_{0i} = \gamma_{00} + u_{0i} \tag{4.2.2}$$

该模型的水平 1 和水平 2 均没有解释性变量, $e_{ij} \sim N(0, \sigma^2)$ 为相互独立的水平 1 残差, $u_{0i} \sim N(0, \sigma_{u0}^2)$ 为相互独立的截距项水平 2 残差, $\text{Cov}(u_{0i}, \varepsilon_{ij}) = 0$. 将模型 (4.2.2) 代入模型 (4.2.1), 得到一个具有随机效应的方差分析模型

$$y_{ij} = \gamma_{00} + u_{0i} + e_{ij} \tag{4.2.3}$$

在模型 (4.2.3) 中, σ_{u0}^2 反映了组间差异, 而 σ^2 代表了组内测量数据之间的差异. 计算可得 $\hat{\sigma}_{u0}^2 = 2.8268(P < 0.0001)$, $\hat{\sigma}^2 = 4.2493(P < 0.0001)$, 二者均统计显著, 表明农户家庭的人均纯收入的初始水平显著不同, 且存在显著的对象内变异. 组内相关系数 ICC$= \hat{\sigma}_{u0}^2/(\hat{\sigma}_{u0}^2 + \hat{\sigma}^2) = 0.3995$, 表明约有 40%的总变异是由研究对象 (农户家庭) 个体间的异质性引起的. 因此, 应考虑对其进行多水平模型分析.

4.2.2 无条件两水平发展模型

考虑两水平的无条件发展模型 (或随机系数模型)

$$y_{ij} = \beta_{0i} + \beta_{1i} t_{ij} + e_{ij} \tag{4.2.4}$$

$$\beta_{0i} = \gamma_{00} + u_{0i}, \quad \beta_{1i} = \gamma_{10} + u_{1i} \tag{4.2.5}$$

模型 (4.2.4) 称为水平 1 模型, 模型 (4.2.5) 称为水平 2 模型, $e_{ij} \sim N(0,\sigma^2)$ 为相互独立的水平 1 残差, $u_{0i} \sim N(0,\sigma_{u0}^2)$ 为相互独立的截距项水平 2 残差, $u_{1i} \sim N(0,\sigma_{u1}^2)$ 为相互独立的斜率项水平 2 残差, $\mathrm{Cov}(u_{0i},u_{1i})=\sigma_{u01}$, 不同水平残差相互独立. 该模型有如下解释: ① 个体 (农户) 之间存在差异, 回归系数 β_{0i} 及 β_{1i} 反映了这种差异; 但如果将其看成固定效应, 一是参数较多, 二是没有较好的统计解释. 因此, 将其设为随机参数是合理的, 水平 2 残差的方差大小反映了这种差异. ② β_{1i}(或 γ_{10}) 反映了农户人均收入的增长率. 当 $t_{ij}=0$ (即 2006 年) 时, $y_{ij}=\beta_{0i}+e_{ij}$, 因此 β_{0i} 反映了基期农户的人均收入. ③ 如果水平 2 残差的方差为零, 即 $\sigma_{u0}^2=\sigma_{u1}^2=0$, 则模型 (4.2.4) 为传统增长模型, 其参数估计使用 OLS 估计理论. 将模型 (4.2.5) 代入模型 (4.2.4), 得到

$$y_{ij}=\gamma_{00}+\gamma_{10}t_{ij}+(u_{0i}+u_{1i}t_{ij}+e_{ij}) \tag{4.2.6}$$

模型 (4.2.6) 实际上是一个混合线性模型 (Mixed Linear Model). 注意到其残差部分 $(u_{0i}+u_{1i}t_{ij}+e_{ij})$ 在不同个体之间是独立的, 但同一个体的不同观测值是相关的, 且相关程度依赖时间变量. 因此多水平模型还反映了某种异方差结构, 并能得到明确的方差协方差分解.

模型 (4.2.6) 中参数的估计一般使用极大似然估计 (MLE) 或限制极大似然估计 (REMLE) 方法, 由于估计结果能够通过现有的一些统计软件获得, 这里不再详细介绍, 读者可参看相关文献 (Goldstein, 1995; Randenbush et al., 2002; 石磊, 2008; 王济川等, 2008). 表 4.1 给出了模型 (4.2.6) 和基于 OLS 估计下的参数估计及模型拟合统计量, 其中在 OLS 情形, $-2\ln(\text{likelihood})$, AIC, BIC 的计算是基于正态假设得到的. OLS 估计方法没有考虑层次结构, 因此没有水平 2 残差方差. 首先我们看基于多水平模型的估计结果, 并考虑 0.05 的显著水平进行检验; 固定效应参数 γ_{10} 显著, 表明农户人均收入在 2006~2008 年有显著增长, 且农户家庭的人均纯收入每年平均增加 0.4758 千元; $\hat{\gamma}_{00}=2.2842$, 表示农户家庭的人均纯收入的总体平均初始值 (即 2006 年的农民人均纯收入) 为 2.2842 千元. 随机截距的方差 σ_{u0}^2 及时间变量的随机斜率的方差 σ_{u1}^2 估计非常显著, 表明发展模型的截距和斜率在农户间有明显的异质特征, 即农户的人均纯收入随时间的变化率在农户家庭间也是不同的. $\hat{\sigma}_{u01}>0$ 表明农户家庭的人均纯收入初始水平越高, 则其人均纯收入随着时间推移的增长率越高. 与 OLS 估计的结果相比, 固定参数的估计比较接近, 但多水平模型下 $-2\ln(\text{likelihood})$ 显著减少, 其差值为 41704−40288.7=1415.3(此为似然比统计量) 显著大于临界值 $\chi_{0.05}^2(3)=7.8147$, 表明相比 OLS 估计有显著改善, 因此多水平模型优于 OLS 回归模型.

表 4.1 无条件两水平发展模型 (4.2.6) 参数的 MLE 及 OLS 估计

参数	MLE(s.e.)	P 值	OLS(s.e.)	P 值
固定效应参数				
γ_{00}	2.2842(0.0462)	< 0.0001	2.2839(0.0445)	< 0.0001
γ_{10}	0.4758(0.0265)	< 0.0001	0.4765(0.0347)	< 0.0001
随机效应参数				
水平 2				
σ_{u0}^2	2.2877(0.1689)	< 0.0001		
σ_{u1}^2	0.1107(0.0753)	0.0707		
σ_{u01}	0.2704(0.0873)	0.0019		
水平 1				
σ^2	3.9187(0.1029)	< 0.0001	6.9394	
−2ln(likelihood)	40288.7		41704.0	
AIC	40296.7		41708.0	
BIC	40320.7		41721.9	
	$R_1^2 = 0.0778$		$R^2 = 0.0212$	

此外, 我们还可以分析其他模型诊断和比较的统计量. OLS 回归模型下, 一个常用的诊断模型适合与否的统计量 $R^2 = 0.0212$, 表明传统的回归模型 (4.2.1) 中的回归趋势仅有 2.12%解释了数据中的变化, 因此模型拟合并不好. 在多水平模型中, 考虑了层次结构, 在这里, 零模型可假设为模型 (4.2.3), 现模型假定为模型 (4.2.6), 计算可得 $R_1^2 = 0.0778$, 因此, 模型 (4.2.6) 中的时间回归项可解释的方差比例为 7.78%. 另外一个是在水平 2 上也可以类似定义方差可解释的比例, 用来反映在水平 2 上引入解释变量得到的可解释比例. 由于模型 (4.2.6) 中没有引入新的解释变量, 我们将在 4.2.3 节中介绍.

4.2.3 单变量两水平条件发展模型

从上面的分析中, 我们看出发展模型的截距和斜率在农户间有明显的差异, 因此一个有趣的问题是我们是否能够找到某种解释性变量来反映这种差异. 我们首先考虑在 β_{0i} 上引入变量 x_2(人均生产性固定资产原值), 在 β_{1i} 上引入变量 x_9(劳动力中受过培训的比例), 得到如下的单变量两水平条件发展模型

$$y_{ij} = \beta_{0i} + \beta_{1i} t_{ij} + e_{ij} \tag{4.2.7}$$

$$\beta_{0i} = \gamma_{00} + \gamma_{01} x_{2i} + u_{0i}, \quad \beta_{1i} = \gamma_{10} + \gamma_{11} x_{9i} + u_{1i} \tag{4.2.8}$$

两水平残差的假设与模型 (4.2.4) 相同, 这里 β_{0i} 及 β_{1i} 上的解释性变量可以相同或不同. 模型 (4.2.8) 建立了一个反映发展模型的截距和斜率与影响变量的回归模

型, 可以有效地检验和估计影响基期农户人均收入 (总量) 的影响因素和影响农户人均收入增长的变量或因素. 将模型 (4.2.8) 代入模型 (4.2.7) 可得

$$y_{ij} = \gamma_{00} + \gamma_{10}t_{ij} + \gamma_{01}x_{2i} + \gamma_{11}(t_{ij} \times x_{9i}) + (u_{0i} + u_{1i}t_{ij} + e_{ij}) \tag{4.2.9}$$

混合效应模型 (4.2.9) 中的交互效应来源于模型 (4.2.8) 中影响发展模型斜率的变量, 然而模型 (4.2.8) 的经济学含义更为明显. 模型 (4.2.9) 参数估计见表 4.2, 同时为了与不考虑层次结构的一般回归模型进行比较, 基于 OLS 估计的结果也列于表 4.2 的最后两列. 从表 4.2 的前 3 列可以看出, 在水平 2 上加入的两个解释性变量均显著, 表明人均生产性固定资产原值 (x_2) 对基期农户人均收入 (总量) 及劳动力中受过培训的比例 (x_9) 对农户人均收入增长均有显著影响, 同时时间趋势也是显著为正. 多水平模型的 −2ln(likelihood) 显著小于 OLS 估计的结果, 其差值为 41163.48−40008.6=1154.88(与 $\chi^2_{0.05}(3) = 7.8147$ 相比) 表明多水平模型明显优于一般线性模型. 与多水平模型 (4.2.6) 相比, 模型拟合统计量 −2ln(likelihood), AIC 及 BIC 均明显低于模型 (4.2.6) 的结果 (表 4.1), 其中似然比统计量为 40288.7−40008.6=280.1 与 $\chi^2_{0.05}(2) = 5.9915$ 相比表明模型 (4.2.9) 比模型 (4.2.6) 有显著改善. 模型 (4.2.8) 中类似地可计算对斜率项引入解释性变量的方差比例贡献 R^2_{21}. 假设模型 (4.2.9) 为现模型, 模型 (4.2.6) 为原模型, 则由表 4.1 及表 4.2 的计算结果可得 $R^2_{20} = 0.118$, $R^2_{21} = 0.3027$, 因此基期农户平均

表 4.2 单变量两水平条件发展模型 (4.2.9) 参数的 ML 估计及 OLS 估计

参数	MLE(s.e.)	P 值	OLS(s.e.)	P 值
固定效应参数				
γ_{00}(常数项)	2.1389(0.0456)	<0.0001	2.0676(0.0460)	<0.0001
$\gamma_{10}(t_{ij})$	0.3238(0.0309)	<0.0001	0.2809(0.0368)	<0.0001
$\gamma_{01}(x_{2j})$	0.0711(0.0078)	<0.0001	0.1050(0.0073)	<0.0001
$\gamma_{11}(t_{ij} \times x_{9j})$	0.5196(0.0542)	<0.0001	0.6697(0.0526)	<0.0001
随机效应参数				
水平 2				
σ^2_{u0}	2.0178(0.1667)	<0.0001		
σ^2_{u1}	0.0772(0.0761)	0.1551		
σ_{u01}	0.2385(0.0878)	0.0066		
水平 1				
σ^2	3.9863(0.1052)	<0.0001	6.59211	
−2ln(likelihood)	40008.6		41163.48	
AIC	40024.6		41171.48	
BIC	40072.6		41199.78	
	$R^2_{20} = 0.118, R^2_{21} = 0.3027$		$R^2 = 0.0700$	

收入 (截距项) 在不同农户之间的变异中 11.8%可以由水平 2 变量——人均生产性固定资产原值 (x_2) 解释, 而农户平均收入增长 (斜率) 的变异有 30.3%可以通过变量劳动力培训比例 (x_9) 反映. 此时模型 (4.2.9) 下 $\hat{\sigma}_{u0}^2$ 比模型 (4.2.6) 明显减少, 显著程度大大减低, 且两水平方差 σ_{u1}^2 不再显著, 表明劳动力培训比例 (x_9) 的引入, 较好地解释了农户平均收入增长 (斜率) 在农户之间的变化.

4.2.4 多变量两水平条件发展模型

类似地, 我们可以考虑更多影响 β_{0i} 及 β_{1i} 的因素, 通过不断引入影响变量并删除不显著的变量, 我们得到一个多变量两水平发展模型

$$\begin{aligned}
y_{ij} =&\beta_{0i} + \beta_{1i}t_{ij} + e_{ij}\\
\beta_{0i} =&\gamma_{00} + \gamma_{01}x_{1i} + \gamma_{02}x_{2i} + \gamma_{03}x_{3i} + \gamma_{04}x_{4i} + \gamma_{05}x_{5i} + \gamma_{06}x_{6i} + \gamma_{07}x_{7i}\\
&+ \gamma_{08}x_{8i} + \gamma_{09}x_{9i} + u_{0i},\\
\beta_{1i} =&\gamma_{10} + \gamma_{11}x_{4i} + \gamma_{12}x_{5i} + \gamma_{13}x_{6i} + \gamma_{14}x_{9i} + u_{1i}
\end{aligned}\tag{4.2.10}$$

将模型 (4.2.10) 的水平 2 表达式代入水平 1 模型得到一个混合效应线性模型

$$\begin{aligned}
y_{ij} =&\gamma_{00} + \gamma_{10}t_{ij} + \gamma_{01}x_{1i} + \gamma_{02}x_{2i} + \gamma_{03}x_{3i} + \gamma_{04}x_{4i} + \gamma_{05}x_{5i} + \gamma_{06}x_{6i}\\
&+ \gamma_{07}x_{7i} + \gamma_{08}x_{8i} + \gamma_{09}x_{9i} + \gamma_{11}(t_{ij} \times x_{4i}) + \gamma_{12}(t_{ij} \times x_{5i}) + \gamma_{13}(t_{ij} \times x_{6i})\\
&+ \gamma_{14}(t_{ij} \times x_{9i}) + (u_{0i} + u_{1i}t_{ij} + e_{ij})
\end{aligned}\tag{4.2.11}$$

该模型的参数估计及相关检验统计量见表 4.3.

可以看出, 影响农户基期平均收入的因素 (9 个) 明显多于影响农户平均收入增长的因素 (4 个). 我们先讨论模型的拟合程度. 另外在截距和斜率参数上引入的变量在 0.05 置信水平都是显著的. 与模型 (4.2.9) 相比, 模型 (4.2.11) 相对应的 AIC 及 BIC 均显著减小; 似然比统计量为 40008.6−39320=688.6 显著大于 $\chi_{0.05}^2(11) = 19.6751$, 表明模型 (4.2.11) 有较大改善. 假设模型 (4.2.6) 为零模型, 模型 (4.2.11) 为现模型, 可以计算水平 2 上方差解释比例贡献的大小, 此时

$$R_{20}^2 = 1 - \frac{1.3886}{2.2877} = 0.3930, \quad R_{21}^2 = 1 - \frac{0.0213}{0.1107} = 0.8076$$

因此农户间平均收入增长率 (斜率) 的差异 80.76%可以通过解释变量 x_4, x_5, x_6, x_9 来解释, 此时 σ_{u1}^2 不再显著, 表明随机斜率模型拟合非常好. 在随机截距模型中, 农户间基期平均收入变异的 39.3%可以通过引入变量来解释, 虽然比例不是很高, 但比原来固定效应的假设有较大改善. 因此能否找到其他更好的解释变量刻画随机截距, 将是需要进一步研究的课题.

与一般线性模型相比, 两个模型比较的似然比统计量为 40109.64−39320 = 789.64, 与 $\chi^2_{0.05}(3) = 7.8147$ 相比, 表明多水平模型明显优于传统的线性模型. 从表 4.3 中固定效应的显著性发现, 整半劳动力人数 x_6 对随机截距的影响在多水平模型和 OLS 模型下有一定差别 (但均为显著). 劳动力培训比例 x_9 对随机斜率的影响在多水平模型下是显著的, 但在 OLS 模型下不显著. 因此使用不同的模型可能得到不同的结果, 从而影响分析结论.

表 4.3　多变量两水平条件发展模型 (4.2.11) 参数的 ML 估计及 OLS 估计

参数	MLE(s.e.)	P 值	OLS(s.e.)	P 值
固定效应参数				
γ_{00}(常数项)	−1.2070(0.2480)	<0.0001	−1.4687(0.2220)	<0.0001
$\gamma_{10}(t_{ij})$	0.3881(0.0859)	<0.0001	0.3274(0.1004)	0.0011
$\gamma_{01}(x_{1j})$	0.3601(0.0489)	<0.0001	0.4383(0.0441)	<0.0001
$\gamma_{02}(x_{2j})$	0.0368(0.0076)	<0.0001	0.0560(0.0071)	<0.0001
$\gamma_{03}(x_{3j})$	0.1190(0.0148)	<0.0001	0.1110(0.0122)	<0.0001
$\gamma_{04}(x_{4j})$	0.1559(0.0263)	<0.0001	0.1868(0.0287)	<0.0001
$\gamma_{05}(x_{5j})$	0.6769(0.1724)	<0.0001	0.6997(0.1859)	0.0002
$\gamma_{06}(x_{6j})$	−0.1348(0.0359)	0.0002	−0.1236(0.0378)	0.0011
$\gamma_{07}(x_{7j})$	0.05172(0.0050)	<0.0001	0.05344(0.0043)	<0.0001
$\gamma_{08}(x_{8j})$	0.1381(0.0129)	<0.0001	0.1401(0.0110)	<0.0001
$\gamma_{09}(x_{9j})$	0.1957(0.0992)	0.0486	0.2452(0.1052)	0.0198
$\gamma_{11}(t_{ij} \times x_{4j})$	−0.0731(0.0147)	<0.0001	−0.0850(0.0161)	<0.0001
$\gamma_{12}(t_{ij} \times x_{5j})$	0.5300(0.1159)	<0.0001	0.6727(0.1333)	<0.0001
$\gamma_{13}(t_{ij} \times x_{6j})$	−0.0566(0.0254)	0.0257	−0.0433(0.0297)	0.0147
$\gamma_{14}(t_{ij} \times x_{9j})$	0.2569(0.0673)	0.0001	0.1929(0.0791)	0.1444
随机效应参数				
水平 2				
σ^2_{u0}	1.3886(0.1528)	<0.0001		
σ^2_{u1}	0.0213(0.0747)	0.3876		
σ_{u01}	0.2303(0.0844)	0.0064		
水平 1				
σ^2	3.9670	<0.0001	5.8487	
−2ln(likelihood)	39320.0		40109.6	
AIC	39358.0		40139.6	
BIC	39472.0		40245.7	
	$R^2_{20} = 0.3930, R^2_{21} = 0.8076$		$R^2 = 0.1760$	

4.2.5 模型解释及主要结论

由模型 (4.2.10) 及表 4.3 可得到如下结论.

(1) 农户基期人均纯收入 (截距参数) 与劳动力的平均受教育程度、整半劳动力人数、劳动力培训比例、调查户从业类型、人均生产性固定资产原值、人均实际经营的土地面积、人均经济作物播种面积、经济作物种植比例以及劳动力的平均年龄显著相关; 也就是说, 农户家庭的人均纯收入的初始差异是由资本和劳动的投入差异以及产业结构差异造成的, 资本投入越多, 初始收入越高; 劳动力的素质越高, 初始收入越高; 非农业比例越高、传统农业比例越低, 初始收入越高.

(2) 整半劳动力人数 x_6 的系数为负, 表明劳动力越多, 平均初始收入反而越低. 这说明农户家庭存在劳动力过剩. 这一结论说明在云南边疆少数民族地区, 剩余劳动力的转移并不很成功, 仍然存在劳动力过剩的现象.

(3) 农户人均纯收入的增长与人均经济作物播种面积 (x_4)、经济作物种植比例 (x_5)、整半劳动力人数 (x_6)、劳动力培训比例 (x_9) 显著相关. x_5 及 x_9 的系数为正, 表明随着劳动力培训比例、经济作物种植比例的增加, 收入的增长率将增加. x_4 及 x_6 的系数为负, 说明劳动力人数的增加和人均经济作物播种面积的增加反而会使人均收入的增长率下降, 因此农村存在劳动力过剩现象.

(4) 在多水平模型中, σ_{u01} 的估计显著为正, 说明随机截距与随机斜率正相关, 即表明基期农户人均收入越高, 其增长能力越强. 因此, 从另外一方面表明农户人均收入在少数民族地区可能不存在趋同特征, 这也是可以进一步研究的问题.

4.3 高层次结构数据的多水平发展模型

在 4.2 节中我们讨论了 2 水平模型的统计建模和应用. 但在实际中, 我们可能会碰到更高层次的结构数据, 此时需要高层次的多水平模型进行分析. 本节数据来源仍然是云南省某地州的农户跟踪调查数据, 但时间扩展为 2006~2009 年, 同时考虑了县、乡两级的影响, 因此这是一个涉及四个层次的结构数据. 同样的, 该调查覆盖了全州 13 个县市, 298 个行政村. 每个行政村随机抽取 10~15 户进行调查, 每户进行了 4 年的跟踪调查.

研究中所涉及的因变量及水平 1 解释变量与 4.2 节相同, 即农户家庭的人均纯收入 y 时间 t, 及解释性变量 $x_1 - x_9$. 此外还有一些反映乡村特征的高水平变量:

z_1，地势 (其中, 1 为平原村, 2 丘陵, 3 山村);

z_2，离最近县城距离 (其中, 1 为 2km 以下, 2 为 2~5km, 3 为 5~10km, 4 为 10~20km, 5 为 20km 以上);

z_3，到最近车站距离 (其中, 1 为 2km 以下, 2 为 2~5km, 3 为 5~10km, 4 为 10~20km, 5 为 20km 以上).

剔除部分无效或缺失数据, 每年大约有 2985 个样本, 总共获得 11955 个观测数据. 类似的, 他也是一个非平衡的多层结构数据.

为了多层次模型的表示方便, 我们用 i 表示县 (层 4), j 表示村 (层 3), k 表示农户个体 (层 2), t 表示时间 (层 1), 下标 $ijkt$ 表示第 i 县 j 村第 k 户在时间 $t(0,1,2,3)$ 上的测量指标. 例如 y_{ijkt} 表示第 i 县第 j 村第 k 农户的第 t 期 $(t=0,1,2,3,)$ 的人均收入.

4.3.1 层次结构的检验——空模型

为了检验数据中是否存在层次结构, 考虑建立如下没有任何解释变量的方差分析模型 (或称为空模型)

$$y_{ijkt} = \beta_{0ijk} + e_{ijkt} \tag{4.3.1}$$

$$\beta_{0ijk} = \beta_{0ij} + u_{0ijk}, \quad \beta_{0ij} = \beta_{0i} + v_{0ij}, \quad \beta_{0i} = \beta_0 + f_{0i} \tag{4.3.2}$$

该模型的水平 1 到水平 4 均没有解释性变量, $e_{ijkt} \sim N(0,\sigma_e^2)$ 为相互独立水平 1 残差, $u_{0ijk} \sim N(0,\sigma_{u0}^2)$ 为相互独立水平 2 残差, $v_{0ij} \sim N(0,\sigma_{v0}^2)$ 为相互独立水平 3 残差, $f_{0i} \sim N(0,\sigma_{f0}^2)$ 为相互独立水平 4 残差. 将模型 (4.3.1) 代入模型 (4.3.2), 得到一个具有随机效应的 4 层次方差分析模型

$$y_{ijkt} = \beta_0 + f_{0i} + v_{0ij} + u_{0ijk} + e_{ijkt} \tag{4.3.3}$$

该模型的总方差可分解为四个部分：(层 1) 不同时期差异, (层 2) 个体户之间差异, (层 3) 村之间的差异, (层 4) 县之间的差异. 通过软件 MLwiN2.32, 计算结果如表 4.4 所示, 其中方差比为该层次方差与总方差之比. 从表中可以看出, 随机效应的方差参数估计均显著. 一水平的方差通常是最大的, 因此需要通过某种带有解释变量的模型进行解释. 农户人均纯收入在县之间、村之间、农户个体之间、时间各自所占比例分别为 10.74%, 8.23%, 18.62%, 62.40%, 表明有 37.6%左右的变异是由组间变异引起的, 因此可以考虑建立一个四水平的层次模型.

表 4.4 四水平方差分析模型参数估计

参数	ML (s.e.)	P 值	方差比
固定效应			
β_0	2.882(0.268)	0.0154	
随机效应			
水平 4			
σ^2_{f0}	0.889 (0.367)	<0.0001	0.1074
水平 3			
σ^2_{v0}	0.681 (0.081)	<0.0001	0.0823
水平 2			
σ^2_{u0}	1.541 (0.080)	<0.0001	0.1862
水平 1			
σ^2_e	5.164 (0.078)	<0.0000	0.6240
$D=-2\ln$ (likelihood)	55268.935		

注：s.e. (standard error), 表示标准误 (差); ML 是极大似然估计

4.3.2 高层次多水平发展模型统计建模

4.3.2.1 无条件四水平发展模型

在考虑了各层次存在差异的基础上, 我们建立具有随机系数的无条件发展模型如下

$$\text{水平 1：} y_{ijkt}=\beta_{0ijk}+\beta_{1ijk}t_{ijkt}+e_{ijkt} \tag{4.3.4}$$

$$\text{水平 2：} \beta_{0ijk}=\beta_{0ij}+u_{0ijk} \quad \beta_{1ijk}=\beta_{1ij}+u_{1ijk} \tag{4.3.5}$$

$$\text{水平 3：} \beta_{0ij}=\beta_{0i}+\upsilon_{0ij} \quad \beta_{1ij}=\beta_{1i}+\upsilon_{1ij} \tag{4.3.6}$$

$$\text{水平 4：} \beta_{0i}=\beta_0+f_{0i} \quad \beta_{1i}=\beta_1+f_{1i} \tag{4.3.7}$$

将式 (4.3.5)~ 式 (4.3.7) 代入式 (4.3.4), 可得

$$y_{ijkt}=\beta_0+\beta_1 t_{ijkt}+f_{0i}+\upsilon_{0ij}+u_{0ijk}+f_{1i}t_{ijkt}+\upsilon_{1ij}t_{ijkt}+u_{1ijk}t_{ijkt}+e_{ijkt} \tag{4.3.8}$$

其中 $\beta_0+\beta_1 t_{ijkt}$ 为固定效应, $f_{0i}+\upsilon_{0ij}+u_{0ijk}+f_{1i}t_{ijkt}+\upsilon_{1ij}t_{ijkt}+u_{1ijk}t_{ijkt}+e_{ijkt}$ 为随机效应, $e_{ijkt}\sim N(0,\sigma^2_e)$ 为相互独立的水平 1 残差, $u_{0ijk}\sim N(0,\sigma^2_{u0})$ 为相互独立的截距项水平 2 残差; $u_{1ijk}\sim N(0,\sigma^2_{u1})$ 为相互独立的斜率项水平 2 残差; $\upsilon_{0ij}\sim N(0,\sigma^2_{\upsilon 0})$ 为相互独立的截距项水平 3 残差; $\upsilon_{1ij}\sim N(0,\sigma^2_{\upsilon 1})$ 为相互独立的斜率项水平 3 残差; $f_{0i}\sim N(0,\sigma^2_{f0})$ 为相互独立截距项的水平 4 残差, $f_{1i}\sim N(0,\sigma^2_{f1})$ 为相互独立的斜率水平 4 残差, 不同水平间残差相互独立.

式 (4.3.8) 的计算结果如表 4.5 所示. 其中固定效应参数显著, 说明农户人均纯收入在 2006~2009 年间有显著增长; 农户人均收入每年增加 0.445 千元, 农户

人均纯收入总体平均初始值 (2006 年) 为 2.195 千元. 在随机效应的方差参数估计中, 4 水平上斜率的方差 σ_{f1}^2 要在 0.1 的置信水平下才显著, 而二水平上截距参数和斜率参数的协方差不显著, 但在三水平和四水平上协方差均显著, 其余方差参数均显著. 表明发展模型的截距和斜率在农户、先乡村及县之间有明显差异, 即农户人均纯收入随时间的变化在各水平 (层次) 上也具有差异.

表 4.5　无条件发展模型参数 ML 估计与 OLS 估计

参数	ML (s.e.)	P 值	OLS (s.e.)	P 值
固定效应				
β_0	2.195 (0.197)	<0.0001	2.284 (0.044)	<0.0001
β_1	0.455 (0.051)	<0.0001	0.477 (0.023)	<0.0001
随机效应				
水平 4				
σ_{f0}^2	0.456 (0.197)	0.0207		
σ_{f1}^2	0.024 (0.013)	0.0733		
σ_{f01}	0.125 (0.049)	0.0103		
水平 3				
σ_{v0}^2	0.648 (0.091)	<0.0001		
σ_{v1}^2	0.145 (0.021)	<0.0001		
σ_{v01}	−0.097 (0.034)	0.0038		
水平 2				
σ_{u0}^2	1.302 (0.128)	<0.0001		
σ_{u1}^2	0.203 (0.032)	<0.0001		
σ_{u01}	0.013 (0.053)	0.8065		
水平 1				
σ_e^2	4.153 (0.077)	<0.000	7.961 (0.104)	<0.0001
−2ln (likelihood)	54140.776		57628.213	

注：(s.e.) 含义同表 4.4; OLS 表示一般线性回归的最小二乘估计

与 OLS(一般线性回归的最小二乘估计) 估计结果比较, 固定效应参数的估计比较接近, 但多水平模型的 D 明显降低. 两者之差为 $57628.213-54140.776=3487.437$, 显著大于临界值 $\chi_{0.05}^2(9)=16.92$, 反映多水平发展模型比一般的线性模型 (基于 OLS 估计) 的拟合效果更好.

4.3.2.2　多变量四水平条件发展模型

根据随机系数式 (4.3.8) 的结果, 表明农户人均纯收入不仅初始水平因人而异, 且随着时间的变化率也不尽相同, 反映了发展模型的截距和时间斜率在农户个体之间有明显差异, 那么一个重要的问题是, 这种差异是由哪些因素引起的呢?

为了考虑影响 β_{0ijk} 和 β_{1ijk} 的影响因素, 我们可以建立一个反映发展模型的截距和斜率与相关层次影响变量的回归模型, 有效检验和估计影响基期农户人均纯收入的因素和农户人均纯收入增长因素. 根据多次建模, 在相应的层次上不断加入影响变量并删除不显著变量, 最终得到如下多变量四水平发展模型:

$$y_{ijkt} = \beta_{0ijk} + \beta_{1ijk}t_{ijkt} + e_{ijkt} \tag{4.3.9}$$

$$\begin{aligned}\beta_{0ijk} =& \beta_{0ij} + \beta_2 x_{1\_2ijk} + \beta_3 x_{1\_3ijk} + \beta_4 x_{1\_4ijk} + \beta_5 x_{2ijk} + \beta_6 x_{3ijk} \\ &+ \beta_7 x_{4ijk} + \beta_8 x_{5ijk} + \beta_9 x_{6ijk} + \beta_{10} x_{7ijk} \\ &+ \beta_{11} x_{8ijk} + \beta_{12} x_{9ijk} + u_{0ijk}\end{aligned} \tag{4.3.10}$$

$$\begin{aligned}\beta_{1ijk} =& \beta_{1ij} + \beta_{15} x_{2ijk} + \beta_{16} x_{3ijk} + \beta_{17} x_{4ijk} \\ &+ \beta_{18} x_{5ijk} + \beta_{19} x_{6ijk} + u_{1ijk}\end{aligned} \tag{4.3.11}$$

$$\begin{aligned}\beta_{0ij} =& \beta_{0i} + \beta_{13} z_{1\_2ij} + \beta_{14} z_{1\_3ij} + v_{0ij}, \\ \beta_{1ij} =& \beta_{1i} + \beta_{20} z_{1\_2ij} + \beta_{21} z_{1\_3ij} + v_{1ij}\end{aligned} \tag{4.3.12}$$

$$\beta_{0i} = \beta_0 + f_{0i}, \quad \beta_{1i} = \beta_1 + f_{1i} \tag{4.3.13}$$

式 (4.3.13) 仅包含截距项, 其原因是在县一级层次上, 没有相关的影响指标. 由上述模型得到如下的综合模型:

$$\begin{aligned}y_{ijkt} =& \beta_0 + \beta_1 t_{ijkt} + \beta_2 x_{1\_2ijk} + \beta_3 x_{1\_3ijk} + \beta_4 x_{1\_4ijk} + \beta_5 x_{2ijk} + \beta_6 x_{3ijk} \\ &+ \beta_7 x_{4ijk} + \beta_8 x_{5ijk} + \beta_9 x_{6ijk} + \beta_{10} x_{7ijk} + \beta_{11} x_{8ijk} + \beta_{12} x_{9ijk} + \beta_{13} z_{1\_2ij} \\ &+ \beta_{14} z_{1\_3ij} + \beta_{15}(x_{2ijk} \times t_{ijkt}) + \beta_{16}(x_{3ijk} \times t_{ijkt}) + \beta_{17}(x_{4ijk} \times t_{ijkt}) \\ &+ \beta_{18}(x_{5ijk} \times t_{ijkt}) + \beta_{19}(x_{6ijk} \times t_{ijkt}) + \beta_{20}(z_{1\_2ij} \times t_{ijkt}) \\ &+ \beta_{21}(z_{1\_3ij} \times t_{ijkt}) \\ &+ (f_{0i} + f_{1i} t_{ijkt} + v_{0ij} + v_{1ij} t_{ijkt} + u_{0ijkt} + u_{1ijkt} t_{ijkt} + e_{ijkt})\end{aligned} \tag{4.3.14}$$

(4.3.12) 中仅包含 3 水平解释性变量 z_1 (变量 z_1 是具有三个取值的离散变量, 因此有两个参数, 其中第一个取值为对照参数); z_2 及 z_3 不显著, 因此没有列入模型. 式 (4.3.14) 的参数估计和相关检验结果如表 4.6 所示. 为了作对比研究, 我们将没有层级结构下的 OLS 估计也列于表中最后两列.

从表 4.6 的结果可以看出, 除常数项外, 固定效应参数均显著. 整半劳动力与时间的交互作用 ($t_{ijkt}x_{6ijk}$) 系数在多水平模型显著, 而使用 OLS 估计时不显著; 多水平发展模型中, 除 σ_{f1}^2 和 σ_{u01} 外, 随机效应的方差参数估计均显著. 值得注意的是, 在空模型中此系数显著, 反而在多变量条件模型不显著, 说明加入影

响 β_{0ijk}, β_{1ijk} 的解释变量是非常有价值的. 在模型整体拟合上, 多水平发展模型明显具有优势, 其中似然比统计量 $D = -2\ln$ (likelihood) 明显降低, 差值为 $53700.575-51730.183 = 1970.392$, 显著大于临界值 $\chi^2_{0.05}(9) = 16.92$. 同时多水平发展模型的 AIC=51794.183, 明显小于 OLS 估计的 AIC = 53746.575.

表 4.6　多变量四水平条件发展模型 ML 估计与 OLS 估计

参数	四水平 ML(s.e)	P 值	OLS(s.e)	P 值
固定效应				
β_0	0.022 (0.292)	0.9383	−0.852 (0.239)	0.0004
β_1	0.618 (0.090)	<0.0001	0.557 (0.083)	<0.0001
x_{1_2ijk}	0.245 (0.109)	0.0242	0.461 (0.106)	<0.0001
x_{1_3ijk}	0.473 (0.114)	<0.0001	0.888 (0.104)	<0.0001
x_{1_4ijk}	0.457 (0.211)	0.0305	0.688 (0.195)	0.0004
x_{2ijk}	0.036 (0.012)	0.0023	0.068 (0.012)	<0.0001
x_{3ijk}	0.123 (0.021)	<0.0001	0.084 (0.019)	<0.0001
x_{4ijk}	0.123 (0.019)	<0.0001	0.162 (0.022)	<0.0001
x_{5ijk}	0.685 (0.168)	<0.0001	0.908 (0.175)	<0.0001
x_{6ijk}	−0.157 (0.034)	<0.0001	−0.123 (0.037)	0.0008
x_{7ijk}	0.037 (0.005)	<0.0001	0.052 (0.004)	<0.0001
x_{8ijk}	0.293 (0.045)	<0.0001	0.411 (0.038)	<0.0001
x_{9ijk}	0.299 (0.074)	<0.0001	0.306 (0.071)	<0.0001
z_{1_2ij}	0.315 (0.144)	0.0286	−0.021 (0.145)	0.8848
z_{1_3ij}	−0.185 (0.129)	0.1517	−0.280 (0.106)	0.0082
$t_{ijkt}x_{2ijk}$	0.014 (0.005)	0.0127	0.012 (0.006)	0.0342
$t_{ijkt}x_{3ijk}$	0.050 (0.010)	<0.0001	0.049 (0.010)	<0.0001
$t_{ijkt}x_{4ijk}$	−0.040 (0.007)	<0.0001	−0.054 (0.008)	<0.0001
$t_{ijkt}x_{5ijk}$	0.190 (0.081)	0.0197	0.319 (0.087)	0.0003
$t_{ijkt}x_{6ijk}$	−0.034 (0.018)	0.0503	−0.035 (0.020)	0.0744
$t_{ijkt}z_{1\_2ij}$	−0.472 (0.089)	<0.0001	−0.397 (0.078)	<0.0001
$t_{ijkt}z_{1\_3ij}$	−0.298 (0.066)	<0.0001	−0.290 (0.055)	<0.0001
随机效应水平 4				
σ^2_{f0}	0.109 (0.056)	0.0519		
σ^2_{f1}	0.003 (0.004)	0.4654		
σ_{f01}	0.044 (0.015)	0.0042		
水平 3				
σ^2_{v0}	0.507 (0.073)	<0.0001		
σ^2_{v1}	0.147 (0.020)	<0.0001		
σ_{v01}	−0.104 (0.029)	0.0004		
水平 2				
σ^2_{u0}	1.112 (0.119)	<0.0001		
σ^2_{u1}	0.159 (0.030)	<0.0001		
σ_{u01}	−0.012 (0.049)	0.8049		
水平 1				
σ^2_e	3.871 (0.073)	<0.0001	6.342 (0.084)	<0.0001
−2ln (likelihood)	51730.183		53700.575	
AIC	51794.183		53746.575	

4.3.3 四水平发展模型与三、二水平发展模型对比分析

上一节给出了四水平发展模型的具体建模过程. 为了对该嵌套数据选择一个恰当的层次模型, 需要由高到低拟合多层次统计建模, 对其结果进行比较分析. 下面根据多水平发展模型各层级测量指标, 分别建立村–户–时间三水平发展模型和户–时间两水平发展模型, 统计建模过程不再重复, 最终得到的三、二水平发展模型结果如表 4.7 的二至五列. 值得注意的是, 在三水平模型中, 三水平上的解释性变量 z_2 及 z_3 有一个取值显著, 因此加入模型中. 而在四水平模型中, 这两个变量因不显著而被剔除.

表 4.7 四水平、三水平、两水平发展模型参数 ML 估计及 P 值对比

参数	两水平 ML (s.e)	P 值	三水平 ML (s.e)	P 值	四水平 ML(s.e)	P 值
固定效应						
β_0	−0.956 (0.240)	<0.0001	−0.424 (0.381)	0.2667	0.022 (0.292)	0.9383
β_1	0.361 (0.066)	<0.0001	0.650 (0.098)	<0.0001	0.618 (0.090)	<0.0001
x_{1_2ijk}	0.400 (0.109)	0.0003	0.290 (0.109)	0.0077	0.245 (0.109)	0.0242
x_{1_3ijk}	0.711 (0.113)	<0.0001	0.539 (0.114)	<0.0001	0.473 (0.114)	<0.0001
x_{1_4ijk}	0.482 (0.207)	0.0201	0.592 (0.213)	0.0054	0.457 (0.211)	0.0305
x_{2ijk}	0.043 (0.012)	0.0002	0.040 (0.012)	0.0008	0.036 (0.012)	0.0023
x_{3ijk}	0.100 (0.018)	<0.0001	0.143 (0.022)	<0.0001	0.123 (0.021)	<0.0001
x_{4ijk}	0.117 (0.019)	<0.0001	0.125 (0.020)	<0.0001	0.123 (0.019)	<0.0001
x_{5ijk}	0.847 (0.159)	<0.0001	0.677 (0.182)	0.0002	0.685 (0.168)	<0.0001
x_{6ijk}	−0.151 (0.035)	<0.0001	−0.147 (0.034)	<0.0001	−0.157 (0.034)	<0.0001
x_{7ijk}	0.051 (0.005)	<0.0001	0.038 (0.005)	<0.0001	0.037 (0.005)	<0.0001
x_{8ijk}	0.447 (0.042)	<0.0001	0.310 (0.045)	<0.0001	0.293 (0.045)	<0.0001
x_{9ijk}	0.320 (0.068)	<0.0001	0.300 (0.080)	0.0002	0.299 (0.074)	<0.0001
z_{1_2ij}			0.047 (0.185)	0.7988	0.315 (0.144)	0.0286
z_{1_3ij}			−0.375 (0.151)	0.0129	−0.185 (0.129)	0.1517
z_{2_2ij}			0.747 (0.352)	0.0339		
z_{2_3ij}			0.258 (0.302)	0.3929		
z_{2_4ij}			0.549 (0.288)	0.0570		
z_{2_5ij}			0.481 (0.275)	0.0802		
$t_{ijkt}x_{2ijk}$	0.017 (0.005)	0.0022	0.012 (0.006)	0.0290	0.014 (0.005)	0.0127
$t_{ijkt}x_{3ijk}$	0.038 (0.009)	<0.0001	0.050 (0.011)	<0.0001	0.050 (0.010)	<0.0001
$t_{ijkt}x_{4ijk}$	−0.039 (0.007)	<0.0001	−0.041 (0.007)	<0.0001	−0.040 (0.007)	<0.0001
$t_{ijkt}x_{5ijk}$	0.274 (0.079)	0.0005	0.246 (0.093)	0.0079	0.190 (0.081)	0.0197
$t_{ijkt}x_{6ijk}$	−0.044 (0.019)	0.0191	−0.035 (0.018)	0.0497	−0.034 (0.018)	0.0503
$t_{ijkt}z_{1\_2ij}$			−0.388 (0.106)	0.0002	−0.472 (0.089)	<0.0001
$t_{ijkt}z_{1\_3ij}$			−0.287 (0.077)	0.0002	−0.298 (0.066)	<0.0001

续表

参数	两水平 ML (s.e)	P 值	三水平 ML (s.e)	P 值	四水平 ML(s.e)	P 值
$t_{ijkt}z_{3\_2ij}$			−0.081 (0.063)	0.2024		
$t_{ijkt}z_{3\_3ij}$			−0.090 (0.069)	0.1893		
$t_{ijkt}z_{3\_4ij}$			−0.171 (0.076)	0.0249		
$t_{ijkt}z_{3\_5ij}$			−0.037 (0.090)	0.6766		
随机效应						
水平 4						
σ_{f0}^2					0.109 (0.056)	0.0519
σ_{f1}^2					0.003 (0.004)	0.4654
σ_{f01}					0.044 (0.015)	0.0042
水平 3						
σ_{v0}^2			0.599 (0.082)	<0.0001	0.507 (0.073)	<0.0001
σ_{v1}^2			0.148 (0.020)	<0.0001	0.147 (0.020)	<0.0001
σ_{v01}			−0.064 (0.031)	0.0374	−0.104 (0.029)	0.0004
水平 2						
σ_{u0}^2	1.680 (0.128)	<0.0001	1.095 (0.119)	<0.0001	1.112 (0.119)	<0.0001
σ_{u1}^2	0.324(0.033)	<0.0001	0.157 (0.030)	<0.0001	0.159 (0.030)	<0.0001
σ_{u01}	−0.077(0.053)	0.1454	−0.010 (0.049)	0.8454	−0.012 (0.049)	0.8050
水平 1						
σ_e^2	3.891 (0.074)	<0.0001	3.875 (0.073)	<0.0001	3.871 (0.073)	<0.0001
−2ln (likelihood)	52370.875		51782.758		51730.183	
AIC	52414.875		51856.758		51794.183	

首先比较三、二水平发展模型, 除了常数项在三水平发展模型不显著外, 固定效应和随机效应参数显著性基本一致, 但是三水平发展模型中加入村之间 (层 3) 地理条件变量, 更加精细反映了地理环境与交通差异影响农户初始收入及其增长趋势. 三、二水平发展模型似然比统计量差值为 52370.875−51782.758 = 588.117, 自由度差为 7, 显著大于临界值 14.07. 三水平发展模型 AIC 为 51856.758, 明显小于两水平发展模型的 AIC 为 52414.875, 表明前者模型拟合有所改善. 因此, 从三、二水平发展模型对比分析中, 三水平发展模型更加具有优势.

其次比较三、四水平发展模型：首先, 从变量角度来看, 三水平发展模型在层 3 水平截距项加入的离最近县城距离指标 (z_2) 比较显著, 同时在层 3 水平斜率项加入的到最近车站距离指标 (z_3) 比较显著; 而四水平发展模型这两个变量不显著, 可能是因为四水平发展模型已经考虑了县级层次上的差异, 而层 3 这两个指标在某种程度上反映县级的差异; 此外, 从模型整体拟合角度来看, 三、四水平发展模型的统计量 $D = -2\ln$ (likelihood) 的差为 51782.758−51730.183 = 52.575, 自由度差为 5, 明显大于临界值 11.07; 同时四水平发展模型的 AIC = 51794.183, 小于三水平发展模型的 AIC = 51856.758. 因此, 四水平发展模型相对三水平发展模型较好.

需要说明的是, 在四水平发展模型统计建模过程中, 也加入了离最近县城距离 (z_2) 和到最近车站距离 (z_3) 两个指标, 但不显著; 此时模型的 AIC 为 51796.460, 与剔除这两个变量的四水平发展模型的 AIC (51794.183) 相比较, 后者稍微减少. 因此, 鉴于后者模型整体拟合有所改善, 最终选择式 (4.3.14) 的四水平发展模型.

最后, 针对西部地区农户收入及其增长影响因素问题, 基于多层次嵌套数据结构由高到低的统计建模比较分析, 最终选择构建县–村–农户–时间的四水平发展模型 (式 4.3.14).

4.3.4 模型参数解释及结论

从式 (4.3.14) 中, 农户个体水平 (层 2) 截距项加入 x_1, x_2, x_3, x_4, x_5, x_6, x_7, x_8, x_9; 村水平 (层 3) 截距项加入 z_1, 这些变量在 0.05 的置信水平下显著. 反映了影响农户初始收入与调查户从业类型、人均固定资产原值、人均实际经营土地面积、人均经济作物播种面积、经济作物种植比例、整半劳动力数、劳动力的平均年龄、劳动力平均受教育程度、劳动力培训比例、地势有显著相关, 即农户初始收入由资本、劳动投入、生产结构、地理环境综合因素导致.

根据表 4.7 第六列, x_{1_2ijk}, x_{1_3ijk}, x_{1_4ijk} 的系数均为正, 分别为 0.245, 0.473, 0.457, 说明了非农业兼业户类型初始收入较高; x_{2ijk}, x_{3ijk}, x_{4ijk}, x_{5ijk} 系数为正, 说明固定资产原值、人均实际经营土地面积、人均经济作物播种面积、经济作物种植比例越高, 农户初始收入越高. x_{7ijk}, x_{8ijk} 系数分别为 0.037, 0.293, 反映了教育程度越高或专业培训比例越高, 即劳动素质越高, 农户初始收入越高, 且专业培训对其影响较大; z_{1_2ij} 系数为 0.315, 说明丘陵村的农户收入比平原村高. 表 4.7 第六列中, x_{6ijk}, z_{1_3ij} 的系数为负, 即整半劳动力数、山村相比平原收入的系数为负. 说明劳动力越多的农户初始人均收入越低, 表现出西部少数民族地区存在劳动力过剩现象; 其中 z_{1_3ij} 的系数为 -0.185, 说明山村的农户收入比平原低, 反映了地理环境较差的农户收入也相对较低.

从式 (4.3.14) 中, 农户个体水平 (层 2) 斜率项加入 x_2, x_3, x_4, x_5, x_6; 村级水平 (层 3) 斜率项加入 z_1. 说明农户收入增长与人均固定资产原值、人均实际经营土地面积、人均经济作物播种面积、经济作物种植比例、整半劳动力、地势显著相关. 其中 $x_{2ij} \times t_{ijt}$, $x_{3ij} \times t_{ijt}$, $x_{5ij} \times t_{ijt}$ 系数为正, 说明人均固定资产原值和人均实际经营土地面积越多, 收入增长越快; 经济作物种植比例越高, 收入增长越快, 且对增长速度的影响较为明显. $x_{4ij} \times t_{ijt}$, $x_{6ij} \times t_{ijt}$, $z_{1\_2ij} \times t_{ijt}$, $z_{1\_3ij} \times t_{ijt}$ 系数为负, 说明了人均经济作物播种面积越多, 对收入增长有负面影响; 整半劳动力越多, 平均收入增长速度越缓; 地势越不好, 收入增长越慢, 且增长速度严重受到制约.

表 4.7 第六列中, σ_{u01}, σ_{v01} 系数为负, 说明在农户层次 (2 水平) 和村层次 (3 水平) 上, 农户人均初始收入与增长率总体呈负相关, 潜在反映了农户层次和村层次上收入差距不断缩小. 但 σ_{f01} 系数为正, 说明县级层次 (4 水平) 上农户人均初始收入越高, 增长率越高, 潜在反映了县层次上收入差距不断拉大.

本节基于四水平模型的建模和估计, 与 4.2 节的两水平模型分析相比, 由于采用的数据增加了一年的数据信息, 同时使用更为精细的四水平模型, 在结论上会有一些差异, 但总体结论是一致的.

4.4 结 论

本章我们利用多水平模型建立了云南省某地 (州) 农户人均收入的两水平发展模型. 该模型能够较好地刻画农户之间的差异性和层次结构. 通过数据分析, 我们发现多水平模型优于传统的线性回归模型, 为具有层次结构的微观经济数据的统计建模提供了一个新的研究模式. 本书提出的两水平发展模型中, 随机截距代表了基期农户人均收入; 事实上, 我们可以改变 t_{ij} 的取值, 使随机截距 β_{0i} 代表其他经济含义, 如令 t_{ij} 在 2006 年、2007 年、2008 年的值分别为 $-1, 0, 1$, 则 β_{0i} 为 2007 年时农户人均纯收入的估计值; 当 t_{ij} 在 2006 年、2007 年、2008 年的取值为 $-2, -1, 0$ 时, β_{0i} 则代表了 2008 年农户人均收入的估计值. 两水平发展模型中既可以研究影响某一固定时期农户人均纯收入 (β_{0i}) 的因素, 也可以了解影响其增长的特征. 此外, 多水平模型对随机截距和随机斜率的统计建模, 反映了农户经济增长特征在农户之间的异质性, 并能给出其异质来源的解释, 为正确了解农村农民收入的本质和特征提供了一个很好的研究工具.

第 5 章　基于多水平模型的区域经济增长收敛性及参数异质性研究

我国改革开放以来, 在经济增长方面取得了令人瞩目的成就, 但同时也带来了一系列问题, 其中关键问题之一就是区域发展不平衡. 先天的禀赋、早期的发展战略以及后来的放权点、资源流动、地方政府自身的发展思路等都可能造成地区发展路线的差异, 而这种差异本身在报酬递增等机制的作用下又可能被放大. 区域发展不平衡会产生严重的社会问题, 相应地降低了高增长所产生的福利, 并进一步阻碍未来的增长. 因此, 如何协调地区平衡发展、缩小地区之间的差距, 全体居民的福利如何得到提高, 就成为今后我国经济深化改革的头等大事之一.

本章基于我国 210 个地级及其以上城市 1990~2007 年经济发展数据, 采用多水平模型, 从两个不同的层次角度对中国区域经济增长收敛性特征进行了分析研究, 并从理论及实证两方面说明了对我国区域经济增长分析采用多水平模型分析的必要性. 另外, 系统地讨论了在层次数据分析中, 中国区域经济增长中各省区或城市发展水平等级区域内部收敛及区域之间的异质性问题, 提供了一个研究参数异质性更为方便和灵活的研究工具, 合理地解释了我国区域经济增长的特征, 对缩小地区经济之间的差距, 促进我国地区经济的协调发展提供了依据.

5.1　引　　言

区域经济增长收敛问题是近年来区域经济学界研究的一个热点, 它是以新古典经济增长理论为基础的. 所谓经济增长收敛性或趋同性 (Convergence) 是指在封闭的经济条件下, 对于一个有效经济范围的不同经济单位 (国家、地区甚至家庭), 初期的静态指标 (人均产出、人均收入) 和其经济增长速度之间存在负相关关系, 即落后地区比发达地区有更高的经济增长率, 从而导致各经济单位期初的静态指标差异逐步消失的过程.

国际上关于经济增长的收敛性研究已有大量的文献, 具有代表性的有 (Baumol, 1986), (Barro, 1991, 1998), (Mankiw et al., 1992), Barro 和 Sala-i-Martin (1992, 2003), Quah (1996), Mello 和 Novo (2002), Durlaufer 等 (2005).

在国内, 关于中国经济地区差异性及经济增长收敛性的研究也已经得到广泛关注. 回顾 20 世纪 80 年代末以来关于中国地区差距的研究, 大致可以划分为两个阶段: 前一个阶段主要是采用简单的统计分析, 利用国际通行的基尼系数、变异系数、泰尔指数等统计指标对中国地区差距及其变动进行测度和分解, 由此观察地区差距的变动趋势及影响因素; 后一阶段始于 1996 年, 至今已涌现出大量文献, 其特点是引入国际上流行的经济增长收敛假说及其计量方法, 对中国区域经济增长的收敛性进行检验, 从而使中国地区差距研究开始具有理论基础, 由此提高了研究结论的解释能力. 中国区域经济增长收敛性研究的发展, 标志着中国地区增长和地区差距研究进入成熟阶段.

5.1.1 中国地区差距及其变动的测度、分解及成因的研究

总括近 20 年对我国地区差距的研究可以看出, 早期对地区差距的测度研究主要是使用各种统计指标来做定性描述. 常用的测算指标有总产出值 (GVO)、物质产品 (MP)、国民可支配收入 (NI)、人均 GDP、消费支出、教育经费、资本净流入、固定资产投资率等, 并采用有权重或无权重的变异系数 (CV) 法、基尼系数法、泰尔指数法、塞尔指数法、相关回归分析、绝对差率和 GE(Generalized Entrophy) 指标分类法, 特别是运用泰尔指数法, 进行分析研究.

对于中国地区经济差距及其变动的测度、分解及形成原因的研究, 如林毅夫等 (1998) 采用基尼系数及泰尔熵分解法对中国的地区差距进行了研究. 研究发现 1986~1990 年, 中国地区差距的上升幅度并不明显. 1990 年以后的上升幅度略大, 同时也认为中国的经济增长呈现出较强的地域特性. 还发现城乡间差距对总体差距影响最大, 始终保持在一半左右, 农村和城镇内部差距的作用占另外一半. 陈秀山等 (2004) 通过分析各省区人均 GDP 的基尼系数、变异系数, 对我国区域差距的历年变动趋势做了研究, 得出这两个区域差距状况评价指标出现分歧. 为此又采用塞尔指数来衡量地区差距并将地区差距分解为地带内差距和地带间差距. 通过分析三种指标得出中国区域经济差距变动存在阶段性. 刘夏明等 (2004) 采用基尼系数法对中国地区差距是否扩大、地区差距的形成原因进行了研究, 并且也得出了不同的结论. 王小鲁和樊纲 (2004) 采用了一些简单的统计指标, 例如, 教育经费占 GDP 的比例、人均 GDP 增长率等, 对中国地区差距的变动趋势和影响因素进行定性研究分析. 通过分析认为生产率的差别以及由此引起的资本流动使得我国东部沿海地区和中西部内陆地区之间, 在经济发展水平方面, 无论是绝对差距还是相对差距都还在继续扩大.

5.1.2 中国区域经济增长的收敛性及其特点研究

回顾自 20 世纪 90 年代以来中国区域经济增长收敛性研究发现, 对于中国区域经济增长收敛性有几种结论, 即阶段性绝对 β 收敛、绝对 β 收敛、俱乐部收敛、俱乐部 β 收敛、条件 β 收敛、不存在收敛现象. 影响因素主要包括人力资本、开放程度、市场化程度、结构变量、劳动力流动、发展战略、宏观经济波动等. 主要采用统计指数、均值回归分析法, 如国内外大都采用的 Barro 回归模型分析法、纵列数据回归分析法以及 Dowrick 和 Rogers (2002) 框架分析法和分量回归方程等方法进行分析研究.

(1) 从经济增长收敛性研究方法的发展看, 起初采用简单统计指数进行分析. 例如, 林毅夫和刘明兴 (2003) 采用 σ 收敛指数 (用人均 GDP 对数的标准差与多个指标的对数标准差进行比较)、技术选择指数 (通过将固定资产投资平减指数统一折算到基期不变价数值, 再和滞后一期的全省总的实际资本密集度相除, 获得技术选择指数), 研究了中国经济增长收敛的原因及其特点. 发现中国经济在 1978 年以后人均工业 GDP 和人均 GDP 都呈现出先收敛后发散的趋势——阶段性收敛. 蔡昉和都阳 (2000) 采用差异贡献率、增长率、各种指标的统计比例、回归分析等方法进行相应的统计计算, 对决定中国区域经济增长的因素、导致差异的原因和趋同的条件作了研究. 结果发现, 中国在改革以来的地区经济发展中, 不存在普遍的趋同现象, 却存在 “俱乐部收敛” 及条件收敛.

(2) 随着方法的改进, 后来发展到采用回归方程法进行分析. 这一阶段又分别采用 Barro 回归模型分析法、纵列数据回归分析法、Dowrick & Rogers 框架分析法以及分量回归方法. 例如, 徐现祥和李郇 (2004) 基于 Barro 回归模型, 并分别采用 216 个城市的截面数据、面板数据考察我国城市经济增长的绝对 β 趋同情况. 通过回归分析得出 20 世纪 90 年代, 我国城市间存在绝对β 趋同, 即初始人均 GDP 水平越低, 增长得越快. 但每类城市的趋同速度并不相同, 即东部城市、沿海城市、省会城市和其他城市的趋同速度依次递增, 分别为 2.86%, 3.01%, 3.09%和 3.77%. 刘强 (2001) 也利用 Barro 的收敛性分析框架采用 1981~1998 年各分省资料对中国各地区经济增长的收敛性进行检验. 通过计算认为 1989~1998 年和 1981~1998 年存在无条件收敛 (β 收敛), 整个时段上反而表现为一定的发散现象, 但在某阶段却存在收敛现象. 也就是分阶段收敛. 魏后凯 (1997), 申海 (1999) 也分别采用 Barro 回归方程分析法检验了中国区域经济的收敛性, 得出了基本一致的结论, 即中国区域经济增长存在分阶段收敛.

林毅夫和刘明兴 (2003) 等采用纵列数据回归方程, 通过 28 个省区的截面数据回归分析对经济条件收敛性进行分析. 发现我国区域经济增长存在条件 β 收敛, 并认为民营经济在工业中的地位越高, 经济增长的速度就越快.

同时, 徐现祥和李郇 (2004) 还采用 Dowrick & Rogers 框架分析方法对我国区域经济增长的趋同机制进行了研究. 通过计算得出结果表明, 城市趋同中同时存在新古典增长的趋同机制和新增长理论的趋同机制, 新古典增长理论的趋同机制所产生的趋同速度因地区不同而不同, 即沿海开放城市、东部城市、省会城市和其他城市的技术扩散趋同速度依次递增, 分别为 1.57%, 1.69%, 1.76%和 2.01%.

纵观现有趋同文献可以看出, 有关中国地区差距演变趋势的结论是不统一的. 关于中国经济增长收敛性研究在分析数据的使用上有两种. 一是以省区为对象——基于省区数据, 二是以城市为对象——基于城市数据. 基于省区数据的研究中, 一些学者认为至少存在俱乐部收敛或者条件收敛, 如董先安 (2004). 而彭国华 (2005) 研究发现, 1990~2002 年有发散的趋势, 但在分时间段上存在绝对 β 收敛和 σ 收敛, 且 β 收敛速度为 3.13%; 另一些研究发现, 省区间不存在新古典式的收敛 (刘强, 2001; 马栓友等, 2003) 等; 而刘夏明等 (2004) 比较系统地评述了国内外一些相关的研究文献, 并指出现有的研究方法和测度地区差距的指标上存在一些不足, 以省区为样本进行检验实证存在一定的缺陷. 各省的资源禀赋与政策差距较大, 可能会掩盖了改革开放以后的政策效应和市场效果. 这种仅依据省的数据来研究地区之间的收敛问题可能带来认识上的偏误. 另一种是基于城市数据, 基于城市经济体的研究可能要比基于省区的研究更合理一些, 如徐现祥和李郇 (2004) 基于 1989~2000 年 216 个城市的数据展开讨论, 发现城市之间的禀赋差距比省区之间的差距弱, 从而更好地解释了区域差异及其来源, 但忽略了参数异质性问题, 因此没能有效地刻画基于城市经济体的区域经济差距. 周业安和章泉 (2008) 采用 1988~2004 年 182 个城市的数据, 运用条件分量回归方法对城市之间的收敛性进行了分析, 结果发现了参数异质性的证据, 不同城市的经济增长方式存在着差异, 条件收敛不是普遍的, 不同分位点上现象不同. 然而在研究结论中却得到人力资本对经济增长的影响呈现负影响, 人口的增长率却对经济增长的影响呈现出正影响, 也就是说人力资本的增加会阻碍经济的增长, 人口增长率的增大会促进经济增长. 虽然他们对这一现象进行了详细的分析和解释, 但模型结果显然与新古典经济模型预测相违背.

现有研究主要基于国家、省区或仅是城市单个层次的研究, 忽略了区域、省、城市、时间之间的这种层次结构, 将会导致分析结果中回归系数的标准误估计出现偏差, 并且都存在一个共同的参数同质化假定. 周业安和章泉 (2008) 虽然发现了参数异质性的存在, 但仅考虑了把城市增长率作为分位点, 研究经济趋同参数估计随分位点变化的异质性特征, 没有考虑城市、省区之间可能存在的层次结构的影响, 也没有研究参数异质性的影响因素. 在经济增长研究体系中, 分析城市经济增长的特点, 而城市嵌套于省区、省区嵌套于区域, 忽略了这种层次结构将会导致分析结果中回归系数的标准误估计出现偏差.

5.2 分析方法

我们采用一个包含人力资本和实物资本积累的索罗模型变体, 除了包含人力资本以外, 该模型假定生产函数为科布-道格拉斯 (Cobb-Douglas) 生产函数, 即产出 Y 是物质资本 K、人力资本 H、劳动资本 L 和技术水平 A 的函数

$$Y_t = K_t^{\alpha} H_t^{\beta} (A_t L_t)^{1-\alpha-\beta} \tag{5.2.1}$$

参数 α, β 表示不同地区在不同层次上的物质资本和人力资本对产出的贡献比例. 此处假定劳动和技术增长率为外生不变的, 分别为 n 和 g; s_k, s_h 分别表示产量中用于实物资本和人力资本积累的比例, 即 $K_t = s_k \cdot Y_t$, $H_t = s_h \cdot Y_t$, 资本存量的折旧率为常数 z. 于是, 稳态的收敛方程 (周业安等, 2008) 可以写成

$$\begin{aligned}\ln(y_t) - \ln(y_0) = {} & \varepsilon + (1-\mathrm{e}^{-\lambda t})\ln(A_0) - (1-\mathrm{e}^{-\lambda t})\ln(y_0) \\ & + (1-\mathrm{e}^{-\lambda t})\frac{\alpha}{1-\alpha-\beta}\ln(s_k) \\ & + (1-\mathrm{e}^{-\lambda t})\frac{\beta}{1-\alpha-\beta}\ln(s_h) \\ & - (1-\mathrm{e}^{-\lambda t})\frac{\alpha+\beta}{1-\alpha-\beta}\ln(n+g+z) + u\end{aligned} \tag{5.2.2}$$

其中, $\lambda = (n+g+z)(1-\alpha-\beta)$ 是不同地区的趋同率. 如果假设各地区技术水平恒定, 方程 (5.2.2) 可以进一步改写为

$$\Delta \ln(y_t) = \beta_0 + \beta_1 \ln(y_0) + \beta_2 \ln(s_k) + \beta_3 \ln(s_h) + \beta_4 \ln(n+g+z) + \varepsilon \tag{5.2.3}$$

其中系数 β_1 表示城市初期人均 GDP 对人均 GDP 增长率的影响, 新古典经济增长理论预测其符号为负, 认为不同初始收入的地区存在条件收敛现象. 与此相反, 内生经济增长理论认为由于外界各种因素的影响, 经济趋同现象不会出现, 地区之间的差距可能会不断扩大, 即 β_1 符号为正. 同时, 新古典经济理论认为, 物质资本、人力资本投资会促进人均收入的增长, 而人口增长会抑制个人收入的增长, 即 β_2 和 β_3 大于零, 并且当 z 和 g 一定时 β_4 小于零.

为了检验这两种经济理论的预测, 合理解释区域经济增长的特点, 国内外已有大量实证分析的文献对这两种理论进行了分析. 但是现有的文献大都采用均值

回归分析法, 如国内外大都采用的 Barro 回归模型分析法 (魏后凯, 1997; 申海, 1999; 刘强, 2001; 徐现祥等, 2004)、纵列数据回归分析法 (林毅夫等, 2003), 以及 Dowrick & Rogers 框架分析法 (Dowrick et al., 2002; 徐现祥等, 2004) 等方法. 这些方法都采用固定效应回归模型, 即假定各解释变量与被解释变量之间的影响系数 β 是固定的常数. 对于是否存在收敛性的检验也是在控制了相应的政策变量 (物质资本的投入、人力资本等) 后, 假定初始收入和经济增长率之间存在着恒定的关系, 即 β_1 是常数. 这就导致了同质化假定, 这种假定忽略了层次数据分析中, 解释变量与结局变量间关系的异质性问题. 同时也掩盖了不同地区之间的异质性对经济增长方式的影响, 显然这也违背现实的经济现象.

在实际经济发展中 β 可能依赖于某种因素的影响, 表现为变系数特征. 例如, 周业安和章泉 (2008) 采用分量回归法对条件分布的不同分位点 θ, 允许不同的估计值 $\beta(\hat{\theta})$, 放松了参数同质化假定, 并结合生产函数检验了人力资本和物质资本对经济增长率的影响. 如果 β 在某些因素的影响下随机变化, 一种更直观、更合理的方法是采用多水平模型进行分析 (Goldstein, 1995; 石磊, 2008). 基于城市数据的研究时, 城市嵌套于省区或不同发展水平城市组群, 因此利用多水平模型的思想, 我们假设城市为 1 水平 (j), 省区或组群为 2 水平 (i), 此时模型 (5.2.3) 可以改写为

$$\Delta\ln(y_t)_{ij}=\beta_{0i}+\beta_{1i}\ln(y_0)_{ij}+\beta_2\ln(s_k)_{ij}+\beta_3\ln(s_h)_{ij}+\beta_4\ln(n+g+z)_{ij}+e_{ij} \quad (5.2.4)$$

此模型只假定截距 β_0、斜率 β_1 在 2 水平 (不同的省区或组群) 上随机变化 [1), 相应的模型 (5.2.3) 中的 β_0, β_1 变为 β_{0i}, β_{1i}, 从而涉及了层次结构; 同时我们可在 β_{0i} 和 β_{1i} 中引入影响变量, 研究参数的异质性问题. 这也正是传统的回归分析方法无法解释的层次型或嵌套型数据结构模型. 多水平模型正是基于解决上述问题发展起来的, 它认为数据可以而且应该同时在所有的水平上收集和分析, 这可避免聚合带来的缺陷. 因此我们采用多水平模型分析法, 以模型 (5.2.4) 为基础模型来分析我国区域经济增长趋同的特点.

5.3 数据及模型说明

本章利用我国 210 个地级及其以上城市, 29 个省、市、自治区 1990~2007 年的各年度的经济发展数据. 各年度的人均 GDP 数据是按当年价格计算的, 因此在分析人均 GDP 增长时, 同样采用各省 GDP 价格指数平滑来消减物价的影响. 数据主要来源于中经网统计数据库查询与辅助决策系统. 其中人均 GDP 平均增长

1) 事实上, 模型中的其他系数也可假设随 i 而变化, 这里我们感兴趣的参数是 β_1, 因此仅考虑 β_0 和 β_1 随省区或组群变化的多水平模型.

量定义为 $\Delta \ln(y_t) = \ln(y_t) - \ln(y_0)$; s_k 用来衡量物质资本, 是各城市每年固定资产投资总额占当年 GDP 的平均比重; s_h 是用来度量人力资本的指标, 是用各城市普通中学在校生占年末总人口的平均比例表示; 变量 n 是由各城市年末总人口的平均增长率得到. 由于资本折旧率 z, 技术进步率 g 和初始技术效率水平 A_0 无法直接测算, 对于技术效率初期水平 A_0, 本章进行了类似于 Mankiw 等 (1992) 的处理, 将其省略. 而 g 和 z 在文献中通常被赋予一个合理的数值, 因此假设 g 和 z 分别为 0.02 和 0.03 (周业安等, 2008).

5.4 多水平模型建模过程及实证分析

5.4.1 我国不同省区对城市经济增长收敛性及参数异质性的研究分析

在中国区域经济增长特征的研究中, 我们发现, 实际数据分析中 β_1 可能由于受到其他因素的影响, 而依赖于省区或某种组群因素的影响, 表现为变化的. 省区与城市之间结构上明显存在层次关系, 因此我们建立省区与城市之间的层次结构是基于省区与城市之间的层次关系分析. 在层次分类上, 由于四个直辖市的数据量较少, 所以将其并入邻近省区, 即将北京、天津归入河北, 上海归入江苏, 重庆归入四川; 同时将样本量少的进行了合并, 如广西与海南, 云南与贵州, 甘肃、宁夏与新疆, 山西与内蒙古, 最终得到的组数为 20. 为研究水平 2 上可能的解释性变量, 我们引入水平 2 解释变量 w_1, 用省区对应的基期人均 (地区生产总值)GDP 来衡量, 对于合并的省区求其相应的均值, 并使其中心化, 即 $w_1 = w_{1i} - E(w_{1i})$; 此外, 我们引入另一个水平 2 解释变量 (离散变量)w_{11}[1], 是指按照省区的基期人均 GDP, 从低到高排序, 分为三个发展等级, 令前 5 个 $w_1\_low = 1(25\%)$, 中间 10 个 $w_1\_middle = 2(50\%)$, 较高发展水平的后 5 个 $w_1\_high = 3(25\%)$. 离散变量 w_{11} 的引入可以描述高中低三个经济发展层次上省区内城市经济发展收敛性的差异. 此时城市嵌套于省区, 我们假设城市为 1 水平 (j), 省区为水平 2 (i), 得到一个 2 水平模型.

5.4.1.1 数据层次结构的检验——截距模型分析

采用截距模型来验证省区、城市之间是否存在层次结构, 是否有必要分层考虑. 截距模型分析又称空模型, 是多层次模型建模的基础. 因为只有确定了数据存在显著的组内相关后, 才有必要继续多层模型的建模.

1) 前 5 个包括河南、湖南、四川 (重庆)、(云南与贵州)、(广西与海南); 中间 10 个分别为江西、陕西、(山西与内蒙古)、山东、吉林、黑龙江、福建、湖北、安徽、(甘肃、宁夏与新疆); 后 5 个包括广东、浙江、江苏 (江苏与上海)、辽宁、河北 (河北、北京和天津). 与传统的东、中、西三区域之间有交互, 见后文东、中、西的注释.

首先考虑第一层, 即城市层次的模型

$$\Delta \ln(y_{ij}) = \beta_{0i} + e_{ij} \tag{5.4.1}$$

对于第 i 组, $i = 1, \cdots, 20$, j 代表组内的城市单位数, $j = 1, \cdots, n_i$. 假定有 $e_{ij} \sim N(0, \sigma_e^2)$, 定义 σ_e^2 为城市层次的方差. 注意, 这个模型仅用一个截距 β_{0i}(此时指的是均值) 来描述每组的经济增长.

其次考虑第二层, 即省区层次, 每个省区的经济增长均值 β_{0i} 等于总平均数 γ_{00} 加上一项随机误差 u_{0i}:

$$\beta_{0i} = \gamma_{00} + u_{0i} \tag{5.4.2}$$

其中, $e_{ij} \sim N(0, \sigma_e^2)$ 为相互独立的水平 1 残差, $u_{0i} \sim N(0, \sigma_{u0}^2)$ 为相互独立的截距项水平 2 残差, $\mathrm{Cov}(u_{0i}, \varepsilon_{ij}) = 0$. 模型 (5.4.2) 代入模型 (5.4.1), 得到一个具有随机效应的方差分析模型

$$\Delta \ln(y_{ij}) = \gamma_{00} + u_{0i} + e_{ij} \tag{5.4.3}$$

每个省区内观测值的相关程度 (组内相关系数) 用 ICC 测量. ICC 被定义为组间方差与总方差之比

$$\mathrm{ICC} = \frac{\hat{\sigma}_{u0}^2}{\hat{\sigma}_{u0}^2 + \hat{\sigma}_e^2} \tag{5.4.4}$$

跨级相关系数 ICC 既反映组间变异, 又代表同组内个体间的相关, 取值在 0 到 1 之间. 因为组内同质表明组间异质, ICC 的显著性检验就相当于组间方差为“零”的零假设检验. 换言之, 如果模式 (5.4.3) 中 u_{0i} 的方差统计显著, 则可以推断 ICC 是统计显著的. 如果 ICC 或组间方差统计不显著 (无统计学意义), 则不需要多层模型分析; 反之, 如果数据集的 ICC 或组间方差统计显著, 则应该考虑对其进行多层模型分析 (王济川等, 2008).

从 MLwiN 提供的限制迭代广义最小二乘估计 (RIGLS) 方法的输出结果中, 我们可以得到, 组间方差 $\sigma_{u0}^2 = 0.031(P = 0.0326)$, 组内方差 $\hat{\sigma}_e^2 = 0.144(P = 0.0000)$, 两者均统计显著. 表明各省区之间存在显著的组间变异. 通过模型 (5.4.4) 可以计算组内同质性的测量——组内相关系数 ICC=0.177143, 表明人均 GDP 平均增长 (结局测量) 的总变异约 18%是由省区之间的异质引起的. 组间方差 σ_{u0}^2 统计显著, 说明了 ICC 统计显著, 所以表明数据中存在显著的组内相关性, 也就意味着存在组间异质性. 因此该数据用多层次模型进行分析是合理的.

5.4.1.2 条件收敛及异质性的检验——随机效应回归模型分析

1) 整体经济特征检验

首先我们研究中国经济增长的条件收敛性. 在空模型的基础上加入 1 水平变量 $\ln(y_0), \ln(s_k), \ln(s_h), \ln(n+g+z)$ 并使得截距 β_0 和斜率 β_1 在水平 2 上随机, 以反映省区之间可能的异质性, 并通过加入水平 2 解释变量 w_1 来解释 β_0 和 β_1 的变异原因. 两水平模型分解如下.

水平 1:

$$\Delta\ln(y_t)_{ij}=\beta_{0i}+\beta_{1i}\ln(y_0)_{ij}+\beta_2\ln(s_k)_{ij}+\beta_3\ln(s_h)_{ij}+\beta_4\ln(n+g+z)_{ij}+e_{ij} \quad (5.4.5)$$

水平 2: $\beta_{0i}=\gamma_{00}+\gamma_{01}w_{1i}+u_{0i},\quad \beta_i=\gamma_{10}+\gamma_{11}w_{1i}+u_{1i}$ (5.4.6)

将模型 (5.4.6) 代入模型 (5.4.5), 得到

$$\begin{aligned}\Delta\ln(y_t)_{ij}=&\gamma_{00}+\gamma_{01}w_{1i}+\gamma_{10}\ln(y_0)_{ij}+\gamma_{11}w_{1i}\ln(y_0)_{ij}+\beta_2\ln(s_k)_{ij}+\beta_3\ln(s_h)_{ij}\\&+\beta_4\ln(n+g+z)_{ij}+(e_{ij}+u_{0i}+u_{1i}\ln(y_0)_{ij})\end{aligned} \quad (5.4.7)$$

为了对模型拟合的好坏进行比较, 我们称基于模型 (5.4.5) 的 OLS 估计模型为模型 1; 在水平 2 层次上不包括解释性变量 w_1 的两水平模型为模型 2; 基于模型 (5.4.7) 的两水平模型为模型 3. 三个模型的参数估计的估计结果见表 5.1(两水平模型采用 MlwiN 软件限制迭代广义最小二乘估计 (RIGLS) 计算). 我们可以看到, 基于 OLS 估计方法没有考虑层次结构, 因此没有水平 2 残差方差. 首先研究模型的拟合程度, 检验的显著水平设为 0.05. 两水平模型 2 与 OLS 估计模型 1 相比, $-2\ln(\text{likelihood})$ 从 201.319 显著下降到 174.163, 其差值 (似然比统计量) 为 27.156, $df=3$, $P=0.0000$, 表明通过让水平 1 解释变量斜率跨组随机变化的两水平模型 2 明显优于一般线性回归模型. 虽然在两水平模型 2 中, 随机效应方差不显著, 但总体来讲, 模型 2 比模型 1 有显著改善. 在模型 2 的基础上引入组间影响变量 w_1, 得到两水平模型 3. 对比表 5.1 中三种模型的结果我们可以发现: ① 加入水平 2 解释变量后, 模型 3 与两水平模型 2 相比, 统计量 $-2\ln(\text{likelihood})$ 明显低于模型 2 的结果, 其中似然比统计量 (即 $-2\ln(\text{likelihood})$ 的差值) 为 174.163−163.571=10.592, $df=2$, $P=0.0050$ 是显著的, 表明模型 3 比模型 2 有显著改善. 与 OLS 估计模型 1 的似然比统计量 $-2\ln(\text{likelihood})$ 相比也是显著下降, 其中差值为 37.748, $df=11-6=5$, $P=0.0000$, 统计显著, 表明模型 3 显著优于传统线性模型 1. ② 交互效应 $\ln(y_0)w_1$ 及水平 2 解释变量 w_1 的系数分别为 $\gamma_{11}=0.397(P=0.0012)$, $\gamma_{01}=-3.108(P=0.0026)$, 均统计显著, 说明变量 w_1 对随机截距和斜率有显著影响. ③ 多水平模型 3 的随机方差

估计 $\hat{\sigma}_{u0}^2, \hat{\sigma}_{u01}, \hat{\sigma}_{u1}^2$ 与模型 2 相比明显减小, 显著程度大大降低, 说明水平 2 解释变量 w_1 较好地解释了随机截距和斜率, 从而使得水平 2 的残差方差减小; 同时多水平模型 (5.4.7) 的固定效应系数显著性程度大部分均比模型 1 及模型 2 有显著提高. 这表明多水平模型 3 比模型 2 及 OLS 估计模型 1 的拟合程度都有了很大改善.

表 5.1 模型 (5.4.7) 参数的 RIGLS 估计及 OLS 估计

参数	模型 1		模型 2		模型 3	
	OLS(s.e.)	P 值	RIGLS(s.e.)	P 值	RIGLS(s.e.)	P 值
固定效应参数						
γ_{00}(常数)	4.485(0.775)	0.0000	4.428(0.869)	0.0000	4.496(0.816)	0.0000
$\gamma_{10}(\ln(y_0)_{ij})$	−0.153(0.052)	0.0033	−0.160(0.067)	0.0165	−0.159(0.053)	0.0026
$\beta_2(\ln(s_k)_{ij})$	0.240(0.105)	0.0228	0.208(0.104)	0.0463	0.253(0.104)	0.0146
$\beta_3(\ln(s_h)_{ij})$	0.262(0.201)	0.1922	0.249(0.215)	0.2470	0.265(0.207)	0.1999
$\beta_4(\ln(n+g+z)_{ij})$	−0.109(0.040)	0.0068	−0.146(0.039)	0.0002	−0.143(0.038)	0.0002
$\gamma_{01}(w_{1i})$					−3.108(1.032)	0.0026
$\gamma_{11}(w_{1i}\ln(y_0)_{ij})$					0.397(0.122)	0.0012
随机效应参数						
σ_{u0}^2(2 水平)			2.236(1.579)	0.1568	0.411(0.709)	0.5616
σ_{u1}^2			0.033(0.024)	0.1732	0.002(0.009)	0.7958
σ_{u01}			−0.270(0.195)	0.1671	−0.033(0.082)	0.6819
σ_e^2(1 水平)	0.156(0.015)	0.0000	0.114(0.012)	0.0000	0.116(0.012)	0.0000
−2ln(likelihood)	201.319		174.163		163.571	
	$R^2=0.12$				$R_{20}^2=0.8162$ $R_{21}^2=0.9394$ $R_1^2=0.1944$	

此外, 我们还可以分析其他的模型诊断和比较统计量. OLS 回归模型下, 一个常用的诊断模型适合与否的统计量 $R^2=0.12$, 表明传统的回归模型 1 中的回归趋势仅有 12%解释了数据中的变化, 因此模型拟合并不好. 在多水平模型中, 由于考虑了层次结构, 在方差解释比例上有两个统计量; 一个是水平 1 上的方差可解释的比例 R_1^2, 另一个是水平 2 上的方差可解释比例 (R_{20}^2 和 R_{21}^2). 我们采用 Raudenbush 和 Bryk(2002) 的方法估计模型 (5.4.7) 的水平 1 和水平 2 可解释方差[1)]分别为 19.44%, 81.62%, 93.94%(王济川等, 2008). 因此, 模型 (5.4.7) 中的水平 2 变量可解释的方差比例为 81.62%和 93.94%, 即平均人均 GDP 增长率 (截距项) 在省区之间的变异中 81.62%可以由水平 2 变量 w_1 解释, 而趋同性参数 (斜率) 跨省区变异的 93.94%可以由 w_1 来解释. 因此我们认为两水平模型 (5.4.7)

1) RB: 水平 2 解释方差度量的是多水平模型的水平 2 上的拟合优度, 计算公式为见第 2 章 2.1.4 节, 水平 2 方差缩减指数计算公式中的零模型可以是截距模型也可以是不含水平 2 变量的随机模型; 而 1 水平上的 RB 公式中的零模型只能用截距模型中的水平 1 残差方差.

拟合效果更好, 并以此来合理地解释经济趋同性参数的异质性.

从表 5.1(第 6, 7 列) 可得到如下结论：模型 (5.4.7) 的固定效应部分 $\gamma_{10} = -0.159(P = 0.0026)$ 在 0.05 的显著水平下是非常显著的, 因此省区初期发展水平对平均经济增长率有着显著的负影响, 即中国区域经济增长整体上呈现出显著的条件收敛趋势. 但是从模型 (5.4.6) 的 β_{1j} 拟合线及各省区内 OLS 回归估计值 (图 5.1, 其中 "×" 点表示基于各省区单独进行 OLS 回归计算出的斜率系数估计值, 为减少计算误差, 我们对 w_1 比较相近的省区进行归类计算) 可以看出, 我国各省区的收敛性是不一致的, 在初期较低发展水平的省区 $\hat{\beta}_{1i}$ 明显为负, 中等发展水平中的部分省区 $\hat{\beta}_{1i}$ 接近于零点, 而发展水平较高的省区 $\hat{\beta}_{1i}$ 为正. 直观地说明了我国局部不存在一致的收敛性.

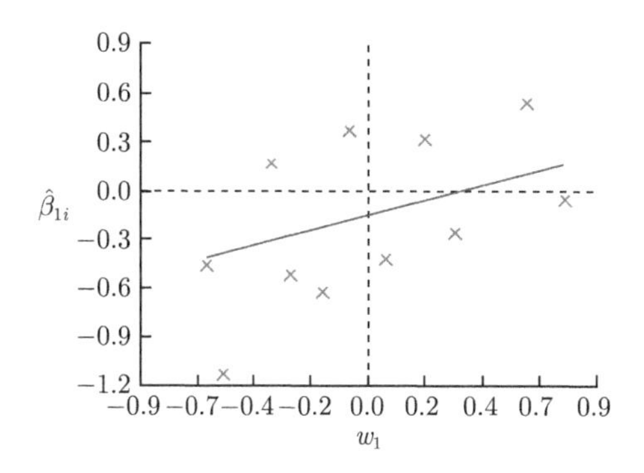

图 5.1　省区内 OLS 估计与模型 (5.4.6)$\hat{\beta}_{1i}$ 拟合图

$\ln(s_k)$, $\ln(s_h)$ 的符号为正, $\ln(n + g + z)$ 符号为负, 并且除了人力资本项显著程度较低外, 其他两个影响因素都非常显著. 人力资本项不显著的一个主要原因是用受教育人数比例度量人力资本数量并不是很合理, 但目前又找不到更好的指标. 另外, 该结果说明了物质、人力资本增加会促进地区经济增长, 而在 g 和 z 一定条件下, 人口增长会阻碍地区经济的增长, 这与新古典经济增长理论的结论是一致的.

交互效应 $\ln(y_0)w_1$ 为跨层交互效应, 其系数及截距的水平 2 解释变量 w_1 的系数分别为 $\gamma_{11} = 0.397(P = 0.0012)$, $\gamma_{01} = -3.108(P = 0.0026)$, 它们均统计显著, 说明水平 1 解释变量 $\ln(y_0)$ 对被解释变量 $\Delta\ln(y_t)$ 的影响程度依赖于水平 2 变量 w_1 的变化. 因此表明我国区域经济发展中, 省区之间存在着显著的参数异质性.

图 5.1 给出了基于两水平模型 β_{1i} 的估计值和基于各省区 OLS 模型单独计算的 β_{1i} 估计值与 w_1 的点图, 可以看出两者的趋势是一致的, 都表明我国各省区

的经济收敛现象与各省区的初期发展水平有关. 其中在计算各省区 β_{1i} 的估计值时, 对 w_1 非常接近的省区进行合并计算, 以减少计算误差.

2) 局部经济特征检验

为了进一步检验不同发展等级的省区收敛或发散现象的显著性, 以及各区域之间差异的变化, 我们按照 w_1 将其分为三个区域 (这种离散化处理的应用可参见 MlwiN2.10 manual 的案例分析方法), 建立一个在 2 水平上有离散解释变量 w_{11} 的两水平模型. 用 w_1_low 表示在低水平组取值为 1, 其他取值为 0 的虚拟变量, w_1_mid 与 w_1_high 类似定义. 对虚拟变量的处理, 按传统的方法, 一般假设其中一个为参照水平 (其值为 0), 给出另外两个变量系数的估计. 我们考虑以 w_1_low 为参照标准, 称为模型 4, 模型形式如下.

水平 1:

$$\Delta\ln(y_t)_{ij} = \beta_{0i} + \beta_{1i}\ln(y_0)_{ij} + \beta_2\ln(s_k)_{ij} + \beta_3\ln(s_h)_{ij} + \beta_4\ln(n+g+z)_{ij} + e_{ij} \tag{5.4.8}$$

水平 2:

$$\begin{aligned} \beta_{0j} &= \gamma_{00} + \gamma_{01}w_1\_mid_i + \gamma_{02}w_1\_high_i + u_{0i} \\ \beta_{1j} &= \gamma_{10} + \gamma_{11}w_1\_mid_i + \gamma_{12}w_1\_high_i + u_{1i} \end{aligned} \tag{5.4.9}$$

将模型 (5.4.9) 代入模型 (5.4.8), 得到

$$\begin{aligned} \Delta\ln(y_t)_{ij} =& \gamma_{00} + \gamma_{10}\ln(y_0)_{ij} + \beta_2\ln(s_k)_{ij} + \beta_3\ln(s_h)_{ij} + \beta_4\ln(n+g+z)_{ij} \\ &+ \gamma_{01}w_1\_mid_i + \gamma_{02}w_1\_high_i + \gamma_{11}w_1\_mid_i\cdot\ln(y_0)_{ij} \\ &+ \gamma_{12}w_1\_high_i\cdot\ln(y_0)_{ij} + (e_{ij} + u_{0i} + u_{1i}\ln(y_0)_{ij}) \end{aligned} \tag{5.4.10}$$

类似地, 以 w_1_mid, w_1_high 为参照变量的模型分别记为模型 5 和模型 6. 三个模型的参数的估计结果见表 5.2. 在模型 (5.4.9) 中, γ_{10} 表示低水平组 (w_1_low 为参照标准) 经济发展区域内的 β_{1i} 的估计值, 由此可以用来检验该区域经济增长收敛的显著性, 而 γ_{11}, γ_{12} 的估计值分别代表中等区域和发达区域对 β_{1i} 的影响与不发达区域比较的差异.

从表 5.2 中我们可以发现, 模型 (5.4.10) 似然比统计量 −2ln(likelihood) 与表 5.1 中模型 2 相比, 显著降低, 其差值为 $174.163 - 159.515 = 14.648$, $df = 4$,$P = 0.0055$, 固定效应显著性也明显提高. 模型 (5.4.10) 的水平 2 残差方差与不含水平 2 变量的两水平模型 2 相比明显减小, 显著性大大降低. 因此可以说明 w_1_low,

w_1_mid, w_1_high 作为 2 水平解释变量是合理的, 也就是说水平 1 上的截距 β_0 及解释变量的斜率 β_1 在组间的变异是依赖于 w_1(省区初期收入水平) 的变化.

从表 5.2 中可以得到如下结论：通过模型 (5.4.10) 所得到的发展水平较低区域的省份的斜率 γ_{10} 为 -0.435, $P = 0.0000$; 中等发展区域省区斜率为 $-0.435 + 0.330 = -0.105$, $P = 0.1809$; 较发达水平区域的斜率 $-0.435 + 0.443 = 0.008$, $P = 0.9383$. 因此我国发展水平较低的区域内存在显著的收敛性; 中等发展区域斜率 β_{1i} 估计值为负但不显著, 表明我国中等发展水平区域内部没有明显的收敛趋势; 较发达水平区域的斜率 β_{1i} 估计值为正但不显著, 表明我国较发达地区内部不存在明显的发散现象. 图 5.2 是以 w_{11} 为水平 2 解释变量的水平 2 模型中 β_{1i} 的拟合图, 从图中更直观地看到我国经济发展的收敛性不是普遍存在的.

表 5.2　模型 (5.4.10) 及发展水平高、中、低交替模型的参数估计及检验结果

参数	模型 4		模型 5		模型 6	
	RIGLS	P 值	RIGLS	P 值	RIGLS	P 值
固定效应参数						
γ_{00}(常数)	6.464	0.0000	3.992	0.0000	3.120	0.0056
$\gamma_{10}(\ln(y_0)_{ij})$	-0.435	0.0000	-0.105	0.1809	0.008	0.9383
$\gamma_{01}(w_1\_mid_i)$	-2.481	0.0222	—	—	0.860	0.4117
$\gamma_{02}(w_1\_high_i)$	-3.342	0.0060	-0.868	0.4117	—	—
$\gamma_{03}(w_1\_low_i)$	—	—	2.482	0.0227	3.344	0.0059
$\gamma_{11}(w_1\_mid_i * \ln(y_0)_{ij})$	0.330	0.0119	—	—	-0.113	0.3577
$\gamma_{12}(w_1\_high_i * \ln(y_0)_{ij})$	0.443	0.0020	0.114	0.3585	—	—
$\gamma_{13}(w_1\_low_i * \ln(y_0)_{ij})$	—	—	-0.330	0.0123	-0.443	0.0020
$\beta_2(\ln(s_k)_{ij})$	0.256	0.0139	0.255	0.0142	0.256	0.0137
$\beta_3(\ln(s_h)_{ij})$	0.220	0.2865	0.222	0.2819	0.219	0.2874
$\beta_4(\ln(n+g+z)_{ij})$	-0.133	0.0006	-0.133	0.0005	-0.133	0.0006
随机效应参数						
σ_{u0}^2(2 水平)	1.114	0.2559	1.143	0.2570	1.109	0.2564
σ_{u1}^2	0.012	0.3793	0.012	0.3768	0.011	0.3805
σ_{u01}	-0.114	0.3156	-0.118	0.3151	-0.113	0.3163
σ_e^2(1 水平)	0.114	0.0000	0.114	0.0000	0.114	0.0000
$-2\ln$(likelihood)	159.515		159.600		159.485	

通过水平 2 解释变量的系数我们可以进一步研究各区域之间差距的变化趋势. 模型 (5.4.9) 中组间解释变量 w_1 在解释 1 水平斜率时的系数 γ_{11}, γ_{12}, 分别表示相对于发展水平较低的区域, 中等发展水平和较高发展水平区域对 β_{1i} 影响的差异程度. 从表 5.2 中我们可以看到模型 4 的 γ_{11}, γ_{12} 为正, 并非常显著, 说明了 w_1_high, w_1_mid 地区与 w_1_low 地区的差距有增大趋势; 对模型 5(表 5.2 第 4、5 列) 我们可以得到：在 0.05 的显著水平下, 交互效应系数 γ_{12} 为正且不显著,

系数 γ_{13} 为负 (且等于表 5.2 第 2 列中的 $-\gamma_{11}$), 是显著的, 说明中等发展水平区域与发展水平较高的区域之间的差距没有显著增大的趋势, 但欠发达地区与中等发达地区的差异明显加大. 模型 6 的结论解释类似.

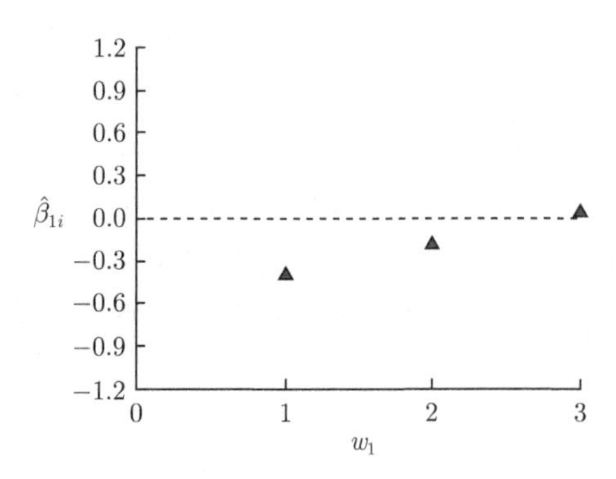

图 5.2 模型 (5.4.10) 斜率 $\hat{\beta}_{1i}$ 的拟合图

因此综合这些结果, 我们发现, 我国经济发展的收敛性不是一个普遍现象, 收入水平较低区域内部存在显著的条件收敛现象, 而中等水平和较富区域内部不存在显著的收敛或发散现象. 同时区域之间的差异特征也各不相同, 收入水平较低的区域与中等水平和高收入水平之间差距有增大的趋势, 但水平中等的区域与收入水平较高的区域之间的差距没有明显增大的趋势.

5.4.1.3 传统的“区域收敛”现象的检验

传统的检验“区域收敛”现象的方法有许多是按照我国东、中、西三大区域来检验. 利用本书提出的方法, 我们也可以做类似的研究. 首先将东、中、西[1] 作为模型 (5.4.10) 中水平 2 解释变量, 则模型 (5.4.10) 中 γ_{10} 表示西部地区 (以西部为参照标准) 内的 β_{1i} 的估计值, 而 γ_{11}, γ_{12} 的估计值代表中部和东部地区 β_{1i} 的影响与西部地区的差异. 得到以下结论: ① 分别以西、中、东三大区域为参照标准时, γ_{10} 分别为 $-0.290(P = 0.0219)$ 显著、-0.217 $(P = 0.1325)$ 不显著、$-0.083(P = 0.3903)$ 不显著, 因此表明我国西部地区内部存在明显的收敛性; 中部地区和东部地区的斜率 β_{1i} 估计值为负但都不显著, 表明我国中部地区和东部地区内部没有明显的收敛趋势. ② 以西部地区为参照标准时, $\gamma_{11} = 0.072(P = 0.7043)$, $\gamma_{12} = 0.206(P = 0.1861)$ 为正不显著, 说明了东部、中部地区与西部地区的差距没有增大的趋势; 以中部地区为参照标准时, $\gamma_{12} = 0.134(P = 0.4386)$ 为正不显著, 系数 $\gamma_{13} = -0.072(P = 0.7043)$ 为负不显著, 说明中部地区与东部地区之间的差距也没

1) 东部地区: 河北、辽宁、吉林、黑龙江、江苏、浙江、广东、山东、福建; 中部: 山西、内蒙古、安徽、江西、河南、湖南、湖北; 西部地区: 广西、海南、四川、云南、贵州、陕西、甘肃、宁夏、新疆.

有显著扩大的趋势. 这些结果表明：通过东、中、西三区域来检验我国区域经济增长的特性, 同样发现我国经济发展的收敛性不是一个普遍现象, 但是东、中、西区域的划分并不能很好地反映出我国区域经济之间的差异性. 传统的东、中、西三区域划分方式具有一定的合理性, 但随着区域经济格局的变化, 这种划分也表现出很大的局限性, 如不能反映目前我国人口、城市分布的基本态势, 不能反映我国区域经济增长所带来的差异等问题.

另外一种方式是类似于周业安和章泉 (2008) 的方法, 将我国按照各省份的平均增长率 $\Delta\ln y_t$ 分为高、中、低三个区域, 用其虚拟变量作为模型 (5.4.9) 中 2 水平解释变量. 此时模型迭代不收敛. 当假设 $\sigma_{u1}^2=0$(假设 β_{1i} 是一个非随机变化的斜率) 时, 虽然可以得到计算结果, 但模型拟合效果并不好. 虽然基于平均增长量 $\Delta\ln y_t$ 的分类与基于基期发展水平的分组有相似的地方, 但从本质上看, 它们还是有一定的差异. 从分析结果来看, 基于基期发展水平的分组更为合理, 并能给出较好的解释.

5.4.1.4 绝对收敛性检验

1) 整体经济特征检验

另一种对我国区域经济增长收敛性研究的内容是绝对收敛性, 即不考虑物质资本和人力资本投入对经济增长收敛的影响. 采用两水平模型我们也可对绝对收敛现象进行类似分析. 首先考虑在截距项和斜率项上有随机效应但无解释变量的两水平模型：

$$\Delta\ln(y_t)_{ij}=\gamma_{00}+\gamma_{10}\ln(y_0)_{ij}+(e_{ij}+u_{0i}+u_{1i}\ln(y_0)_{ij}) \tag{5.4.11}$$

计算结果发现 $\gamma_{10}=-0.205(P=0.0003)$ 是统计显著的, 同时模型拟合效果也比 OLS 回归模型有显著改善. 其次我们引入组间影响变量 w_1, 进一步解释组间的异质性, 得到如下模型：

$$\Delta\ln(y_t)_{ij}=\gamma_{00}+\gamma_{01}w_{1i}+\gamma_{10}\ln(y_0)_{ij}+\gamma_{11}w_{1i}\ln(y_0)_{ij}+(e_{ij}+u_{0i}+u_{1i}\ln(y_0)_{ij}) \tag{5.4.12}$$

模型 (5.4.12) 与模型 (5.4.11) 相比, 似然比统计量–2ln (likelihood) 显著减小 (190.476−182.203 = 8.273, $df=2$, $P=0.0160$), 模型 (5.4.12) 拟合效果有了很大的改善. 随机残差方差也明显减小, 显著性程度大大降低, 并且固定效应 $\gamma_{01}(P=0.0382)$, $\gamma_{11}(P=0.0213)$ 是显著的. 这说明我国区域经济存在着显著的异质性, 并且这种差异能够被 w_1(省区的初期发展水平) 合理解释. 类似于图 5.1 的点图如图 5.3 所示, 可以看出, 基于模型 (5.4.12) 的 β_{1i} 的估计值和基于各省区内 OLS

模型单独计算的 β_{1i} 估计值的趋势非常一致, 各省区的收敛系数 $\hat{\beta}_{1i}$ 随 w_1 的数值而变化. 这与条件收敛现象的结论基本一致. 需要强调指出的是, 对比绝对收敛与条件收敛的结果我们可以发现, 在不考虑物质资本、人力资本投入等因素后, 组间差异依赖于省区的初期发展水平的趋势更为明显.

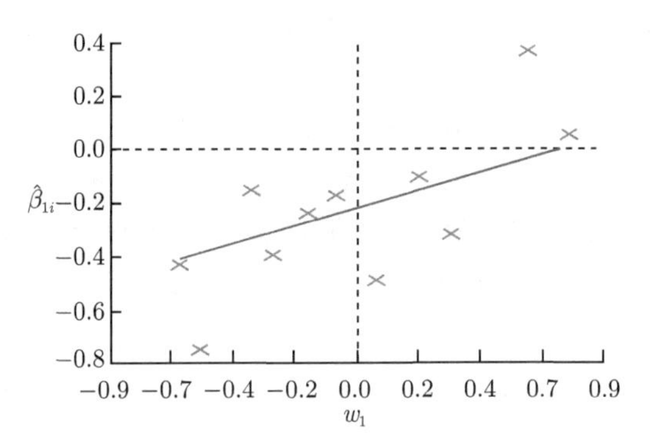

图 5.3 省区内 OLS 估计与模型 (5.4.12) 的 $\hat{\beta}_{1i}$ 拟合图

2) 局部经济收敛及异质性检验

同样我们用类似于局部条件收敛检验的方法, 以 w_{11} 为水平 2 解释变量对各区域内绝对收敛现象及区域间差异的变化进行检验, 模型如下.

$$\begin{aligned}\Delta\ln(y_t)_{ij} =&\gamma_{00} + \gamma_{10}\ln(y_0)_{ij} + \gamma_{01}w_1\_mid_i + \gamma_{02}w_1\_high_i + \gamma_{11}w_1\_mid_i\ln(y_0)_{ij}\\ &+ \gamma_{12}w_1\_high_i\ln(y_0)_{ij} + (e_{ij} + u_{0_j} + u_{1_j}\ln(y_0)_{ij}) \qquad (5.4.13)\end{aligned}$$

模型 (5.4.13) 同模型 (5.4.10) 类似, 分别以较低发展水平、中等发展水平、较高发展水平三区域为标准运行模型, 得到如表 5.3 中的三个模型. 从表 5.3 的运行结果可以看出发展水平较低区域的斜率 γ_{10} 为 $-0.451(P = 0.0000)$, 中等发展区域斜率 γ_{10} 为 $-0.173(P = 0.0302)$, 较发达区域的斜率 γ_{10} 为 $-0.069(P = 0.4065)$. 虽然所有系数为负, 但只有发展水平较低区域 (w_1_low) 和中等发展区域 (w_1_mid) 内呈现出显著的绝对收敛现象, 而较高发展水平区域 (w_1_high) 内的收敛趋势并不显著.

从模型 (5.4.13) 的跨级交互相应系数的显著性上, 可以得到区域之间差距变化与条件收敛时一致的结论, 即模型 1(以 w_1_low 标准) 中 γ_{11}, γ_{12} 在 0.05 的显著性水平下是显著为正; 模型 2(以 w_1_mid 为标准) γ_{12} 为正不显著、γ_{13} 为负显著. 说明 w_1_low 区域与 w_1_high 和 w_1_mid 区域之间的差异有明显增大的趋势, 而 w_1_high 与 w_1_mid 地区之间差异并没有明显加大.

表 5.3 模型 (5.4.13) 及发展水平高、中、低交替模型的参数估计及检验结果

参数	模型 1		模型 2		模型 3	
	RIGLS	P 值	RIGLS	P 值	RIGLS	P 值
固定效应参数						
γ_{00}(常数)	5.814	0.0000	3.846	0.0000	2.961	0.0000
$\gamma_{10}(\ln(y_0)_{ij})$	−0.451	0.0000	−0.173	0.0302	−0.069	0.4065
$\gamma_{01}(w_1\_mid_i)$	−1.952	0.7380	—	—	0.898	0.3600
$\gamma_{02}(w_1\_high_i)$	−2.852	0.0119	−0.910	0.3549	—	—
$\gamma_{03}(w_1\_low_i)$	—	—	1.949	0.0745	2.852	0.0120
$\gamma_{11}(w_1\_mid_i * \ln(y_0)_{ij})$	0.278	0.0363	—	—	−0.104	0.3658
$\gamma_{12}(w_1\_high_i * \ln(y_0)_{ij})$	0.382	0.0045	0.105	0.3605	—	—
$\gamma_{13}(w_1\_low_i * \ln(y_0)_{ij})$	—	—	−0.278	0.0367	−0.382	0.0046
随机效应参数						
σ^2_{u0}(2 水平)	0.931	0.2980	0.939	0.3007	0.947	0.2954
σ^2_{u1}	0.009	0.4386	0.009	0.4397	0.009	0.4333
σ_{u01}	−0.093	0.3649	−0.095	0.3591	−0.095	0.3608
σ^2_e(1 水平)	0.124	0.0000	0.124	0.0000	0.124	0.0000
−2ln(likelihood)	174.202		174.260		174.200	

5.4.2 不同发展水平城市区域对经济增长的收敛性及参数异质性的影响

从另一个层次角度研究发现, 在实际数据分析中 β_1 可能由于受到其他因素的影响, 除了依赖于省区间的差异影响以外还可能会受某种组群因素的影响, 表现为变化的. 由于各城市所处地区及社会经济发展水平的不同, 具有一定的层次结构, 所以我们将各城市按照城市基期人均 GDP 排序后, 遵循组内样本容量的分类方法将其分为 14 个组群, 组内样本容量为 15. 这样得到一个两水平的分层数据, 即城市为水平 $1(j)$, 类 (组) 为水平 $2(i)$. 分层的目的是有效地描述层次之间的差异, 并提供层次变量对参数异质性的影响. 为研究水平 2 上可能的解释性, 我们引入水平 2 解释变量 w_2, 是用各类 (组) 中所包含的城市的基期平均人均 GDP 来衡量, 并使其中心化, 即 $w_2 = w_{2i} - E(w_{2i})$. 同时为了研究不同发展区域对经济增长的影响, 引入另一个水平 2 解释变量 (离散变量)w_{22}, 是指按照各组的基期平均人均 GDP, 从低到高排序, 分为三个发展等级, 令前 4 个组 (类)$w_2\_low = 1(25\%)$, 中间 6 个组 (类) $w_2\_middle = 2(50\%)$, 较高发展水平的后 4 个组 (类)$w_2\_high = 3(25\%)$. 离散变量 w_{22} 的引入可以描述高、中、低三个层次上城市经济发展及收敛性的差异.

5.4.2.1 数据层次结构的检验——截距模型分析

类似地, 首先采用截距模型来验证城市与其类别 (组群) 之间是否存在层次结构, 是否有必要分层考虑. 截距模型的建模过程为如下两层. 第一层, 即城市层次

的模型

$$\Delta \ln(y_{ij}) = \beta_{0j} + e_{ij} \tag{5.4.14}$$

其中 $i = 1, \cdots, 14$ 代表组别, j 代表各组内的城市单位, $i = 1, \cdots, n_i$. 假定有 $e_{ij} \sim N(0, \sigma^2)$, 定义 σ^2 为城市层次的方差. 注意, 这个模型仅用一个截距 β_{0i}(此时指均值) 来描述每个城市的经济增长.

第二层, 即城市类别层次, 每个类的经济增长均值 β_{0i} 等于总平均数 γ_{00} 加上一项随机误差 u_{0j}

$$\beta_{0i} = \gamma_{00} + u_{0i} \tag{5.4.15}$$

其中 $e_{ij} \sim N(0, \sigma^2)$ 为相互独立的水平 1 残差, $u_{0i} \sim N(0, \sigma_{u0}^2)$ 为相互独立的截距项水平 2 残差, $\mathrm{Cov}(u_{0j}, \varepsilon_{ij}) = 0$. 式 (5.4.15) 代入式 (5.4.14), 得到一个具有随机效应的方差分析模型

$$\Delta \ln(y_{ij}) = \gamma_{00} + u_{0i} + e_{ij} \tag{5.4.16}$$

从 MLwiN 提供的限制迭代广义最小二乘估计 (RIGLS) 方法的输出结果中, 我们可以得到, 组间方差 $\hat{\sigma}_{u0}^2 = 0.023\ (0.013)$, P =0.0670, 组内方差 $\hat{\sigma}_e^2 = 0.152\ (0.015)$, $P = 0.0000$, 在 0.10 的显著性水平下, 二者均统计显著. 这表明各省区之间存在组间变异. 同时可以计算组内同质性的测量——跨级相关系数 ICC=$\hat{\sigma}_{u0}^2/(\hat{\sigma}_{u0}^2 + \hat{\sigma}_e^2)$ $= 0.1314$, 表明在人均 GDP 的平均增长 (结局测量) 的总变异中约 13%是由城市发展水平等级之间的异质所引起的. 因此表明数据中存在显著的组内相关性, 也就意味着存在组间异质性, 应该考虑用多层次模型进行分析.

5.4.2.2 整体经济增长特征检验——随机斜率模型

根据 5.4.2.1 节的分析, 我们采用多水平方法对模型 (5.2.3) 进行分层建模, 假设如下的两水平模型：水平 1 模型为

$$\begin{aligned}\Delta \ln(y_t)_{ij} =& \beta_{0i} + \beta_{1i} \ln(y_0)_{ij} + \beta_2 \ln(s_k)_{ij} + \beta_3 \ln(s_h)_{ij} \\ &+ \beta_4 \ln(n + g + z)_{ij} + e_{ij}\end{aligned} \tag{5.4.17}$$

水平 2 模型为

$$\beta_{0i} = \gamma_{00} + \gamma_{01} w_{2i} + u_{0i}, \quad \beta_{1i} = \gamma_{10} + \gamma_{11} w_{2i} + u_{1i} \tag{5.4.18}$$

将模型 (5.4.18) 代入模型 (5.4.17), 得到合成模型

$$\begin{aligned}\Delta\ln(y_t)_{ij} =&\gamma_{00}+\gamma_{01}w_{2i}+\gamma_{10}\ln(y_0)_{ij}+\gamma_{11}w_{2i}\ln(y_0)_{ij}+\beta_2\ln(s_k)_{ij}\\&+\beta_3\ln(s_h)_{ij}+\beta_4\ln(n+g+z)_{ij}+(e_{ij}+u_{0i}+u_{1i}\ln(y_0)_{ij})\end{aligned} \tag{5.4.19}$$

其中, 下标 ij 表示第 $j(j=1,\cdots,14)$ 组中第 i 个城市对应的指标值; 模型 (5.4.17) 称为水平 1 模型, 模型 (5.4.18) 称为水平 2 模型; $e_{ij}\sim N(0,\sigma^2)$ 为相互独立的水平 1 残差, $u_{0i}\sim N(0,\sigma_{u0}^2)$ 为相互独立的截距项水平 2 残差, $u_{1i}\sim N(0,\sigma_{u1}^2)$ 为相互独立的斜率项水平 2 残差, $\mathrm{Cov}(u_{0i},u_{1i})=\sigma_{u01}$; 不同水平残差间相互独立. 模型 (5.4.18) 表示截距项及经济增长收敛性系数在不同组间有差异性, 且这种差异可以通过 w_{2i} 来描述. 在模型 (5.4.19) 中 γ_{01} 的估计值表示各不同发展水平组 (类) 在平均增长率上的差异; γ_{11} 的估计值代表基期发展水平不同的各组 (类) 内城市基期人均 GDP 对人均增长率影响 (斜率) 的差异.

模型 (5.4.19) 的参数估计及相关检验统计量见表 5.4. 从计算结果可以看出, 与传统的 OLS 估计结果相比, 多水平模型 (5.4.19) 中新引入的两个水平 2 变量非常显著, 说明随机截距和随机斜率具有明显的异质性, 且它们与 w_{2i} 显著相关. 多水平模型下似然比统计量 $-2\ln$ (likelihood) 从 OLS 模型下的 201.258 显著减低到 174.213, 其差值为 27.045, $df=5$, $P=0.0000$, 在 0.05 的显著性水平下是显著的; 此时 $\hat{\sigma}_{u0}^2$, $\hat{\sigma}_e^2$ 不再显著, 与空模型下的结果 (它们都显著) 相比, 说明 w_{2i} 能够较好地解释其系数在水平 2 上的变异. 因此多水平模型 (5.4.19) 拟合效果优于 OLS 回归模型.

从表 5.4 中可以得到以下结论：多水平模型 (5.4.18) 中固定效应 $\hat{\gamma}_{01}$ 为负并且显著, 表明各组中区域经济增长与初期发展水平有关, 城市基期发展水平较低组内, 经济增长率越高. 水平 2 解释变量系数 $\hat{\gamma}_{11}$ 显著为正, 说明了我国区域经济组间异质性的存在, 并且这种异质性依赖于 w_2(各组内基期人均 GDP) 的变化而变化. 从 5.4.2.3 节中我们将会看到, 模型 (5.4.18) 中斜率参数估计 $\hat{\beta}_1$ 随着 w_2 的变化将从负值向正值变化, 也就是说基期发展水平不同的组对我国区域经济增长的收敛或发散的影响存在着异质性特征. $\hat{\gamma}_{10}$ 为负, 但显著程度比 OLS 回归的结果明显下降, 说明在考虑了组间差异之后, 经济增长的收敛程度大幅下降.

多水平模型与 OLS 估计都表明：$\ln(s_k)$, $\ln(s_h)$ 的符号为正, $\ln(n+g+z)$ 符号为负, 并且除了人力资本显著程度较低外, 其他两个影响因素都非常显著, 表明物质资本和人力资本的增加会促进地区经济增长, 而在 g 和 z 一定条件下, 人口增长会阻碍地区经济的增长, 这与新古典经济增长理论的结论也是一致的.

表 5.4 模型 (5.4.19) 参数的 RIGLS 估计及 OLS 估计

参数	RIGLS(s.e.)	P 值	OLS(s.e.)	P 值
固定效应参数				
γ_{00}(常数项)	6.948(2.032)	0.0006	4.485(0.766)	0.0000
$\gamma_{10}(\ln(y_0)_{ij})$	−0.469(0.241)	0.0515	−0.153(0.052)	0.0029
$\beta_2(\ln(s_k)_{ij})$	0.270(0.099)	0.0062	0.240(0.104)	0.0212
$\beta_3(\ln(s_h)_{ij})$	0.286(0.192)	0.1350	0.262(0.199)	0.1870
$\beta_4(\ln(n+g+z)_{ij})$	−0.123(0.037)	0.0011	−0.109(0.040)	0.0062
$\gamma_{01}(w_{2i})$	−2.927(0.881)	0.0009		
$\gamma_{11}(w_{2i}*\ln(y_0)_{ij})$	0.420(0.111)	0.002		
随机效应参数				
σ_{u0}^2(2 水平)	1.901(1.411)	0.1779		
σ_{u1}^2	0.030(0.022)	0.1773		
σ_{u01}	−0.239(0.177)	0.1771		
σ_e^2(1 水平)	0.138(0.014)	0.0000	0.153(0.015)	0.0000
−2ln(likelihood)	174.213		201.258	

5.4.3 局部经济特征检验

从表 5.4 可以看出, 各组群的经济趋同现象存在差异, 依赖于 w_2 (各组内基期人均 GDP) 的变化而变化. 为了进一步检验不同发展等级的组群收敛或发散现象的显著性, 以及区域间差异的变化, 我们按照 w_2 的取值将城市分为三个区域 (这种离散化处理的应用可参见 MLwiN2.10 manual 的案例分析方法), 建立一个在水平 2 上有离散解释变量 w_{22} 的两水平模型. 用 w_2_low 表示在低水平组取值为 1, 其他取值为 0 的虚拟变量, w_2_mid 与 w_2_high 类似定义. 对虚拟变量的处理, 按传统的方法, 一般假设其中一个为参照水平 (即其值为 0), 给出另外两个变量系数的估计. 首先我们考虑以 w_2_low 为参照标准, 称为模型 1, 模型形式如下所示.

水平 1:

$$\Delta\ln(y_t)_{ij}=\beta_{0i}+\beta_{1i}\ln(y_0)_{ij}+\beta_2\ln(s_k)_{ij}+\beta_3\ln(s_h)_{ij}+\beta_4\ln(n+g+z)_{ij}+e_{ij} \tag{5.4.20}$$

水平 2:

$$\begin{aligned}\beta_{0i}&=\gamma_{00}+\gamma_{01}w_2\_mid_i+\gamma_{02}w_2\_high_i+u_{0i}\\ \beta_{1i}&=\gamma_{10}+\gamma_{11}w_2\_mid_i+\gamma_{12}w_2\_high_i+u_{1i}\end{aligned} \tag{5.4.21}$$

将模型 (5.4.21) 代入模型 (5.4.20), 得到

$$\begin{aligned}\Delta\ln(y_t)_{ij}=&\gamma_{00}+\gamma_{10}\ln(y_0)_{ij}+\beta_2\ln(s_k)_{ij}+\beta_3\ln(s_h)_{ij}+\beta_4\ln(n+g+z)_{ij}\\&+\gamma_{01}w_2\_mid_i+\gamma_{02}w_2\_high_i+\gamma_{11}w_2\_mid_i\ln(y_0)_{ij}\\&+\gamma_{12}w_2\_high_i\ln(y_0)_{ij}+(e_{ij}+u_{0i}+u_{1i}\ln(y_0)_{ij})\end{aligned} \tag{5.4.22}$$

类似地, 以 w_2_mid, w_2_high 为参照变量的模型分别记为模型 2 和模型 3. 三个模型的参数的估计结果见表 5.5. 在模型 (5.4.22) 中, γ_{10} 表示低水平组 (w_2_low 为参照标准) 经济发展区域内的 β_{1i} 的估计值, 由此可以用来检验局部区域内经济增长收敛的显著性, 其他两个模型类似. 而 γ_{01}, γ_{02} 的估计值分别表示中等发展水平组 (类) 和较发达水平组与欠发达水平组在平均增长率上的差异; γ_{11}, γ_{12} 的估计值代表中等区域和发达区域对 β_{1i} 的影响与不发达区域比较的差异.

表 5.5 模型 (5.4.22) 及发展水平高、中、低组交替模型的参数估计及检验结果

参数	模型 1		模型 2		模型 3	
	RIGLS	P 值	RIGLS	P 值	RIGLS	P 值
固定效应参数						
γ_{00}(常数)	9.409	0.0000	2.834	0.2389	1.660	0.1487
$\gamma_{10}(\ln(y_0)_{ij})$	−0.834	0.0021	0.031	0.9128	0.182	0.0901
$\gamma_{01}(w_2\_mid_i)$	−6.562	0.0322	—	—	1.298	0.5980
$\gamma_{02}(w_2\_high_i)$	−7.758	0.0002	−1.183	0.6264	—	—
$\gamma_{03}(w_2\_low_i)$	—	—	6.576	0.0330	7.676	0.0003
$\gamma_{11}(w_2\_mid_i * \ln(y_0)_{ij})$	0.865	0.0293	—	—	−0.164	0.5883
$\gamma_{12}(w_2\_high_i * \ln(y_0)_{ij})$	1.017	0.0003	0.150	0.6185	—	—
$\gamma_{13}(w_2\_low_j * \ln(y_0)_{ij})$	—	—	−0.867	0.0300	−1.006	0.0004
$\beta_2(\ln(s_k)_{ij})$	0.263	0.0083	0.263	0.0084	0.265	0.0079
$\beta_3(\ln(s_h)_{ij})$	0.235	0.2214	0.234	0.2228	0.237	0.2163
$\beta_4(\ln(n+g+z)_{ij})$	−0.121	0.0015	−0.120	0.0015	−0.121	0.0016
随机效应参数						
σ^2_{u0}(2 水平)	0.728	0.2394	0.737	0.2300	0.691	0.3325
σ^2_{u1}	0.009	0.2741	0.009	0.2637	0.009	0.3738
σ_{u01}	−0.082	0.2546	−0.083	0.2444	−0.079	0.3512
σ^2_e(水平)	0.138	0.0000	0.138	0.0000	0.138	0.0000
−2ln(likelihood)	171.262		171.001		172.146	

从表 5.5 中我们可以发现模型 (5.4.22) 似然比统计量 −2ln (likelihood) 与表 5.1 中 OLS 估计相比, 显著降低, 固定效应显著性也明显提高. 因此可以说明 w_2_low, w_2_mid, w_2_high 作为水平 2 解释变量是合理的, 也就是说水平 1 上的截距 β_0 及解释变量的斜率 β_1 在组间的变异依赖于 w_2(组群初期收入水平) 的变化.

从表 5.5 中可以得到如下结论：通过模型 (5.4.22) 所得到的发展水平较低区域的组 (类) 的斜率 γ_{10} 为 $-0.834(P = 0.0021)$; 中等发展区域组斜率为 $-0.834 + 0.865 = 0.031$ $(P = 0.9128)$; 较发达水平区域的斜率 $-0.834 + 1.017 = 0.183$ $(P = 0.0901)$. 因此我国发展水平较低的区域内存在显著的收敛性; 中等水平区域斜率 β_{1i} 估计值为正但不显著, 表明我国中等发展水平区域内部没有明显的发散趋势; 较发达水平区域的斜率 β_{1i} 估计值为正, 虽然没有显著的发散特征 (P 值 $=$ 0.091<0.1), 但已经比较接近显著水平. 图 5.4 是以 w_{22} 为水平 2 解释变量的水平 2 模型中 β_{1i} 的拟合图, 从图中更直观地看到我国经济发展的收敛性不是普遍存在的.

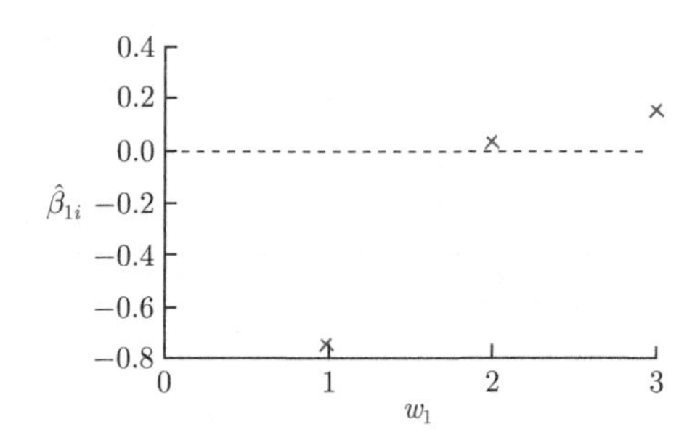

图 5.4 模型 (5.4.22) 斜率 $\hat{\beta}_{1i}$ 的拟合图

通过水平 2 解释变量的系数我们可以进一步研究各区域之间差距的变化趋势. 模型 (5.4.21) 中组间解释变量 w_{22} 在解释水平 1 斜率时的系数 γ_{11}, γ_{12}, 分别表示相对于发展水平较低区域, 中等发展水平和较高发展水平区域对 β_{1i} 影响的差异程度. 从表 5.5 中我们可以看到模型 1 的 γ_{11}, γ_{12} 为正, 并非常显著, 说明了 w_2_high, w_2_mid 地区与 w_2_low 地区的差距有增大趋势; 对模型 2(表 5.5 第 4、5 列) 我们可以得到：在 0.05 的显著性水平下, 交互效应系数 γ_{12} 为正且不显著, 系数 γ_{13} 显著为负 (且近似于表 5.5 第 2 列中的 $-\gamma_{11}$), 说明中等发展水平区域与发展水平较高的区域之间的差距没有显著增大的趋势, 但欠发达地区与中等发达地区的差异显著.

因此综合这些结果, 我们发现, 我国经济发展的收敛性不是一个普遍现象, 收入水平较低区域内部存在显著的条件收敛现象, 而中等水平和较发达区域内部不存在明显的发散趋势. 同时区域之间的差异特征也各不相同, 收入水平较低的区域与中等水平和高收入水平之间差距有增大的趋势, 但水平中等的区域与收入水平较高的区域之间的差距没有明显增大的趋势.

5.5 结　　论

本章是在新古典经济增长理论的基础上, 运用多水平发展模型并采用 RIGLS 估计方法, 从两个不同的研究角度对我国区域经济增长的收敛特征及参数的异质性进行了实证分析, 得到如下结论.

首先, 基于省区与城市之间的层次关系对我国区域经济增长的特征进行分析,我们发现：① 我国区域经济之间存在着显著的层次结构. 这种层次差异导致了我国经济增长收敛参数的异质性特征. 通过应用多水平模型研究, 可以大幅提高模型拟合效果, 给出更为精确的估计结果和模型参数解释. 同时多水平模型的应用, 为我们提供了一个研究参数异质性更为方便和灵活的研究工具. ② 研究结果表明, 中国经济发展的收敛性不是一个普遍现象. 虽然总体来看, 我国区域经济增长整体上存在条件收敛和绝对收敛特征, 但是局部并不存在一致的收敛性, 而是与各省区的初期发展水平有关. 基期收入水平较低区域内部存在显著的条件收敛现象, 而中等水平和高水平区域内部不存在显著的收敛或发散现象. 同时我们也发现区域之间的差异特征也各不相同, 基期收入水平较低的区域与中等水平和高收入水平之间差距有增大的趋势, 但水平中等的区域与收入水平较高的区域之间的差距没有明显增大的趋势.

其次, 除了省区间的差异对我国区域经济增长产生影响, 各城市所处地区及社会经济发展水平的不同, 与城市之间也具有一定的层次结构. 因此我们基于城市及其发展水平等级组群形成的两水平分层数据, 对我国区域经济增长的特征进行分析. 我们发现：① 我国不同发展水平等级之间存在着显著的层次结构, 通过以初期 GDP 为标准将其分为 14 个组之后, 这种层次结构上的差异可以利用多水平模型更好地进行研究. 分析结果同样表明, 虽然从总体上来说, 我国城市经济发展呈现出条件收敛的特征, 但各区域具有不同的特点. 我国区域经济增长的收敛性不是普遍存在的, 而是与城市区域初期发展水平有关. ② 我们通过将各组平均人均 GDP 离散化, 进一步发现我国区域经济增长收敛性存在参数异质性, 具体表现为收入水平较低区域内部存在显著的条件收敛现象, 而中等水平和较发达区域内部不存在收敛性, 但也没有明显的发散趋势; 其中较发达区域比中等发达区域发散的显著程度高. 同时我们采用高层次上的解释变量进一步研究了各组群之间的差异变化特征. 结果发现区域之间的差异特征也各不相同, 收入水平较低的区域与中等水平和高收入水平之间差距有增大的趋势, 但水平中等的区域与收入水平较高的区域之间的差距没有明显增大的趋势.

最后, 周业安和章泉 (2008) 采用 1988~2004 年 182 个城市的数据利用分量回归方法发现了参数异质性的证据. 我们基于多水平模型从两个不同的层次角度也给出了类似的结果. 但两者在影响异质性特征的变量上有所不同, 结论也有所差异. 周业安和章泉 (2008) 是以平均 GDP 增长水平为影响参数异质的变量, 他们发现平均 GDP 增长水平较低的城市具有显著的收敛性, 而平均 GDP 增长水平较高的城市出现显著的发散性. 研究结果发现中国经济增长的收敛性受到各区域基期 GDP 发展水平的影响, 在较低发展水平的区域, 有明显的局部收敛性, 但在发展水平较高的区域有发散的趋势, 但发散性并不显著. 这主要是由于两者在数据选取的区间不同, 前两个层次角度的研究结果是基于 1990~2007 年的数据获得的. 但从另一方面说明, 我国在实行西部大开发战略之后, 国家对西部比较欠发达的省区在政策和投资力度上给予了较大的倾斜和支持, 在抑制经济发展不平衡方面取得了一定的成效, 使得发达地区发散的状况在一定程度上得到了缩小; 由于这种效应在时间上的滞后性, 其效果在最近几年开始显现出来. 我们的研究也表明, 基期经济发展水平中等的省区正在逐步缩小与经济发展水平较高的省区之间的差异 (差异不显著), 但基期发展水平较低的省区, 由于先天不足, 与发展水平中等和较高的省区之间在经济发展上仍然存在显著的差异, 地区间经济发展不平衡仍然存在. 因此继续加大对不发达地区的投入和政策倾斜, 积极借鉴国内外有利的措施, 吸取以往的经验, 结合各城市特点及其差异, 促进我国地区经济的协调发展仍然是我国目前经济发展的一个重要国策.

第 6 章　多水平 C-D 函数模型与经济增长源泉分析

自实行改革开放以来, 我国的经济以 9.7%的年均速度增长, 在经历了 1998 年的亚洲金融危机和 2008 年的全球金融危机后, 我国的经济增长仍被称为“中国奇迹”. 大量的中外研究表明, 我国经济的增长可能是投入驱动, 尤其是资本驱动的粗放式增长. 宏观经济学对经济增长问题有两种互相补充的分析方法：一种是把增长过程中的因素之间的互动关系模型化, 利用模型说明经济增长的动力、源泉; 另一种是把不同因素对产量增长的贡献程度数量化. 因此对我国经济增长的源泉进行分析, 考察我国经济快速增长的原因, 以及这种高速增长的前景, 不仅在理论上, 而且在实践上都具有重要的意义.

在经济增长源泉分析的研究内容当中, 主要是通过对生产函数的参数估计分别得到劳动、资本及全要素对经济增长的贡献份额. 但在以往研究中, 对于各种生产函数进行计量分析时, 均未在数据呈现层次结构的前提下考虑建模. 因此本章在 C-D 生产函数的基础上, 引入多水平线性模型, 通过对各种模型进行比较, 着重研究多水平线性模型在宏观经济收入问题中的应用, 并建立恰当的多水平 C-D 生产函数模型, 分别测算各要素对我国经济增长的贡献份额, 从而进行我国经济增长的源泉分析.

6.1　经济增长源泉分析理论

6.1.1　经济增长理论

6.1.1.1　经济增长理论概述

经济增长是一种长期的经济现象, 所谓经济的长期增长, 从最直接的角度来看, 其实就是各种生产要素的增长、技术进步和要素生产率的提高所造成的. 从广义和间接的角度看, 所有能够推动和促进各种生产要素的增长、技术进步和要素生产率提高的因素, 都会影响经济长期增长的趋势. 已有的宏观经济学对这类问题的研究和解答采用了两种互相补充的分析方法. 一种是经济增长理论, 它把增长过程中要素供给、技术进步、生产率增长、储蓄和投资之间的互动关系模型化.

另一种是经济增长的核算分析, 是把产量增长的不同决定因素的贡献程度数量化. 大致说来, 这两种方法构成了宏观经济学中分析经济增长问题的基本框架和方法.

18 世纪末 19 世纪初, 托马斯 • 罗伯特 • 马尔萨斯 (Thomas Robert Malthus, 1766~1834)、亚当 • 斯密 (Adam Smith,1723~1790)、大卫 • 李嘉图 (David Ricardo, 1772~1823) 等提出了古典增长理论, 认为人口的高速增长与有限资源之间的矛盾最终会使经济停止增长. 根据这一理论, 劳动生产率的增长是暂时的, 当实际收入超出生存收入, 人口就会增加, 因此劳动生产率和人均实际 GDP 最终会减少, 而且无论技术水平怎样变革, 人均实际 GDP 经常会回到生存水平. 20 世纪 60 年代由麻省理工学院的罗伯特 • 索罗提出的新古典增长理论认为, 只要技术水平在不断地进步, 人均实际 GDP 就将保持增长, 实际 GDP 的增长速率, 等于人口增长率加上由技术变革及人力资本积累导致的生产率增长率. 该理论认为人均实际 GDP 的增长率由技术变革的速度所决定, 而对决定技术变革的因素没有解释. 20 世纪 80 年代, 加州大学伯克利分校的保罗 • 罗默在约瑟夫 • 熊彼特的思想上提出了新增长理论认为, 永不满足的人类需求将导致生产率不断提高和经济的永久增长. 根据这一理论, 人们在追寻利润时使得资本增长和技术进步一起带来了人均实际 GDP 的增长.

进行经济增长研究时常用经济增长率来刻画经济增长, 在经济增长率的计算中用实际 GDP 表示产量, 产量既可以是总产量, 也可以是人均产量. 如用 Y_t 表示 t 时期的总产量, Y_{t-1} 表示 $t-1$ 时期的总产量, 则总产量的增长率 G_t 可表示为 $G_t=\dfrac{Y_t-Y_{t-1}}{Y_{t-1}}$, 如果用 y_t 表示 t 时期的人均产量, y_{t-1} 表示 $t-1$ 时期的人均产量, 则人均产量的增长率 g_t 可表示为 $g_t=\dfrac{y_t-y_{t-1}}{y_{t-1}}$.

6.1.1.2 经济增长因素分析概述

经济增长存在着比较复杂的经济和社会因素, 因此经济增长因素分析就成为现代经济增长理论的重要组成部分. 主要的经济增长因素表现为三种：劳动、资本和技术进步 (即全要素生产率).

劳动 (人力资源) 包括一国投入的劳动数量和劳动质量. 就劳动数量而言, 就业人数越多劳动的投入量就越大, 从而产出越大, 但无法提高人均国民产出水平. 劳动质量则涵盖了劳动者各方面的能力, 许多经济学家指出, 在当今世界上, 劳动质量比劳动数量更为重要, 高质量的劳动具有较高的生产率. 甚至一些经济学家认为, 劳动质量是决定经济增长的最重要因素, 其他一切因素都是通过高质量的劳动发挥作用的. 把劳动分为具体劳动和抽象劳动是根据马克思所提出的商品的使用价值和交换价值. 亚当 • 斯密在《国富论》第 2 篇区分了生产性劳动和非生产性劳动. 生产性劳动就是能创造价值、为雇主提供利润、生产可储存的东西、在没有新资本投入时也可维持下来, 能生产具有某种市场价值的有形产品的劳动, 例如, 农业和工业劳动. 非生产性劳动则是在无形产品生产中所形成的劳动, 如音乐家、律师、教师、医生等其他从事服务的工人劳动. 亚当 • 斯密认为两种性质的劳动对国民财富的作用是不一样的, 他强调了生产性劳动者在经济增长中的作用. 非生产性劳动者消耗了社会财富, 阻碍了资本积累的增长, 虽然非生产性活动也是有用的, 但对于经济增长远没有生产性劳动作用大. 生产性劳动在总劳动投入中所占比例越大, 就越有利于经济增长. 这个观点在我们今天看来, 有点过于强调物化生产而忽略服务型产业, 但也许符合当时的经济情况. 在模型中, 资本、劳动和技术一起被纳入生产函数, 从而作为重要的生产要素来影响生产. 在新古典经济增长理论中, 劳动和资本是进入生产函数的两种重要的生产要素, 就是这两种可以互相替代的投入要素导致了经济的增长和增长的收敛. 在内生增长理论中, 不同的劳动在最终产品、知识和技术生产的不同配置导致了经济的不同增长.

米尔顿 • 弗里德曼认为, 从最广义的观点来看, 资本分为三大类: 原材料、人力资本、货币存量. 自工业化以来, 资本数量的增加是推动经济增长的重要因素, 发展中国家很强调资本积累的重要性, 一般认为一个国家要保持快速增长, 至少将全部产出的 10%~20%用于资本积累. 与劳动一样, 资本也存在着效率的异质性, 要有效地促进经济增长, 应该更多地形成效率较高的资本. 在测量经济增长的各种模型中, 无论模型选择的增长因素多少, 都包括了资本要素, 可见资本在经济增长中起着重要的作用. 在经济增长理论中, 资本的形式包括劳动资本、人力资本、货币资本、金融资本、知识资本、物资资本、制度资本和社会资本. 有的经济增长模型分析问题把一种或几种甚至全部的这些形式都归为一种笼统的资本概念, 创立不同的增长模型, 根据不同的资本形式, 也形成了不同的经济增长理论. 在新古典经济增长理论和新增长理论中, 在建立模型的过程中资本作为一个不可或缺的要素是内生变量. 当然, 它具有一定的局限性: 由于用法过于笼统, 不可避免地使模型和理论存在一些不切实际之处. 在建立增长模型时, 需要考虑资本的异质性、可加性以及其他一些经济性质, 其原因是增长理论属于宏观经济学领域. 在经济学史上, 时跨大半个世纪, 许多经济学家众说纷纭, 最后很多问题也没有达成一致, 不过在以后的模型中, 研究者大都忽视了分歧, 或者一带而过. 对资本的特征大家达成共识, 就是不管何种形式的资本都是一种很重要的生产要素, 对产出起关键作用, 而且资本需要付出代价获得, 需要获得相应的回报, 具有一定的时间价值.

第三种为技术进步, 在众多研究中技术进步是用所谓的全部要素生产率的提高来表示的. 劳动和资本生产率被称为单要素生产率, 只能衡量一段时间内, 某特定要素投入量的生产率, 而全要素生产率不仅包含了一个国家的技术水平, 也包含了与经济增长相关的政策和制度等因素, 全要素生产率分析的是除劳动和资本以外, 所有的投入要素生产率之和. 此方面的研究为现阶段经济增长研究的热点问题.

总体而言, 经济增长的因素分析是在研究影响经济增长的源泉、因素的基础上, 分别度量它们所起作用的大小, 以此来寻找促进经济加速增长的途径与方法, 包括经济增长核算方法、全要素生产率分析、部分要素生产率分析及经济增长因素的国际比较等内容. 这一理论既是经济增长模型的具体应用, 也是经济统计和数据分析的重要结果. 因此本章利用 1997~2007 年我国各省区的数据, 研究影响我国这一时期经济增长的主要因素, 从而探索经济增长的源泉.

6.1.2　经济增长源泉理论

经济学通常利用宏观生产函数研究经济增长的源泉, 宏观生产函数的总体形势为 $Y_t = A_t f(L_t, K_t)$, 其中 Y_t 表示 t 时期的总产量, L_t 和 K_t 为 t 时期的劳动力投入量和资本投入量, A_t 则表示 t 时期的技术状况同时也被称为全要素生产率. 根据总体生产函数可以推出增长率的分解式为：$G_Y = G_A + \alpha G_L + \beta G_K$, 此式描述了产出增长率与投入要素增长率、技术进步增长率之间的关系, 其中 G_Y 为产出的增长率, G_A 为技术进步增长率, G_L 和 G_K 分别为劳动和资本的增长率, α 和 β 为劳动和资本弹性. 从分解式可知产出的增长率可以用技术进步、劳动及资本的增长来解释, 即经济增长的源泉可被归结为技术进步以及劳动和资本的增长.

罗伯特·索洛率先提出了增长的源泉分析, 利用计量模型对资本和劳动的产出弹性进行估计, 对全要素生产率的估算时提出了剩余法, 在很大程度上是作为研究经济增长实证分析方法的补充. 不过, 这种方法显然存在着不足. 首先, 这样估算出的技术进步贡献率有可能包括了劳动、资本以外的很多影响因素. 其次, 剩余法的计算是不精确的, 它是方程的余项, 在计量模型建立中可能包括所有数据的误差与省略项的效应. 再者把此余项解释为严格的效率提高和新技术的影响的做法是不完全妥当的. 由于本书研究重点是在进行经济增长源泉分析时, 基于多水平模型理论对计量模型进行改进, 因此本章采用了剩余法对全要素生产率进行估算.

6.1.3　生产函数理论

6.1.3.1　生产函数

在生产函数被用于经济领域之前, 生产函数是自然科学和生物科学的概念. 在西方经济学中, 生产函数的含义对于特定的生产技术, 把投入转化为产出的过程表现为生产过程中生产要素的投入量与产出量之间的数量关系, 这种数量关系可以用函数表示. 其一般形式为 $Y=f(A,K,L,\cdots)$, 其中 Y 为产出量, A, K, L 分别为技术、资本、劳动等投入要素. 这里投入的生产要素是生产过程中发挥作用、对产出量产生贡献的生产要素.

在生产函数模型的研究与发展中有如下几个较为重要的指标 (以两要素为例). ① 要素的边际产量, 是指其他条件不变时, 某一种投入要素增加一个单位时导致的产出量的增加量. 用于描述投入要素对产出量的影响程度. 边际产量可以表示为

$$MP_K=\frac{\partial f}{\partial K}=\frac{\Delta Y}{\Delta K},\quad MP_L=\frac{\partial f}{\partial L}=\frac{\Delta Y}{\Delta L} \tag{6.1.1}$$

等. 在一般情况下, 边际产量满足: $MP_K\geqslant 0, MP_L\geqslant 0$, 即边际产量不为负. 在大多数情况下, 边际产量还满足:

$$\frac{\partial\left(MP_K\right)}{\partial K}=\frac{\partial^2 f}{\partial K^2}\leqslant 0,\quad \frac{\partial(MP_L)}{\partial L}=\frac{\partial^2 f}{\partial L^2}\leqslant 0 \tag{6.1.2}$$

即边际产量递减规律. ② 要素的边际替代率, 指的是在产量一定的情况下, 某一种要素的增加与另一种要素的减少之间的比例. 用 $MRS_{K\to L}$ 表示 K 对 L 的边际替代率, 即在保持产量不变的情况下, 替代 1 单位 L 所需要增加的 K 的数量, 于是有 $MRS_{K\to L}=\Delta K/\Delta L$($Y$ 保持不变), 因为

$$\frac{MP_L}{MP_K}=\frac{\Delta Y}{\Delta L}\bigg/\frac{\Delta Y}{\Delta K}=\frac{\Delta K}{\Delta L} \tag{6.1.3}$$

于是要素的边际替代率可以表示为要素的边际产量之比, 即

$$MRS_{K\to L}=MP_L/MP_K,\quad MRS_{L\to K}=MP_K/MP_L \tag{6.1.4}$$

③ 要素替代弹性, 定义为两种要素的比例的变化率与边际替代率的变化率之比, 一般用 σ 表示. 则有

$$\sigma=\frac{\mathrm{d}(K/L)}{(K/L)}\bigg/\frac{\mathrm{d}(MP_L/MP_K)}{(MP_L/MP_K)} \tag{6.1.5}$$

④ 要素的产出弹性, 某投入要素的产出弹性被定义为, 当其他投入要素不变时, 该要素增加 1%所引起的产出量的变化率. 如果用 E_K 表示资本的产出弹性, 用 E_L 表示劳动的产出弹性, 则有

$$E_K=\frac{\Delta Y}{Y}\bigg/\frac{\Delta K}{K}=\frac{\partial f}{\partial K}\cdot\frac{K}{Y},\quad E_L=\frac{\Delta Y}{Y}\bigg/\frac{\Delta L}{L}=\frac{\partial f}{\partial L}\cdot\frac{L}{Y} \tag{6.1.6}$$

一般情况下, 要素的产出弹性大于 0 小于 1.

6.1.3.2 C-D 生产函数模型

1928 年, 美国经济学家道格拉斯 (R.H.Douglas) 和数学家科布 (C.W.Cobb) 提出的生产函数的数学形式为 $Y = AK^{\alpha}L^{\beta}$. 根据产出弹性的定义, 很容易推出

$$E_K = \frac{\partial Y}{\partial K}\cdot\frac{K}{Y} = A\alpha\, K^{\alpha-1}L^{\beta}\frac{K}{Y} = \alpha, \quad E_L = \frac{\partial Y}{\partial L}\cdot\frac{L}{Y} = AK^{\alpha}\beta\, L^{\beta-1}\frac{L}{Y} = \beta \tag{6.1.7}$$

即参数 α, β 分别是资本与劳动的产出弹性. 那么由产出弹性的经济意义, 应该有 $0 \leqslant \alpha \leqslant 1, 0 \leqslant \beta \leqslant 1$, 在最初提出的 C-D 生产函数中, 假定参数满足 $\alpha + \beta = 1$, 即生产函数的一阶齐次性, 也就是假定研究对象满足规模报酬不变. 因为

$$A(\lambda K)^{\alpha}(\lambda L)^{\beta} = \lambda^{\alpha+\beta}AK^{\alpha}L^{\beta} = \lambda AK^{\alpha}L^{\beta} \tag{6.1.8}$$

即当资本与劳动的数量同时增长 λ 倍时, 产出量也增长 λ 倍. 在以后的研究中, Durand 提出了 C-D 生产函数的改进型, 取消了 $\alpha + \beta = 1$ 的假定, 允许要素的产出弹性之和大于 1 或小于 1, 即认为研究对象可以是规模报酬递增的, 也可以是规模报酬递减的, 取决于参数的估计结果. 模型中的待估参数 A 是广义技术进步水平的反映, 显然, 应该有 $A > 0$. 由上可见, C-D 生产函数模型的参数具有明确的经济意义, 因此也是它被广泛应用的一个重要原因.

正如前面提及的, 生产函数所描述的是投入要素与产出量之间的技术关系. 任何生产过程都必须是劳动、技术与生产资料的结合, 也就是必须具备一定的投入要素、在一定的技术条件下才能进行生产. 生产函数实际上是用数学公式对现实发生的生产过程中的投入要素与产出量之间的技术关系进行拟合, 对生产过程中量的关系的描述. 生产函数并非理论的直接推导结果, 而是经验的产物, 是以数据为样本, 反复拟合、检验、修正后得到的. 换句话说, 如果抛开已有的生产函数模型, 用我国的有关数据, 也能得到相同或相似的生产函数模型. 因此本章将从样本数据的自身特征角度建立生产函数.

6.2 变量选取及数据说明

本章在研究中涉及的变量或指标如下.

(1) 实际 GDP——Y(1978 年为基期), GDP 分为名义 GDP 与实际 GDP 两种, 通常在统计年鉴中得到的是名义 GDP, 它是由现期价格衡量的物品与劳务的价值, 而实际 GDP 是用不变价衡量的物品与劳务的价值. 它们之间相差一个通货膨胀的因素. 因此, 本章用实际 GDP 来粗略刻画收入. 实际 GDP 可以有以下两种计算方法.

方法一：实际 GDP= 名义 GDP/GDP 平减指数.

方法二：

$$\begin{cases} 增长率 = \dfrac{按前一年为基期的\ GDP\ 指数\ -100}{100} \\ 增长率 = \dfrac{本年实际\ GDP-\ 上一年实际\ GDP}{上一年实际\ GDP} \end{cases}$$

再由两式联立解出实际 GDP. 由于统计资料的限制, 本章采用的是第二种实际 GDP 计算方法 (与其他作者用第一种方法估计出的结果完全一致). Y_{it} 表示第 i 个地区第 t 时期的实际 GDP.

(2) 劳动力——L, 本章采用 1997~2007 年, 各省就业人员数进行代表. L_{it} 表示第 i 个地区第 t 时期的从业人数.

(3) 资本存量——K(1978 年为基期), 资本本身是一个宽泛的概念, 广义的资本可以包括物质资本、人力资本和土地. 虽然少数研究考虑或讨论了土地和人力资本, 但是大部分研究在估计资本存量时, 仅指严格意义上的物质资本, 本章也将遵循这一传统. 目前已被普遍采用的测算资本存量的方法是戈登 • 史密斯 (Gold smith) 在 1951 年开创的永续盘存法. 所以本章中所采用的是在估计一个基准年后运用永续盘存法按不变价格计算各省区市的资本存量. 资本存量的估算公式为 $K_{it} = K_{it-1}(1-\delta_{it}) + I_{it}$, 其中 i 指第 i 个省市, t 指第 t 年. 上式一共涉及四个变量：当年投资 I 的选取; 投资品价格指数的构造, 以折算到不变价格; 经济折旧率的确定; 基年资本存量 K 的确定. 本章用资本形成表示投资流量 I, 将经济折旧率设为 10%, 对资本存量进行估算 (张军等, 2004)(与其他作者估算结果一致, 且将数据推算至 2007 年). K_{it} 表示第 i 个地区第 t 时间的资本存量.

(4) 对外开放度——DWKF, 在分析改革开放以来制度对经济增长的贡献研究中, 对外开放程度是制度要素的一个重要组成指标 (金玮, 2008), 因此本章选取了对外开放程度这一指标进行异质性研究. 对外开放是一个从沿海地区向内陆扩展的过程, 我国的对外开放, 就是为本土经济的市场化引入外部动力. 指标的具体测算方法如下：人们习惯上用出口依赖度 (出口额/GDP) 来反映经济外向型的程度, 很显然, 出口并不是对外开放的唯一内容. 所以本章采用包括国际贸易、利用外资 (包括港、澳、台) 两方面内容的对外开放指数(即这两方面指标占 GDP 比例的加权平均数) 来表示对外开放的程度, 其公式为 $\mathrm{DWKF} = \dfrac{进出口总和}{\mathrm{GDP}} \times 0.55 + \dfrac{利用外资总和}{\mathrm{GDP}} \times 0.45, \mathrm{DWKF}_i$ 表示第 i 个地区对外开放程度, 本章分别计算了 1997~2007 年各省区的对外开发程度, 在此基础上将各省区 11 年的数据求均值得到各省区的平均对外开放程度, 以此作为二水平解释变量, 具体数据见表 6.4.

数据分别来自《新中国 50 年统计资料汇编》、《中国统计年鉴 2007》、《中国统计年鉴 2008》和国泰安宏观数据库. 数据截取了 1997~2007 年各个省区的不同指标. 海南、重庆和西藏缺失数据较多, 因此省略了这三个地区的数据 (将重庆 1996 年后的数据归入四川省), 所以各指标变量的取值范围是 $i=(1,\cdots,28)$, $t=(1,\cdots,11)$. 在该数据中, 省区可以看成是一个二层次水平, 省区在各年度的观测可以看成是一层次数据, 因此具有层次结构. 下面我们利用多水平模型验证层次分析的必要性以及相应的建模过程.

6.3 多水平建模分析

6.3.1 多元线性模型

对 C-D 函数 $Y=A\cdot K^{\beta}\cdot L^{\alpha}$ 两边同时取对数变形为

$$\log(Y)=\log(A)+\beta\log(K)+\alpha\log(L)$$

再令 $\log(Y)=Y'$, $\log(A)=A'$, $\log(K)=K'$, $\log(L)=L'$, 可建立如下线性模型

$$Y'_{it}=A'+\alpha L'_{it}+\beta K'_{it}+e_{it} \tag{6.3.1}$$

其中 $e_{it}\sim N(0,\sigma^2)$ 为相互独立的残差, 首先, C-D 生产函数的建立是在全国的角度上, 将各省区各年份的数据作为同一水平的样本量, 因此也可称其为一水平线性模型. 其次, 本章重点考虑的是基于数据的不同水平 (层次) 而建立相应的多水平 C-D 生产函数模型及参数异质性的问题, 因此建模过程中未考虑时间趋势的影响.

由 OLS(最小二乘) 估计结果为 $\hat{Y}'_{it}=-1.683+0.3167L'_{it}+0.8166K'_{it}$, 其方差估计为 $\hat{\sigma}^2=0.059$, 模型评价参数为 $D=868.2363$, 所有待估参数在 0.05 水平上均显著. 与空模型相比, 一水平方差由 0.8 降到了 0.059, 说明将资本、劳动力作为一水平变量引入模型, 可以显著改善模型拟合度. 因而, 可将 1997~2007 年各省区的数据看成多水平数据来处理, 其中各省区样本视为第一水平 (第一层次), 各省区不同年份的平均视为第二水平 (第二层次), 以此建立多水平 C-D 生产函数模型以考虑各省之间的水平差异.

6.3.2 多水平模型建立的必要性判定

首先对实际 GDP 的对数计算组内相关系数 ICC, 检验是否存在组内相关. 如果数据集的 ICC 或组间方差统计不显著 (无统计学意义), 则可对该数据集进行多

元回归模型分析, 而不需要多水平模型分析; 反之, 如果统计显著, 则应该考虑对其进行多水平模型分析. 建立截距模型 (Intercept-Only Model), 又称空模型, 或无条件均值模型：

$$\text{水平 1：} Y'_{it} = A'_i + e_{it} \tag{6.3.2}$$

$$\text{水平 2：} A'_i = A'_0 + u_{0i} \tag{6.3.3}$$

该模型的水平 1 和水平 2 均没有解释性变量, $e_{it} \sim N(0,\sigma^2)$ 为相互独立的水平 1 残差, $u_{0i} \sim N(0,\sigma^2_{u0})$ 为相互独立的截距项水平 2 残差, $\mathrm{Cov}(u_{0i}, e_{it}) = 0$, 式 (6.3.3) 代入式 (6.3.2), 得到一个具有随机效应的方差分析模型：

$$Y'_{it} = A'_0 + u_{0i} + e_{it} \tag{6.3.4}$$

其中, A'_0 是固定效应部分, 表示总截距, 代表 Y'_{it} 的总均值, $u_{0i} + e_{it}$ 是随机效应部分; σ^2 表示省内方差或个体水平方差; σ^2_{u0}, 则表示省间方差. 由 RIGLS 估计可得 $\hat{A}'_0 = 6.897$, $\hat{\sigma}^2 = 0.8(P = 0.0002)$, $\hat{\sigma}^2_{u0} = 0.123(P < 0.0001)$, 二者均统计显著, 表明 GDP 对数的初始水平在各省之间有着显著不同, 且存在显著的对象内变异. 根据经典定义 (Shrout et al., 1979), ICC 被定义为组间方差与总方差之比: ICC$=\hat{\sigma}^2_{u0}/(\hat{\sigma}^2_{u0}+\hat{\sigma}^2) = 0.1333$, 表示 13.333%的总变异是由省间的异质性引起的. 由于各指标均统计显著, 因此可以推断 ICC 是统计显著的, 从而需要进行多水平模型分析.

6.3.3 无条件两水平模型

考虑无条件两水平模型

$$\text{水平 1：} Y'_{it} = A'_i + \alpha L'_{it} + \beta_i K'_{it} + e_{it} \tag{6.3.5}$$

$$\text{水平 2：} A'_i = A'_0 + u_{0i}, \quad \beta_i = \beta_0 + u_{1i} \tag{6.3.6}$$

$e_{it} \sim N(0,\sigma^2)$ 为相互独立的水平 1 残差, $u_{0i} \sim N(0,\sigma^2_{u0})$ 为相互独立的截距项水平 2 残差, $u_{1i} \sim N(0,\sigma^2_{u1})$ 为相互独立的斜率项水平 2 残差, $\mathrm{Cov}(u_{0i}, u_{1i}) = \sigma_{u01}$, 不同水平残差间相互独立. 将模型 (6.3.6) 代入模型 (6.3.5) 得到

$$Y'_{it} = A'_0 + \alpha L'_{it} + \beta_0 K'_{it} + u_{0i} + u_{1i}K'_{it} + e_{it} \tag{6.3.7}$$

在模型 (6.3.7) 中固定效应为 $A'_0 + \alpha L'_{it} + \beta_0 K'_{it}$, 随机效应为 $u_{0i} + u_{1i}K'_{it} + e_{it}$. 该模型有如下的解释：$A'_i$ 表示水平 1 的截距跨水平 2 单位变化, 即每个省区的截距项不同, A'_0 是各省区截距项的平均值, 表示就全国水平的技术进步粗略估计均

值; β_i 表示水平 1 的资本弹性系数跨水平 2 单位变化, 即每个省区的资本系数不同; β_0 是资本弹性系数的平均值, 表示全国水平资本的弹性系数均值; u_{0i} 表示各省区的技术进步粗略估计值与全国水平均值的差异; u_{1i} 表示各省区资本弹性系数与全国水平均值的差异.

由 RIGLS 估计结果如下所示 $\hat{Y}'_{it} = 0.036 + 0.19L'_{it} + 0.721K'_{it}$, $\hat{\sigma}^2 = 0.006$ $(P < 0.0001)$, $\hat{\sigma}^2_{u0} = 2.647(P = 0.0004)$, $\hat{\sigma}^2_{u1} = 0.04(P = 0.0003)$, $\hat{\sigma}^2_{u01} = -0.322$ $(P = 0.0005)$, $D = -507.518$. 参数估计均统计显著. 与线性模型结果比较见表 6.1.

表 6.1 无条件两水平模型 (6.3.4) 与线性模型 (6.3.1) 的参数估计对比表

参 数	线性模型 OLS 估计 (s.e.)	P 值	无条件两水平模型 RIGLS 估计 (s.e.)	P 值
固定效应参数				
$\hat{A}'_0$	−1.683 (0.1368)	<0.0001	0.036 (0.176)	0.8379
$\hat{\alpha}$	0.3167 (0.0205)	<0.0001	0.19 (0.039)	<0.0001
$\hat{\beta}_{00}$	0.8166 (0.018)	<0.0001	0.712 (0.039)	<0.0001
随机效应参数				
水平 2				
σ^2_{u0}			2.647 (0.748)	0.0004
σ^2_{u1}			0.04 (0.011)	0.0003
σ_{u01}			−0.322 (0.092)	0.0005
水平 1				
σ^2	0.059		0.006 (0.0000)	<0.0001
−2ln(likelihood)	868.2363		−507.543	

线性模型 (6.3.1) 是应用 OLS 估计一般 C-D 生产函数的参数, 其参数估计结果在 0.05 的水平上均显著, 其残差方差为 0.059, 较小, $-2\ln(\text{likelihood})$ 值为 868.2363. 无条件两水平模型 (6.3.7)(对线性模型的常数项与资本的系数根据水平结构随机化) 则是应用 RIGLS 估计 (限制迭代广义最小二乘估计) 多水平 C-D 生产函数模型的参数. 由估计结果显示, 首先, 此模型的 $-2\ln(\text{likelihood})$ 值为 −507.518, $-2\ln(\text{likelihood})$ 值越小模型拟合越好, 且模型 2 与模型 1 下 $-2\ln(\text{likelihood})$ 的差为 1375.7543, 与自由度为 3 的 χ^2-分布的临界值 (显著性水平设为 0.05, $\chi^2(3) = 7.815$) 相比是显著的; 其次, 无条件两水平模型 (6.3.7) 对残差根据水平进行了分解, 与线性模型 (6.3.1) 比较, 方差 σ^2 由 0.059 变为 0.006, 有了很大程度减少, 现将模型 (6.3.1) 设为零模型, 模型 (6.3.7) 设为现模型, 则方差中可解释的百分比为 89.83%, 两模型中所有估计参数均显著, 因此无条件两水平模型 (6.3.7) 比线性模型 (6.3.1) 有了很大程度改善, 但常数项统计不显著, 需建立改进模型.

6.3.4 单变量条件两水平模型

考虑单变量条件的两水平模型

$$\text{水平 1：} Y'_{it} = A'_i + \alpha L'_{it} + \beta_i K'_{it} + e_{it} \tag{6.3.8}$$

$$\text{水平 2：} A'_i = A'_0 + u_{0i}, \quad \beta_i = \beta_{00} + \beta_{01} DWKF_i + u_{1i} \tag{6.3.9}$$

$e_{it} \sim N(0,\sigma^2)$ 为相互独立的水平 1 残差, $u_{0i} \sim N(0,\sigma^2_{u0})$ 为相互独立的截距项水平 2 残差, $u_{1i} \sim N(0,\sigma^2_{u1})$ 为相互独立的斜率项水平 2 残差, $\mathrm{Cov}(u_{0i},u_{1i}) = \sigma_{u01}$, 不同水平残差相互独立. 此时在资本弹性系数随机化时, 加入水平 2 影响变量 $DWKF_i$(对外开放度), $DWKF_i$ 变量是来自于第二水平 (各省区) 的数据, 即 $DWKF_i$ 表示第 i 个省区的对外开放程度. 将模型 (6.3.9) 代入模型 (6.3.8), 得到

$$Y'_{it} = A'_0 + \alpha L'_{it} + \beta_{00} K'_{it} + \beta_{01} DWKF_i \times K'_{it} + u_{0i} + u_{1i} \times K'_{it} + e_{it} \tag{6.3.10}$$

在模型 (6.3.10) 中固定效应为 $A'_0 + \alpha L'_{it} + \beta_{00} K'_{it} + \beta_{01} DWKF_i \times K'_{it}$, 随机效应为 $u_{0i} + u_{1i} \times K'_{it} + e_{it}$. 该模型有如下的解释：$\beta_i$ 表示资本与 GDP 之间的关系是随着 $DWKF_i$ 的变化而变化; β_0 是资本系数的平均值, 表示其他变量不变的情况下, 全国水平资本的弹性系数均值; β_{01} 表示对外开放度与资本的交互效应.

由 RIGLS 估计结果为

$$\hat{Y}'_{it} = -0.877 + 0.334 L'_{it} + 0.672 K'_{it} + 0.199 DWKF_i \times K_{it} \tag{6.3.11}$$

$\hat{\sigma}^2 = 0.005(P < 0.0001)$, $\hat{\sigma}^2_{u0} = 2.362(P = 0.0004)$ 表示给定 $DWKF_i$ 的基础上, 综合测量的技术进步在各省区之间的差异程度, $\hat{\sigma}^2_{u1} = 0.036(P = 0.0003)$ 表示给定 $DWKF_i$ 的基础上, 资本对产出的弹性在各省之间的差异, $\hat{\sigma}_{u01} = -0.286$ $(P = 0.0005)$ 表示给定 $DWKF_i$ 的基础上, 资本与技术进步呈负相关, 即技术进步与资本视为投入要素时有一定的互补作用, 这与现实比较吻合. $-2\ln(\text{likelihood}) = -541.248$, 参数估计均统计显著. 与无条件两水平模型比较见表 6.2.

表 6.2 单变量条件两水平模型 (6.3.7) 与无条件两水平模型 (6.3.4) 的参数估计对比表

参 数	无条件两水平模型 RIGLS 估计 (s.e.)	P 值	单变量条件两水平模型 RIGLS 估计 (s.e.)	P 值
固定效应参数				
$\hat{A}'_0$	0.036 (0.176)	0.8379	−0.877 (0.404)	0.03
$\hat{\alpha}$	0.19 (0.039)	<0.0001	0.334 (0.042)	<0.0001
$\hat{\beta}_{00}$	0.712 (0.039)	<0.0001	0.672 (0.038)	<0.0001
$\hat{\beta}_{01}$			0.199 (0.033)	<0.0001
随机效应参数				

续表

参 数	无条件两水平模型 RIGLS 估计 (s.e.)	P 值	单变量条件两水平模型 RIGLS 估计 (s.e.)	P 值
水平 2				
σ_{u0}^2	2.647 (0.748)	0.0004	2.362 (0.669)	0.0004
σ_{u1}^2	0.04 (0.011)	0.0003	0.036 (0.01)	0.0003
σ_{u01}	−0.322 (0.092)	0.0005	−0.286 (0.082)	0.0005
水平 1				
σ^2	0.006 (0.0000)	<0.0001	0.005 (0.0000)	<0.0001
−2ln(likelihood)	−507.543		−541.248	

单变量条件两水平模型 (6.3.10) 与无条件两水平模型 (6.3.7) 相比, 是在资本的系数做二水平随机时加入了二水平条件变量 $DWKF_i$(对外开放程度). 首先, 模型 (6.3.10) 的 $-2\ln(\text{likelihood})$ 值为 −541.248, 与模型 (6.3.4) 下 $-2\ln(\text{likelihood})$ 的差为 33.73, 与自由度为 2 的 χ^2-分布的临界值 (显著性水平设为 0.05, $\chi^2(2) = 5.991$) 相比是显著的, 所有参数在 0.05 水平上均显著; 其次, 单变量条件两水平模型比无条件两水平模型更详细地刻画了资本系数的异质性, 因此单变量条件两水平模型为较优模型. 现将模型 (6.3.7) 设为零模型, 模型 (6.3.10) 设为现模型, 其水平 1 方差中可解释的百分比为 16.67%, 同理水平 2 方差中可解释的百分比中截距项为 10.77%, 表明技术进步的变异有 10.77%来自于各省份之间的差异, 而斜率项为 10%则表明资本弹性系数有 10%的变异来自于各省份间对外开放程度的不同. 本章在建立多水平 C-D 生产函数模型时, 对截距项、劳动系数也分别进行了多水平建模分析, 参数估计的结果在统计上均不显著, 因此在本书中将此部分略去.

6.4 经济增长源泉分析

6.4.1 经济增长及要素分析

应用 1997~2007 年数据分别计算全国经济增长率、劳动增长率、资本存量增长率见表 6.3.

由表 6.3 数据可得经济增长率、劳动力增长率及资本存量增长率的趋势如图 6.1 所示. 从图 6.1 中可看出, 经济增长率总体低于资本存量增长率, 而高于劳动力增长率, 1997~2007 年资本投入的增加仍是经济增长的主要动力. 而在 1997~1998 年间, 经济增长率由 9.63%降到 7.31%, 下降了约 2.3 个百分点, 劳动力增长率由 7.17%降到 1.17%, 下降了 6 个百分点, 出现了较多的失业. 主要原

表 6.3 1997 ~2007 年全国经济增长率、资本存量增长率、劳动力增长率数据表

年份	指标					
	实际 GDP /亿元	资本存量估计/亿元	就业人员总数/万人	经济增长率/%	资本存量增长率/%	劳动力增长率/%
1997	78060.83	37612.625	69820	0.0963	0.09470184	0.071679323
1998	83024.27	42966.922	70637	0.0731	0.14235372	0.011701518
1999	88479.15	48502.591	71394	0.0794	0.1288356	0.010716763
2000	98000.45	56670.694	72085	0.0855	0.1684055	0.009678684
2001	108068.22	65290.78	73025	0.0806	0.15210835	0.013040161
2002	119095.68	75499.27	73740	0.0955	0.15635424	0.009791167
2003	135173.97	86815.94	74432	0.1064	0.14989112	0.009384323
2004	159586.74	100556.13	75200	0.1041	0.15826806	0.010318143
2005	184088.6	115735.45	75825	0.1116	0.1509537	0.00831117
2006	213131.7	133572.131	76400	0.118	0.15411597	0.007583251
2007	251483.22	154503.0256	76990	0.1217	0.15670106	0.007722513

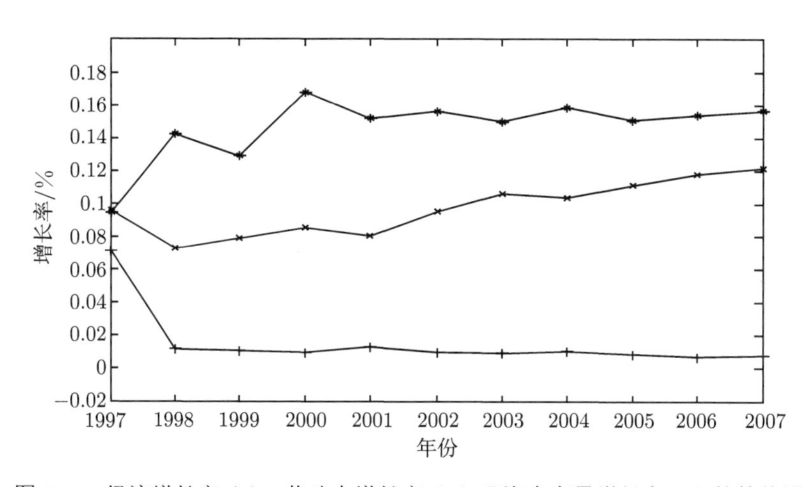

图 6.1 经济增长率 (×)、劳动力增长率 (+) 及资本存量增长率 (∗) 的趋势图

因是 1997 年 7 月 2 日由泰国金融危机引发了亚洲金融危机, 中国经济也受到了严重波及, 致使 1998 年中国经济面临以下困难: ① 工业生产能力过剩; ② 内资大量的外逃 (内部的环境不佳、美国的货币升值及互联网泡沫产生期的吸引); ③ 国际上主要是东南亚货币大幅贬值形成的竞争. 从而导致了 1998~2001 年通货紧缩时代, 与此同时, 我国政府提出了一系列增加国内投资需求的政策, 资本存量增长率由 1997 年的 9.47%快速升至 2000 年的 15.64%, 并保持 15%左右的较高增长率, 使我国在 2002 年经济增长率达到了 9.1%涨幅才摆脱通货紧缩, 在 2002~2007 年经济增长率达到了 10%左右的稳步增长, 而劳动力增长率并未有任何大的变动,

仍保持在 1%左右.

6.4.2 多水平 C-D 函数分析

由单变量条件两水平模型得出多水平 C-D 函数为

$$\hat{Y}_{it} = 0.416L_{it}^{0.334}K_{it}^{0.672+0.199\times DWKF_i} \tag{6.4.1}$$

其中劳动弹性系数 $\alpha = 0.334$, 资本弹性系数则是一个变量, 是随 $DWKF_i$ 变化而变化的, 其形式为 $\beta_i = 0.672 + 0.199 \times DWKF_i$. 对于生产函数而言, 讨论规模报酬变动是考量 $\alpha + \beta$ 的数值, 当 $\alpha + \beta > 1$ 时规模报酬递增, 当 $\alpha + \beta < 1$ 时规模报酬递减, 当 $\alpha + \beta = 1$ 时规模报酬不变, 在本结论中规模报酬的判定具有函数形式为: $\alpha + \beta_i = 1.006 + 0.199 \times DWKF_i$, $DWKF_i$ 为正值, 则可以判定我国 1997~2007 年的多水平 C-D 函数具有规模报酬递增的特性, 而且递增速度的快慢是由 $DWKF_i$ 调节的.

由模型 (6.4.1) 可推出资本的边际产出 $MP_{K_{it}}$、劳动力边际产出 $MP_{L_{it}}$、资本 K_{it} 对劳动 L_{it} 的边际替代率 $MRS_{K_{it}\to L_{it}}$ 及劳动 L 对资本 K 的边际替代率 $MRS_{L_{it}\to K_{it}}$, 具体结论为

$$\begin{aligned} MP_{K_{it}} &= \frac{\partial Y_{it}}{\partial K_{it}} \\ &= 0.416 \times (0.627 + 0.199DWKF_i)L_{it}^{0.334}K_{it}^{0.672+0.199\times DWKF_i-1} \\ &= (0.627 + 0.199DWKF_i) \times \frac{Y_{it}}{K_{it}} \end{aligned} \tag{6.4.2}$$

$$\begin{aligned} MP_{L_{it}} &= \frac{\partial Y_{it}}{\partial L_{it}} \\ &= 0.416 \times 0.334L_{it}^{0.334-1}K_{it}^{0.672+0.199\times DWKF_i} \\ &= 0.334 \times \frac{Y_{it}}{L_{it}} \end{aligned} \tag{6.4.3}$$

$$\begin{aligned} MRS_{L_{it}\to K_{it}} &= \frac{MP_{K_{it}}}{MP_{L_{it}}} \\ &= \frac{(0.672 + 0.199DWKF_i)}{0.334} \cdot \frac{L_{it}}{K_{it}} \end{aligned} \tag{6.4.4}$$

$$\begin{aligned} MRS_{K_{it}\to L_{it}} &= \frac{MP_{L_{it}}}{MP_{K_{it}}} \\ &= \frac{0.334}{(0.672 + 0.199DWKF_i)} \cdot \frac{K_{it}}{L_{it}} \end{aligned} \tag{6.4.5}$$

由结果可得劳动力边际产出 $MP_{L_{it}}$, 资本的边际产出 $MP_{K_{it}}$、资本 K_{it} 对

劳动力 L_{it} 的边际替代率 $MRS_{K_{it}\to L_{it}}$ 及劳动力 L 对资本 K 的边际替代率 $MRS_{L_{it}\to K_{it}}$ 都是 $DWKF_i$ 的函数, 变动均基于资本弹性系数的异质性.

6.4.3 要素贡献份额分析

6.4.3.1 全要素增长率的测算

根据总体生产函数可以推出增长率的分解式为 $G_Y = G_A + \alpha G_L + \beta G_K$, 再由模型 (6.4.1) 可得出全要素生产率的增长率公式为

$$G_A = G_Y - 0.334G_L - (0.672 + 0.199DWKF_i)G_K \tag{6.4.6}$$

计算结果见表 6.4.

表 6.4 1997~2007 年各省份指标平均值数据表

省份	指标				
	经济平均增长率	资本存量平均增长率	劳动力平均增长率	对外开放平均程度	全要素平均增长率
北京	0.112727	0.091871	0.052299	0.185056	0.030139
天津	0.128727	0.109053	−0.00261	0.429605	0.046991
河北	0.112545	0.149488	0.004723	0.027878	0.009683
山西	0.108455	0.12641	0.004607	0.016402	0.021555
内蒙古	0.142091	0.16776	0.004189	0.008965	0.027658
辽宁	0.107636	0.154744	0.002912	0.129445	−0.00131
吉林	0.109	0.168556	−0.01011	0.045588	−0.00242
黑龙江	0.101182	0.132287	0.006125	0.010148	0.009972
上海	0.116091	0.165361	0.013954	0.469917	−0.01516
江苏	0.125727	0.148343	0.012031	0.287339	0.01354
浙江	0.123	0.164924	0.027604	0.110388	−0.00067
安徽	0.104636	0.181939	0.009701	0.026568	−0.02183
福建	0.118364	0.214284	0.035868	0.217047	−0.04687
江西	0.108273	0.138411	0.006424	0.023743	0.012461
山东	0.125091	0.164663	0.013177	0.093705	0.006966
河南	0.111636	0.157416	0.016607	0.011792	−6.3E-05
湖北	0.108727	0.168288	0.009408	0.027425	−0.00842
湖南	0.104636	0.177787	0.005264	0.012555	−0.01704
广东	0.121818	0.153087	0.033963	0.522712	−0.00832
广西	0.105182	0.141129	0.012156	0.026226	0.005547
四川	0.107545	0.138599	−0.02102	0.01623	0.020978
贵州	0.100727	0.158628	0.017253	0.009173	−0.01192
云南	0.090818	0.147366	0.014795	0.009209	−0.01342
陕西	0.108273	0.163042	0.00654	0.01543	−0.00398

续表

省份	指标				
	经济平均增长率	资本存量平均增长率	劳动力平均增长率	对外开放平均程度	全要素平均增长率
甘肃	0.100091	0.139749	0.014576	0.008458	0.001076
青海	0.109909	0.129978	0.017364	0.007005	0.016583
宁夏	0.104	0.15157	0.019656	0.019025	−0.00499
新疆	0.096182	0.122514	0.01639	0.006941	0.008209

注：港、澳、台数据暂缺

由表 6.4 的各指标散点连线图如图 6.2 所示, 其中横坐标按经济增长率 G_Y 指标由小到大排序. 由此可以看出, 1997~2007 年各省份经济平均增长率保持在 9%~14%, 最高的省份内蒙古自治区达到 14.21%, 最低的省份云南省为 9.08%. 明显可以看出资本、劳动力及全要素生产率共同作用影响着经济增长, 如福建省的资本平均增长率最高、劳动力平均增长率居全国中等水平, 而其全要素平均增长率最低. 天津、吉林、四川三省份出现了劳动力的负增长, 全要素生产率平均增长率均高于劳动力平均增长率. 从图 6.2 还可以看出资本的平均增长率与全要素生产率的平均增长率变化较为明显, 而劳动力平均增长率则变化幅度不大, 由此可以简单认为在 1997 ~2007 年这十一年里, 各省份经济增长的带动因素中资本是首要因素, 而包括技术进步与技术效率的改进、规模效率以及其他未知因素对经济增长的影响也比较明显, 劳动力增长对经济增长的作用较小. 就全国而言全要素生产率平均增长率为 0.002676.

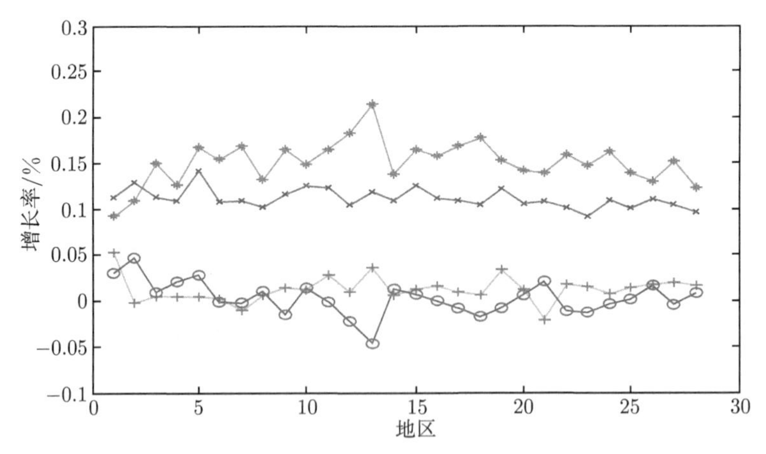

图 6.2 各省份经济平均增长率 (×), 资本存量平均增长率 (*), 劳动力平均增长率 (+), 全要素平均增长率 (○) 的点图 (按表 6.4 顺序排列)

6.4.3.2 要素贡献率的测算

在经济增长源泉分析中, 资本贡献为 $[E_K\cdot(G_K/G_Y)]\times 100\%$; 劳动力贡献为 $[E_L\cdot(G_L/G_Y)]\times 100\%$; 全要素生产率贡献为 $[G_Y-(E_K\cdot G_K+E_L\cdot G_L)]/G_Y\times 100\%$. 其中 E_K 为资本的弹性, 在此为 $0.672+0.199\times DWKF_i$; E_L 为劳动力的弹性, 在此为 0.334; G_Y, G_L 和 G_K 分别为经济增长率、劳动增长率和资本增长率. 由表 6.4 可得三指标的贡献率 (表 6.5).

表 6.5 1997～2007 年各省份资本、劳动力及全要素生产率贡献份额数据表

省份	指标			省份	指标		
	资本贡献份额	劳动力贡献份额	全要素贡献份额		资本贡献份额	劳动力贡献份额	全要素贡献份额
北京	0.577681	0.154957	0.267362	山东	0.909129	0.035183	0.055688
天津	0.641719	−0.00676	0.365041	河南	0.950881	0.049686	−0.00057
河北	0.899949	0.014015	0.086035	湖北	1.048568	0.0289	−0.07747
山西	0.787062	0.014188	0.19875	湖南	1.146036	0.016803	−0.16284
内蒙古	0.795504	0.009848	0.194648	广东	0.975211	0.093118	−0.06833
辽宁	1.003139	0.009037	−0.01218	广西	0.908667	0.0386	0.052733
吉林	1.053197	−0.03099	−0.0222	四川	0.870204	−0.06527	0.195064
黑龙江	0.881229	0.020217	0.098554	贵州	1.061155	0.057208	−0.11836
上海	1.090407	0.040146	−0.13055	云南	1.093391	0.054413	−0.1478
江苏	0.860345	0.031961	0.107693	陕西	1.01655	0.020176	−0.03673
浙江	0.930501	0.074956	−0.00546	甘肃	0.940607	0.048639	0.010754
安徽	1.177651	0.030967	−0.20862	青海	0.796353	0.052766	0.150881
福建	1.294775	0.101212	−0.39599	宁夏	0.984894	0.063126	−0.04802
江西	0.865097	0.019815	0.115088	新疆	0.857738	0.056916	0.085346

注：港、澳、台数据暂缺

由表 6.5 得到各省份资本、劳动力、全要素生产率贡献份额散点连线图如图 6.3 所示, 其中横坐标按资本贡献份额指标由小到大排序. 图 6.3 中所示的劳动贡献份额在原点附近有较小幅度的摆动, 这表明 1997～2007 年劳动力对是经济增长的拉动起着微小的影响, 而资本贡献份额较大, 全要素贡献份额较小, 但波动幅度较大, 且出现互补效应. 辽宁、陕西、湖北、吉林、贵州、上海、云南、湖南、安徽、福建十省份的资本贡献份额超过了 100%, 浙江、甘肃、河南、广东、宁夏、辽宁、陕西、湖北、吉林、贵州、上海、云南、湖南、安徽、福建十五个省份的全要素生产率为负, 由此可认为各省份在发展地方经济时仍是依赖于资本的发展, 与此同时各省份对全要素生产率的调整也列为发展重点. 全国资本平均贡献份额为 94.35%, 劳动平均贡献份额为 3.69%, 而全要素生产率平均贡献份额为 1.96%.

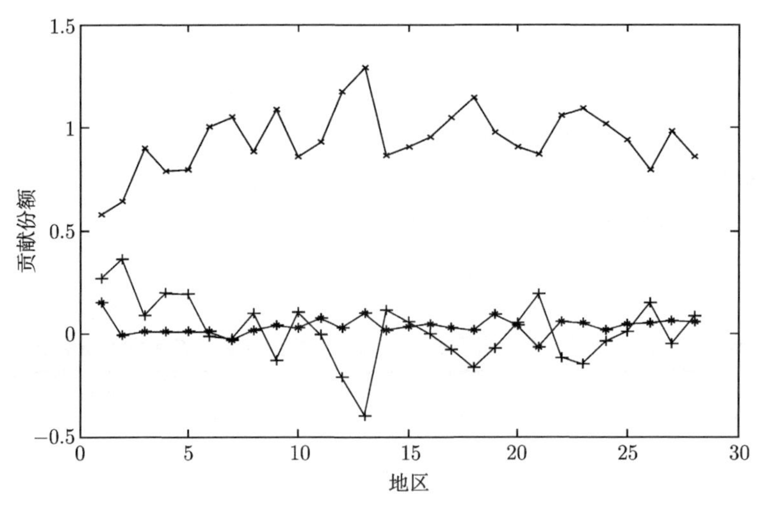

图 6.3　各省份资本 (×)、劳动力 (+)、全要素生产率贡献份额 (*) 散点连线图 (按表 6.5 中顺序排列)

6.5　结　　论

宏观经济数据明显呈现多水平结构 (或层次结构), 基于多水平数据提出的多水平模型在理论上是适用的. 通过实证分析, 多水平模型较一般模型而言有其独特之处：① 多水平模型的建立是完全基于数据的层次结构, 特别是在变量的选取上, 按不同的水平选取不同的变量; ② 在参数估计方法上采用的是迭代广义最小二乘估计和限制迭代广义最小二乘估计; ③ 对回归系数、各水平残差的方差和协方差均给出了估计和统计推断过程, 对全面研究模型结构和处理实际问题提供了更详细的信息; ④ 在描述参数的异质性问题上, 多水平模型提出了详细的函数结构, 这使得研究变量关系变得较为明显.

通过多水平 C-D 生产函数模型估算的资本、劳动力、全要素生产率贡献份额再次证明, 首先, 我国在 1997~2007 年保持较高经济增长速度的主要原动力仍然是资本要素, 资本贡献份额较高的省份不仅仅集中于东部地区, 云南、贵州、陕西、宁夏等省份的资本贡献份额也较高, 而北京、天津、江苏等省份的资本贡献份额则比较低, 这一现象的出现表明在 1997~2007 年我国在中西部地区资本投入的力度有了很大的改善, 同时资本要素贡献份额在各省份之间的差异与各地区间的对外开放程度有着密切的关系. 其次, 各省份劳动力要素的增幅区别不大, 均保持着较低的增长, 表明我国已经改变了劳动力投入的方式, 单纯地提高劳动数量已不能很好地拉动经济增长. 全要素生产率在经济增长中的贡献作用比较活跃, 而且在各个省份与资本要素形成了互补效益, 共同对经济增长起拉动作用, 资本贡献份额较低的省份, 如北京、天津、山西、内蒙古等省份的全要素生产率较高, 表明这些地区已经将提高全要素生产率作为带动经济增长的一个重要因素加以重视.

第 7 章　我国产业结构与经济增长和要素效率关系分析

经济增长主要表现为经济总量的增长. 但是, 经济总量的增长是以各产业部门的增长为基础的. 现代经济增长方式本质上是结构主导型增长方式, 即以产业结构变动为核心的经济增长. 因此, 从产业结构着手寻找对经济增长的贡献以及产业规模和要素效率的影响有着重要意义. 国内外学者在这方面做了大量研究, 同时也运用了很多研究方法. 本章在借鉴前人研究成果的基础上, 着重引入多水平模型, 利用 1979~2007 年全国经济数据, 对我国产业结构与经济增长、要素效率分别进行了实证分析, 并给出相关政策建议.

7.1　产业结构理论及模型探究综述

7.1.1　产业与产业分类

产业是一个集合概念. 西方产业组织理论认为, 从狭义角度界定, 产业是直接从事同一类产品或服务的生产和经营的企业的集合. 从广义角度界定, 由于在国民经济体系中, 任何一个产业都不可能独立地存在和发展, 产业中的企业必须在市场中与其客户、供应商、合作伙伴甚至竞争对手建立各种各样的市场关系, 所以, 可以将产业作如下定义, 产业是围绕某种产品或服务的生产和经营活动所发生的各种市场关系的集合. 无论是狭义的产业概念还是广义的产业概念, 产品是区分产业的唯一标准, 判断两个企业是否属于同一个产业, 要看其生产的产品是否具有较强的替代性.

生产结构分类法. 所谓生产结构分类法是依据再生产过程中各产业间的关系而进行的产业分类方法. 例如, 马克思在研究资本主义社会总资本再生产时, 将全社会的物质生产部门分为生产资料部门 (第 **I** 部类) 和消费资料部门 (第 **II** 部类) 两大部类.

三次产业分类法. 所谓三次产业分类法, 就是把全部的经济活动划分为第一产业、第二产业和第三产业; 第一产业的属性是其生产物取自于自然; 第二产业则是加工取自于自然的生产物; 第三产业被解释为繁衍于有形物质财富生产之上的无形财富的生产部门. 我国在 20 世纪 80 年代中期引入三次产业分类法, 在此之前采用的是农、轻、重产业分类法, 从第七个五年计划开始采用了三次产业分类法.

国际标准产业分类法. 标准产业分类法是为统一国民经济统计的口径而出现的, 它是由权威部门按统一口径对产业进行划分. 联合国为了统一世界各国产业分类, 曾颁布过《全部经济活动的国际标准产业分类索引》, 把全部经济活动首先分解为十个大项, 在每个大项下面分成若干中项, 每个中项下面又分成若干小项, 最后, 又将小项分解为若干细项. 大、中、小、细共分四级, 而且各大、中、小、细项都规定有统计编码. 联合国标准产业分类的一个特色是和三次产业分类法保持着稳定的联系. 国际标准产业分类的大项很容易组合成三个部分, 因而同三次分类法相一致.

生产要素密集度分类法. 生产要素密集度分类法又称资源集约度分类法. 在产业结构分析中, 根据不同的产业在生产过程中对资源依赖程度的差异, 把产业大致分为资源密集型产业、劳动密集型产业、资本密集型产业与技术密集型产业. 这种产业分类的特点是强调了各产业生产活动中的投入要素组合的差异, 以及不同投入要素的使用强度, 便于产业之间的分类对比研究, 因此是一种相对的分类.

7.1.2 经济增长与产业结构关系

从静态来看, 产业结构的状态在一定程度上影响着经济的总增长. 经济增长是一种投入产出关系, 虽然大量的资源投入是经济增长的基础, 但其投入产出效益很大程度上取决于结构优化程度. 因为大量的资源投入要与特定的企业、行业、产业部门结合在一起, 最终体现在特定的产业部门之中, 从而形成一定的产业结构. 而社会化大生产条件下各个产业之间存在着广泛的投入产出关系, 每一个产业通过 “前向关联” 与其他产业形成一种供求的紧密关系. 如果产业结构比较均衡, 与国内需求、国际市场相适应, 与技术发展相适应, 主导产业是劳动生产率较快的产业, 则合理的资源配置, 能保证总量的持续增长. 如果产业结构严重失衡, 与国内需求不适应, 其技术水平落后于当代技术的发展, 则资本配置的效果是低下的. 经济增长必然是缓慢的、不适应的. 特别是当代经济条件下, 社会分工日益细化, 产业部门不断增多, 产业之间的依赖性日益扩大. 产业结构是否合理也就成为决定经济增产的基本条件.

从动态来看, 经济总量的持续增长依赖于产业结构的变化. 主要表现在经济增长必须依靠具有高于平均增长率的新兴产业来支撑. 这是因为任何产业都有产生、发展、成熟、衰落的过程, 当原有部分产业在经历成熟期之后, 遇到市场饱和及技术进步潜力低下的阻碍而走向衰落时, 如果没有具有较高增长率的新兴产业出现, 即没有产业结构的变化, 那么经济总量必然下降. 而产业结构变动实际上是具有较高的收入弹性, 较低的相对成本的产业不断取代原来走向衰败的产业部门的过程. 这一过程势必出现产出增大、成本下降的经济效益, 从而促进经济的快速增长.

产业结构是联系技术进步和经济增长的纽带. 从技术、产业结构和经济增长的单向关系看, 技术是起点则经济增长是终点, 或者说技术是原因则经济增长是结果, 产业结构是这两者之间的传导媒介. 新的科学技术总是首先出现在某一特定的生产部门, 并首先引起这一部门的快速增长带动整个经济的增长. 显然, 技术创新的扩散只有在产业结构较为合理的状态下才能顺利地发生. 而在产业结构扭曲的情况下, 结构关联将发生断裂, 必然使技术创新扩散受阻, 从而使经济增长难以实现.

7.1.3　产业结构对生产规模和要素效率影响的模型

刘伟和李绍荣 (2002) 提出的研究产业结构对生产规模和要素效率影响的计量模型可表述为

$$\ln(Y) = A + \alpha\ln(K) + \beta\ln(L) + e \tag{7.1.1}$$

$$\begin{aligned} A &= \gamma_1 x_1 + \gamma_2 x_2 + \cdots + \gamma_n x_n \\ \alpha &= \alpha_1 x_1 + \alpha_2 x_2 + \cdots + \alpha_n x_n \\ \beta &= \beta_1 x_1 + \beta_2 x_2 + \cdots + \beta_n x_n \end{aligned} \tag{7.1.2}$$

其中, Y 表示总产出; K 表示资本使用量; L 表示劳动投入量; x_i, $i = 1, 2, \cdots, n$ 表示各产业的产出占总产出的比例或经济中各经济成分的比重. 当研究的是第一、二、三产业时, $n = 3$, 此时将式 (7.1.2) 代入式 (7.1.1) 可得

$$\begin{aligned} \ln(Y) =& (\alpha_1 x_1 + \alpha_2 x_2 + \alpha_3 x_3)\ln(K) + (\beta_1 x_1 + \beta_2 x_2 + \beta_3 x_3)\ln(L) \\ &+ (\gamma_1 x_1 + \gamma_2 x_2 + \gamma_3 x_3) + e \end{aligned} \tag{7.1.3}$$

利用 1979~2007 年全国宏观经济数据, 使用最小二乘估计对数模型 (7.1.3) 进行计算分析, 我们发现许多变量之间存在较强的复共线性. 如果删除复共线性变量, 那么无法给出全面而合理的解释.

事实上, 模型 (7.1.1)、模型 (7.1.2) 可以看成是一个变系数模型, 但式 (7.1.2) 中的恒等式不一定合理, 可能存在随机误差. 因此使用具有随机系数的两水平模型进行分析更为合理. 本章在借鉴前人研究成果的基础上, 在研究方法上引入多水平模型, 对我国产业结构与产业规模、要素效率进行实证分析, 我们发现多水平

模型能够较好地处理数据中的参数异质性问题, 为多水平模型在经济领域的应用提供一个较好的研究实例.

7.2 多水平建模分析

7.2.1 数据说明

本章采用 1979~2007 年 30 个省份 (将重庆数据与四川省数据进行了合并) 的经济数据. 数据来源于《新中国统计 50 年统计资料汇编》《中国统计年鉴》及国泰安数据库. 包括的指标有各地区生产总值 Y; 各地区三产业产值占总产值的比例 x_1, x_2, x_3; 各地区劳动力投入量 L(用各地区就业人数衡量); 各地区资本投入量 K(用各地区资本存量衡量), 其中产值均用实际 GDP 来衡量.

7.2.2 数据的初步分析

将 1979~2007 年各地区第一、二、三产业总值 X_{1it}, X_{2it}, X_{3it}, 各地区三大产业产值占总产值的比例 x_{1it}, x_{2it}, x_{3it}(其中, $i = 1, 2, \cdots, 30$, 表示 30 个省份; $t = 1, 2, \cdots, 29$, 表示 1979~2007 年的 29 个年份) 进行各省份分析结果表明在时间趋势上大致相同, 较大的差别来源于省份之间的差异, 因此我们在时间段上对各省份指标做平均处理, 以此来主要体现各省份之间的差异. 得到各省份的平均值后, 再按第一产业升序排列, 具体数据见表 7.1.

表 7.1 各省份 1979~2007 年相关指标均值

省份	指标					
	第一产业产出均值/亿元	第二产业产出均值/亿元	第三产业产出均值/亿元	第一产业所占份额均值/%	第二产业所占份额均值/%	第三产业所占份额均值/%
青海	6.84592	36.46721	22.63064	0.210	0.429	0.361
西藏	8.105026	8.330815	19.61712	0.403	0.201	0.396
宁夏	10.08897	32.78105	24.08859	0.223	0.430	0.346
北京	12.02908	344.2026	286.8323	0.052	0.480	0.468
上海	15.88412	1000.966	401.6944	0.028	0.599	0.373
天津	16.44526	311.8787	133.6107	0.061	0.583	0.356
甘肃	38.04579	152.71	118.6862	0.227	0.459	0.313
山西	38.32492	321.342	118.5974	0.149	0.534	0.317
海南	40.04359	37.11541	44.78626	0.426	0.209	0.365
贵州	52.76882	130.9795	67.2349	0.338	0.385	0.277
新疆	61.15615	107.3437	81.3475	0.299	0.391	0.310
内蒙古	61.56018	182.0889	140.347	0.278	0.399	0.322

续表

省份	指标					
	第一产业产出均值/亿元	第二产业产出均值/亿元	第三产业产出均值/亿元	第一产业所占份额均值/%	第二产业所占份额均值/%	第三产业所占份额均值/%
陕西	75.18082	281.9445	122.2859	0.230	0.444	0.326
吉林	76.43078	257.002	142.9767	0.251	0.454	0.295
云南	80.47588	196.019	121.3778	0.299	0.409	0.293
福建	84.98035	539.0268	188.8633	0.245	0.412	0.343
辽宁	93.89764	661.1395	334.9553	0.140	0.541	0.319
广西	98.42557	248.1278	101.0177	0.339	0.337	0.324
黑龙江	104.4451	377.1033	193.4225	0.181	0.549	0.269
江西	108.6648	359.1808	135.5949	0.323	0.380	0.297
浙江	121.7429	1130.656	287.8196	0.200	0.493	0.308
安徽	125.5678	510.7878	211.0642	0.317	0.406	0.277
河北	139.1812	689.5683	381.0753	0.225	0.479	0.296
湖南	155.938	451.6241	204.2888	0.320	0.379	0.301
湖北	161.9281	620.1367	265.9391	0.274	0.439	0.287
广东	178.3952	1797.368	589.4743	0.194	0.460	0.346
四川	193.9064	526.6453	275.8276	0.311	0.386	0.303
江苏	199.8325	1649.588	719.5012	0.201	0.517	0.282
河南	205.8905	683.7966	329.8416	0.292	0.439	0.269
山东	244.2413	1418.074	349.5542	0.240	0.477	0.283

注：港、澳、台数据暂缺

各省份三大产业产值均值散点连线如图 7.1 所示, 从图 7.1 中可以看出, 在我国各省份之间第一产业产值差距不大, 而第二、三产业产值的差距较为明显. 在第二产业中上海、辽宁、浙江、广东、江苏、山东六省份的产值较高, 福建、

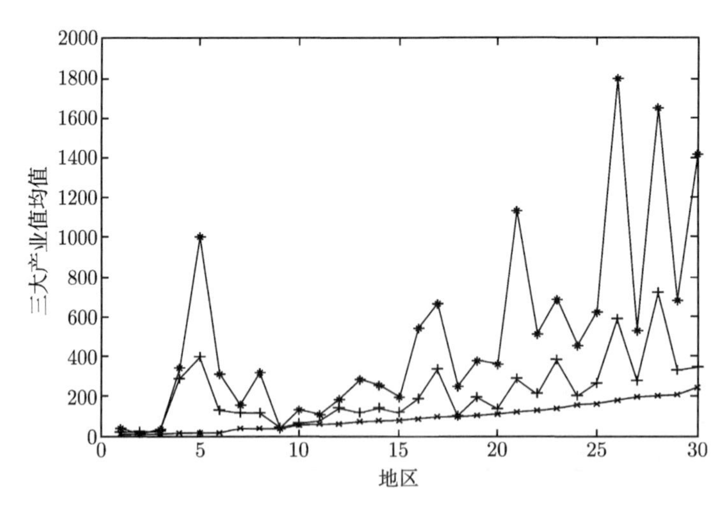

图 7.1 各省区第一产业 (×)、第二产业 (*) 及第三产业 (+) 产值均值散点连线图

安徽、河北、湖北、四川、河南、湖南七省份的产值居中, 其余省份次之, 而青海、西藏、宁夏、海南、新疆五省份的产值最低. 对于第三产业而言, 上海、辽宁、浙江、河北、广东、江苏六省份的产值较高, 其余差距不大. 第二产业对第三产业有明显的拉动作用.

各省份三大产业所占份额的均值散点连线如图 7.2 所示, 可以看出, 西藏、海南、广西三省份第一产业占 GDP 比重最大, 以农业为主导产业, 而北京、上海、天津、山西、辽宁、黑龙江、江苏、广东等大部分省份是以第二产业为主导产业, 对各省份而言第三产业并非是主导产业. 其中第二产业对第三产业具有拉动作用.

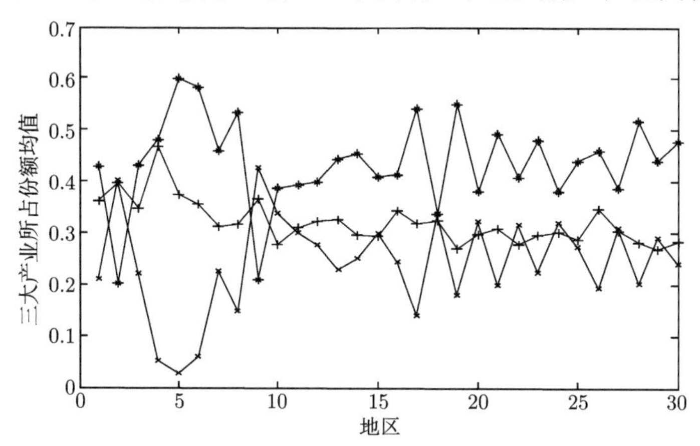

图 7.2 各省份第一产业 (×)、第二产业 (*) 及第三产业 (+) 所占份额的均值散点连线图

由以上分析可知, 在对我国产业结构进行分析时, 不仅要重视产业间的差异性, 还要考虑区域间的差异性.

7.2.3 多水平建模分析

我们用 it 表示第 i 个地区在第 t 个时刻点上的观测变量. 例如, 1979~2007 年各省份三大产业产值占总产值的比例记为 $x_{1it}, x_{2it}, x_{3it}$(其中, $i=1,2,\cdots,30$, 表示 30 个省份; $t=1,2,\cdots,29$, 表示 1979~2007 年的 29 个年份). 令 x_{1i}, x_{2i}, x_{3i} 表示第 i 个地区一、二、三产业比例在时间上的平均, 则基于模型 (7.1.1)、模型 (7.1.2) 的两水平模型可以写为

$$\text{水平 1:}\quad \ln(Y)_{it}=A_i+\alpha_i\ln(K)_{it}+\beta_i\ln(L)_{it}+e_{it} \tag{7.2.1}$$

$$\begin{aligned}\text{水平 2:}\quad A_i&=\gamma_1x_{1i}+\gamma_2x_{2i}+\gamma_3x_{3i}+u_{0i}\\ \alpha_i&=\alpha_1x_{1i}+\alpha_2x_{2i}+\alpha_3x_{3i}+u_{1i}\\ \beta_i&=\beta_1x_{1i}+\beta_2x_{2i}+\beta_3x_{3i}+u_{2i}\end{aligned} \tag{7.2.2}$$

其中, $e_{it} \sim N(0,\sigma^2)$ 为相互独立的水平 1 残差; $u_{0i} \sim N(0,\sigma_{u0}^2)$ 为相互独立的截距项水平 2 残差; $u_{1i} \sim N(0,\sigma_{u1}^2)$, $u_{2i} \sim N(0,\sigma_{u2}^2)$ 分别为相互独立的斜率项水平 2 残差.

$$\mathrm{Cov}(u_{0i},u_{1i})=\sigma_{u01},\quad \mathrm{Cov}(u_{0i},u_{2i})=\sigma_{u02},\quad \mathrm{Cov}(u_{1i},u_{2i})=\sigma_{u12}$$

不同水平残差相互独立, u_{1i} 为在给定三产业份额指标的条件下, 各省份资本弹性系数与全国水平均值的差异; u_{2i} 为在给定三产业份额指标的条件下, 各省份劳动力弹性系数与全国水平均值的差异.

在模型 (7.2.2) 中我们使用水平 2 变量 (而不是水平 1 变量 x_{1it}, x_{2it}, x_{3it}) 有两个原因：一是这样做可以消除变量之间的复共线性; 二是我们的重点是研究不同地区对参数的异质性影响. 事实上, 通过对各省份产业比例的分析表明, 其在时间趋势上大致相同, 较大的差别来源于省份之间的差异. 因此使用两水平模型 (7.2.1)、模型 (7.2.2) 是合理的.

7.2.3.1 空模型的建立

为了研究多水平模型的可行性, 我们首先讨论空模型 (Empty Model), 或无条件均值模型 (Unconditional Means Model)

$$\text{水平 1：}\ \ln(Y)_{it}=\gamma_{0i}+e_{it} \tag{7.2.3}$$

$$\text{水平 2：}\ \gamma_{0i}=\gamma_{00}+u_{0i} \tag{7.2.4}$$

该模型的水平 1 和水平 2 均没有解释性变量, 将式 (7.2.4) 代入式 (7.2.3), 得到一个具有随机效应的方差分析模型

$$\ln(Y)_{it}=\gamma_{00}+u_{0i}+e_{it} \tag{7.2.5}$$

对模型 (7.2.5), 首先计算组内相关系数 ICC, 检验是否存在组内相关. 如果数据集的 ICC 或组间方差统计不显著 (无统计学意义), 则可对该数据集进行一般的回归分析, 而不需要多水平模型分析; 反之, 如果统计显著, 则应该考虑对其进行多水平模型分析 (王济川等, 2008).

由 RIGLS 估计可得 $\hat{\gamma}_{00}=5.896(P<0.0001), \hat{\sigma}^2=0.735(P<0.0001), \hat{\sigma}_{u0}^2=0.981(P<0.0001)$, 二者均统计显著, 表明 GDP 对数的初始水平在各省份之间有着显著不同, 且存在显著的对象内变异. ICC=$\hat{\sigma}_{u0}^2/(\hat{\sigma}_{u0}^2+\hat{\sigma}^2)=0.5717$, 表示 57.17%的总变异是由省间的异质性引起的. 因此可以推断 ICC 是统计显著的, 从而需要进行多水平模型分析.

7.2.3.2 条件两水平分析模型

将模型 (7.2.2) 代入模型 (7.2.1) 得到

$$\begin{aligned}\ln(Y)_{it} =&\gamma_1 x_{1i} + \gamma_2 x_{2i} + \gamma_3 x_{3i} + \alpha_1 x_{1i}\ln(K)_{it} + \alpha_2 x_{2i}\ln(K)_{it}\\&+ \alpha_3 x_{3i}\ln(K)_{it} + \beta_1 x_{1i}\ln(L)_{it} + \beta_2 x_{2i}\ln(L)_{it}\\&+ \beta_3 x_{3i}\ln(L)_{it} + u_{0i} + u_{1i}\ln(K)_{it} + u_{2i}\ln(L)_{it} + e_{it}\end{aligned}\qquad(7.2.6)$$

其中, $\gamma_1, \gamma_2, \gamma_3$ 分别表示第一、二、三产业对生产规模的影响; $\alpha_1, \alpha_2, \alpha_3$ 分别表示第一、二、三产业对资本要素效率的影响; $\beta_1, \beta_2, \beta_3$ 分别表示第一、二、三产业对劳动力要素效率的影响. 应用 RIGLS(限制迭代广义最小二乘估计) 进行参数估计, 估计结果 (表 7.2 的第 2、3 列) 显示, 有部分解释变量的参数估计统计不显著, 需对模型 (7.2.6) 进行修正.

表 7.2 模型 (7.2.6) 与模型 (7.2.7) 的参数估计对比表

参数	模型 (7.2.6)RIGLS 估计 (s.e.)	P 值	模型 (7.2.7)RIGLS 估计 (s.e.)	P 值
固定效应参数				
$\hat{\gamma}_1$	−26.723 (9.4546)	0.0047	−24.9695 (3.933)	<0.0001
$\hat{\gamma}_2$	11.6575 (9.354)	0.2127		
$\hat{\gamma}_3$	−13.482 (16.0282)	0.4003		
$\hat{\alpha}_1$	0.5237 (0.2774)	0.059	0.6473 (0.1458)	<0.0001
$\hat{\alpha}_2$	1.2548 (0.2747)	<0.0001	1.065 (0.0613)	<0.0001
$\hat{\alpha}_3$	−0.1384 (0.4738)	0.7702		
$\hat{\beta}_1$	3.6736 (1.4415)	0.0108	3.3381 (0.6178)	<0.0001
$\hat{\beta}_2$	−2.669 (1.4498)	0.0656	−0.9365 (0.1831)	<0.0001
$\hat{\beta}_3$	4.1621 (2.4718)	0.0922	2.2091 (0.2886)	<0.0001
随机效应参数				
水平 2				
σ_{u0}^2	26.0783 (7.6097)	0.0006	27.6981 (8.027)	0.0006
σ_{u1}^2	0.6024 (0.1765)	0.0006	0.6416 (0.1866)	0.0006
σ_{u2}^2	0.023 (0.0065)	0.0004	0.0238 (0.0067)	0.0004
σ_{u01}	−3.9333 (1.1545)	0.0007	−4.187 (1.2195)	0.0006
σ_{u02}	0.6871 (0.2098)	0.0011	0.7204 (0.2188)	0.001
σ_{u12}	−0.1073 (0.0324)	0.0009	−0.1126 (0.0338)	0.0009
水平 1				
σ^2	0.0124 (0.0006)	<0.0001	0.0125 (0.0006)	<0.0001
−2ln(likelihood)	−1007.8		−1005.1	

经过反复分析与验证, 将模型 (7.2.6) 修正为如下形式

$$\begin{aligned}
&\text{水平 1：} \ln(Y)_{it} = A_{it} + \alpha_i \ln(K)_{it} + \beta_i \ln(L)_{it} + e_{it} \\
&\text{水平 2：} A_i = \gamma_1 x_{1i} + u_{0i} \\
&\qquad\qquad \alpha_i = \alpha_1 x_{1i} + \alpha_2 x_{2i} + u_{1i} \\
&\qquad\qquad \beta_i = \beta_1 x_{1i} + \beta_2 x_{2i} + \beta_3 x_{3i} + u_{2i}
\end{aligned}$$

将水平 2 的式子代入水平 1 得到

$$\begin{aligned}
\ln(Y)_{it} =& \gamma_1 x_{1i} + \alpha_1 x_{1i} \ln(K)_{it} + \alpha_2 x_{2i} \ln(K)_{it} + \beta_1 x_{1i} \ln(L)_{it} \\
&+ \beta_2 x_{2i} \ln(L)_{it} + \beta_3 x_{3i} \ln(L)_{it} \\
&+ u_{0i} + u_{1i} \ln(K)_{it} + u_{2i} \ln(L)_{it} + e_{it}
\end{aligned} \tag{7.2.7}$$

RIGLS 估计结果与条件两水平模型 (7.2.7) 估计结果见表 7.2.

两水平模型 (7.2.7) 与模型 (7.2.6) 的参数估计结果比较可知, $-2\ln(\text{likelihood})$ 值相差不多, 但删除模型 (7.2.6) 中的部分不显著参数后, 模型 (7.2.7) 中参数估计的显著程度大幅提高. AIC 即 BIC 的数值也表明模型 (7.2.7) 更好. 模型的方差和协方差参数均统计显著. 由此分析产业结构与生产要素效率关系的模型为

$$\begin{aligned}
\widehat{\ln(Y)}_{it} =& -24.9695 x_{1i} + 0.6473 x_{1i} \ln(K)_{it} + 1.065 x_{2i} \ln(K)_{it} + 3.3381 x_{1i} \ln(L)_{it} \\
&- 0.9365 x_{2i} \ln(L)_{it} + 2.2091 x_{3i} \ln(L)_{it}
\end{aligned} \tag{7.2.8}$$

由模型 (7.2.8) 可知, 第一产业在国内生产总值的份额既影响要素的生产效率, 也影响经济的生产规模. 对资本的产出弹性有着正向的影响, 即每个省份的第一产业份额增加 1%, 将使资本的产出弹性平均增加 0.6473%, 对劳动力的产出弹性也有着正向的影响, 即每个省份的第一产业份额增加 1%, 将导致劳动力产出弹性平均增加 3.3381%, 而对经济规模的影响是一种负影响，这意味着在每个省份中扩大农业在经济中的相对份额会缩小我国整体经济的规模; 第二产业在国内生产总值的份额不显著影响经济的生产规模, 而是影响要素的生产效率, 其中对资本的产出弹性有着正向的影响, 即每个省份的第二产业份额增加 1%, 将使资本的产出弹性平均增加 1.065%, 对劳动力的产出弹性有着负向的影响, 即每个省份的第二产业份额增加 1%, 将导致劳动力产出弹性平均减少 0.9365%; 第三产业只对劳动力的产出弹性有正向的影响, 每个省份的第三产业份额增加 1%, 劳动力的产出弹性将平均增加 2.209%.

7.3 结　论

首先, 基于多水平模型理论分析产业结构与生产要素效率关系是恰当的. 通过二水平变量的引入, 模型能够较好地刻画省份之间的差异性和层次结构, 并成功地给出了基于层次结构而出现的方差——协方差形式, 其中 $\hat{\sigma}_{u01} = -4.187$, $\hat{\sigma}_{u12} = -0.1126$, 说明在三大产业比例已知的条件下, 资本、劳动力及产出规模呈现出负相关, 即存在着替代互补的效应, 并可以得出产业间的结构调整直接影响资源的配置及产出规模.

其次, 通过我国产业结构对要素效率的实证分析可以看出, 扩大第一产业 (主要是农业) 在国内生产总值中的比例, 有助于资本、劳动力生产效率的提高, 即会增加资本所有者及劳动力的收入, 但是会缩小我国整体经济的规模; 扩大第二产业在国内生产总值中的比例, 有助于资本生产效率的提高, 即会增加资本所有者的收入, 而将降低劳动力的生产效率, 即减少劳动力的收入; 扩大第三产业在国内生产总值中的比例, 有助于劳动力生产效率的提高, 从而有助于劳动力收入的增加.

对于第一产业, 不论从产业整体与国内生产总值关系的分析, 还是细分产业与国内生产总值关系的分析, 或是产业结构对生产规模和要素效率的分析, 都得出在现阶段的产业结构中, 第一产业相对而言是一个低效的行业, 且第一产业与第二产业存在互补非平衡关系, 即第二产业的高份额总是与第一产业的低份额相对应, 第一产业为第二、三产业及整体经济的发展起着重要的基础作用, 因此当第二、三产业发展到一定阶段时, 必须反哺第一产业, 只有将基础打扎实了, 才有更快更好发展. 现阶段我们应加大力度稳定我国第一产业的发展, 全力平衡产业结构.

第 8 章 上市公司发展规模与绩效的多水平模型分析

经过十多年的培育和发展，我国上市公司规模逐步发展壮大，结构日趋合理，业绩快速增长，资产质量稳步提高，核心竞争力不断增强，已成为推动国民经济发展的重要力量. 显然地区经济的发展与上市公司发展有着密不可分的联系，二者互相影响、互相制约. 一方面，上市公司的发展为地区经济的快速增长提供了条件; 另一方面，地区经济为上市公司的发展创造了条件. 那么上市公司对地区经济的影响存在什么规律性的效应呢？这种效应对经济增长有什么影响？以往对上市公司与地区经济增长的影响研究主要通过建立多元线性模型来进行实证分析，由于未考虑省份间的异质性，所得结果存在一定的偏差.

本章利用 1997~2007 年我国的分省数据，建立多水平模型，结果表明多水平模型具有更好的拟合效果. 通过选择较优的多水平模型来分析上市公司发展与地区经济增长的规律，发现上市公司发展与地区经济增长存在 “马太效应(Matthew Effect)”.

8.1 地区经济增长与上市公司发展的动态反馈

完善的证券市场能够优化资源配置，提高资源配置效率. 由于资本向高效率的使用途径流动，所以上市公司的经营业绩要比非上市公司好. 证券业在国民经济中所占地位呈逐年上升趋势，它是国民经济构成中不可缺少的重要组成部分，它的发展不再是单纯个别公司、个别行业的问题，而是一个直接关系到国民经济全局的问题. 维护证券市场的稳定发展，扩大其对国民经济增长的贡献度，是保持国民经济持续增长的必要条件. 上市公司是地区经济发展过程中经济创新活动最具代表性的成果，它为经济发展创造了有利于资本增值的经济关系，是现代经济发展最坚实的微观基础，上市公司的快速发展为市场经济注入了新的发展活力.

经过十多年的培育和发展，我国上市公司规模逐步发展壮大，结构日趋合理，业绩快速增长，资产质量稳步提高，核心竞争力不断增强，已成为推动国民经济发展的重要力量. 上市公司是地区经济发展的微观基础. 首先，上市公司是主流的企业组织形式，上市公司的市场占有率与净收入比重在逐年增长; 其次，上市公司所有权与经营决策权的分离使得上市公司经营绩效不断提高. 上市公司作为股份制公司, 其特定的管理体制, 使得公司的管理具有平等民主性. 上市公司还促进了资本的集中, 加快了社会生产力的发展, 通过上市公司对资本进行集中, 使整个社会生产规模得到了扩大. 一方面, 上市公司通过发行股票集中社会上的闲置资金; 另一方面, 上市公司通过合并、吞并, 实现更大规模的资本集中. 上市公司对于引导资源合理流动配置也有一定作用. 由于股票发行制度, 只有经济效益较好的企业才能发行股票, 所以资金会流向那些竞争力强、经济效益好的企业. 上市公司提高了社会财富的使用效率.

据统计, 上市公司 2006 年业务收入占当年中国 GDP 的 28.8%, 2007 年则上升至 35.7%, 2008 年已经超过了 40%. 上市公司的业绩与 GDP 之间同向趋势越来越明显, 上市公司主要财务指标走势与 GDP 走势更加趋近. 内外制度的变革加强了上市公司发展与地区经济增长的关联度, 而众多优质资本进入证券市场, 在提高上市公司对 GDP 贡献率的同时使证券市场真正成为国民经济的晴雨表.

从表 8.1 中可以看出：上市公司发展较好的地区经济总量也较高, 但各省份之间存在差异, 所以以往分析未考虑地区、时间差异而进行多元线性回归的分析方法所得结果显然不准确. 图 8.1 是地区 GDP(取对数) 与上市公司资产总量 (取对数) 的关系图, 由图 8.1 可以看出各地区经济发展情况与上市公司规模之间的同向趋势比较明显. 显然地区经济的发展与上市公司有着密不可分的联系, 二者

表 8.1 各省份 GDP 与上市公司总资产与数量 (2007 年)

省份	实际 GDP /亿元	上市公司总资产/亿元	上市公司数量/个	省份	实际 GDP /亿元	上市公司总资产/亿元	上市公司数量/个
江苏	7863.602	2864.073	96	江西	1635.984	1012.32	25
广东	7405.661	12209.87	108	天津	1525.382	4272.695	23
山东	6247.896	3983.834	78	吉林	1366.489	620.1739	26
浙江	4536.903	2465.13	103	内蒙古	1352.892	845.5607	17
上海	4491.761	12088.38	135	陕西	1286.911	262.4341	19
河北	3533.344	2670.444	29	山西	1261.428	2465.13	23
河南	3428.918	1352.892	35	广西	1164.445	512.8585	19
辽宁	3165.29	2921.931	43	云南	982.4014	880.0687	22
湖北	2864.073	2416.318	49	甘肃	837.1473	487.8461	16
四川	2779.427	2100.646	55	新疆	678.5784	880.0687	27
福建	2298.472	1187.969	31	贵州	632.7023	287.1486	13
湖南	2038.562	1107.655	27	海南	350.7241	658.5234	13
北京	1900.743	91126.14	78	宁夏	181.2722	167.3354	11
安徽	1800.876	1394.094	47	青海	162.3899	333.6191	6
黑龙江	1790.052	720.5393	20	西藏	99.48432	62.17792	5

注：数据来源于《中国统计年鉴》

互相影响、互相制约. 一方面, 上市公司的发展为地区经济的快速增长提供了支持; 另一方面, 地区经济为上市公司的发展创造了条件.

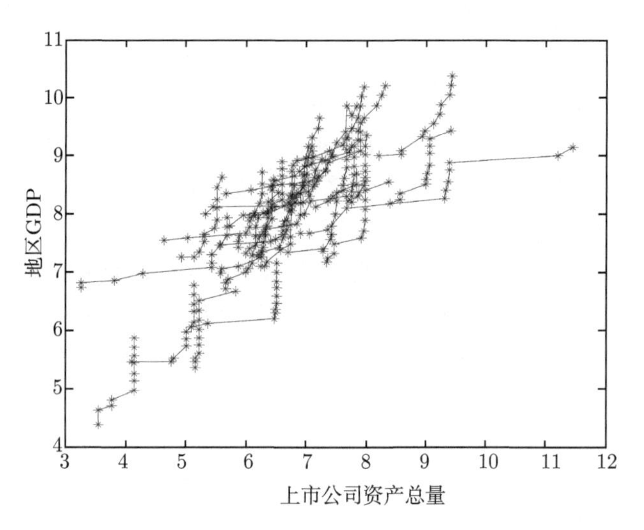

图 8.1 地区实际 GDP 与上市公司资产总量的关系

根据索洛经济增长模型知道经济增长受到资本、劳动、技术进步的影响. 在任何时刻, 资本存量都是经济产出的关键决定因素, 但资本存量可以随时间而变动, 这些变动会引起经济增长. 特别地, 投资和折旧会影响资本存量的变动. 随着各地区上市公司规模的扩大与数量的增加, 必然拉动资本、劳动力需求的增长. 一方面, 上市公司要发展必然会扩大规模, 导致劳动与资本的大量投入, 从而吸引了大量优质、高效的资本与劳动. 另一方面, 随着上市公司的发展, 对劳动与资本的选取更加专业, 这样就促进了上市公司更加快速的发展. 由上市公司发展吸引而来的劳动与资本在政府有力引导下, 多余的劳动力与资本必将流向有利于地区经济发展的部门, 从而加速地区经济的发展.

随着上市公司规模的扩大与数量的增加, 必然导致地区消费与储蓄的增加. 一方面, 上市公司的发展吸引来大量的劳动力; 另一方面, 这些劳动力会使该地区的消费增长或者增加该地区的储蓄量, 从而促进投资增加. 同时消费的增加将有利于促进地区经济增长, 而储蓄的增加使得投资增加, 从而有效地拉动地区经济发展.

经济增长较快的省区, 其为上市公司的发展提供了更多的条件. 首先, 便利的交通有利于资源快速优化配置; 经济发展较快的地区其相应的交通条件也较好, 便利的交通可以加快资本的流动, 使得上市公司发展不会受到资本的制约. 其次,高等学府集聚于经济较发达地区, 为经济发展提供更高效的劳动力. 这些高效的劳动力加快了上市公司的发展速度, 是上市公司发展不可缺少的动力. 最后, 沿海城市是对外经济的窗口, 可以引进外资并有效利用于各生产部门.

8.2 变量选取及数据分析

8.2.1 变量选取

本章在研究中涉及的变量或指标如下.

实际 GDP：Y_{it}, 表示第 i 个地区第 t 年的实际 GDP.

各省份上市公司资产总量：X_{1it}, 表示第 i 个省份第 t 年所有上市公司的资产总量. 上市公司资产总量是上市公司规模的一个代理变量, 通过上市公司资产总量值来衡量上市公司的规模大小. 各省份上市公司资产总量的计算是通过对各省份上市公司进行筛选, 剔除 H 股、B 股、ST 股、PT 股上市公司的数据, 最终加和得到总数据. 较大规模的上市公司经过多年发展资产总量很大, 反之, 较小规模的上市公司其资产总量较小.

各省份上市公司数量：X_{2it}, 表示第 i 个省份第 t 年上市公司的数量. 各省份上市公司数量在一定程度上能够反映上市公司的筹资总额, 从理论上说两者是同向变动关系. 上市公司数量与规模存在一定的相关性, 但是并不是高度相关. 同样各省份上市公司数量数据是剔除 H 股、B 股、ST 股、PT 股上市公司的数据.

各省份上市公司注册资产平均水平：$X_{3i.}$, 表示第 i 个省份所有上市公司的注册资产平均水平. 该变量反映了上市公司成立期初, 上市公司的规模大小, 显然各省份上市公司注册资产平均水平对上市公司资产总量具有一定影响, 我们可以把该变量看成各省份上市公司成立期初的资产水平的代理变量, 同样各省份上市公司注册资产平均水平数量数据是剔除 H 股、B 股、ST 股、PT 股上市公司的数据.

数据来自《新中国 50 年统计资料汇编》、《中国统计年鉴 2007》、《中国统计年鉴 2008》、国泰安宏观数据库、证券之星数据库、太平洋证券数据库和国信证券数据库. 数据截取了 1997～2007 年各个省份的不同指标. 由于重庆缺失数据较多, 所以省略了这个地区的数据 (将重庆 1996 年后的数据归入四川省).

8.2.2 数据分析

由于实际 GDP 数值、上市公司资产总量数值较大, 所以进行数据分析之前将它们都取自然对数. 首先计算组内、组间的描述统计指标.

选取的各指标在组内存在较小的变异, 而在组间存在较大的差异 (表 8.2). 如图 8.2 所示, 不同地区存在着较大的差异, 如果直接采用多元线性模型进行建模, 模型不能很好识别这种异质性. 因此, 有必要选取能够反映这种异质特征的统计模型进行分析.

表 8.2　组内、组间的描述统计指标

变量	类别	均值	标准差	最小值	最大值	观测数
$\ln Y_{it}$	Overall	6.55	1.49	1.06	8.93	$N = 330$
	Between		1.48	1.13	8.34	$n = 30$
	Within		0.33	5.97	7.33	$T = 11$
$\ln X_{1it}$	Overall	6.76	1.28	3.23	11.42	$N = 330$
	Between		1.21	3.95	8.99	$n = 30$
	Within		0.47	4.73	9.26	$T = 11$
X_{2it}	Overall	29.38	26.88	3	135	$N = 330$
	Between		25.73	4.73	121.37	$n = 30$
	Within		8.99	1.34	74.66	$T = 11$

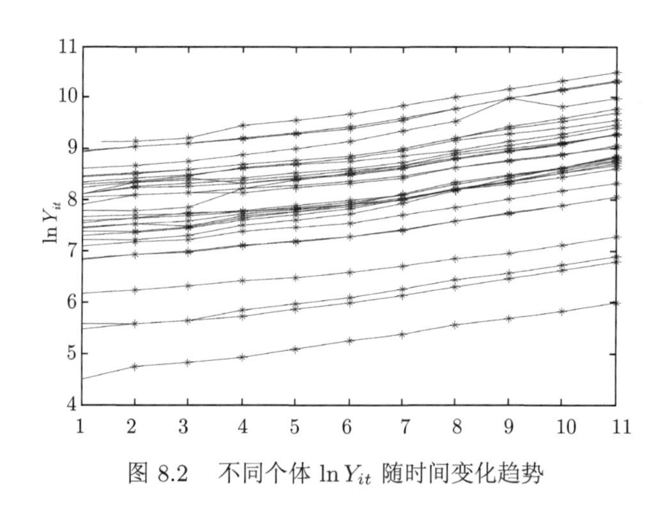

图 8.2　不同个体 $\ln Y_{it}$ 随时间变化趋势

8.3　多水平建模分析

8.3.1　多元线性模型

首先考虑建立对数线性模型如下

$$\ln Y_{it} = \beta_0 + \beta_1 \ln X_{1it} + \beta_2 X_{2it} + e_{it} \tag{8.3.1}$$

其中, $e_{it} \sim N(0,\sigma^2)$ 为相互独立的残差. 由 OLS(最小二乘) 方法估计结果如下

$$\widehat{\ln Y}_{it} = 2.39 + 0.5859 \ln X_{1it} + 0.0067 X_{2it}$$

其方差估计为 $\hat{\sigma}^2 = 1.4315$, 模型评价统计量为 $-2\ln(\text{likelihood}) = 933.8582$. 在 0.05 水平下参数 β_2 的估计值不显著 ($P = 0.0789$).

由 8.2.2 节的分析知, 不同省区的变化存在一定的异质性, 因此有必要考虑具有层次结构的多水平模型. 将各省视为第二水平 (第二层次), 各省 1997~2007 年观测值视为第一水平 (第一层次), 建立上市公司发展与地区经济增长的多水平模型.

8.3.2 多水平模型建立的必要性判定

首先对实际 GDP 的对数计算组内相关系数 ICC, 检验是否存在组内相关. 如果数据集的 ICC 或组间方差统计不显著, 则可对该数据集进行多元回归模型分析, 而不需要多水平模型分析. 反之, 如果统计显著, 则应该考虑对其进行多水平模型分析 (王济川等, 2008). 建立截距模型 (Intercept-Only Model), 又称空模型 (Empty Model) 或无条件均值模型 (Unconditional Mean Models)

$$\text{水平 1：} \ln Y_{it} = \beta_{0i} + e_{it} \tag{8.3.2}$$

$$\text{水平 2：} \beta_{0i} = \beta_{00} + u_{0i} \tag{8.3.3}$$

该模型的水平 1 和水平 2 均没有解释性变量, 且 $e_{it} \sim N(0,\sigma^2)$ 为相互独立的水平 1 残差, $u_{0i} \sim N(0,\sigma_{u0}^2)$ 为相互独立的截距项水平 2 残差, $\text{Cov}(u_{0i}, e_{it}) = 0$, 模型 (8.3.3) 代入模型 (8.3.2), 得到一个具有随机效应的方差分析模型

$$\ln Y_{it} = \beta_{00} + u_{0i} + e_{it} \tag{8.3.4}$$

其中, β_{00} 是固定效应部分, 表示总截距, 代表 $\ln Y_{it}$ 的总均值; $u_{0i} + e_{it}$ 是随机效应部分; σ^2 是省内方差或个体水平方差; σ_{u0}^2 则是省间方差. 由 RIGLS 估计可得 $\hat{\beta}_{00} = 6.549, \hat{\sigma}^2 = 0.12(P < 0.0002), \hat{\sigma}_{u0}^2 = 2.096(P = 0.0001)$, 二者均统计显著, 表明 GDP 的初始水平在各省份之间有着显著不同, 且存在显著的对象内变异. ICC=$\hat{\sigma}_{u0}^2/(\hat{\sigma}_{u0}^2 + \hat{\sigma}^2) = 0.94$, 表示 94%的总变异是由省份间的异质性引起的. 由于各指标均统计显著, 所以可以推断 ICC 是统计显著的, 从而需要进行多水平模型分析.

8.3.3 无条件两水平模型

考虑两水平的无条件模型 (或随机系数模型)

$$\text{水平 1：} \ln Y_{it} = \beta_{0i} + \beta_{1i}\ln X_{1it} + \beta_{2i}X_{2it} + e_{it} \tag{8.3.5}$$

$$\text{水平 2：} \beta_{0i} = \beta_{00} + u_{0i}, \quad \beta_{1i} = \beta_{10} + u_{1i}, \quad \beta_{2i} = \beta_{20} \tag{8.3.6}$$

模型 (8.3.5) 为一水平模型, 模型 (8.3.6) 为二水平模型, 其中, X_{2it} 的效应在二水平各单位之间不变, $e_{it} \sim N(0, \sigma^2)$ 为相互独立的水平 1 残差, $u_{0i} \sim N(0, \sigma_{u0}^2)$ 为相互独立的截距项水平 2 残差, $u_{1i} \sim N(0, \sigma_{u1}^2)$ 为相互独立的斜率项水平 2 残差, $\mathrm{Cov}(u_{0i}, u_{1i}) = \sigma_{u01}$. 不同水平残差相互独立. 将模型 (8.3.6) 代入模型 (8.3.5) 得

$$\ln Y_{it} = \beta_{00} + \beta_{10}\ln X_{1it} + \beta_{20}X_{2it} + u_{0i} + u_{1i}\ln X_{1it} + e_{it} \tag{8.3.7}$$

在模型 (8.3.7) 中的固定效应为 $\beta_{00} + \beta_{10}\ln X_{1it} + \beta_{20}X_{2it}$; 随机效应为 $u_{0i} + \ln X_{1it}u_{1i} + e_{it}$. 其中, u_{0i} 反映了各省份平均实际 GDP 对数的差异; u_{1i} 反映了各省份实际上市公司规模的差异. 可以对该模型做如下解释: ① 回归系数 β_{0i} 及 β_{1i} 反映了不同省份之间差异. 若将 β_{0i} 及 β_{1i} 都看成固定效应, 则模型待估参数较多且没有较好的统计解释, 所以将其设为随机参数, 通过二水平残差的方差反映各省份间的差异. ② β_{0i} 反映了各省份 11 年的平均实际 GDP 对数; β_{1i} 反映了各省份上市公司规模效应的差异. ③ 若 $\sigma_{u0}^2 = \sigma_{u1}^2 = 0$, 模型 (8.3.7) 为传统的多元线性模型, 其参数估计采用 OLS 估计.

多水平模型假定其残差部分在不同个体间相互独立, 其组合模型 (8.3.7) 实际上是一个混合线性模型. 该模型的残差部分 (随机效应成分) 为 $u_{0i} + \ln X_{1it}u_{1i} + e_{it}$, 因此, 多水平模型很好地反映了异方差结构, 并得到了明确的方差协方差分解.

利用 RIGLS 对模型进行参数估计, 其结果为

$$\widehat{\ln Y}_{it} = 3.0611 + 0.4435\ln X_{1it} + 0.0229X_{2it}$$

$\hat{\sigma}^2 = 0.0276(P < 0.0001), \hat{\sigma}_{u0}^2 = 6.5198(P = 0.0012), \hat{\sigma}_{u1}^2 = 0.1675(P = 0.001)$, $\hat{\sigma}_{u01} = -0.9344(P = 0.0023)$, 模型评价统计量 $-2\ln(\text{likelihood}) = 6.7971$, $\text{AIC} = 12.7971$, 参数估计均统计显著. 其中, 固定效应参数 β_{10} 显著, 表明各省份上市公司规模对地区经济增长有拉动作用, 且各省份上市公司规模增加一个百分点可以拉动地区经济增长 0.4435 个百分点, $\hat{\beta}_{00} = 3.0611$ 表示各省份实际 GDP 总体平均初始值为 $\mathrm{e}^{3.0611}$ 亿元. 随机截距方差 σ_{u0}^2 及随机斜率方差 σ_{u1}^2 估计值都显著, 说明模型的截距和斜率在各省份间有明显的异质特性, 即上市公司的总体规模与数量在各省份之间是不同的.

表 8.3 中的多元线性模型是应用 OLS 估计模型 (8.3.4) 所得的结果, 其残差方差为 1.4315, $-2\ln(\text{likelihood})$ 的值为 933.8582. 无条件两水平发展模型 (8.3.7) 则是应用 RIGLS 进行参数估计的, 由估计结果可知, 模型的 $-2\ln(\text{likelihood})$ 值为 6.7971. 模型的 $-2\ln(\text{likelihood})$ 值越小模型拟合越好, 而且两模型的 $-2\ln(\text{likelihood})$ 值相差 927.0611, 与自由度为 3 的 χ^2-分布的临界值 (显著性水平设为 0.05, $\chi^2(3)=7.815$) 相比是显著的. 无条件两水平发展模型的 σ^2 为 0.0276 较多元线性模型 $\sigma^2=1.4315$ 有了很大的减小, 可见无条件两水平发展模型较多元线性模型好. 无条件两水平模型参数估计均显著, 而多元线性模型参数 OLS 估计斜率项 β_2 的估计值并不显著.

表 8.3 多元线性模型 (8.3.4) 与无条件两水平模型 (8.3.7) 的参数估计对比

参数	多元线性模型 OLS 估计 (s.e.)	P 值	无条件两水平模型 RIGLS 估计 (s.e.)	P 值
固定效应参数				
β_{00}	2.3900 (0.4653)	<0.0001	3.0611 (0.5724)	<0.0001
β_{10}	0.5859 (0.0799)	<0.0001	0.4435 (0.0929)	<0.0001
β_{20}	0.0067 (0.0038)	0.0789	0.0229 (0.0024)	<0.0001
随机效应参数				
水平 2				
σ_{u0}^2			6.5198 (2.0191)	0.0012
σ_{u1}^2			0.1675 (0.0508)	0.0010
σ_{u01}			−0.9344 (0.3061)	0.0023
水平 1				
σ^2	1.4315		0.0276 (0.0024)	<0.0001
−2ln(likelihood)	933.8582		6.7971	
AIC	941.8582		20.7971	

8.3.4 单变量条件两水平模型

从上面的分析中看出, 模型的截距和斜率在各省份之间有明显的差异, 因此一个有趣的问题是上市公司规模在各省份之间存在差异是什么原因造成的呢? 我们可以考虑在 β_{1i} 上引入变量: 各省份上市公司期初总资产平均水平 X_{3i}(这里取对数后进行模型分析). 得到如下的单变量条件两水平模型

$$\text{水平 1:}\quad \ln Y_{it}=\beta_{0i}+\beta_{1i}\ln X_{1it}+\beta_{2i}X_{2it}+e_{it} \tag{8.3.8}$$

$$\text{水平 2:}\quad \beta_{0i}=\beta_{00}+u_{0i},\quad \beta_{1i}=\beta_{10}+\beta_{11}\ln X_{3i.}+u_{1i},\quad \beta_{2i}=\beta_{20} \tag{8.3.9}$$

其中, $e_{it}\sim N(0,\sigma^2)$ 为相互独立的水平 1 残差, $u_{0i}\sim N(0,\sigma_{u0}^2)$ 为相互独立的截距项水平 2 残差, $u_{1i}\sim N(0,\sigma_{u1}^2)$ 为相互独立的斜率项水平 2 残差, $\text{Cov}(u_{0i},u_{1i})=$

σ_{u01}, 不同水平残差相互独立. 此时在上市公司规模的随机化系数上加入了二水平影响变量 $\ln X_{3i.}$(上市公司期初总资产). 变量 $\ln X_{3i.}$ 是来自于第二水平 (各省份) 的数据, 即 $\ln X_{3i.}$ 表示第 i 个省份的上市公司期初资本水平. 模型 (8.3.9) 建立了一个反映模型的截距和斜率与影响变量的回归模型, 可以有效衡量上市公司规模扩大及数量增长与地区经济增长之间的关系. 将模型 (8.3.9) 代入模型 (8.3.8) 可得

$$\ln Y_{it} = \beta_{00} + \beta_{10}\ln X_{1it} + \beta_{20}X_{2it} + \beta_{11}\ln X_{1it}\ln X_{3i.} + u_{0i} + \ln X_{1it}u_{1i} + e_{it} \quad (8.3.10)$$

单变量条件两水平模型 (8.3.10) 中的交互效应来源于模型 (8.3.9) 中影响条件两水平模型斜率的变量, 然而模型 (8.3.9) 的经济学含义更为明显. 可以对模型做如下解释: β_{0i} 表示水平 1 的截距跨水平 2 变化, 即每个省份的截距项不同; β_{1i} 表示衡量各省份上市公司规模存在的差异; β_{00} 表示全国实际 GDP 的平均水平; β_{10} 表示全国上市公司规模 (上市公司资产总量) 效应的平均水平; β_{11} 衡量上市公司期初总资产与期末资产总量的关系; u_{0i} 表示排除上市公司规模与数量对实际 GDP 的影响, 由于地区差异造成的各省份实际 GDP 与全国实际 GDP 均值的差异; u_{1i} 表示各省份上市公司资本总量与全国平均水平的差异.

由 RIGLS 估计结果如下

$$\widehat{\ln Y}_{it} = 3.067 + 0.6654\ln X_{1it} + 0.0232X_{2it} - 0.0578\ln X_{1it}\ln X_{3i.}$$

其中, $\hat{\sigma}^2 = 0.0275(P < 0.0001)$, $\hat{\sigma}_{u0}^2 = 6.6702(P = 0.0012)$ 反映了在给定上市公司规模与数量的基础上, 各省份实际 GDP 的差异程度; $\hat{\sigma}_{u1}^2 = 0.1449(P = 0.0012)$ 表示给定 $\ln X_{3i.}$ 的基础上, 上市公司资本总量的影响在各省份之间的差异程度; $\hat{\sigma}_{u01} = -0.8759(P = 0.0025)$ 表示上市公司规模与数量呈现负相关, 它们之间有一定的互补作用, 即上市公司规模较大的省份其数量可能相对较小, 而上市公司规模较小的省份其数量可能很大, 这与实际比较吻合. Deviance=2.4758, 参数估计均统计显著. 与模型 OLS 估计的比较结果见表 8.4.

从表 8.4 中可以看到采用多元线性模型建模与单变量条件两水平模型建模所得参数估计结果. 单变量条件两水平模型在水平 2 上加上变量 $\ln X_{3i.}$ 均统计显著, 表明上市公司期初总资产对各省份实际 GDP 有所影响, 单变量条件两水平模型把 X_{1it} 的效应进行了分解, 上市公司规模对地区经济的影响, 一方面来源于主效应 $\ln X_{1it}$; 另一方面来源于 $\ln X_{1it}$ 与 $\ln X_{3i.}$ 的交互效应. 从参数估计值可看出, 交互效应 $\ln X_{3i.}\ln X_{1it}$ 对主效应 $\ln X_{1it}$ 进行了修正. 并且单变量条件两水平模型的残差结构较多元线性模型复杂, 从 σ_{u0}^2, σ_{u1}^2 的估计值可以很好地识别和度量截

面 (各省份) 层次的异质性. 单变量两水平条件发展模型的 $-2\ln(\text{likelihood})$ 显著小于 OLS 估计的结果, 其差值 930.2324 与自由度为 3 的 χ^2-分布的临界值 (显著水平设为 0.05, $\chi^2(3) = 7.815$) 相比是显著的, 表明单变量条件两水平模型明显优于一般线性模型. 单变量条件两水平模型与无条件两水平发展模型的比较见表 8.5.

表 8.4 多元线性模型 (8.3.4) 与单变量条件两水平模型 (8.3.10) 的参数估计对比

参 数	多元线性模型 OLS 估计 (s.e.)	P 值	单变量条件两水平模型 RIGLS 估计 (s.e.)	P 值
固定效应参数				
β_{00}(常数项)	0.0740 (0.6055)	0.9027	3.0670 (0.5769)	<0.0001
$\beta_{10}(\ln X_{1it})$	1.2171 (0.1355)	<0.0001	0.6654 (0.1408)	<0.0001
$\beta_{11}(\ln X_{3i.} \cdot \ln X_{1it})$	−0.078 (0.0138)	<0.0001	−0.0578 (0.0279)	0.0385
$\beta_{20}(X_{2it})$	0.0130 (0.0038)	0.0007	0.0232 (0.0024)	<0.0001
随机效应参数				
水平 2				
σ^2_{u0}			0.6702 (2.0575)	0.0012
σ^2_{u1}			0.1449 (0.0449)	0.0012
σ_{u01}			−0.8759 (0.2901)	0.0025
水平 1				
σ^2	1.4315		0.0275 (0.0000)	<0.0001
−2ln(likelihood)	932.7682		2.4758	
AIC	942.7682		18.4758	

表 8.5 无条件两水平发展模型 (8.3.7) 与单变量条件两水平模型 (8.3.10) 的参数估计

参数	无条件两水平发展模型 RIGLS 估计 (s.e.)	P 值	单变量条件两水平模型 RIGLS 估计 (s.e.)	P 值
固定效应参数				
β_{00}(常数项)	3.0611 (0.5724)	<0.0001	3.0670 (0.5769)	<0.0001
$\beta_{10}(\ln X_{1it})$	0.4435 (0.0929)	<0.0001	0.6654 (0.1408)	<0.0001
$\beta_{11}(X_{3i.} \cdot \ln X_{1it})$			−0.0578 (0.0279)	0.0385
$\beta_{20}(X_{2it})$	0.0229 (0.0024)	<0.0001	0.0232 (0.0024)	<0.0001
随机效应参数				
水平 2				
σ^2_{u0}	6.5198 (2.0191)	0.0012	0.6702 (2.0575)	0.0012
σ^2_{u1}	0.1675 (0.0508)	0.0010	0.1449 (0.0449)	0.0012
σ_{u01}	−0.9344 (0.3061)	0.0023	−0.8759 (0.2901)	0.0025
水平 1				
σ^2	0.0276 (0.0024)	<0.0001	0.0275 (0.0000)	<0.0001
−2ln(likelihood)	6.7971		2.4758	
AIC	20.7971		18.4758	

单变量条件两水平模型与无条件两水平发展模型相比, 是在截距与斜率的系数做二水平随机化时在斜率项加入了二水平条件变量 $\ln X_{3i.}$(上市公司注册资产平均水平). 首先, 模型 (8.3.10) 的 $-2\ln(\text{likelihood})$ 值为 2.4758, 与模型 (8.3.7) 下 $-2\ln(\text{likelihood})$ 的差为 4.3213, 与自由度为 1 的 χ^2-分布的临界值 (显著水平设为 0.05, $\chi^2(1) = 3.84$) 相比是显著的, 所有参数在 0.05 水平上均显著; 其次, 单变量条件两水平模型比无条件两水平发展模型更详细地刻画了各省份实际 GDP 增长与地区上市公司规模与数量影响的异质性, 因此单变量条件两水平模型为较优模型.

8.4　上市公司对地区经济影响规律分析

8.4.1　“马太效应”介绍

马太效应是指好的越好, 坏的越坏, 多的越多, 少的越少的一种现象. 罗伯特 • 莫顿归纳马太效应为任何个体、群体或地区, 一旦在某一个方面获得成功和进步, 就会产生一种积累优势, 就会有更多的机会取得更大的成功和进步. 近几年在我国居民收入分配领域, 马太效应进一步显现对经济协调发展和社会和谐进步产生了一定影响.

马太效应造成了社会贫富差距的进一步拉大, 如果不加以调节, 它将进一步加剧贫富分化. 另外, 富者通常会享受到更好的教育和发展机会, 而穷者则会由于经济原因, 比富者更缺乏发展机遇, 这也会导致富者越富, 穷者越穷的马太效应. 对政府而言, 如何在经济发展中避免贫富差距越拉越大的马太效应, 是一个很重要的课题. 马太效应揭示了一个不断增长个人和企业资源的需求原理, 关系到个人的成功和生活幸福, 因此它是影响企业发展和个人成功的一个重要法则.

马太效应的作用是消极的, 它导致了严重的地区发展不平衡, 从而社会贫富差距进一步加大, 经济发展较好的地区, 国家会出台更多的政策推动其更快更好发展, 而经济发展相对较差的地区, 国家政策具有局限性, 所以其经济发展也不会有很大改善. 对马太效应及早的识别, 并出台相关政策对其进行控制, 避免其愈演愈烈, 对地区经济健康发展与和谐社会建设具有积极的现实意义.

8.4.2　上市公司对地区经济影响马太效应识别

我们采用多水平模型

$$\ln Y_{it} = \beta_{00} + \beta_{10}\ln X_{1it} + \beta_{20}X_{2it} + \beta_{11}\ln X_{1it}\ln X_{3i.} + u_{0i} + \ln X_{1it}\cdot u_{1i} + e_{it} \quad (8.4.1)$$

研究上市公司对地区经济的拉动作用是否也存在马太效应? 地区经济发展较快的省份, 上市公司对地区经济的拉动作用是否更明显? 反之, 地区经济发展相对较慢的省份, 上市公司对地区经济的拉动作用是否较小?

分别截取 2007 年全国实际 GDP 排名前 10 位省份数据及排名后 10 位省份数据进行多水平建模, 其建模步骤如前所述, 利用 RIGLS 对模型 (8.4.1) 进行参数估计, 所得固定效应参数估计结果见表 8.6.

表 8.6　选用不同数据多水平模型回归结果

所选数据	β_{10}	β_{11}	β_{20}
全国数据	$0.6654(P < 0.0000)$	$-0.0578(P = 0.0385)$	$0.0232(P < 0.0000)$
实际 GDP 排名前 10	$0.8316(P < 0.0000)$	$-0.0996(P < 0.0000)$	$0.0180(P < 0.0000)$
实际 GDP 排名后 10	$0.1264(P < 0.0000)$	$-0.0052(P < 0.0000)$	$0.0805(P < 0.0000)$

表 8.6 分别给出了选用全国数据、2007 年实际 GDP 排名前 10 位省份数据、2007 年实际 GDP 排名后 10 位省份数据应用多水平模型进行建模所得回归结果. β_{10} 表示上市公司规模对地区经济的影响; β_{11} 表示 $\ln X_{3i.} \cdot \ln X_{1it}$ 交互效应对地区经济影响的大小; $\beta_{10} + \beta_{11}$ 表示上市公司规模对地区经济的影响作用的总效应; β_{20} 表示上市公司数量对地区经济的影响. 可以看出, 实际 GDP 排名前 10 位省份的上市公司规模对地区经济的拉动作用约为实际 GDP 排名后 10 位省份的 7 倍; 且实际 GDP 排名后 10 位省份的上市公司规模对地区经济的拉动作用较全国水平低. 上市公司数量对地区经济的影响较上市公司规模对地区经济的影响小, 实际 GDP 排名后 10 位省份的上市公司规模较小, 由于上市公司规模与数量存在一定的互补性, 所以上市公司数量对地区经济的拉动作用较实际 GDP 排名前 10 位省份大. 但是总体而言, 实际 GDP 排名前 10 位省份的上市公司对地区经济的影响力更大, 其对经济的拉动作用更加明显; 而实际 GDP 排名后 10 位省份的上市公司的这种影响力相对较小.

综合上述分析, 上市公司对地区经济发展的影响存在马太效应, 即经济发展较快的地区, 上市公司对地区经济的拉动作用更加显著; 反之, 经济发展较缓的地区, 上市公司对经济的拉动作用较小.

8.5　结　　论

本章利用多水平模型研究上市公司规模与数量对地区经济的影响, 通过模型比较, 我们发现两水平模型优于传统线性模型. 研究结果表明, 上市公司规模与数量对地区经济发展有显著的影响; 上市公司规模的效应在各省份之间具有异质性特征, 它依赖于各省份上市公司期初资产的平均水平.

通过实证分析发现, 上市公司规模与数量对地区经济存在影响, 它们互相影响、互相制约. 一方面, 上市公司的发展为地区经济的快速增长提供了支持; 另一方面, 地区经济为上市公司的发展创造了条件. 总体来说, 上市公司规模对经济的影响作用较上市公司数量的影响作用大, 且两者存在互补关系. 经济发展较快的地区上市公司规模的影响力较为显著; 相反经济发展较缓的地区上市公司数量的影响力较大.

选用全国数据、2007 年实际 GDP 排名前 10 位省份数据、2007 年实际 GDP 排名后 10 位省份数据应用多水平模型进行建模分析, 发现上市公司对地区经济的影响存在马太效应, 即经济较发达地区, 上市公司效益越好, 经济增长越快, 地区经济为上市公司发展提供更有利的条件; 而经济发展较缓的地区, 上市公司效益较差, 地区经济为上市公司发展提供的条件也是有限的. 对于经济发展较快的地区上市公司与地区经济发展相辅相成, 形成一种良性循环; 相反经济发展较缓的地区上市公司与地区经济发展形成一种恶性循环. 这种效应对经济健康发展是有害的, 一方面, 它导致了地区经济发展不均衡, 富的地区越富, 而穷的地区越穷; 另一方面, 它加大了贫富差距, 不利于构建和谐社会.

第 9 章　农村劳动力转移影响因素分析的多水平 Logistic 模型

本章从云南省某地 (州) 2008 年 3000 个农村住户的调查数据出发, 以劳动力迁移理论为基础, 构建分层结构数据的多水平 Logistic 模型, 分析各种制约因素对西部民族地区劳动力转移的影响, 并针对西部民族地区的特殊情况提出相关政策建议.

9.1　问题的提出

我国广袤的西部地区目前人口约 2.87 亿人, 占全国人口的 22.99%. 其中, 各少数民族人口为 1.06 亿人, 占总人口的 8.41%, 占全部少数民族人口的 71.46% (2000 年). 粗略估计, 西部农村需要转移的劳动力大约为 8000 万, 而西部民族地区农业的从业人员比例达 70.7%, 远远高于其他地区. 西部民族地区剩余劳动力规模巨大, 转移形式严峻.

西部民族地区的劳动力转移问题有其特殊性. 第一, 西部民族地区主要分布在西部的山区、风沙化地区和干旱地区, 自然环境极其恶劣, 信息闭塞, 交通不便, 外出成本很高, 阻碍了劳动力向外输出. 第二, 西部民族地区人口增速较快, 根据第四次和第五次人口普查的数据, 1990~2000 年, 汉族人口增长率为 11.22%, 而少数民族的人口增长率为 16.70%, 高于汉族 5 个多百分点, 人口的快速增长必然导致需要转移的劳动力数量大幅增加. 第三, 西部民族地区的劳动力文化教育水平偏低, 技能水平普遍不高, 总体素质较低, 外出就业困难. 第四, 少数民族的语言、风俗、习惯和心理不同于汉族, 人们受传统思想的束缚比较严重, 不愿或不敢外出. 这些因素严重制约了西部民族地区富余劳动力的非农产业转移.

近年来, 农村劳动力的非农转移作为促进农村发展, 帮助农民脱贫的重要途径之一, 得到了各级政府部门的重视, 也相应地出台了许多政策和措施, 如建立农村就业服务体系、实行城乡就业协作机制、加强青壮年劳动力转移培训工作等来促进农村劳动力有效转移, 也取得了一定成效. 根据 2000 年第五次全国人口普查数据表资料推算, 1995~2000 年, 西部地区的劳动力迁移人口为 3775.2 万人, 其中在西部各省份流动的人口为 2544.6 万人, 跨省迁出的人口为 1230.6 万人. 但是, 国家统计局农调队调查数据显示农村劳动力外出就业依然以自发外出的方式为主, 25%的农民工通过自发方式外出就业, 65%的农民工通过亲友介绍外出就业, 仅有 10%通过政府单位组织输出 (2004 年). 而且, 外出务工的农民工中, 只有 20%~30%接受过就业服务. 那么, 在农村劳动力的转移决策中, 哪些因素在起作用? 政府部门能从哪些方面采取措施, 更有效地促进劳动力的转移? 搞清这些问题, 有助于妥善解决西部民族地区农村剩余劳动力的转移问题, 有助于农民收入的增加、"三农" 问题的解决、城乡社会经济的统筹发展、社会主义新农村建设、民族团结及和谐社会的构建.

9.2 农村劳动力转移的文献综述

9.2.1 劳动力转移的经典理论

对劳动力转移的研究可以追溯到 17 世纪, 当时主要以工业发达国家为背景. 到 20 世纪 50 年代, 针对欠发达国家劳动力转移问题的研究也逐渐丰富. 关于劳动力转移的动因, 经常被归结为两类: "推力" 因素和 "拉力" 因素.

"推力理论" 的代表人物 Lewis(1954) 认为: 工业的高边际生产率使农业剩余劳动力源源不断地向工业部门转移; 发展中国家从二元经济到一元经济的过程就是劳动力转移的过程, 只要工农业间存在收入水平的显著差异, 农业劳动力就必然有一种向工业部门转移的趋势. Ranis 和 Fei (1961) 对 Lewis(1954) 的理论进行了修正和补充. 他们认为农业劳动力向工业转移的先决条件是农业劳动生产率和剩余产品总量的增长, 农业剩余劳动力转移的速度取决于人口增长率、农业的技术进步率和工业部门资本存量的增长. Ranis 和 Fei (1961) 强调在工业部门扩张的同时, 必须推动农业劳动生产率的提高, 使工、农业发展同步进行, 这种理论又被称为 "拉力理论".

但是, 上述理论并不能解释发展中国家的城市已存在大量失业人口的情况下, 农村劳动力仍然继续向城市流动的现象. Todaro 和 Smith(2009) 在研究了劳动力个体在利益驱使和成本约束的作用下如何作出迁移选择后, 得出了绝对收入差距影响劳动力转移的结论. 他们认为农业不存在剩余劳动力, 农业劳动力迁入城市的动机主要取决于城乡预期收入差异.

还有一些经济学家试图从其他方面对农村劳动力转移行为是如何发生的以及影响农村劳动力转移的各种因素作出解释. 代表性的理论有消费需求的变动才是农村劳动力转移的根本动因 (Jorgenson, 1961); 相对收入差距影响了劳动力的转移 (Macunoxich, 1997); 劳动力迁移是一种人力资本投资方式, 如果与流动相联系的收益现值超过了与之相联系的货币成本和心理成本的总和, 那么, 劳动者要么决定更换工作, 要么决定进行地理上的迁移, 或者两者兼而有之 (Ebrenberg, 1984); 社会关系网络理论, 即求职者的人际关系网络越庞大, 其获得工作的可能性越大 (Granovetter, 1985).

9.2.2 中国的实证结果

根据国外学者的理论框架, 国内学者采用不同的分析方法和理论视角, 对劳动力转移的影响因素进行了理论分析和实证研究, 取得了丰硕的成果. 一部分学者从经济因素出发, 研究了城乡和地区收入差距对劳动力转移的推动作用, 如蔡昉 (1996)、高国力 (1995)、马颖和朱红艳 (2007) 的研究结果表明城乡、区域收入差距是影响劳动力流动的主要因素. 但现实的情况却与之相悖, 中部的劳动力迁移规模和力度比西部大得多, 收入最高的人率先迁移, 贫困家庭反而依旧留在农村. 蔡昉和都阳 (2002) 等从相对贫困和迁移成本方面对此进行了解释. 另外一部分学者从非经济因素方面对劳动力转移问题进行了研究. 教育 (赵耀辉, 1997)、年龄 (赵耀辉,1997; 严善平, 2004)、家庭资源禀赋 (赵耀辉,1997; 龙志和等, 2007) 被验证对劳动力的转移有着显著的影响; 此外, 政策体制因素尤其是户籍管理制度、社会保障制度、土地制度等也被证实对劳动力的迁移有着制约作用 (蔡昉, 2001; 宋洪远等, 2002; 梅金平, 2003; 杜鹰, 1997; 林毅夫, 2003).

对于西部以及西部民族地区的劳动力转移, 学者们除了从收入差距 (王月等, 2009)、非经济因素 (张建深等, 2006) 等方面进行验证研究外, 还从产业结构的非均衡发展、城镇化 (黄颂文, 2004) 等方面寻找原因, 得到了一些有益的结论.

然而纵观已有的研究成果, 从宏观统计数据出发的模型大多选择线性回归模型, 从微观调查数据出发的模型主要选择 Logistic 模型来分析各种因素对劳动力转移的影响. 迄今为止, 还没有看到从村级层面出发, 利用分层数据来研究农户所处的微观外部环境对其转移决策影响的文献. 事实上, 处于同一微观外部环境 (包括经济、社会、自然环境等) 下的农户, 他们的转移决策不可避免地受外部环境的影响, 具有同质性, 这也是一个村的劳动力转移往往会出现群聚效应的原因. 对于西部民族地区, 由于农户所处的微观外部环境差异很大, 这种村内同质、村间异质的特征更为明显. 同时, 因为个体家庭的资源禀赋等存在差异, 所以转移决策中的个体之间存在异质特征. 由此看来, 利用分层数据建立多水平的 Logistic 模型分析劳动力转移的影响因素, 可能更合适一些. 从劳动力转移的政策层面上看, 通过改善行政村的微观环境, 来促进西部民族地区农村劳动力的进一步转移, 可能比改变个体家庭的资源禀赋条件更容易和有效.

9.3　理论模型与数据

9.3.1　理论模型

对于西部少数民族地区的农户, 转移是一个理性的家庭决策. 转移的根本动因是收入差距, 包括部门间的收入差距和城乡收入差距. 在我国, 由于城乡的二元经济结构和城乡分割, 这种收入差距不仅存在而且数额巨大. 农村劳动力能预期在转移后获得更高的收入, 这是劳动力转移的主要“拉力”. 然而, 严格的户籍制度, 导致转移的农村居民中绝大多数只能将户口留在农村和农业部门, 但城乡之间、农业与非农业之间的巨大收入差距仍会引诱大量的农村劳动力脱离传统农业, 到城市或者非农业部门寻找短期工作, 来缓解农村的贫困. 尽管城市也有大量的失业人口, 但由于农民工进城以后无法获得城市工人的同等身份, 其工资普遍低于城市工人, 所以他们能找到工作的概率较高, 转移仍会发生.

在农村劳动力的转移决策中, 转移决定主要取决于转移的预期现值和信息流. 一般而言, 转移的预期现值等于转移回报与转移成本之差, 而信息流与城乡距离、城乡之间的交流、教育以及媒体有关. 对于农村居民, 转移回报主要来自转移后收入与转移前收入的差距, 而转移的成本则主要是机会、生活、交通以及心理成本. 我们假定个人以预期收入最大化以及他们意识到的城市和农村地区的期望收入流量差或者非农业部门和传统农业部门的期望收入流量差作为转移的决定依据. 借鉴托达罗等 (2009) 的人口迁移模型, 我们可以得到农村劳动力转移的理论模型, 如图 9.1 所示.

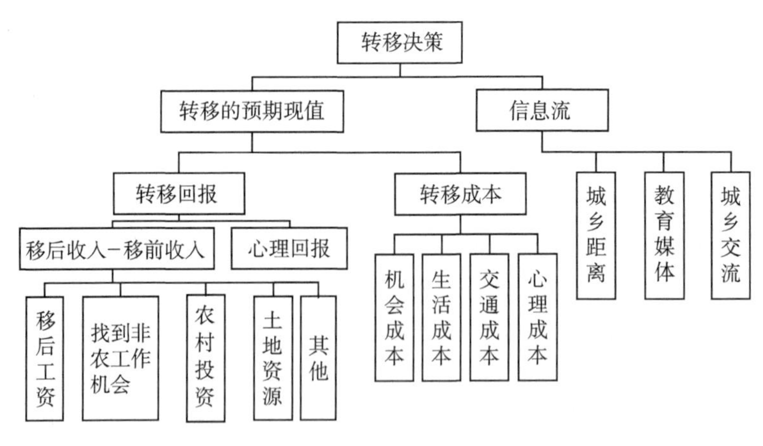

图 9.1　农村劳动力转移的理论模型

根据上述理论模型, 我们定义 $V(0)$ 为转移期内农村劳动力转移后期望收入的净流量的贴现值;$Y_a(t)$ 与 $Y_b(t)$ 分别为转移后和转移前的收入; n 为转移计划期内的期数; r 为反映转移时期偏好程度的贴现率, 转移与否的决定取决于

$$V(0)=\int_{t=0}^{n}[p(t)Y_a(t)-Y_b(y)]\mathrm{e}^{-rt}\mathrm{d}t-C(0) \tag{9.3.1}$$

是正还是负, 其中, $C(0)$ 为迁移成本, $p(t)$ 为一个转移的农民在时间 t 内获得一份平均收入的城市工作或非农工作的可能性. 令 p 表示转移的可能性, 则

$$p=\frac{\mathrm{e}^{V(0)}}{1+\mathrm{e}^{V(0)}} \tag{9.3.2}$$

或者

$$\ln\frac{p}{1-p}=V(0) \tag{9.3.3}$$

则转移发生的概率 $p=prob$(转移发生) 被转化成发生比 (Odds Ratio), 即 $p/(1-p)$. 发生比的自然对数, 即 $\ln[p/(1-p)]$ 被称为 Logit 函数.

假设只考虑 1 年的短期转移, 贴现率为 0, 则可将上述 $V(0)$ 简化为

$$V(0)=p(t)Y_a(t)-Y_b(t)-C(0) \tag{9.3.4}$$

其中, $p(t)$ 取决于劳动力的素质 (包括受教育程度、是否接受过培训、年龄), 迁移网络是否发达; 转移后的工资收入 $Y_a(t)$ 取决于非农工作的地点、行业等; 转移前的收入 $Y_b(t)$ 主要指在本地从事传统农业的收入, 取决于家庭拥有的资本 (生产性固定资产原值)、经营的土地面积; 成本包括实际支出的生活成本、交通成本、机会成本和心理成本. 此外, 可能还有一些影响 $V(0)$ 的随机因素, 我们用 μ 表示. 联立式 (9.3.3) 和式 (9.3.4), 我们得到影响劳动力转移的理论模型

$$\ln\frac{p}{1-p}=V(0)=f(p(t),Y_a(t),Y_b(t),C(0),\mu) \tag{9.3.5}$$

9.3.2 数据结构

分层数据经常出现于社会问题中, 这些数据具有层次嵌套结构. 在许多经济数据的分析中, 层次结构的数据也经常出现. 例如, 宏观经济测量数据中, 城市嵌套于省区, 乡镇嵌套于县市, 不同省区或县市的测量指标数据的差异是非常明显的; 在微观经济数据中, 个体嵌套于乡村, 乡村嵌套于县市, 时间测量变量嵌套于个体等. 传统的最小二乘估计理论没有考虑到数据的层次结构, 同时往往忽略层

次上个体的差异, 这样必然带来较大的估计误差, 同时也不能很好地反映数据中存在的个体异质特征. 多水平模型是近年提出的一种研究具有层次结构数据的统计模型, 能够较好地处理数据中的组内同质或组间异质问题, 从而保证了用模型估计参数进行统计推论的准确性.

在我们所研究的问题中, 一定范围内的农村住户所面临的外部环境, 如地理位置、交通状况、基础设施条件乃至风俗习惯等基本相同, 农户家庭的物质资源和人力资源禀赋各不相同, 相应的数据是具有层次嵌套结构的微观调查数据. 为了更好地测量微观外部环境和农户家庭内部因素对劳动力转移决策的影响, 我们将数据结构分为两层, 其中农户家庭为 1 水平, 所属行政村为 2 水平, 户嵌套于村, 对应的数据结构见表 9.1.

表 9.1 数据的层次结构

单位		观测值	1 水平变量			2 水平变量		
村	户	y_{ij}	x_{1ij}	...	x_{kij}	z_{1j}	...	z_{mj}
1	1	y_{11}	x_{111}	...	x_{k11}	z_{11}	...	z_{m1}
⋮	⋮	⋮	⋮		⋮	⋮	⋮	⋮
1	n_1	$y_{n_1 1}$	$x_{1n_1 1}$	...	$x_{kn_1 1}$	z_{11}	...	z_{m1}
⋮	⋮	⋮	⋮	⋮	⋮	⋮		⋮
J	1	y_{1J}	x_{11J}	...	x_{k1J}	z_{1J}	...	z_{mJ}
⋮	⋮	⋮	⋮	⋮	⋮	⋮		⋮
J	n_J	$y_{n_J J}$	$x_{1n_J J}$	...	$x_{kn_J J}$	z_{1J}	...	z_{mJ}

在表 9.1 中, 村级单位共有 J 个, 每个村有 $n_i(i=1,\cdots,J)$ 个农户. 变量分为三种: y_{ij} 为被解释变量 (结局测量); $x_{1ij},\cdots,x_{kij}$ 为水平 1 解释变量; $z_{1j},\cdots,z_{mj}$ 为水平 2 解释变量; 下标 i 和 j 分别代表户和村, 表示样本来自第 j 个村的第 i 个农户.

9.3.3 数据与变量

本研究所用数据来源于云南省某地 (州) 统计局 2006~2008 年农村住户调查结果. 该州位于云南省南部, 与越南毗邻, 总面积 32931km^2, 2008 年末全州常住总人口 441.2 万, 下辖两市、十一个县. 该州内少数民族众多, 有哈尼族、彝族、苗族、傣族、壮族、瑶族, 回族等, 少数民族人口占 56%. 红河州的基本特征是多山区、多民族、贫困人口多. 该州以红河为界, 南北发展差异大, 山区、坝区生产力水平差距大, 各民族社会发展程度不平衡, 属于欠发达地区, 具有西部民族贫困地区的典型特征.

该调查覆盖了全州 13 个县市, 298 个行政村, 每个行政村随机抽取 10~15 户, 每户进行了三年跟踪调查. 2008 年, 样本户人均生产性固定投资为 2150 元, 人均耕地面积 2.23 亩, 户均劳动力 2.92 个. 在所有的劳动力中, 受过培训的约占 26.19%, 劳动力的受教育程度情况见表 9.2.

表 9.2 劳动力受教育程度的分布

受教育程度	文盲	小学程度	初中程度	高中程度	中专程度	大专及以上
百分比/%	15.35	36.06	40.57	5.52	1.86	0.66

总体来说, 该州的农村劳动力资源丰富, 人均拥有的生产性投资较少, 人均耕地面积不足, 农业中存在大量过剩劳动力, 且劳动力的文化程度普遍较低. 大部分劳动力的文化程度在初中及以下, 劳动力素质低下制约着劳动力的转移规模.

根据理论模型 (9.3.5), 我们用 Y 表示结局测量, 即农户家庭的劳动力转移决策; 用人均生产性固定资产原值、人均耕地面积表示农户家庭所拥有的物质和土地资源数量; 用家庭劳动力的最高受教育程度、劳动力是否接受过培训、家庭中 35 岁以下劳动力数量来反映一个农户家庭中可供转移劳动力资源的人力资本情况; 用家庭中 60 岁以上的老人数和在校学生数反映转移的心理成本; 分别用 2007 年本村人均纯收入、2007 年本村外出劳动力数、地势、距最近县城的距离、到最近的车站 (码头) 的距离、收看电视节目情况、是否居住在民族村反映农户所处行政村的经济发展水平、社会迁移网络、地理环境、交通状况、信息交流和风俗文化习惯等微观外部环境. 在模型中, 我们没有考虑转移后的收入、生活成本和机会成本, 是因为这些数据无法获得. 本节中变量的具体定义和赋值见表 9.3.

表 9.3 变量的定义与赋值

类别	变量名	变量说明
决策变量	Y	1 为发生了劳动力转移, 0 为没有发生劳动力转移
	$asset$	人均生产性固定资产原值 (家庭生产性固定资产原值/常住人口)
	$till$	人均耕地面积 (家庭拥有的耕地面积/常住人口)
1 水平变量	$train$	培训 (1 为有劳动力接受过培训, 0 为没有)
(家庭因素)	edu	教育, 家庭劳动力的最高受教育程度 (1 为文盲, 2 为小学程度, 3 为初中程度, 4 为高中程度, 5 为中专程度, 6 为大专及以上程度);
	$age35$	35 岁以下的劳动力数;
	$elders$	2008 年家庭里 60 岁以上老人数
	$students$	2008 年家庭里在校学生数

续表

类别	变量名	变量说明
决策变量	Y	1 为发生了劳动力转移, 0 为没有发生劳动力转移
2 水平变量 (农户所处村的经济、社会和自然环境等因素)	$vinc$	2007 年本村人均纯收入 (表示当地经济发展水平)
	$vout$	2007 年本村外出劳动力数 (迁移网络)
	$grap$	地势 (1 为平原, 0 为丘陵或山区)
	$urdist$	距最近县城的距离 (1 为 5km 以下, 0 为 5km 以上)
	$traff$	到最近的车站 (码头) 的距离 (1 为 2km 以下, 0 为 2km 以上)
	tv	收看电视节目情况 (1 为能接收电视节目, 0 为不能接收到电视节目)
	$nation$	民族 (1 为少数民族村, 0 为汉族村)

9.4 实 证 分 析

9.4.1 对数据层次结构的检验——空模型

在使用多水平模型前, 必须对数据结构进行检验, 以确保该数据集使用多水平模型分析是合适的. 下面的估计结果均由 SAS 9.1.3 软件得到.

为了检验数据中是否存在层次结构, 我们考虑如下无解释变量的空模型

$$\ln\frac{p_{ij}}{1-p_{ij}}=\beta_{0j} \tag{9.4.1}$$

$$\beta_{0j}=\gamma_0+u_{0j} \tag{9.4.2}$$

将式 (9.4.2) 代入式 (9.4.1), 得到一个具有随机效应的方差分析模型

$$\ln\frac{p_{ij}}{1-p_{ij}}=\beta_{0j}=\gamma_0+u_{0j} \tag{9.4.3}$$

其中, $p_{ij}=prob(y_{ij}=1)$ 为第 j 个村中第 i 个农户家庭有劳动力发生转移的概率, γ_0 为截距均值, u_{0j} 为组水平上截距的随机变异, 代表第 j 个村劳动力转移发生比的自然对数均值与总平均的差异. 空模型估计的结果显示 $\hat{\sigma}_{u0}^2=8.716(P<0.0001)$, 统计显著, 表明农户家庭的劳动力转移概率存在显著的组间差异. 组内相关系数 ICC=0.6837, 表明约有 66%的总变异是由农户所处村之间微观外部环境不同导致的.

9.4.2 多水平 Logistic 模型的估计

根据理论模型 (9.3.5), 农户家庭的劳动力转移决策主要受家庭物质、人力资本量的限制, 此外还与所处行政村的微观外部环境有关. 我们假设 $V(0)$ 是家庭因素变量 ($asset$, $till$, $hedu$, $train$, $age35$, $elders$, $students$) 和农户所处村的经济, 社

会和自然环境等因素 (*vinc, vout, grap, urdist, traff, tv, nation*) 的线性函数, 其中, 家庭因素变量为水平 1 变量, 所处行政村的经济、社会和自然环境因素变量为水平 2 变量. 我们在模型 (9.4.3) 中加入 1, 2 水平的解释变量, 得到劳动力转移决策的两水平 Logistic 模型

$$
\begin{aligned}
\ln \frac{p_{ij}}{1-p_{ij}} =& \beta_{0j} + \beta_1 asset_{ij} + \beta_2 till_{ij} + \beta_3 edu\_1_{ij} + \beta_4 edu\_2_{ij} + \beta_5 edu\_3_{ij} \\
& + \beta_6 edu\_4_{ij} + \beta_7 edu\_5_{ij} + \beta_8 train\_1_{ij} + \beta_9 age35_{ij} \\
& + \beta_{10} elders_{ij} + \beta_{11} students_{ij} \\
\beta_0 j =& \gamma_0 + \gamma_1 vinc_j + \gamma_2 vout_j + \gamma_3 grap\_1_j \\
& + \gamma_4 urdist\_1_j + \gamma_5 traff\_1_j \\
& + \gamma_6 tv\_1_j \ + \gamma_7 nation\_1_j + u_{0j}
\end{aligned}
\tag{9.4.4}
$$

模型 (9.4.4) 是一个具有随机截距的 Logistic 模型, 截距上的水平 2 模型仅涉及水平 2 变量, 随机效应 u_{0j} 刻画了不同村之间的差异. 为了能够运用似然比检验 (LR test) 对模型进行检验, 我们使用 R 程序的混合模型软件包 lme4 估计多水平 Logistic 模型 (9.4.4), 逐步剔除不显著的解释变量后得到估计结果 (表 9.4).

与此同时, 我们在模型 (9.4.4) 中, 去掉 β_{0j} 中的随机效应 u_{0j}, 即不考虑数据的层次结构, 将模型 (9.4.4) 转化为普通 Logistic 回归模型

$$
\begin{aligned}
\ln \frac{p_{ij}}{1-p_{ij}} =& \gamma_0 + \gamma_1 vinc_j + \gamma_2 vout_j + \gamma_3 grap\_1_j + \gamma_4 urdist\_1_j \\
& + \gamma_5 traff\_1_j + \gamma_6 tv\_1_j \\
& + \gamma_7 nation\_1_j + \beta_1 asset_{ij} + \beta_2 till_{ij} + \beta_3 edu\_1_{ij} \\
& + \beta_4 edu\_2_{ij} + \beta_5 edu\_3_{ij} + \beta_6 edu\_4_{ij} \\
& + \beta_7 edu\_5_{ij} + \beta_8 train\_1_{ij} + \beta_9 age35_{ij} \\
& + \beta_{10} elders_{ij} + \beta_{11} students_{ij}
\end{aligned}
\tag{9.4.5}
$$

运用 R 软件 glm 函数估计普通 Logistic 回归模型 (9.4.5), 其结果见表 9.4.

表 9.4 给出了多水平 Logistic 模型 (9.4.4) 和普通 Logistic 模型 (9.4.5) 的参数估计及模型拟合统计量. 我们看固定效应参数的估计, 变量 *grap* 在两个模型中均不显著, 被删除了; 多水平 Logistic 模型中变量 *tv* 不显著, *urdist* 和 *nation* 显著性程度不高; 但在普通 Logistic 模型, 变量 *tv* 变得显著, 而 *age*35 则变得不显著, 且 *urdist* 和 *nation* 这两个变量的显著性增加了. 普通 Logistic 模型没有

考虑层次结构, 因此没有截距项的随机效应 u_{0j}, 多水平 Logistic 模型中随机截距的方差 σ_{u0}^2 非常显著, 表明模型的截距在行政村之间有明显的异质特征. 与普通 Logistic 模型估计的结果相比, 多水平 Logistic 模型固定参数的估计比较接近, 但多水平模型下, $-2\ln(\text{likelihood})$ 显著减少, 其差值为 $1839.9-1493.2 = 346.7$ (此为似然比统计量) 与 $\chi_1^2(0.05)=3.841$ 相比有显著改善, 因此多水平 Logistic 模型优于普通 Logistic 模型.

表 9.4　多水平 Logistic 模型 (2.4.4) 和普通 Logistic 模型 (9.4.5) 估计结果

		多水平 Logistic 模型估计结果				普通 Logistic 模型估计结果		
参数		估计值	Exp(B)	Z	Prob(Z)	估计值	Z	Prob(Z)
固定效应	γ_0	−6.77346	0.00114	−4.168	3.07×10^{-5}	−5.03988	−4.287	1.81×10^{-5}
	γ_1	0.71140	2.03684	4.148	3.35×10^{-5}	0.46074	7.703	1.33×10^{-14}
	γ_2	0.36155	1.43555	6.862	6.80×10^{-12}	0.21178	13.318	$<2\times10^{-16}$
	γ_4	0.99826	2.71356	1.566	0.117353	0.72983	3.728	0.000193
	γ_5	0.79784	2.22074	2.328	0.019904	0.54820	4.394	1.11×10^{-5}
	γ_6	1.75260	5.76958	1.211	0.225870	1.97587	1.930	0.053560
	γ_7	−0.68996	0.50160	−1.737	0.082410	−0.49968	−3.597	0.000322
	β_1	0.13862	1.14869	1.902	0.057221	0.12614	2.389	0.016901
	β_2	−0.38304	0.68179	−4.032	5.54×10^{-5}	−0.34889	−6.052	1.43×10^{-9}
	β_3	0.81077	2.24964	1.268	0.204960	0.89373	1.559	0.118990
	β_4	1.31039	3.70762	2.097	0.036029	1.31049	2.319	0.020383
	β_5	2.07876	7.99455	3.179	0.001477	1.79796	3.097	0.001955
	β_6	2.76727	15.91513	4.043	5.28×10^{-5}	2.51907	4.204	2.62×10^{-5}
	β_7	2.18298	8.87271	2.858	0.004258	2.09609	3.188	0.001433
	β_8	0.92060	2.51080	3.725	0.000195	0.28587	2.163	0.030505
	β_9	0.23589	1.26604	2.524	0.011611	0.06859	0.975	0.329386
	β_{10}	−0.27537	0.75929	−2.005	0.044994	−0.34759	−3.229	0.001244
	β_{11}	−0.31439	0.73023	−2.734	0.006264	−0.27856	−3.209	0.001332
随机效应	σ_{u0}^2	4.481		4.4817	<0.0001			
		$-2\ln(\text{likelihood}) = 1493.2$ AIC = 1531.2, BIC = 1645.3				$-2\ln(\text{likelihood}) = 1839.9$ AIC = 1875.9, BIC = 1984.0		

9.4.3　模型分析

从表 9.4 可以看出, 影响该州农村劳动力转移的家庭因素比较多, 主要是物质资本 (人均生产性固定资产原值和人均耕地), 人力资本 (劳动力的受教育程度、是否培训以及年龄) 和心理成本 (60 岁以上老人数和在校学生数). 其中, 农户家庭的人均生产性固定资产原值、受教育程度、技能培训、年龄对劳动力转移决策有显著的正向影响, 当农户家庭的人均生产性固定资产原值每增加 1 元时, 其劳动力转移的发生比增加 14.869%; 农户家庭劳动力的最高受教育程度变量中小学程度相比文盲程度的劳动力转移的发生比高出 124.964%, 初中程度相对文盲的劳动力转移的发生比高出 270.762%, 高中程度相对文盲的劳动力转移的发生比高出 699.455%, 中专程度相对文盲的劳动力转移的发生比高出 1491.513%, 大专及以上程度相对文盲的劳动力转移的发生比高出 787.271%, 说明文化程度越高, 劳动力转移发生比增加越明显, 其中专程度比文盲的劳动力转移发生比增加最高; 受过培训的劳动力家庭比没有受过培训的家庭劳动力转移的发生比高出 151.080%; 家庭中 35 岁以下的劳动力每增加 1 人, 劳动力转移的发生比增加 26.604%. 人均耕地面积、家庭中 60 岁以上的老人数、在校学生数对劳动力转移决策有显著的负向影响, 人均耕地面积每增加 1 亩, 农户家庭的劳动力转移发生比降低 31.821%; 家庭里的老人数每增加 1 人时, 劳动力转移发生比降低 24.071%; 家庭里的在校学生数每增加 1 人时, 劳动力转移发生比降低 26.977%.

在控制了家庭的个体差异后, 内行政村的经济发展水平、迁移网络、城乡距离和交通状况对农户家庭的劳动力转移决策有正向影响, 即行政村的人均收入越高、迁移网络越发达、城乡距离越近、到车站 (码头) 的距离越近, 劳动力发生转移的可能性越大. 当行政村的人均收入每增加 1 元时, 其劳动力转移的发生比增加 103.684%, 即等价于 [exp(0.71140)−1]; 上一年该村转移出去的劳动力每增加 1 人, 本年劳动力转移的发生比增加 43.555%; 城乡距离在 5 km以下的村, 比城乡距离在 5 km以上的村, 劳动力转移的发生比高出 171.356%; 到车站码头 2 km以内的村, 比 2 km以上的村, 劳动力转移的发生比高出 122.074%; 居住在民族村的农户家庭比居住在汉族村的农户家庭发生劳动力转移的可能性小, 其发生比要低 49.84%; 地理位置 (平原还是山区)、能不能接收到电视节目对劳动力转移的发生比影响不显著.

引入水平 2 解释变量后, 随机效应 $\sigma_{u0}^2 = 4.481$, 小于没有引入解释变量时的情形 (空模型中 $\sigma_{u0}^2 = 8.716$). 在多水平模型中, 由于考虑了层次结构, 在方差解释比例上有两个统计量, 一个是水平 1 方差可解释的比例 (Raudenbush et al., 2002)

$$R_1 = \frac{\hat{\sigma}^2(\text{零模型}) - \hat{\sigma}^2(\text{现模型})}{\hat{\sigma}^2(\text{零模型})} = 1 - \frac{\hat{\sigma}^2(\text{现模型})}{\hat{\sigma}^2(\text{零模型})} \tag{9.4.6}$$

另外一个是水平 2 方差可解释的比例, 用来反映在水平 2 上引入解释变量得到的可解释比例. 模型 (9.4.4) 中截距项引入解释性变量的方差比例贡献定义为

$$R_{20}^2 = \frac{\hat{\sigma}_{u0}^2(\text{零模型}) - \hat{\sigma}_{u0}^2(\text{现模型})}{\hat{\sigma}_{u0}^2(\text{零模型})} = 1 - \frac{\hat{\sigma}_{u0}^2(\text{现模型})}{\hat{\sigma}_{u0}^2(\text{零模型})} \tag{9.4.7}$$

在多水平的 Logistic 回归模型中, 结局测量的方差是由其均数, 即 P 或事件发生的概率所决定, 并被标准化为 $\pi^2/3 \approx 3.29$, 因此只需计算水平 2 方差可解释的比例. 假设模型 (9.4.4) 为现模型, 模型 (9.4.3) 为原模型, 则由模型 (9.4.3) 和模型 (9.4.4) 的估计结果可计算得:

$$R_{20}^2 = 1 - \frac{4.481}{8.716} = 48.5888\%$$

表明农户所处行政村的经济、社会、自然环境和风俗文化习惯等因素可以解释村与村之间劳动力转移的优势比对数值差异的 48.5888%.

9.5 结　论

从模型 (9.4.7) 及其估计结果可得到如下结论.

(1) 影响劳动力转移决策的家庭因素中, 人均生产性固定资产原值、劳动力的受教育程度、技能培训、35 岁以下劳动力数的影响为正; 人均耕地数量的影响为负, 这与赵耀辉 (1997)、蔡昉和都阳 (2002)、Zhao(1999) 等的研究结论基本一致. 此外, 家庭里 60 岁以上的老人数和在校学生数对转移有显著的负影响. 一个家庭的老人数和在校学生数越多, 意味着其要负担的越多, 转移的动机本应越强, 但老人需要照顾, 孩子的学习需要监管, 使得转移的牵绊较多, 心理成本较大, 反而使发生转移的可能性降低了.

(2) 收入差距推动劳动力转移的悖论. 根据收入差距与迁移动机呈正相关关系的结论和迁移个体增加收入的动机来看, 越是贫困的家庭和地区迁移的动机越强烈. 而现实的情况却与之相反, 人均收入水平越低的村庄, 其劳动力迁移的概率越低. 对此, 可以参照蔡昉和都阳 (2002) 的解释.

(3) 迁移网络对劳动力转移有显著的正向影响, 这与 Zhao(2002) 的结论一致.

(4) 城乡距离和交通对转移决策的影响显著且较大. 到最近县城的距离和到车站 (码头) 的距离越近, 转移的交通成本和经济成本越小, 转移的概率越大.

(5) 民族风俗习惯对劳动力转移有显著的负向影响, 居住在民族村的农户因为其特有的风俗习惯等, 受传统思想的约束较为严重, 愿意外出或敢于外出的劳动力明显少于汉族村农户.

第 10 章　基于高层次结构数据的多水平模型贝叶斯推断及应用

面对具有多层次嵌套结构的数据，构建多水平模型是统计建模的一个重要研究课题. 经典的参数估计方法主要采用极大 (最大) 似然估计法 (ML), 然而当面对高层数量单位小或数据结构不平衡时, 极大似然估计在估计精度上存在一定不足; 而贝叶斯方法充分应用了有效的先验信息, 可以弥补其不足. 本章在高层次结构数据多水平模型的研究基础上, 探索高层次结构数据的多水平模型贝叶斯推断理论, 并以云南省红河州农户收入数据作实证分析, 建立了基于县—村—户嵌套结构的农户收入影响因素多水平模型, 对比分析模型参数的 ML 估计、经验贝叶斯 (EB-ML) 估计和完全贝叶斯估计, 从而充分展现了高层次结构数据多水平模型的完全贝叶斯推断方法, 在拟合高层数量单位小或数据不平衡时具有的特征和优势.

10.1　引　　言

Lindley 和 Smith(1972) 把贝叶斯估计方法运用于研究多水平模型. Dempster 等 (1987) 指出了随机效应参数用最大似然估计 (ML) 而固定效应参数用贝叶斯估计的经验贝叶斯方法 (EB-ML) 的缺点, 即没有考虑随机效应参数自身的不确定性. Seltzer 等 (1996) 在其文献中用 Gibbs 抽样算法估计层次模型固定效应系数的基础上, 提出了对多水平模型的所有参数设置先验分布的完全贝叶斯方法, 并研究了随机效应参数和固定效应参数的先验分布选择问题, 同时指出了当高层单位数量比较小和数据缺失量大或数据不平衡时, 采取极大似然估计 (ML) 和经验贝叶斯估计 (EB-ML) 方法, 效果不是特别明显, 其稳健性不是特别理想. Browne 和 Draper(2006) 针对多水平模型理论比较其贝叶斯推断方法和最大似然参数估计的区别, 对比研究了广义多水平模型的随机效应参数分别采用均匀先验分布和逆伽马先验分布的贝叶斯推断效果. 目前, 多水平贝叶斯模型越来越复杂的先验分布选择逐渐被重视, 如 Polson 和 Scott(2012) 针对层次模型的随机效应参数采用了半柯西先验 (Half Cauchy Prior), 指出这个先验分布比较适合分层模型中的尺度参数; Demirhan 和 Kalaylioglu(2015) 针对多水平模型的随机效应参数的联合分布提出了广义多变量 Gamma 对数先验 (Generalized MultivariateLog Gamma Distribution, GMVLG). 随着越来越复杂的先验分布选择, 后验分布的计算越来越难, 软件的突破必不可少, Win-BUGS 作为贝叶斯推断的专业软件, MLwiN2.32 作为多水平模型的专业软件, 两者已经可以完美结合, 即可以同时在两个软件互相导入数据并进行参数估计 (Browne, 2015). 值得庆幸的是, R 软件不但能独立地实现 MCMC 算法, 而且可以通过 R2Win-BUGS 和 BRugs 软件包, 实现了 R 软件与 WinBUGS 连接, 在 R 界面下调用 WinBUGS 软件实现 Gibbs 抽样和 M-H 算法, 简化较为复杂的统计模型的 R 编程, 并且 WinBUGS 软件得到参数估计结果, R 可以直接调用进行统计分析 (Sturtz et al., 2005).

尽管外文文献对多水平贝叶斯模型进行了一定的研究, 但主要集中在两水平模型的先验确定和后验模拟计算方面 (Congdon, 2010), 针对高层次结构复杂数据的层次模型贝叶斯推断研究较少. 国内文献大多集中在二、三水平模型的最大似然估计研究 (石磊等 2011; 李兴绪等 2010), 但 ML 估计方法主要适用于大样本, 当面对高层单位数量小或数据结构不平衡时, 其拟合效果较差. 文章对高层次结构数据多水平发展模型的研究基础上, 引入贝叶斯推断方法, 研究高层次结构数据的多水平模型贝叶斯推断方法, 以该州农户收入数据为实例分析, 建立了基于县—村—户嵌套结构的农户收入影响因素多水平模型, 对比分析模型参数的 ML 估计、经验贝叶斯 (EB-ML) 估计和完全贝叶斯估计, 从而充分展现了高层次结构数据多水平模型的贝叶斯推断方法具有的优势和特征.

10.2 多水平模型贝叶斯推断基础理论

10.2.1 贝叶斯推断基本理论

借助总体信息和样本信息, 充分利用先验信息是贝叶斯分析最大的优势. 贝叶斯计算基本目的就是通过贝叶斯公式联合样本观测数据和先验分布, 从而获得后验分布中感兴趣参数的估计量. 贝叶斯公式的密度形式为

$$\pi(\theta|Y)=\frac{p(Y|\theta)\pi(\theta)}{\displaystyle\int p(Y|\theta)\pi(\theta)d\theta} \tag{10.2.1}$$

其中 $\pi(\theta)$ 为参数 θ 先验分布, $\pi(\theta|Y)$ 为后验分布, $p(Y|\theta)$ 为似然函数. 其离散形式为

$$\pi(\theta_i|Y)=\frac{p(Y|\theta_i)\pi(\theta_i)}{\displaystyle\sum_j p(Y|\theta_j)\pi(\theta_j)d\theta_j} \tag{10.2.2}$$

基于贝叶斯点估计常用有三种：后验众数估计、后验中位数估计、后验期望估计;分别是

$$\hat{\theta}_{M0}=\max[\pi(\theta|Y)],\quad \hat{\theta}_{Me}=med[\pi(\theta|Y)],\quad \hat{\theta}_{E}=E[\pi(\theta|Y)]$$

标准误差的估计是一个非常重要指标, 它度量估计量精度, 其定义为

$$se(\hat{\theta})=[\mathrm{Var}(\hat{\theta})]^{\frac{1}{2}} \tag{10.2.3}$$

10.2.2 多水平模型的贝叶斯推断理论

在多水平模型的参数推断理论中, 当面临高层结构的推断时, 当样本量较小情况下, 经典频率派统计推断方法效果往往较差. 由于贝叶斯分析方法充分利用了参数的先验信息, 可以降低估计误差, 提高参数估计精度. 因此, 多水平模型的贝叶斯推断理论具有明显的优势. 为了表述方便, 仅阐述三水平模型的贝叶斯推断理论, 一般情况依此类推.

1) 三水平模型–随机截距模型

$$y_{ijk}=\beta_{0ij}+\sum_{p=1}^{P}\beta_p x_{pijk}+e_{ijk} \tag{10.2.4}$$

$$\beta_{0ij}=\gamma_{0i}+\sum_{q=1}^{Q}\gamma_q z_{qij}+u_{0ij},\quad \gamma_{0i}=\eta_0+\sum_{s=1}^{S}\eta_s w_{si}+v_{0i} \tag{10.2.5}$$

β,γ,η 分别表示层 1、层 2、层 3 的固定效应参数系数. $e_{ijk}\sim N(0,\sigma_e^2)$ 为相互独立水平 1 残差, $u_{0ij}\sim N(0,\sigma_{u0}^2)$ 为相互独立水平 2 残差, $v_{0i}\sim N(0,\sigma_{v0}^2)$ 为相互独立水平 3 残差. 不同水平残差相互独立. 将 (10.2.5) 代入 (10.2.4), 得到

$$y_{ijk}=\eta_0+\sum_{p=1}^{P}\beta_p x_{pijk}+\sum_{q=1}^{Q}\gamma_q z_{qij}+\sum_{s=1}^{S}\eta_s w_{si}+v_{0i}+u_{0ij}+e_{ijk} \tag{10.2.6}$$

固定效应部分是 $\eta_0+\sum\limits_{p=1}^{P}\beta_p x_{pijk}+\sum\limits_{q=1}^{Q}\gamma_q z_{qij}+\sum\limits_{s=1}^{S}\eta_s w_{si}$, 随机效应部分是 $v_{0i}+u_{0ij}+e_{ijk}$.

2) 三水平模型的贝叶斯推断

如果进行贝叶斯推断, 根据模型 (10.2.6), 三水平模型需要设置三个阶段中的参数先验分布. 第一阶段先验分布密度为 $\pi_1(\beta)$, $\pi_1'(\sigma_e^2)$; 第二阶段先验分布密度为 $\pi_2(\gamma)$, $\pi_2'(\sigma_{u0}^2)$; 第三阶段先验分布密度为 $\pi_3(\eta)$, $\pi_3'(\sigma_{v0}^2)$. 其联合密度函数为

$$\pi(\beta,\gamma,\eta,\sigma_e^2,\sigma_{u0}^2,\sigma_{v0}^2)=\pi_1(\beta)\pi_1'(\sigma_e^2)\pi_2(\gamma)\pi_2'(\sigma_{u0}^2)\pi_3(\eta)\pi_3'(\sigma_{v0}^2) \tag{10.2.7}$$

根据贝叶斯定理, 计算联合后验分布密度 $\pi(\beta,\gamma,\eta,\sigma_e^2,\sigma_{u0}^2,\sigma_{v0}^2|y)$ 为

$$\pi(\beta,\gamma,\eta,\sigma_e^2,\sigma_{u0}^2,\sigma_{v0}^2|y)=\frac{p(y|\beta,\gamma,\eta,\sigma_e^2,\sigma_{u0}^2,\sigma_{v0}^2)\pi(\beta,\gamma,\eta,\sigma_e^2,\sigma_{u0}^2,\sigma_{v0}^2)}{m(y)} \tag{10.2.8}$$

其中 $p(y|\beta,\gamma,\eta,\sigma_e^2,\sigma_{u0}^2,\sigma_{v0}^2)$ 是似然函数, $m(y)$ 是 y 的边缘分布. 因此联合后验分布密度是与似然函数和先验分布密度的乘积成正比. 参考部分关于多水平贝叶斯模型的文献, 多数采用共轭先验, 这里选择正态–逆 Gamma 共轭先验分布, 针对固定效应参数 β, γ, η 选择正态先验分布, 均值和方差先验为 ML 估计, 随机效应参数 σ_e^2, σ_{u0}^2, σ_{v0}^2 选择逆伽马先验, 三者表达形式为 $\pi(1/\sigma_i^2)\sim Gamma\left(\frac{a_i}{2},\left(\frac{a_i}{2}-1\right)\sigma_i^2\right)$.

若假定 $\pi_1(\beta)$, $\pi_2(\gamma)$, $\pi_3(\eta)$ 服从正态先验分布, $\pi_1'(\sigma_e^2)$, $\pi_2'(\sigma_{u0}^2)$, $\pi_3'(\sigma_{v0}^2)$ 服从逆 Gamma 先验分布, 可以证明 $\pi_1(\beta)$, $\pi_2(\gamma)$, $\pi_3(\eta)$ 联合后验也服从正态分布, $\pi_1'(\sigma_e^2)$, $\pi_2'(\sigma_{u0}^2)$, $\pi_3'(\sigma_{v0}^2)$ 联合后验服从逆 Gamma 分布 (朱慧明等, 2006; 刘金山等, 2016). 其层 1 固定效应参数 β 的推断基于下式:

$$\pi\left(\beta|Y\right)=\iiiint\!\!\int\pi\left(\beta,\gamma,\eta,\sigma_e^2,\sigma_u^2,\sigma_v^2|Y\right)\partial\gamma\partial\eta\partial\sigma_e^2\partial\sigma_{u0}^2\partial\sigma_{v0}^2 \tag{10.2.9}$$

同理, 类似可以计算其他固定效应系数矩阵 γ,η 和随机效应方差分量参数 σ_e^2, σ_{u0}^2, σ_{v0}^2 的推断表达式. 此方法是对多水平模型中所有未知参数设置了先验分布. 因此, 该方法称为完全贝叶斯推断方法.

若不考虑未知参数的先验信息, 只利用样本信息的推断, 是多水平模型的频率派推断方法, 通常采取极大似然 (ML) 估计法和限制极大似然估计法 (REML), 介于完全贝叶斯法与频率派 ML(或 REML) 估计之间的一种方法是经验贝叶斯估计 (EB-ML) 法. 其基本原理是: 首先对随机效应参数 σ_e^2, σ_{u0}^2, σ_{v0}^2 进行最大似然估计, 再对固定效应参数 β, γ, η 进行贝叶斯的估计方法.

10.3 多水平贝叶斯模型的农户收入影响因素分析

本章节我们基于高层次嵌套结构数据构建多水平模型, 对影响云南省某地 (州) 农户收入的影响因素进行分析.

10.3.1 数据来源及结构

数据来源于云南省某地 (州)13 个县市、298 个行政村, 每个行政村随机抽取 10~15 户农户进行跟踪 4 年的农民收入及相关影响因素的调查数据. 剔除部分无效或缺失数据, 总共获得 11955 个非平衡观测数据, 且该调查数据在县层次上没

有测量指标. 针对农户嵌套于村, 村嵌套于县的数据结构, 本节首先从物质资本、人力资本、生产经营结构、地理环境和交通差异等因素构建农户收入的三水平模型指标体系. 多水平模型各层级测量指标如表 10.1.

表 10.1 多水平模型各层级测量指标

变量	组别	定义
y		农民人均纯收入 (全年纯收入/常住人口数, 单位：千元)
水平 1	个体户	
t	时间	2006～2009 年分别用 0, 1, 2, 3 表示
x_1	生产经营结构	从业类型 (按从业劳动力比重) ; 1 农业户 2 农业兼业户 3 非农兼业户 4 非农业户
x_2	物质资本	人均固定资产原值 (生产性固定资产原值/常住人口, 单位：千元)
x_3	生产经营结构	人均实际经营土地面积 ((期初 + 期末实际经营土地面积)/2/常住人口)
x_4	生产经营结构	人均经济作物播种面积
x_5	生产经营结构	经济作物种植比例 (经济作物播种面积/(经济作物播种 + 粮食播种面积))
x_6	人力资本	整半劳动力数 (单位：人)
x_7	人力资本	劳动力的平均年龄 (单位：岁)
x_8	人力资本	劳动力平均受教育程度
x_9	人力资本	劳动力培训比例 (受过专业培训人数/整半劳动力数)
水平 2	村	
z_1	地理环境	地势; 其中 1 为平原村, 2 丘陵, 3 山村
z_2	地理环境	离最近县城距离; 其中 1 为 2km 以下, 2 为 2～5km, 3 为 5～10km, 4 为 10～20km,5 为 20km 以上
z_3	交通差异	到最近车站距离; 其中 1 为 2km 以下, 2 为 2～5km, 3 为 5～10km, 4 为 10～20km,5 为 20km 以上
水平 3	县	

10.3.2 三水平模型构建

10.3.2.1 空模型

为了检验数据是否存在层次结构, 考虑建立如下没有任何解释变量的空模型; 假定 y_{ijk} 表示第 i 县第 j 村第 k 户的人均收入,

$$y_{ijk} = \beta_{0ij} + e_{ijk} \tag{10.3.1}$$

$$\beta_{0ij} = \gamma_{0i} + u_{0ij}, \quad \gamma_{0i} = \eta_0 + \upsilon_{0i} \tag{10.3.2}$$

将 (10.3.2) 代入 (10.3.1), 可以得到具有随机效应的方差分析模型

$$y_{ijk} = \eta_0 + \upsilon_{0i} + u_{0ij} + e_{ijk} \tag{10.3.3}$$

该模型的总方差可分解为三个部分: (层 1) 个体户之间差异, (层 2) 村之间的差异, (层 3) 县之间的差异. 可以通过软件 MLwiN2.32 计算各个方差分量, 其中方差比

为该层次方差与总方差之比. 其中 $\sigma_{v0}^2 = 0.890(P = 0.015445)$, $\sigma_{u0}^2 = 0.805(P < 0.0001)$, $\sigma_e^2 = 6.586(P < 0.0001)$, 三者在 0.05 水平下均显著. 县之间方差比例为 10.75%, 村之间方差比例为 9.72%, 个体户方差比例为 79.53%, 表明有 20.47% 的变异由农户组间差异引起. 因此, 可以考虑建立三水平模型.

10.3.2.2 随机截距模型

根据空模型, 表明农户收入差异虽然大部分由组内变异引起, 但有部分是由组间变异引起, 因此需要考虑建立一个具有随机截距的多水平模型, 同时还要考虑在各层次上能否找到解释性变量来反映这种差异. 通过在不同层次的截距项逐渐引入影响变量并删除不显著变量, 可以得到一个多变量随机截距的三水平模型, 如下所示. 值得注意的是, 方程 (10.3.6) 仅包含截距项, 其原因是在县层次上没有相关的影响指标 (表 10.1). 其中模型 (10.3.7) 的具体各个参数 ML 估计见表 10.2 前三列.

表 10.2 三水平模型的 ML 估计、经验贝叶斯估计与完全贝叶斯估计

参数	ML(s.e)	P	EB-ML (s.e.)	P	完全贝叶斯 (s.e.)	P
固定效应参数						
η_0	−0.579(0.391)	0.1386	−0.573(0.356)	0.1077	−0.576(0.215)	0.0073
t_{ijk}	0.409(0.021)	<0.0001	0.409(0.014)	<0.0001	0.409(0.015)	<0.0001
x_{1_2ijk}	0.311(0.108)	0.0039	0.312(0.075)	<0.0001	0.310(0.077)	<0.0001
x_{1_3ijk}	0.599(0.111)	<0.0001	0.600(0.078)	<0.0001	0.600(0.078)	<0.0001
x_{1_4ijk}	0.690(0.206)	0.0008	0.691(0.146)	<0.0001	0.693(0.146)	<0.0001
x_{2ijk}	0.076(0.007)	<0.0001	0.076(0.005)	<0.0001	0.076(0.005)	<0.0001
x_{3ijk}	0.233(0.016)	<0.0001	0.233(0.012)	<0.0001	0.233(0.011)	<0.0001
x_{4ijk}	0.011(0.004)	0.0048	0.011(0.003)	<0.0001	0.011(0.003)	<0.0001
x_{5ijk}	1.239(0.121)	<0.0001	1.239(0.084)	<0.0001	1.238(0.085)	<0.0001
x_{6ijk}	−0.186(0.023)	<0.0001	−0.186(0.016)	<0.0001	−0.187(0.016)	<0.0001
x_{7ijk}	0.039(0.004)	<0.0001	0.039(0.003)	<0.0001	0.039(0.003)	<0.0001
x_{8ijk}	0.345(0.042)	<0.0001	0.345(0.029)	<0.0001	0.344(0.029)	<0.0001
x_{9ijk}	0.239(0.085)	0.0051	0.239(0.059)	<0.0001	0.238(0.060)	<0.0001
z_{1_2ij}	−0.558(0.152)	0.0002	−0.553(0.150)	0.0002	−0.562(0.106)	<0.0001
z_{1_3ij}	−0.692(0.136)	<0.0001	−0.689(0.142)	<0.0001	−0.692(0.090)	<0.0001
z_{2_2ij}	0.658(0.366)	0.0726	0.676(0.374)	0.0703	0.652(0.218)	0.0028
z_{2_3ij}	0.425(0.320)	0.1841	0.439(0.326)	0.1780	0.429(0.180)	0.0174
z_{2_4ij}	0.588(0.308)	0.0565	0.593(0.317)	0.0611	0.588(0.166)	0.0004
z_{2_5ij}	0.573(0.295)	0.0509	0.584(0.301)	0.0525	0.574(0.152)	0.0002
随机效应参数						
水平 3						
σ_{v0}^2	0.204(0.095)	0.0313	0.260(0.146)	0.0753	0.204(0.003)	<0.0001
水平 2						
σ_{u0}^2	0.655(0.067)	<0.0001	0.673(0.072)	<0.0001	0.655(0.008)	<0.0001

续表

参数	ML(s.e)	P	EB-ML (s.e.)	P	完全贝叶斯 (s.e.)	P
水平 1						
σ_e^2	5.626(0.075)	<0.0001	5.632(0.076)	<0.0001	5.627(0.053)	<0.0001
DIC			52592.25		52587.63	
AIC	52897.49					
−2ln(likelihood)	52855.490					

$$\begin{aligned} y_{ijk} =& \beta_{0ij} + \beta_1 t_{ijk} + \beta_2 x_{1\_2ijk} + \beta_3 x_{1\_3ijk} + \beta_4 x_{1\_4ijk} + \beta_5 x_{2ijk} + \beta_6 x_{3ijk} \\ &+ \beta_7 x_{4ijk} + \beta_8 x_{5ijk} + \beta_9 x_{6ijk} + \beta_{10} x_{7ijk} + \beta_{11} x_{8ijk} + \beta_{12} x_{9ijk} + e_{ijk} \end{aligned} \tag{10.3.4}$$

$$\begin{aligned} \beta_{0ij} =& \gamma_{0i} + \gamma_1 z_{1\_2ij} + \gamma_2 z_{1\_3ij} + \gamma_3 z_{2\_2ij} \\ &+ \gamma_4 z_{2\_3ij} + \gamma_5 z_{2\_4ij} + \gamma_6 z_{2\_5ij} + u_{0ij} \end{aligned} \tag{10.3.5}$$

$$\gamma_{0i} = \eta_0 + v_{0i} \tag{10.3.6}$$

将 (10.3.5) 和 (10.3.6) 代入 (10.3.4), 得到三水平随机截距模型

$$\begin{aligned} y_{ijk} =& \eta_0 + \beta_1 t_{ijk} + \beta_2 x_{1\_2ijk} + \beta_3 x_{1\_3ijk} + \beta_4 x_{1\_4ijk} + \beta_5 x_{2ijk} + \beta_6 x_{3ijk} \\ &+ \beta_7 x_{4ijk} + \beta_8 x_{5ijk} + \beta_9 x_{6ijk} + \beta_{10} x_{7ijk} + \beta_{11} x_{8ijk} + \beta_{12} x_{9ijk} \\ &+ \gamma_1 z_{1\_2ij} + \gamma_2 z_{1\_3ij} + \gamma_3 z_{2\_2ij} + \gamma_4 z_{2\_3ij} + \gamma_5 z_{2\_4ij} \\ &+ \gamma_6 z_{2\_5ij} + (e_{ijk} + u_{0ij} + v_{0i}) \end{aligned} \tag{10.3.7}$$

10.3.3 模型的参数估计及其对比分析

10.3.3.1 经验贝叶斯估计与完全贝叶斯估计对比分析

由于部分数据失效或缺失, 且在县级别 (层 3) 没有变量, 此数据在高层次上单位数量小且具有不平衡结构. 对上述多水平模型 (10.3.7) 尝试使用贝叶斯推断估计, 对比研究贝叶斯估计方法是否使模型估计效果提高. 需要将此模型进行经验贝叶斯 (EB-ML) 和完全贝叶斯推断, 其参数估计结果如表 10.2 的第四列至七列.

根据表 10.2, 我们对经验贝叶斯方法 (EB-ML) 和完全贝叶斯方法的整体拟合和参数估计效果进行比较分析. 首先对参数估计的显著性进行对比, 常数项 η_0 和层 3 的方差 σ_v^2 均使用 EB-ML 方法不显著, 而使用完全贝叶斯估计方法是显著的; 其次对参数估计的精度即标准误差 (s.e) 进行对比, 使用完全贝叶斯方法比 EB-ML 方法的标准误差 (s.e) 相对要小, 特别是高层单位即层 3、层 2 的参数估计,

说明完全贝叶斯估计的精度相对比 EB-ML 估计要高; 最后对模型整体拟合效果进行对比, 贝叶斯推断方法通常情况下采用 DIC(Deviance Information Criterion) 为衡量标准, 类似于用 AIC 衡量模型整体拟合效果, 表 10.2 中完全贝叶斯估计的 DIC 为 52587.63, 相对比 EB-ML 的 DIC 为 52592.25 较小, 说明使用完全贝叶斯方法模型整体拟合较好. 因此, 基于农户收入高层单位数量小并且数据不平衡情况下, 无论从整体模拟效果, 还是从参数估计的显著性和精度方面的比较, 完全贝叶斯估计比经验贝叶斯估计精确度更高, 模型整体拟合效果更好, 展现出明显优越性.

10.3.3.2 ML 估计与完全贝叶斯估计对比分析

针对此农户收入嵌套结构数据, 多水平模型的 ML 估计比传统一般线性回归模型的 OLS 估计效果好, 结果请参考文献 (张敏等, 2017). 通过上述贝叶斯推断方法的比较, 完全贝叶斯比经验贝叶斯更具有明显优势, 下面我们对多水平模型的 ML 估计和完全贝叶斯推断进行比较, 其参数估计结果结合表 10.2 的二、三列和六、七列.

基于此嵌套结构农户收入数据构建的多水平模型, 如式 (10.3.7), 整体来看多水平模型的 ML 估计参数估计值和完全贝叶斯估计参数估计值相对偏差不大, 基本在 0.5% 左右. 同时完全贝叶斯推断的 DIC 为 52587.63, ML 估计的 AIC 为 52897.49, 相对偏大. 如果比较固定效应和随机效应参数的标准误差 (s.e), 完全贝叶斯估计误差较小, 精确度更高. 并且三水平模型中距最近县城距离 (z_2) 的在 ML 估计中不显著, 而完全贝叶斯估计显著. 因此, 综上所述, 多水平模型的完全贝叶斯估计比 ML 估计具有明显优越性. 综合考虑, 对农户收入影响因素模型, 最终选择三水平模型的完全贝叶斯推断方法. 具体方程如下：

$$
\begin{aligned}
y_{ijk} =& -0.576 + 0.409t_{ijk} + 0.310x_{1\_2ijk} + 0.600x_{1\_3ijk} + 0.693x_{1\_4ijk} \\
& + 0.076x_{2ijk} + 0.233x_{3ijk} \\
& + 0.011x_{4ijk} + 1.238x_{5ijk} - 0.187x_{6ijk} + 0.039x_{7ijk} + 0.344x_{8ijk} \\
& + 0.238x_{9ijk} - 0.562z_{1\_2ij} \\
& - 0.692z_{1\_3ij} + 0.652z_{2\_2ij} + 0.429z_{2\_3ij} + 0.588z_{2\_4ij} + 0.574z_{2\_5ij} \\
& + (e_{ijk} + u_{0ij} + v_{0i})
\end{aligned} \tag{10.3.8}
$$

10.3.3.3 三水平贝叶斯模型解释及主要结论

(1) 农户收入与调查户从业类型、人均固定资产原值、人均实际经营土地面积、人均经济作物播种面积、经济作物种植比例、整半劳动力数、劳动力的平均年龄、劳动力平均受教育程度、劳动力培训比例、地势、离最近县城距离有显著相关, 即农户收入由物质与人力资本、生产结构、地理环境等综合因素导致.

(2) 其中调查户从业类型、人均固定资产原值、人均实际经营土地面积、人均经济作物播种面积、经济作物种植比例、劳动力的平均年龄、劳动力平均受教育程度、劳动力培训比例、离最近县城距离系数为正. 说明固定资产投资原值越多, 人均收入越高; 同时教育程度越高或者专业培训比例越高即劳动素质越高, 农户收入越高, 且影响较大.

(3) 整半劳动力数、地势的系数为负. 地理环境较差的农户收入越低; 同时劳动力越多的农户收入越低, 反映了西部少数民族地区存在劳动力过剩现象.

10.4 结　论

多水平模型统计推断的基本方法是经典频率派方法. 本章在高层次结构数据多水平模型的研究基础上, 立足于探索多水平模型的贝叶斯推断方法, 以云南省某地 (州) 农户收入嵌套数据为基础, 构建了高层次结构数据的农户收入影响因素的多水平模型, 对比分析了完全贝叶斯估计与经典频率派的 ML 估计和经验贝叶斯方法的优劣, 展现出多水平模型的完全贝叶斯推断在拟合高层数量单位小或数据不平衡时的特征和优势, 为处理高层次嵌套结构数据提供了一种基于完全贝叶斯的多水平统计建模方法.

第 11 章　多水平模型在各类软件中的实现

11.1　多水平模型在 MLwiN 软件中的实现

第 5 章的分析结果主要是采用 MLwiN 软件完成. MLwiN 软件是以多水平建模中心 (Center of Multilevel Modelling) 的研究组为主开发出来的一种针对多水平模型的一个专用软件, 它是 ML3 及 MLn 在 Windows 下的升级版. MLwiN 于 1997 年开发出第一版本, 2003 年开发出第二版本, 经过一系列修正后, 目前所用的是 2.10 版本, 提供指定和装配图形用户界面 (GUI) 范围广泛的多层次模式, 以及策划、诊断和数据操纵设施. 用户可以通过直接进行操作任务 GUI 屏幕的对象. 如公式、表格和图形. 对一些比较复杂的多水平模型, 特别是具有某些复杂方差函数结构的多水平模型, 提供了更为方便快捷的计算. 该软件的详细介绍参见 Goldstein 等 (1998). 下面给出第 5 章所用的 MLwiN 2.02 的具体操作步骤.

11.1.1　MLwiN 2.02 的主窗口界面

当你打开 MLwiN 时, 下面就是它主窗口：

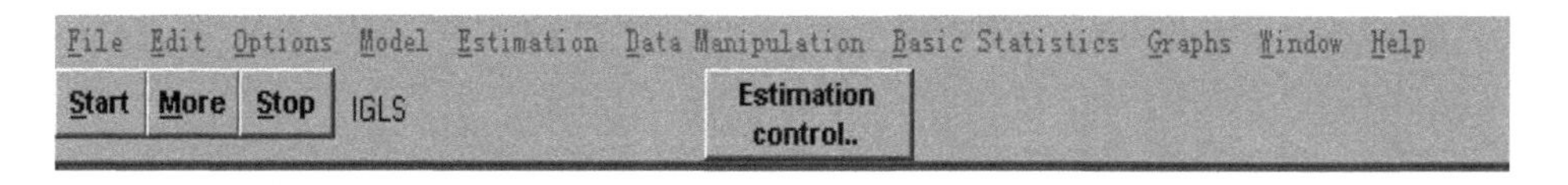

这些菜单在在线帮助 (Help) 系统中, 有详细的介绍. 帮助系统可以在当前窗口中, 直接单击 Help 按钮. 主窗口中工具栏上的菜单包括对模型的估计与控制. 下面将详细介绍上面的每个菜单. 主窗口工具栏下面是一个空白区域, 用于显示要打开的窗口. 主窗口最下面的状态栏用于显示迭代进展的估计程序.

首先, 在空白窗口中打开所需要的数据文件 (.ws) 方法如下：

(1) 选择 File 菜单;

(2) 选择 Open worksheet;

(3) 选择 city.ws 数据文件;

(4) 单击打开.

当你打开需要的 (.ws) 文件后 (此处以第 5 章省、城市之间的数据为例), 下面的数据文件窗口自动弹出：

Names

8 CITY | Refresh | Categories | Help

	Name	n	missing	min	max
1	LNYT	210	0	1.025136	3.625878
2	LNY0	210	0	6.305437	10.20798
3	LNSK	210	0	-1.605681	-.188787
4	LNSH	210	0	-3.130763	-2.186719
5	LNN+G+Z	210	0	-2.508538	.8500959
6	Province	210	0	1	20
7	CONS	210	0	1	1
8	CITY	210	0	1	18
9	W1Y	210	0	-.6388982	.7734408
10	SHENGXI	210	0	-1.13	1.118
11	W1Y*LNY0	210	0	-5.439199	6.794222
12	GRO	210	0	1	3
13	OC3DOS	63	0	-.16	.22
14	RIGHT	63	0	0	1
15	C15	0	0	0	0
16	C16	0	0	0	0
17	C17	0	0	0	0
18	C18	0	0	0	0
19	C19	0	0	0	0
20	C20	0	0	0	0
21	C21	0	0	0	0

在此窗口中我们可以看到数据中各变量的基本信息, 通过 Categories 菜单可以对离散变量进行设置. 如单击 Categories 按钮, 则会弹出下面窗口:

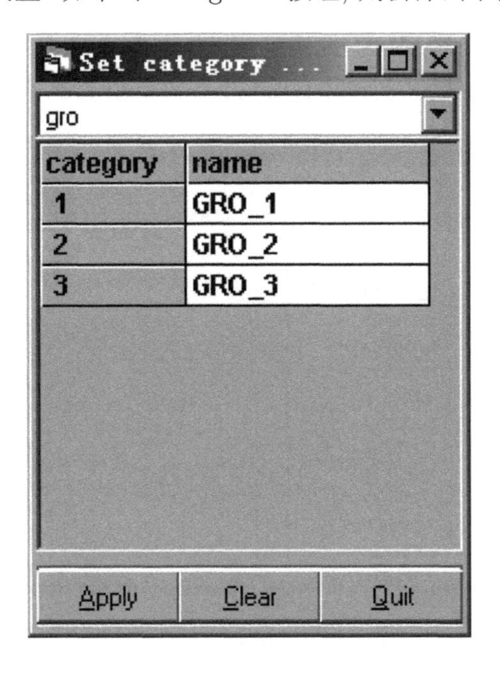

在此窗口中可以对所要设置的变量进行选择, 如对 GRO 变量进行分类, 单击

“Categories” 并在下拉窗口中选择 gro 变量, 双击窗口中的每一个显示值可以更改显示名称, 更改后单击 Apply 按钮. 结果如下：

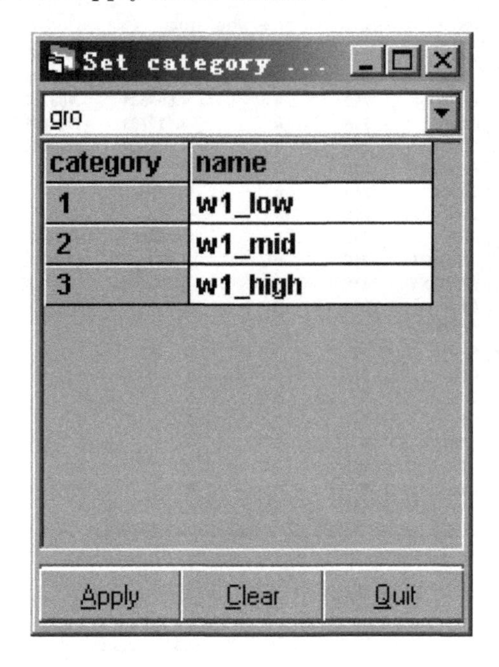

我们还可以查看每一列数据的详细情况. 操作如下：

在 Data Manipulation 菜单中选择 View or edit data, 窗口如下：

Data

goto line 1　view　Help　Font

	lnyt(210)	lny0(210)	province(210)	cons(210)	city(210)
1	2.553894	8.743275	1	1	1
2	2.640897	8.355906	1	1	2
3	2.295136	8.297719	1	1	3
4	2.58348	8.119674	1	1	4
5	2.254884	8.550975	1	1	5
6	2.103443	8.16695	1	1	6
7	2.021513	8.249524	1	1	7
8	1.979728	8.269717	1	1	8
9	2.020572	8.170712	1	1	9
10	2.289962	7.967614	1	1	10
11	2.653106	7.921873	1	1	11
12	2.96048	7.164982	1	1	12
13	2.671071	7.528734	1	1	13
14	2.377136	8.226231	2	1	1

在数据窗口中可以看到每一个变量的具体取值. 这样我们可以对已经打开的数据进行简单的操作.

11.1.2 多水平模型的建立

1) 首先建立一个空模型, 也称为截距模型. 操作如下:

从 Model 菜单中选择 Equations, 窗口如下:

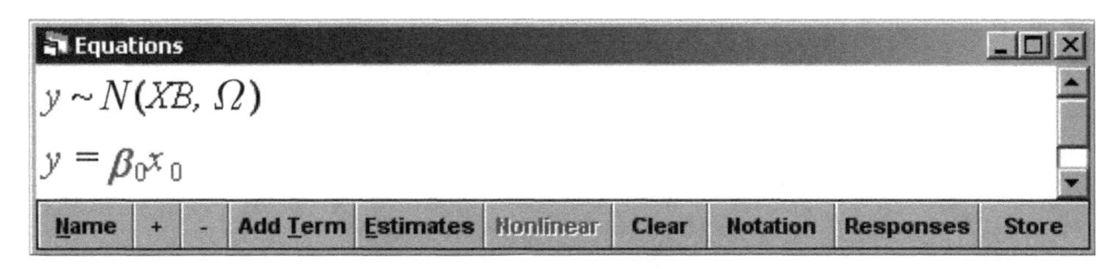

在此窗口中, 可以对变量参数进行设计, 如窗口中 $y \sim N(XB, \Omega)$ 单击 y 的分布可以对其相应的分布进行设计, 会出现以下窗口:

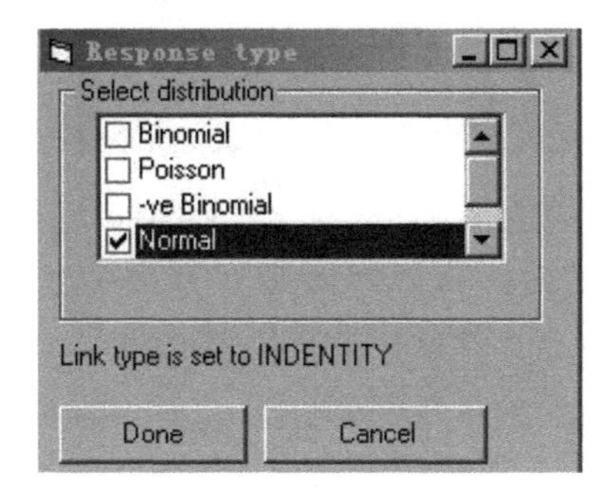

在方程窗口中, 我们还可以通过窗口下面的 Name、Notation 按钮对方程的外观形式进行设计, 单击方程窗口中 Notation 按钮, 会出现以下窗口:

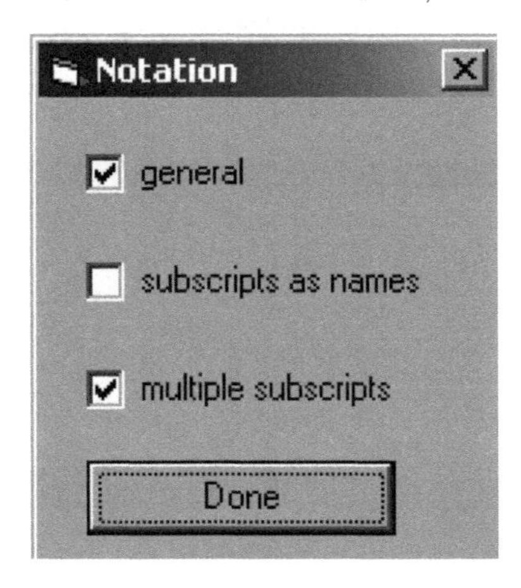

取消 general 的勾选, 方程窗口就会变为

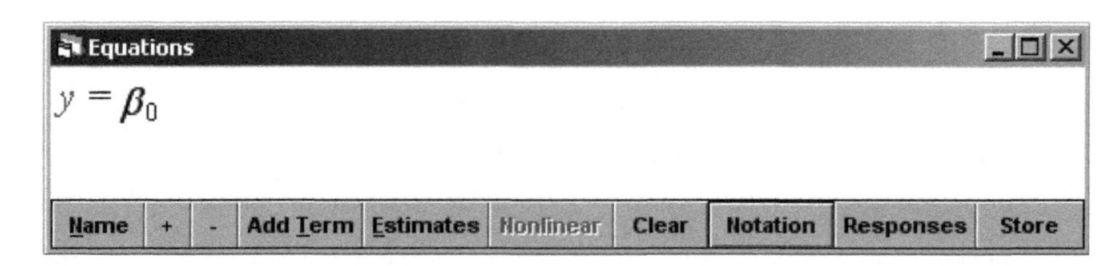

y 表示还没有被设置, 而常数项 β_0 已被设置. 可以通过直接单击它来设置本身的层次随机性. 在方程窗口中单击 y, 会弹出以下窗口, 对其设置.

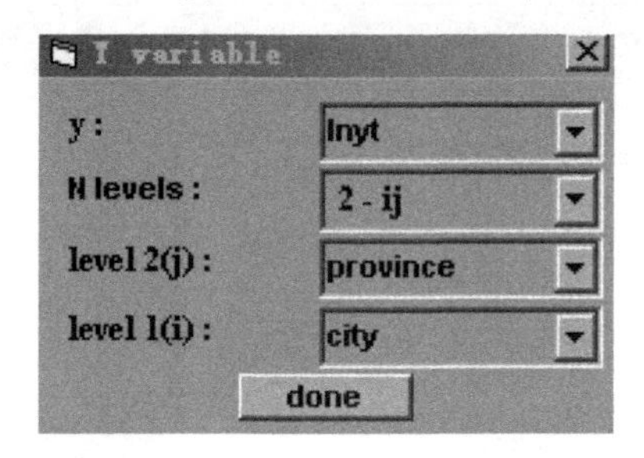

在此窗口中可以对 y 变量进行选择 (案例中 y 选择 $\ln(y_t)$), 也可以对其设置的水平数 (NLevels 选择 2-ij) 进行设置. 并且在水平 1i 后面选择城市水平 (City), 水平 2 j 后面 (注意: 在软件中 i 代表水平 1, j 代表水平 2) 选择省标码 (Province), 单击确定按钮. 然后对截距项 β_0 进行设置, 会出现以下窗口:

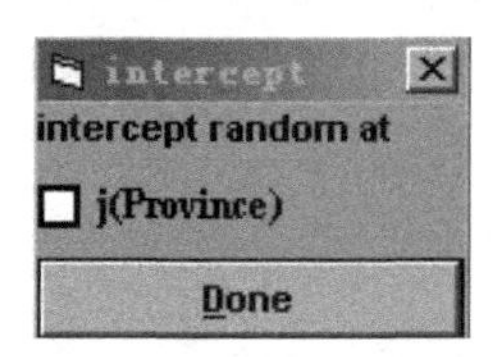

勾选 j 前面的窗口, 空模型就被设置好了.

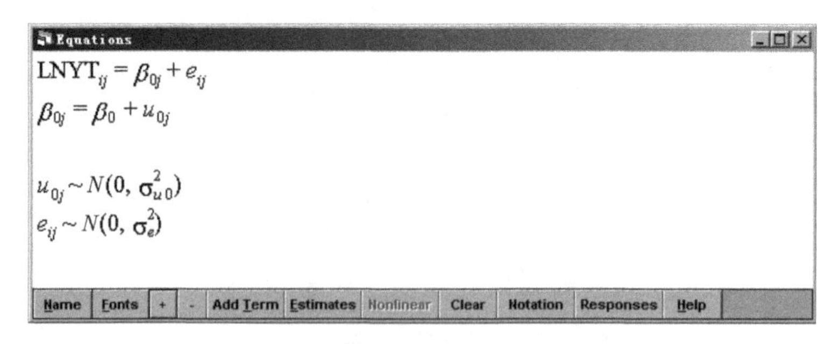

截距项 β_0 被设置为水平 2 上随机, 则 β_0 变为 β_{0j}, 并且会生成 β_{0j} 在水平 2 上的随机误差 u_{0j}, 同时也会产生一个水平 1 上的随机误差项 e_{ij}. 单击方程窗

口中的 Estimates 按钮, 对此方程进行估计. MLwiN 默认是迭代最小二乘估计 (IGLS), 我们可以通过主窗口中 Estimates Contral 按钮改变估计方法. 本书采用限制迭代最小二乘估计 (RIGLS) 估计结果如下:

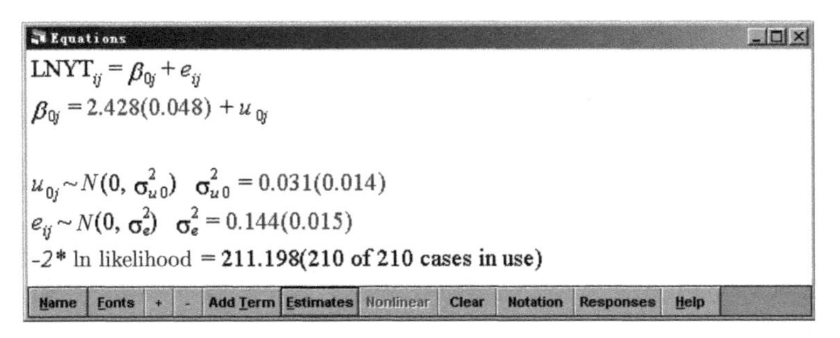

在估计结果中, 分为固定效应估计和随机效应部分估计. 截距项 β_{0j} 的估计为 2.428. MLwiN 估计窗口中还提供了 $-2\ln(\text{likelihood})$ 统计量, 用于模型的比较检验. 空模型中我们可以根据 $\hat{\sigma}_{u0}^2$=0.031, $\hat{\sigma}_e^2$=0.144 的值计算组内相关系数

$$\text{ICC} = \hat{\sigma}_{u0}^2/\hat{\sigma}_{u0}^2 + \hat{\sigma}_e^2$$

来判断数据是否具有层次结构.

2) 建立完整的两水平模型

(1) 加入连续型变量

① 单击 Add Term 按钮;

② 从下拉框中选择所要添加的变量 "$\ln(y_0)$";

③ 单击确定.

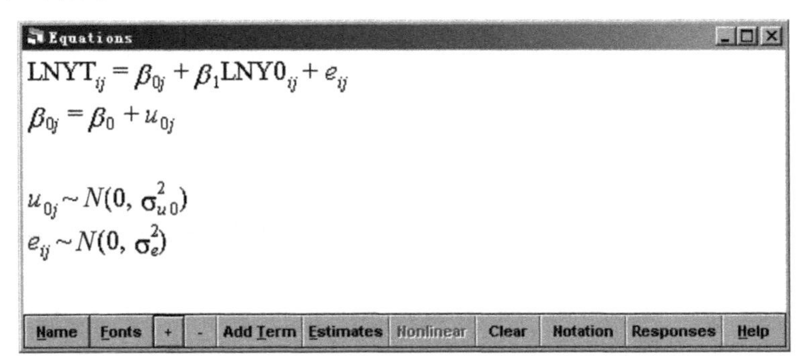

在此过程中, 由于 $\ln(y_0)$ 是水平 1 变量, 所以具有下标 ij, 即 $\ln(y_0)_{ij}$. 可以对它的系数 β_1 进行设定, 如果设定其在水平 2 上随机, 则变为 β_{1j}. 同时生成 β_{1j} 在水平 2 上随机所产生的随机误差项 u_{1j}. 单击主窗口上面的 Start 按钮, 运行模型, 结果如下:

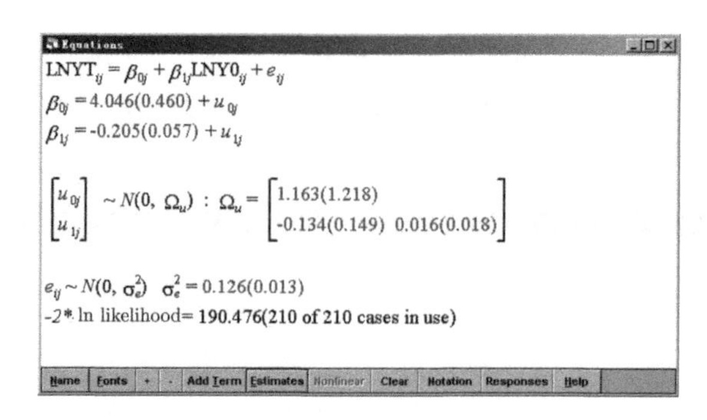

我们可以通过两模型中的 $-2\ln(\text{likelihood})$ 进行比较，来判断模型的拟合优度是否有改进.

(2) 加入离散型变量

如果添加的变量是虚拟变量时，我们可以通过 “Categories” 进行设置，在方程中添加时会按传统离散变量的处理方式，以其中一个为参照标准，来估计其他取值的估计值.

① 单击 Add Term 按钮；② 从下拉框中选择所要添加的变量 “gro”.

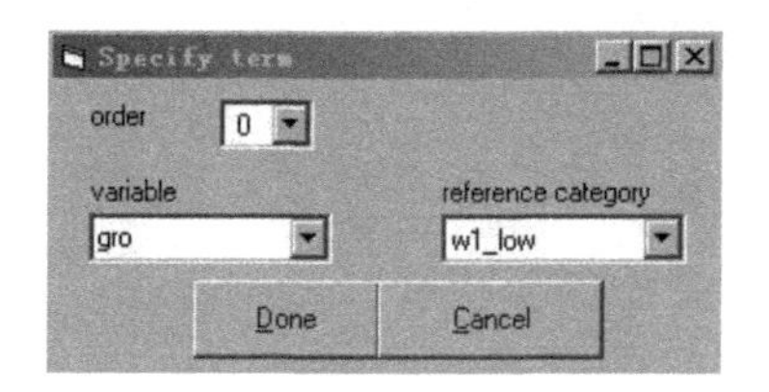

在参照变量的选择窗口 “reference category” 可以选择参照标准，以其中一个为参照标准来估计其余两个值，我们以第 5 章数据为例.

单击确定.

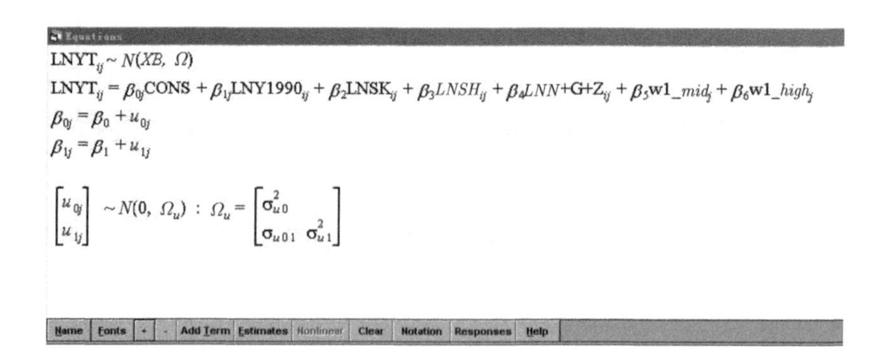

单击 Estimates 按钮进行估计. 我们也可以加入交互相应, 即在相应斜率上加入水平 2 解释变量. 方法如下：在方程窗口中单击 Add Term 按钮.

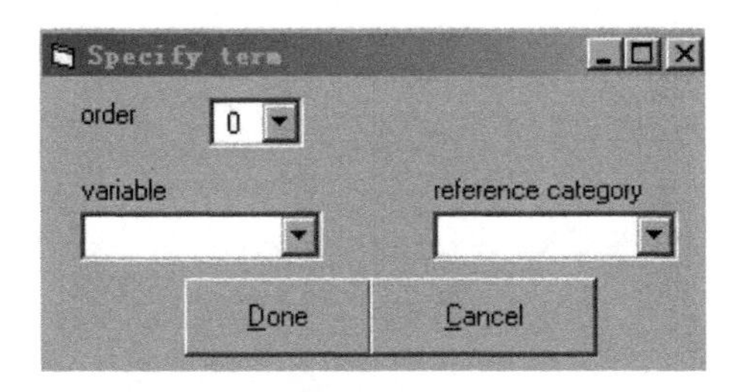

在 “order” 下拉框中选择 1, 则窗口变为

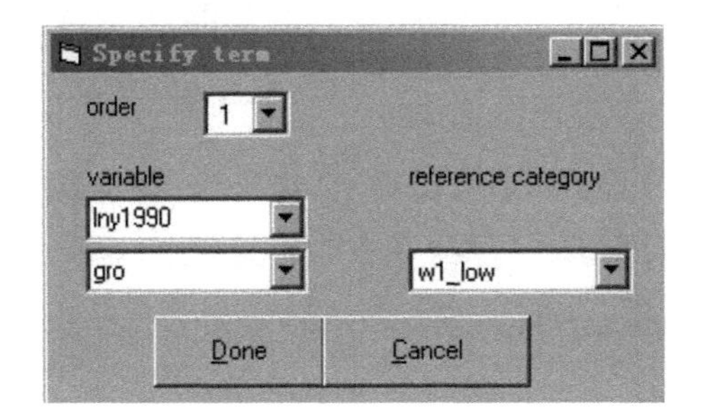

在变量选择框中进行选择交互的变量, 单击 Done 按钮方程如下：

$$\mathrm{LNYT}_{ij} \sim N(XB, \Omega)$$

$$\mathrm{LNYT}_{ij} = \beta_{0j}\mathrm{CONS} + \beta_{1j}\mathrm{LNY1990}_{ij} + \beta_2\mathrm{LNSK}_{ij} + \beta_3\mathrm{LNSH}_{ij} + \beta_4\mathrm{LNN{+}G{+}Z}_{ij} + \beta_5\mathrm{w1\_}mid_j + \beta_6\mathrm{w1\_}high_j + \beta_7\mathrm{LNY1990.w1\_}mid_{ij} + \beta_8\mathrm{LNY1990.w1\_}high_{ij}$$

$$\beta_{0j} = \beta_0 + u_{0j}$$

$$\beta_{1j} = \beta_1 + u_{1j}$$

$$\begin{bmatrix} u_{0j} \\ u_{1j} \end{bmatrix} \sim N(0, \Omega_u) : \Omega_u = \begin{bmatrix} \sigma^2_{u0} & \\ \sigma_{u01} & \sigma^2_{u1} \end{bmatrix}$$

11.1.3 模型中参数估计的显著性检验及其他常用功能

MLwiN 提供了对参数固定效应和随机效应部分中单个参数的检验, 同时也给出了多参数的联合检验. 具体操作如下：

(1) 单击主窗口中的 Model 按钮;

(2) 从下拉框中选择 Intervals and tests.

窗口如下：

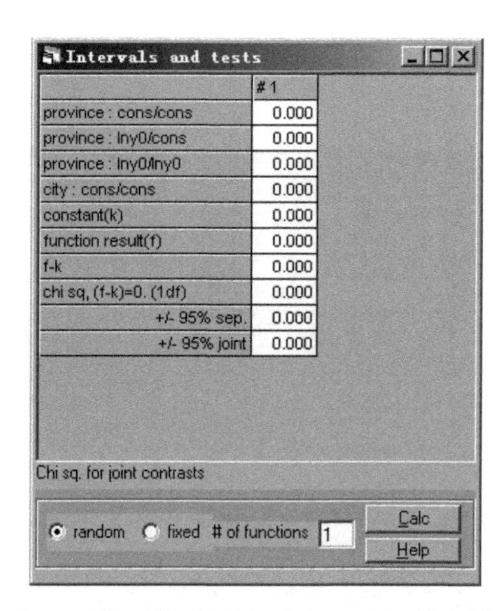

在此窗口中，我们可以分别检验固定效应和随机效应模型的显著性，也可以通过改变参数数目检验多参数方程. 单参数检验如下：

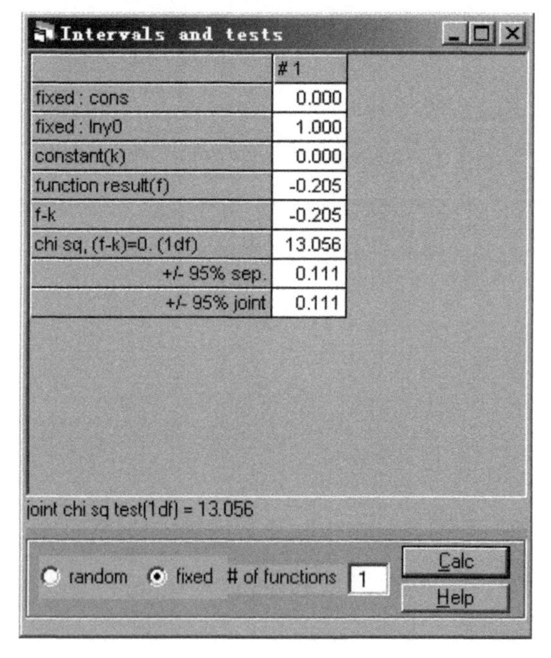

MLwiN 还有以下常用功能.

MLwiN 提供了便捷的图表功能，可以通过 Graphs 菜单中的 Customised graph(s) 做各种单或复合的图形.

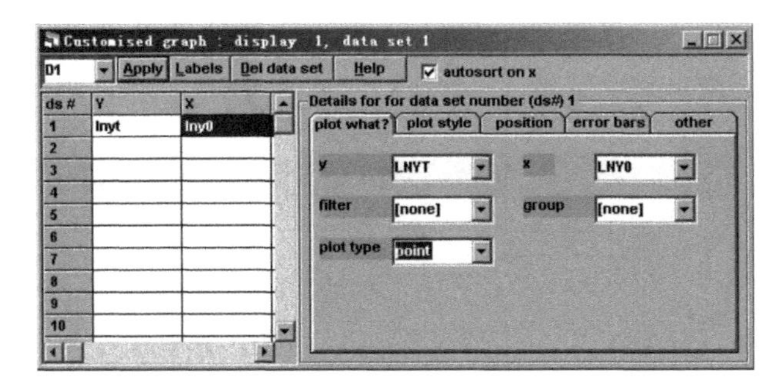

在此窗口中, 可以方便地设计各种图形及其他功能, 如 $\ln(y_0)_{ij}$ 与 $\Delta\ln(y_t)_{ij}$ 的散点图.

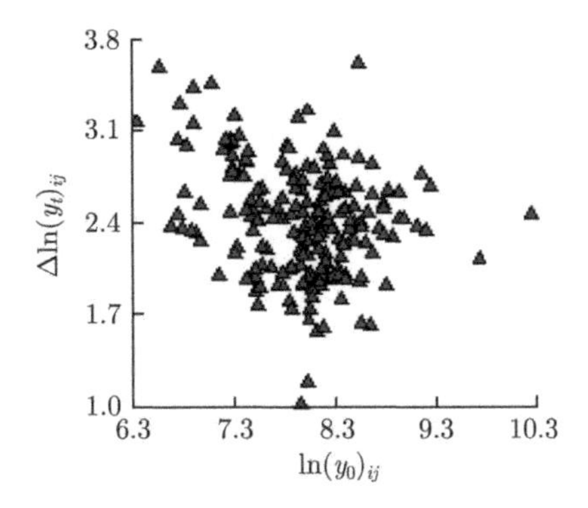

$\ln(y_0)_{ij}$ 与 $\Delta\ln(y_t)_{ij}$ 的散点图

MLwiN 提供了各水平残差计算功能, 并可以通过图表显示各水平上个体单元残差的取值及置信区间. 通过 Model 菜单下面的 Residuals 分别计算各个水平下的残差及残差图.

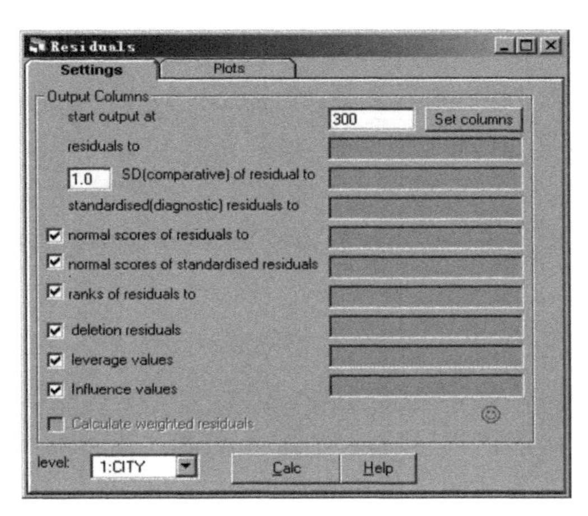

这里可以分别计算水平 1 或水平 2 的残差, 并且可以通过各水平的残差进行其他运算. 例如, 我们可以显示水平 2 上各省 (rank) 的平均残差, 即图中各三角号.

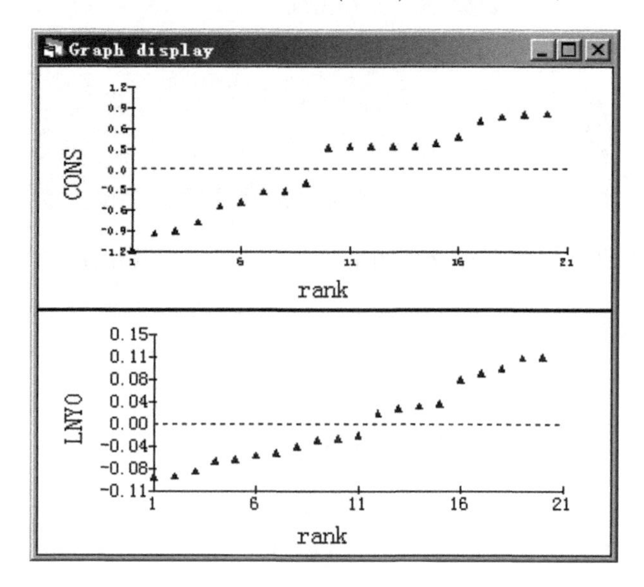

MLwiN 还具有对各水平方差计算功能. 通过 Model 菜单下面的 Variance Function (方差函数菜单) 可以对各水平方差与水平 1 变量的关系进行计算, 并可以用方差函数图来表示. MLwiN 具有对多层次模型进行分析的强大功能.

11.2　多水平模型在 SAS 软件中的实现

11.2.1　SAS 软件介绍

在众多统计软件中, SAS 以运行稳定、功能强大而著称. 近 30 年来, SAS 一直占据统计软件的高端市场, 已被全世界 120 多个国家和地区的近 3 万家机构采用, 直接用户超过 300 万人, 遍及金融、医药卫生、生产、运输、通信、政府和教育科研等领域. 在数据处理和统计分析领域, SAS 被誉为国际上的标准软件, 堪称统计软件界的巨无霸. 在国际学术界有条不成文的规定, 凡是用 SAS 软件统计分析的结果, 在国际学术交流中可以不必说明算法, 由此可见其权威性和信誉度.

SAS 全称为 Statistics Analysis System(统计分析系统), 最早是在 20 世纪 60 年代末期由两位北卡州立大学统计系的教授开发的, 它由多个功能模块组合而成, 其基本部分是 SAS/BASE 模块. SAS/BASE 模块是 SAS 的核心, 承担主要数据管理任务, 并管理用户使用环境, 进行用户语言处理, 调用其他 SAS 模块和产品. SAS 具有灵活的功能扩展和强大的功能模块, 在 SAS/BASE 的基础上, 还可以增加如下不同模块进而增加不同功能: SAS/STAT(统计分析模块)、SAS/GRAPH(绘图模块)、SAS/QC(质量控制模块)、SAS/ETS(计量经济和时间序列分析模块)、SAS/OR(运筹学模块)、SAS/IML(交互式矩阵程序设计语言模块)、SAS/FSP(快速数据处理的交互式菜单系统模块)、SAS/AF(交互式全屏幕软件应用系统模块) 等. SAS 提供多个统计过程, 每个过程均含有丰富的任意选项. 用户还可以通过对数据集进行一连串加工, 实现更为复杂的统计分析. 此外, SAS 还提供各种概率分析函数、分位数函数、样本统计函数和随机数生成函数, 使用户能方便地实现特殊统计要求.

11.2.2 SAS 软件的基本操作

11.2.2.1 SAS 软件使用界面

在开始菜单的程序文件夹中找到 SAS 文件夹, 用鼠标单击相应菜单, 或者直接双击桌面上 SAS 的快捷键图标, 即可进入 SAS. SAS 启动后, 自动显示其主界面:

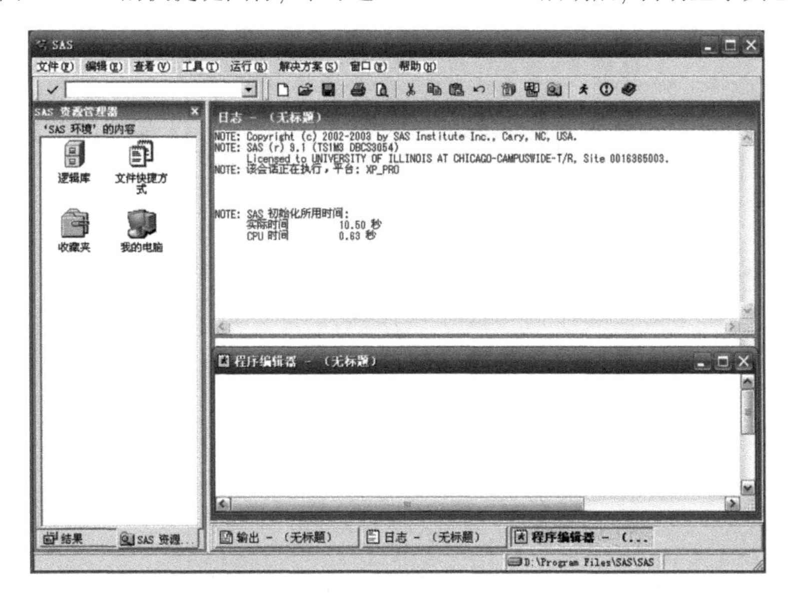

SAS 启动后, 出现运行界面, 术语称为 “SAS 工作空间”(SAS Application Work Space). 它像其他 Windows 应用程序一样, 在一个主窗口内, 包含若干个子窗口, 并有菜单条、工具栏、状态栏等.

SAS 在启动时, 默认打开 5 个窗口: SAS 增强程序编辑 (Enhanced Editor) 窗口、日志 (Log) 窗口、结果输出 (Output) 窗口、资源管理器 (Explorer) 窗口、结果 (Results) 窗口. 其中, SAS 增强程序编辑窗口用于编辑文本文件, 主要是编辑 SAS 程序; 日志窗口用于输出程序在运行时的各种有关信息; 结果输出窗口可以对 SAS 程序的输出结果进行阅读; 结果窗口帮助用户浏览和管理所提交的 SAS 程序的输出结果, 实际上是一个结果索引窗口; 资源管理器窗口的作用类似于资源管理器, 用于浏览和管理 SAS 中各种文件.

SAS 窗口标题栏下是主菜单. SAS 菜单是动态的, 其内容随上下文不同而不同, 即光标在不同窗口其菜单也不同. 其中, File(文件) 菜单主要是有关 SAS 文件的调入、保存及打印的功能. Edit(编辑) 菜单用于窗口的编辑 (如清空、复制、粘贴、查找、替换等). Locals(局部) 菜单与当前正在进行的操作有关, 如果你正在编辑程序, 则 Locals 菜单有提交运行、调回修改等功能. Globals 菜单内容比较复杂, 它可以打开被关闭的程序窗口、运行记录窗口、输出窗口、图形窗口, 可以进入 SAS 提供的各个独立模块.

主菜单下是一个命令条和工具栏菜单. 命令条主要用于与 SAS 较早版本的兼容性, 可以在这里键入 SAS 的显示管理命令. 工具栏图标提供了常见任务的快捷方式, 解释如下:

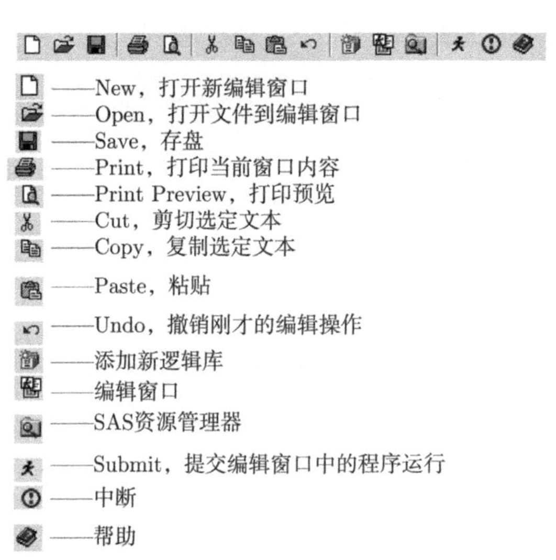

当需要退出 SAS 时, 可以单击 File 菜单, 选择其中的 Exit 命令, 或者单击 ☒ (关闭) 按钮, 单击 "确认", 即可退出系统.

11.2.2.2 SAS 基本概念

最简单的 SAS 程序由一个 SAS 数据步 (SAS Data Step) 和一个 SAS 过程步 (SAS Proced Urestep) 两部分组成. 数据步以 DATA 语句开头, 其作用是建立 SAS 数据集 (SAS Data Set). 具体地说, 就是建立起变量与数据之间的联系, 使数据能方便地被 SAS 过程利用; 过程步以 PROC 语句开头, 其作用是激活 SAS 过程. 通常, 一个 SAS 程序中可包含多个 SAS 数据步, 也可包含多个 SAS 过程步. 每一个 SAS 语句用一个分号结束, 一行中可写多个 SAS 语句.

变量和观测是 SAS 数据集的 2 个基本概念. 可以这样看待它们的关系, SAS 对各变量的操作都是在各观测内进行的. 从每一个观测对象身上观测到 n 个变量的具体取值, 在 SAS 中, 把这 n 个数值写在一行上, 称为 1 个观测.

建立 SAS 数据集方法如下:

[SAS 程序]

```
DATA a;
INPUT id x1-x6;
CARDS;
1 14 13 28 14 22 39
2 10 14 15 14 34 35
3 11 12 19 13 24 39
4  7  7  7  9 20 23
5 13 12 24 12 26 38
6 19 14 22 16 23 37
7 20 16 26 21 38 69
8  9 10 14  9 31 46
9  9  8 15 13 14 46
10 9  9 12 10 23 46
;
Run;
```

如上程序表明, 共有 10 个观测对象, 每个观测对象包含 7 个变量 (含编号) 的取值. 程序中① DATA 语句指明我们要建立一个名字为 A 的数据集, 当该段程序执行完以后, 可以在 DOS 目录 C:\SAS\SASWORK 下看到一个文件 A.SSD, 其中, A 为在 SAS 程序中指定的数据集名, SSD 为 SAS 系统自动提供的扩展名, 表明该文件为 SAS 数据集 (SAS Data Set), SAS 数据集是 SAS 系统的内部文件, 只能被 SAS 系统正常引用. ② INPUT 语句指明了将要建立的 SAS 数据集包含的变量, 其中, ID 编号 x1~x6 分别代表常识、算术、理解、填图、积木和译码这 6 个方面的得分. 值得注意的是, 像 x1~x6 这样简写的列表能够被 SAS 系统接受, 为 SAS 程序的书写提供了极大方便, 程序也显得十分简洁. ③ CARDS 语句表明，下面是用于建立 SAS 数据集的数据流, 数据流以另起一行的一个分号为结束. ④ RUN 语句标志着一个 DATA 步或 PROC 步的结束, SAS 系统一遇到它, 即开始建立 SAS 数据集或调用过程分析数据. ⑤在程序运行的过程中, 可以在 LOG 窗口看到这样的信息 "NOTE:The data set work.a has 10 observations and 7 variables". 它告诉我们, 数据集 A 包含 10 个观测对象和 7 个变量. ⑥每个语句以分号为结束.

SAS 数据集中数据的来源大致有以下几种方式.

(1) 将数据行直接写在 CARDS 语句后, 上面采用的就是这种办法.

(2) 从外部文件 (文本文件) 读取数据. 如果事先将数据输入计算机并做成文本文件, 取名为 example.txt, 那么建立数据集的程序将更加简洁, 即

```
DATA A; INFILE 'example.txt'; id+1; INPUT x1-x6; RUN;
```

(3) 利用已经创建的数据集产生所需的新数据集, 前面已经创建了数据集 A, 包含 7 个变量, 如果还想增加 1 个变量, 它的值是 x1~x6 之和, 可利用已创建的数据集 A, 重新建立一个数据集, 程序为

```
DATA B; SET A; ss=SUM(OF x1-x6); RUN;
```

(4) 其他软件产生的标准格式文件与 SAS 数据集之间的互相转换. SAS 提供了 2 个过程, 即 DBF 和 DIF, 分别用于 dBASE 数据库和 SAS 数据集、DIF 文件和 SAS 数据集之间的相互转换.

(5) 某些 SAS 过程自动产生数据集, 很多过程都可以产生新的数据集, 有利于数据的再分析. 如下面的程序就产生 1 个包含 x1~x6 的均值 mx1~mx6 的数据集 M.

```
PROC MEANS DATA=A; VAR x1-x6; OUTPUT OUT=m MEAN=mx1-mx6; RUN;
```

11.2.3 应用 SAS 软件进行多水平建模

11.2.3.1 变量定义与数据的导入

首先, 我们以建立一个二水平的模型为例, 演示如何使用 SAS 软件进行多水平建模.

例 11.2.1 农户的收入函数模型.

为了研究影响西部民族地区农户收入的因素, 考虑如下变量.

结局测量:

y: 农户家庭人均纯收入的对数;

水平 1 解释变量或个体水平解释变量：

invest：农户家庭的人均生产性固定资产原值;

till：农户家庭的人均耕地数量;

structure：农户家庭的就业结构 (调查户按从业劳动力比重计算的从业类型, 1 为农业户, 2 为农业兼业户, 3 为非农业兼业户, 4 为非农业户).

水平 2 解释变量.

地理环境, 分为三类：平原、丘陵和山区, 引入两个虚拟变量表示为

$$D_1 = \begin{cases} 1, & \text{平原}, \\ 0, & \text{其他}, \end{cases} \qquad D_2 = \begin{cases} 1, & \text{丘陵} \\ 0, & \text{其他} \end{cases}$$

site：村编码;

id：村里的户编码;

农户的收入函数为

$$y_{ij} = \beta_{0j} + \beta_{1j} till_{ij} + \beta_{2j} structure_{ij} + \beta_{3j} invest_{ij} + e_{ij} \tag{11.2.1}$$

$$\beta_{qj} = \gamma_{q0} + \gamma_{q1} D_{1j} + \gamma_{q2} D_{2j} + u_{qj}, \quad q = 0, 1, 2 \tag{11.2.2}$$

例 11.2.1 中所用数据来源于云南省某地 (州) 州统计局 2008 年 3000 个农村住户调查结果. 上述变量的数据保存在一个 income 的 Excel 文件中. 数据的导入过程如下所示：

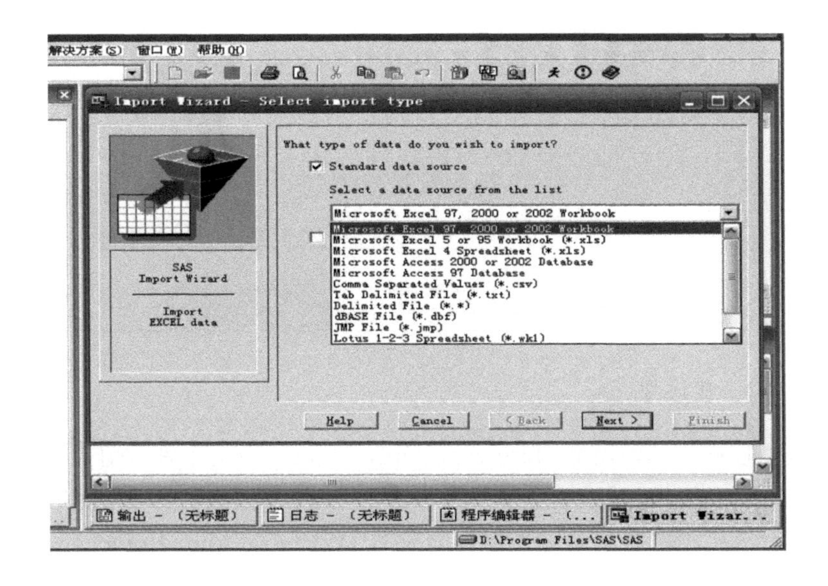

(1) 双击 sas.exe, 打开 SAS 软件.

(2) 单击 “文件”, 选择 “导入数据”, 在 “import Wizard–select import type” 窗口, 打开数据类型清单, 选择 “Microsoft Excel 97, 2000 or 2002 Workbook”, 单击 “Next”.

(3) 在弹出的 “Connect to MS Excel” 窗口中, 单击 “Browse”, 选择 income 数据文件保存的路径, 单击 “OK” 确定.

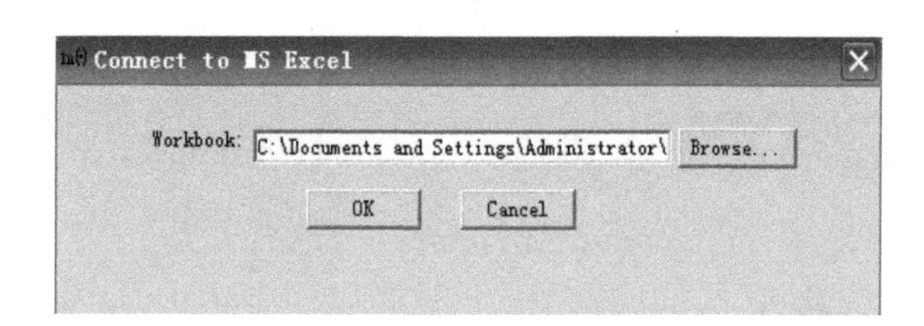

(4) 在弹出的 “import Wizard–select Table” 窗口单击 “Next”, 进入 “import Wizard–select Library and member”, 选择所要保存的逻辑库, 并给数据命名. 在这里, 我们选择临时工作逻辑库 “Work”, 并给数据文件命名为 “income”. 单击 “Next”, 然后在弹出的 “import Wizard–Create SAS Statements” 窗口, 单击 “Finish”, 即可完成数据的导入.

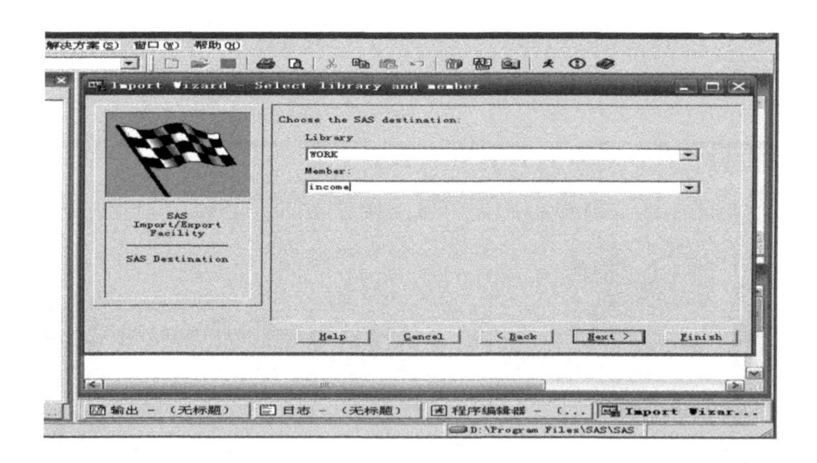

11.2.3.2　空模型

空模型也称为截距模型 (Intercept–Only Model) 或无条件均值模型 (Unconditional Means Model). 该模型是最简单的随机效应模型, 即单因素随机效应方差分析. 运行该模型的目的是评估组内同质性 (Within-Group Homogeneity) 或组

间异质性 (Between-Group Heterogeneity). 设例 11.2.1 中的空模型为

$$y_{ij} = \beta_{0j} + e_{ij} \tag{11.2.3}$$

$$\beta_{0j} = \gamma_{00} + u_{0j} \tag{11.2.4}$$

或者

$$y_{ij} = \gamma_{00} + (u_{0j} + e_{ij}) \tag{11.2.5}$$

运行空模型的 SAS 程序如下：

```
*SAS program 1;
proc sort data=income out=data1;
by site;
run;
proc mixed method=ml covtest;
class site;
model y=/solution;
random intercept/subject=site solution;
run;
```

以上 SAS 程序中, 默认的数据文件是逻辑库 Work 里的 income 文件, proc sort 表示对样本按 site 排序, 排序后的数据存在 data1 文件里.

Proc mixed 语句：该语句中的 Method 选项设定模型的估计方法 (如 ML, REML). Covtest 选项要求打印出随机效应方差/协方差估计值的标准误差和 Z 检验结果.

Class 语句：用于设定分类解释变量 (Categorical Variable) 或因素 (Factor). 对具有 K 个类别的分类变量, 模型将以变量的最后一个类别作为参照组, 估计前 $K-1$ 个回归系数.

Model 语句：用于设定多层模型的固定效应部分. 结局测量放在 “=” 左侧, 解释变量放在 “=” 右侧. 凡未在 Class 语句中指定的变量, 在 Model 语句中被自动设定为连续变量. Model 语句中的 Solution 选项要求在 SAS 输出结果中打印固定效应的估计及统计检验信息.

Random 语句：用于设定多层模型中的随机效应. 如果省略 Random 语句, 等同于拟合 OLS 回归模型. Intercept(或 Int) 选项将水平 1 截距设定为随机截距. Random 语句中的 Subject(或 SUB) 用于确定多层模型中的组水平单位, 说明多层数据的结构. 选项 solution(或 S) 在 SAS 输出结果中打印随机效应的最佳线性无偏预测 (Best Linear Unbiased Prediction, BLUP).

在本例中, 使用 ML 的估计结果如下:

SAS 程序 1 输出空模型的输出结果

```
SAS 系统                                                  3
                  2010年07月28日 星期三 下午09时07分04秒

                 The Mixed Procedure

                 Model Information
Data Set                        WORK.DATA1
Dependent Variable              y
Covariance Structure            Variance Components
Subject Effect                  site
Estimation Method               ML
Residual Variance Method        Profile
Fixed Effects SE Method         Model-Based
Degrees of Freedom Method       Containment

                      Dimensions
          Covariance Parameters                 2
          Columns in X                          1
          Columns in Z Per Subject              1
          Subjects                            298
          Max Obs Per Subject                  15

                  The Mixed Procedure
                Number of Observations
        Number of Observations Read          3000
        Number of Observations Used          3000
        Number of Observations Not Used         0
```

```
                    Iteration History
    Iteration    Evaluations       -2 Log Like      Criterion
            0              1     7068.66902270
            1              2     6269.10909254     0.00000004
            2              1     6269.10907640     0.00000000

                Convergence criteria met.
              Covariance Parameter Estimates
                                        Standard          Z
 Cov Parm        Subject      Estimate       Error      Value      Pr Z
 Intercept       site           0.2278     0.02188      10.41    <.0001
 Residual                       0.3908     0.01063      36.75    <.0001

                          Fit Statistics
                 -2 Log Likelihood              6269.1
                 AIC (smaller is better)        6275.1
                 AICC (smaller is better)       6275.1
                 BIC (smaller is better)        6286.2

                    Solution for Fixed Effects
                         Standard
 Effect        Estimate       Error       DF      t Value      Pr > |t|
 Intercept       7.8128     0.02992      297       261.16        <.0001
```

上述的 SAS 输出结果表明：数据集为 WORK.DATA1, 结局测量为 y, 协方差结构为 Variance Components, 组水平为 *site*, 估计方法为 ML, 残差的方差估计方法为 Profile, 固定影响的标准差估计方法为 Model-Based, 自由度计算方法为 Containment. Dimensions 部分的结果显示：协方差参数 2 个, 水平 1 参数 1 个, 水平 2 参数 1 个, 组水平 298 个, 组最大观测值 15 个. 迭代史 (Iteration History) 部分表明, 模型经过 2 次迭代后就成功收敛了. 拟合统计量 (Fit Statistic) 部分报告了 -2 倍的对数似然值 $-2\log(\text{likelihood})$ 和三种信息标准测量值 (AIC, AICC 和 BIC).

SAS 输出的协方差参数估计 (Covariance Parameter Estimate) 部分报告了水

平 1 随机截距方差 ($\hat{\sigma}_{u0}^2$=0.2278, P <0.0001) 和水平 1 残差方差估计 ($\hat{\sigma}^2$=0.3908, P <0.0001). 结果表明, 各村农户的人均收入增长率存在显著差异. 组内相关系数 (ICC)：

$$\mathrm{ICC}=\frac{\hat{\sigma}_{u0}^2}{\hat{\sigma}_{u0}^2+\hat{\sigma}^2}=\frac{0.2278}{0.2278+0.3908}=0.368$$

ICC=0.368 表明结局测量中约有 36.8%的总变异是由村之间的差异造成的.

SAS 输出结果中的固定效应结果 (Solution for Fixed Effects) 部分显示模型的固定效应的估计. 在空模型中, 唯一的固定效应是截距估计 $\hat{\gamma}_{00}$=7.8128, 这是结局测量总均数的估计.

11.2.3.3　用场景变量解释组间变异

上述空模型的运行结果表明结局测量 y 中存在显著的组间变量 ($\hat{\sigma}_{u0}^2$=0.2278, P <0.0001). 我们在模型中加入水平 2 的解释变量来解释各村之间的组间变异. 为简洁起见, 在模型中纳入一个表示地理位置的水平 2 解释变量 (用 D_1, D_2 两个虚拟变量表示).

$$y_{ij}=\beta_{0j}+e_{ij} \tag{11.2.6}$$

$$\beta_{0j}=\gamma_{00}+\gamma_{01}D_{1j}+\gamma_{02}D_{2j}+u_{0j} \tag{11.2.7}$$

或者

$$y_{ij}=\gamma_{00}+\gamma_{01}D_{1j}+\gamma_{02}D_{2j}+(u_{0j}+e_{ij}) \tag{11.2.8}$$

相应的 SAS 程序如下：

```
*SAS program 2;
proc mixed method=ml covtest;
class site;
model y=D1 D2/solution ddfm=bw;
random intercept/subject=site ;
run;
```

模型中, 虚拟变量 D_1, D_2 被处理为组水平解释变量, 因为它们的值在各组 (村) 内是一个常数. Model 语句有一个新选项 ddfm, 它提供计算分母自由度的不同方法. Ddfm=bw 是默认选项. 它将误差项自由度分解为对象间自由度 (Between-Subject df) 和对象内自由度 (Within-Subject df), 分别作为对象间变量

(Between-Subject Variable) 和对象内变量 (Within-Subject Variables) 固定效应的分母自由度. 模型的输出结果如下：

SAS 程序 2 输出　带组水平解释变量的随机截距模型部分结果

Covariance Parameter Estimates

Cov Parm	Subject	Estimate	Standard Error	Z Value	Pr Z
Intercept	site	0.1951	0.01921	10.16	<.0001
Residual		0.3908	0.01063	36.75	<.0001

Fit Statistics

-2 Log Likelihood	6230.1
AIC (smaller is better)	6240.1
AICC (smaller is better)	6240.1
BIC (smaller is better)	6258.6

Solution for Fixed Effects

Effect	Estimate	Standard Error	DF	t Value	Pr > |t|
Intercept	7.7032	0.03355	295	229.62	<.0001
D1	0.4672	0.07381	295	6.33	<.0001
D2	0.2055	0.08735	295	2.35	0.0193

Type 3 Tests of Fixed Effects

Effect	Num DF	Den DF	F Value	Pr > F
D1	1	295	40.07	<.0001
D2	1	295	5.54	0.0193

上述 SAS 输出结果显示, 模型的随机效应部分 $\hat{\sigma}_{u0}^2$ 从 0.2278 降至 0.1951, $\hat{\sigma}^2$=0.3908 保持不变, 两者仍然显著 (P 均小于 0.0001), 表明水平 2 解释变量 D_1 和 D_2 可以解释部分组间差异, 但不能解释组内变异. 模型有三个固定效应值: $\hat{\gamma}_{00}$=7.7032, 即 $D_1 = D_2 = 0$(村的地理位置为山区) 时相应的总体均数结局的估计值, 即山区村的农户家庭人均纯收入的对数均值为 7.7032. 组水平变量 D_1, D_2

的主效应 $\hat{\gamma}_{01}$=0.4672(P <0.0001), $\hat{\gamma}_{02}$=0.2055(P=0.0193), 表明红河州内平原村、丘陵村的农户家庭人均纯收入对数显著高于山区村. 模型估计结果表明, 丘陵村的农户家庭人均纯收入对数均值约为 7.7032+0.2055=7.9087, 平原村的农户家庭人均纯收入对数均值约为 7.7032+0.4672=8.1704.

纳入水平 2 解释变量后, −2LL 从 6269.1 降至 6230.1, 故 LR 检验的卡方值为 39(39=6269.1−6230.1), 自由度 $df=2$, 相应的 P <0.0001(3.398×10^{-9}), 表明带着随机截距和组水平解释变量的模型拟合数据比空模型好. 纳入协变量后的组内相关系数 (ICC) 被称为条件组内相关系数, 反映控制水平 2 解释变量 D_1, D_2 后的组内同质性或组间异质性. 可计算现有模型的条件组内相关系数为

$$\mathrm{ICC}=\frac{\hat{\sigma}_{u0}^2}{\hat{\sigma}_{u0}^2+\hat{\sigma}^2}=\frac{0.1951}{0.1951+0.3908}=0.333$$

采用 Raudenbush & Bryk 方法 (Raudenbush and Bryk, 2002), 用现有模型水平 2 变量可解释的方差.

水平 2 可解释的变异：$R_{20}^2=1-\dfrac{0.1951}{0.2278}=0.1435$.

也就是说, 结局测量中约有 14.35%的变异是由村庄所处的地理位置不同造成的.

11.2.3.4　在模型中纳入水平 1 解释变量

我们首先将所有的水平 1 解释变量的效应看成固定效应, 将水平 1 解释变量纳入模型

$$y_{ij}=\beta_{0j}+\beta_1 till_{ij}+\beta_2 stucture_{ij}+\beta_3 invest_{ij}+e_{ij} \tag{11.2.9}$$

$$\beta_{0j}=\gamma_{00}+\gamma_{01}D_{1j}+\gamma_{02}D_{2j}+u_{0j} \tag{11.2.10}$$

或者

$$y_{ij}=\gamma_{00}+\gamma_{01}D_{1j}+\gamma_{02}D_{2j}+\beta_1 till_{ij}+\beta_2 stucture_{ij}+\beta_3 invest_{ij}+(u_{0j}+e_{ij}) \tag{11.2.11}$$

估计模型的 SAS 程序如下：

```
*SAS program 3;
proc mixed method=ml covtest;
class site;
model y=D1 D2 till structure invest/solution ddfm=bw notest;
```

```
random intercept/subject=site ;
run;
```

在 SAS 程序 3 中, 所有的解释变量都设定在 Model 语句的 “=” 右边, 该语句中设定的 notest 选择要求 SAS 在输出结果中不输出 Type 3 Tests of Fixed Effects 部分. 该程序的输出结果如下:

SAS 程序 3 输出结果　纳入水平 1 解释变量的部分输出结果

Covariance Parameter Estimates

Cov Parm	Subject	Estimate	Standard Error	Z Value	Pr Z
Intercept	site	0.1698	0.01718	9.88	<.0001
Residual		0.3780	0.01029	36.72	<.0001

Fit Statistics

-2 Log Likelihood	6103.7
AIC (smaller is better)	6119.7
AICC (smaller is better)	6119.8
BIC (smaller is better)	6149.3

Solution for Fixed Effects

Effect	Estimate	Standard Error	DF	t Value	Pr > |t|
Intercept	7.4212	0.04633	295	160.19	<.0001
D1	0.4657	0.06971	295	6.68	<.0001
D2	0.2082	0.08252	295	2.52	0.0122
till	0.1129	0.01121	2699	10.07	<.0001
structure	0.06103	0.02334	2699	2.61	0.0090
invest	0.000012	4.038E-6	2699	3.06	0.0023

以上输出结果显示, 3 个水平 1 解释变量 ($till$, $invest$, $structure$) 对结局变量有显著影响. 在控制了组水平变量 (D_1 和 D_2) 后, 人均耕地数、人均生产性固定资产原值数额以及劳动力的就业类型对农户家庭的人均纯收入增长有显著的正影响.

11.2.3.5　水平 1 随机斜率检验

下面我们讨论水平 1 解释变量对结局测量的效应是否随组群变化, 即检验水平 1 斜率在组间是否有显著变化. 检验的结果有助于确定在最终模型中哪些水平 1 斜率应设为固定系数, 哪些应设为随机系数. 检验的零假设是 H_0: $Var(\beta_{qj}) = 0$ 或 $\sigma_{uq}^2 = 0$. 如果检验结果拒绝原假设 H_0, 则水平 1 斜率被确定为随机斜率. 一旦水平 1 斜率被设为随机斜率, 则需在相应的宏观模型中加入水平 2 解释变量来解释其变异.

我们可以利用 SAS 程序进行探索性建模, 以初步评估有关水平 1 斜率的随机性.

```
*SAS program 4;
proc mixed method=ml covtest;
class site;
model y=D1 D2 till structure invest/solution ddfm=bw;
random intercept till structure/subject=site G type=VC;
run;
```

在 SAS 程序 4 中, Random 语句中设定了 *till* 和 *structure*, 即将这两个变量的斜率处理为随机斜率, 而 *invest* 的斜率为固定斜率. Random 语句中的 G 选项要求 SAS 输出 G 矩阵, type=VC 选项要求 SAS 只估计各随机效应的方差, 即 G 矩阵对角线上的值.

SAS 程序 4 输出　水平 1 斜率随机性的初步检验结果

```
                    Convergence criteria met.
                      Estimated G Matrix

   Row      Effect       site      Col1       Col2       Col3
     1      Intercept     1       0.1446
     2      till          1                 0.002449
     3      structure     1                             0.01518


                  Covariance Parameter Estimates
                                            Standard        Z
Cov Parm      Subject      Estimate         Error        Value      Pr Z
```

```
Intercept      site      0.1446   0.01852      7.81   <.0001
till           site    0.002449  0.001480      1.65   0.0490
structure      site     0.01518  0.006607      2.30   0.0108
Residual                 0.3703   0.01031     35.91   <.0001
```

输出结果显示, *till* 和 *structure* 的方差估计分别为 0.002449 和 0.01518, 对应的 Z 检验统计量为 1.65 和 2.30, $prob(Z)$ 分别为 0.0490 和 0.0108, 说明这两个变量的回归系数是随机系数.

Proc Mixed 程序的 Random 语句中的 Type 选项可以为 G 矩阵设定各种不同的方差/协方差结构 (Structure of Variance and Covariance). 常用的选项是 type=UN, 它设定一个无特定结构或非结构方差和协方差 G 矩阵, 让数据本身来确定随机效应的方差/协方差结构. 然而, 当有太多的随机系数时, type=UN 选项会使模型的估计时间非常长, 且不易收敛. 在本例中, 使用 type=UN 选项的程序和估计结果如下:

```
*SAS program 5;
proc mixed method=reml covtest;
class site;
model y=D1 D2 till structure invest/solution ddfm=bw;
random intercept till structure/subject=site G type=UN;
run;
```

SAS 程序 5 输出　水平 1 斜率随机性的检验结果

```
                       Estimated G Matrix
Row      Effect       site      Col1        Col2        Col3
  1      Intercept     1      0.2858    -0.01111    -0.04754
  2      till          1    -0.01111    0.006668    -0.01207
  3      structure     1    -0.04754    -0.01207     0.03498


                   Covariance Parameter Estimates
                                          Standard        Z
  Cov Parm     Subject       Estimate        Error     Value      Pr Z
  UN(1,1)      site            0.2858      0.05703      5.01    <.0001
  UN(2,1)      site          -0.01111      0.01340     -0.83    0.4072
```

```
UN(2,2)      site      0.006668  0.003018     2.21   0.0136
UN(3,1)      site      -0.04754   0.02479    -1.92   0.0551
UN(3,2)      site      -0.01207  0.007033    -1.72   0.0863
UN(3,3)      site       0.03498   0.01277     2.74   0.0031
Residual                 0.3639   0.01025    35.50   <.0001
```

SAS 程序 5 的输出结果显示：截距项 (*intercept*)、*till* 和 *structure* 的方差估计 $\hat{\sigma}^2_{u0}(UN(1{,}1))$=0.2858, $\hat{\sigma}^2_{u1}(UN(2{,}2))$=0.006668, $\hat{\sigma}^2_{u2}(UN(3{,}3))$=0.03498 均统计显著. 因此水平 1 截距 β_{0j} 和斜率 β_{1j}, β_{2j} 都是随机系数. 两两随机效应的协方差统计不显著 ($\hat{\sigma}^2_{u01}(UN(2{,}1))=-0.01111$, Pr Z=0.4072; $\hat{\sigma}^2_{u02}(UN(3{,}1))=-0.04754$, Pr Z=0.0551; $\hat{\sigma}^2_{u12}(UN(3{,}2))=-0.01207$, Pr Z=0.0863), 说明水平 1 截距 β_{0j}、斜率 β_{1j} 和斜率 β_{2j} 之间无显著相关, 其中 Pr Z 表示 Z 统计量的概率值 (P 值).

11.2.3.6 跨层交互作用评估

在建模的最后, 我们需要讨论多层模型分析中一个非常重要的问题——跨层交互作用 (Across–Level Interaction), 即讨论水平 2 解释变量如何调节水平 1 解释变量对结局测量的效应. 在多层模型中设定跨层交互作用相当于将模型中水平 1 随机系数设定为相应水平 2 解释变量的函数:

$$y_{ij} = \beta_{0j} + \beta_1 till_{ij} + \beta_2 stucture_{ij} + \beta_3 invest_{ij} + e_{ij} \tag{11.2.12}$$

$$\beta_{0j} = \gamma_{00} + \gamma_{01}D_{1j} + \gamma_{02}D_{2j} + u_{0j} \tag{11.2.13}$$

$$\beta_{1j} = \gamma_{10} + \gamma_{11}D_{1j} + \gamma_{12}D_{2j} + u_{1j} \tag{11.2.14}$$

$$\beta_{2j} = \gamma_{20} + \gamma_{21}D_{1j} + \gamma_{22}D_{2j} + u_{2j} \tag{11.2.15}$$

相应的 SAS 程序如下:

```
*SAS program 6;
proc mixed method=reml covtest IC;
class site;
model y=D1 D2 till structure invest D1*till D2*till D1*structure
D2*structure/solution ddfm=bw;
random intercept till structure/subject=site G type=UN;
run;
```

程序中, 交互作用项 D1*till、D2*till、D1*structure、D2*structure 即为跨层交互作用. 或者, 将 model 语句设定为: y=D1|till D2|till D1|structure D2|structure/

solution ddfm=bw, 其中 D1|till 设定变量 D1 和 till 的主效应及其交互作用.

SAS 程序 6 输出 跨层交互作用模型的部分结果

Convergence criteria met.

Estimated G Matrix

Row	Effect	site	Col1	Col2	Col3
1	Intercept	1	0.2807	-0.01619	-0.03875
2	till	1	-0.01619	0.007602	-0.00897
3	structure	1	-0.03875	-0.00897	0.02515

Covariance Parameter Estimates

Cov Parm	Subject	Estimate	Standard Error	Z Value	Pr Z
UN(1,1)	site	0.2807	0.05810	4.83	<.0001
UN(2,1)	site	-0.01619	0.01408	-1.15	0.2503
UN(2,2)	site	0.007602	0.003238	2.35	0.0094
UN(3,1)	site	-0.03875	0.02391	-1.62	0.1051
UN(3,2)	site	-0.00897	0.007251	-1.24	0.2159
UN(3,3)	site	0.02515	0.01153	2.18	0.0146
Residual		0.3635	0.01024	35.49	<.0001

Fit Statistics

-2 Res Log Likelihood	6115.1
AIC (smaller is better)	6129.1
AICC (smaller is better)	6129.1
BIC (smaller is better)	6155.0

Null Model Likelihood Ratio Test

DF	Chi-Square	Pr > ChiSq
6	605.50	<.0001

Information Criteria

Neg2LogLike	Parms	AIC	AICC	HQIC	BIC	CAIC

6115.1	7	6129.1	6129.1	6139.5	6155.0	6162.0

Solution for Fixed Effects

Effect	Estimate	Standard Error	DF	t Value	Pr > |t|
Intercept	7.4377	0.06045	295	123.04	<.0001
D1	0.3473	0.1257	295	2.76	0.0061
D2	-0.1179	0.1519	295	-0.78	0.4380
till	0.1523	0.01654	2695	9.20	<.0001
structure	0.008566	0.03648	2695	0.23	0.8144
invest	0.000012	4.163E-6	2695	2.93	0.0035
D1*till	-0.02722	0.03537	2695	-0.77	0.4416
D2*till	-0.02680	0.04432	2695	-0.60	0.5455
D1*structure	0.1201	0.06463	2695	1.86	0.0632
D2*structure	0.2674	0.07753	2695	3.45	0.0006

Type 3 Tests of Fixed Effects

Effect	Num DF	Den DF	F Value	Pr > F
D1	1	295	7.63	0.0061
D2	1	295	0.60	0.4380
till	1	2695	84.72	<.0001
structure	1	2695	0.06	0.8144
invest	1	2695	8.57	0.0035
D1*till	1	2695	0.59	0.4416
D2*till	1	2695	0.37	0.5455
D1*structure	1	2695	3.45	0.0632
D2*structure	1	2695	11.89	0.0006

在 SAS 程序 6 的输出结果中, 既包括了水平 1 和水平 2 解释变量的主效应, 也包括了跨层交互作用效应, 这些效应均属于组合模型中的固定效应成分, Type 3 Tests of Fixed Effects 给出了固定效应成分的显著性检验结果. 同时, 输出结果还给出了水平 1 变量随机斜率的 G 矩阵估计和随机效应的显著性检验结果. 我们可以据此得出最后的模型及结论.

11.2.4 应用 SAS 软件进行纵向数据建模

11.2.4.1 纵向数据的特征与发展模型简介

纵向数据是指对同一批个体对象 (Subject) 多次重复观测所获得的数据. 这类重复测量的数据可看成是分级结构数据或多层数据, 其中重复测量 (Repeated Measure) 嵌套于个体对象中.

纵向数据有几个明显的特征. 第一, 在每一个研究对象中反复地收集数据, 因此研究对象内的观察值之间会存在相关; 第二, 纵向数据有两种变异来源, 即研究对象个体内变异 (Within-Subjects Variation 或 Intra-Individual Variation) 和研究对象个体间 (Between-Subjects Variation 或 Inter-Individual Variation) 变异, 而且这些变异可能会随着时间的变化而发生改变; 第三, 纵向数据通常是不完整数据 (Incomplete Data) 或非平衡数据 (Unbalanced Data).

传统的普通最小二乘法 (OLS) 不适合用于分析纵向数据: ① OLS 的假设, 如正态分布 (Normal Distribution)、观察对象相互独立 (Observation Independence) 以及方差齐性 (Homoscedasticity) 等, 均不适合纵向数据; ② OLS 模型的截距和斜率为固定系数, 即 OLS 研究的是所有个体的平均结局初始值和在整个研究期间内的平均变化率, 因而不能分析结局测量发展估计的个体特征和变异.

重复性调查收集的纵向数据具有分级结构, 即研究对象的重复测量嵌套于个体中, 因而, 研究对象在各个时期的测量可看成水平 1 单位, 研究对象则看成水平 2 单位. 这样, 就可以应用多层模型来分析纵向数据. 应用于纵向数据的多层模型也称为发展模型 (Growth Model) 或个体发展模型. 与传统模型相比较, 发展模型具有如下优点: 第一, 在随机缺失的前提下, 发展模型具有处理非平衡数据和不完整数据的能力, 可在最大似然 (ML) 或限制性最大似然 (REML) 的基础上, 利用全部可利用的数据进行模型估计; 第二, 发展模型具有较大的灵活性, 该模型不仅能够处理各种研究对象重复测量次数不等的问题, 还可以处理重复测量间隔不等的现象; 第三, 发展模型既不要求对象内的观测值相互独立, 也不受某些限制性假设的制约. 该方法可以从研究对象个体内变异的角度, 也可以从研究对象个体间变异的角度, 或者同时从以上两个角度出发, 来分析纵向数据.

一个简单的两水平发展模型的公式表述如下:

$$y_{ij} = \beta_{0j} + \beta_{1j}t_{ij} + e_{ij} \tag{11.2.16}$$

$$\beta_{0j} = \gamma_{00} + \gamma_{01}x_j + u_{0j} \tag{11.2.17}$$

$$\beta_{1j} = \gamma_{10} + \gamma_{11}x_j + u_{1j} \tag{11.2.18}$$

其中, 式 (11.2.16) 为水平 1 模型或个体内模型. 式中 y_{ij} 为研究对象 j(水平 2 单位 j) 的第 i 次 (水平 1 单位 i) 的结局测量; β_{0j} 为截距; t_{ij} 为水平 1 单位时间变量; β_{1j} 为 t_{ij} 的回归斜率; $e_{ij} \sim N(0,\sigma^2)$ 为误差修正项. β_{0j} 和 β_{1j} 都为随机回归系数, 代表不同研究对象有不同的结局测量初始值和结局测量随时间变化的不同变化率.

式 (11.2.17) 和式 (11.2.18) 为水平 2 模型或个体/对象间模型. 式中, γ_{00} 和 γ_{10} 分别为控制个体水平 (水平 2) 解释变量 x_j 后的结局测量平均初始水平和平均变化率. 系数 γ_{01} 和 γ_{11} 为解释变量 x_j 的回归斜率, 分别解释结局测量初始水平和变化率在个体间的差异. $u_{0j} \sim N(0,\sigma_{u0}^2)$ 为相互独立的截距项水平 2 残差, $u_{1j} \sim N(0,\sigma_{u1}^2)$ 为相互独立的斜率项水平 2 残差, $Cov(u_{0j},u_{1j}) = \sigma_{u01}$; 不同水平残差相互独立.

下面我们将以红河州农村住户的调查数据为例, 建立一个两水平发展模型, 演示如何利用 SAS 软件进行发展模型的估计.

11.2.4.2 数据与变量

例 11.2.2 农户收入影响因素分析的多水平模型.

本例中的数据来源于云南省红河哈尼族彝族自治州统计局 2006~2008 年对 3000 个农户的跟踪调查结果. 该调查覆盖了全州 13 个县市, 298 个行政村, 每个行政村随机抽取 10~15 户进行调查, 每户进行了三年的跟踪调查. 剔除部分不可用数据, 共得到包含 2985 个个体的样本, 其中包括只有两年的缺失样本, 因此是一个非平衡的多层结构数据.

例 11.2.2 中所涉及的变量或指标如下.

INC: 农户家庭的人均纯收入 (全年纯收入/常住人口数, 单位：千元);

t：观测时间 (其中 0, 1, 2 分别为 2006, 2007, 2008 年);

$asset$：人均生产性固定资产原值 (生产性固定资产原值/常住人口数, 单位：千元);

$area$：人均实际经营的土地面积 ([(期初实际经营的土地面积 + 期末实际经营的土地面积)/2]/常住人口数, 单位：亩);

$econarea$：人均经济作物播种面积 (经济作物播种面积/常住人口数, 单位：亩);

$labor$：整半劳动力人数;

age：劳动力的平均年龄 (单位：岁);

edu：劳动力的平均受教育程度, (其中, 1 为文盲, 2 为小学程度, 3 为初中程

度, 4 为高中程度, 5 为中专程度, 6 为大专及以上程度);

train：劳动力中受过培训的比例 (受过专业培训的人数/整半劳动力人数);

econrat：经济作物种植比例 (经济作物播种面积/(经济作物播种面积 + 粮食播种面积));

type：调查户从业类型 (其中 1 为农业户, 2 为农业兼业户, 3 为非农业兼业户, 4 为非农业户);

outrat：外出劳动力比例 (外出的劳动力数/整半劳动力数);

id：户标识.

将该数据集命名为 “fazhan”, 保存为 Excel 格式的数据文件. 数据的导入可参看 11.2.3 节相关内容.

11.2.4.3 对数据层次结构的检验——空模型

为了检验数据中是否存在层次结构, 考虑如下无解释变量的空模型

$$INC_{ij} = \beta_{0j} + e_{ij} \tag{11.2.19}$$

$$\beta_{0j} = \gamma_{00} + u_{0j} \tag{11.2.20}$$

将式 (11.2.20) 代入式 (11.2.19), 得到一个具有随机效应的方差分析模型

$$INC_{ij} = \gamma_{00} + u_{0j} + e_{ij} \tag{11.2.21}$$

估计模型 (11.2.21) 的 SAS 程序如下：

```
*SAS program 7;
data data1;
     set mydata.fazhan;
timec=time;
proc sql;
create table data2 as select*,
    mean(labor1) as labor, mean(avgedu) as edu, mean(avgage) as age,
    mean(trainratio) as train, mean(type2) as type, mean(avgfixed)
    as asset,mean(avgarea) as area, mean(avgeconmic) as econarea,
mean(econmicratio) as econrat, mean(outratio) as outrat from data1
group by id;
quit;
```

```
proc sort data=data2;
by id;
run;
proc mixed covtest ;
class id;
model inc=/s ddfm=kr;
random int/subject =id;
run;
```

以上 SAS 程序中, 第一部分程序是要生成一个 data1 的数据文件, 对每个个体, 计算解释变量 $labor1, \cdots, outration$ 的均值作为水平 2 的解释变量. 第二部分程序是要求 SAS 拟合随机截距模型. SAS 语句中 ddfm=kr 是要求用 Kenward-Roger 法估计固定效应的分母自由度. 在分析不平衡的纵向数据时, 且使用 type=UN 选项时, 通常建议使用 Kenward-Roger 法来估计固定效应的分母自由度. 有时, ddfm=kr 选项会提供带小数的自由度估计.

SAS 程序 7 输出结果 发展模型的空模型估计结果

```
                 The Mixed Procedure
                 Model Information
Data Set                      WORK.DATA2
Dependent Variable            avgincome
Covariance Structure          Variance Components
Subject Effect                id
Estimation Method             REML
Residual Variance Method      Profile
Fixed Effects SE Method       Prasad-Rao-Jeske-
                              Kackar-Harville
Degrees of Freedom Method     Kenward-Roger


                     Dimensions
       Covariance Parameters               2
       Columns in X                        1
       Columns in Z Per Subject            1
```

```
          Subjects                              2985
          Max Obs Per Subject                      3

                  Number of Observations

        Number of Observations Read               8955
        Number of Observations Used               8734
        Number of Observations Not Used            221

                    Iteration History
  Iteration      Evaluations     -2 Res Log Like     Criterion
          0                1      41895.91656740
          1                2      40646.20115326    0.00000001

              Convergence criteria met.
            Covariance Parameter Estimates
                                        Standard        Z
 Cov Parm     Subject      Estimate       Error      Value      Pr Z
 Intercept    id             2.8282      0.1139      24.84    <.0001
 Residual                    4.2493     0.07912      53.70    <.0001

                     Fit Statistics
          -2 Res Log Likelihood                    40646.2
          AIC (smaller is better)                  40650.2
          AICC (smaller is better)                 40650.2
          BIC (smaller is better)                  40662.2
              Solution for Fixed Effects
                    Standard
 Effect       Estimate     Error      DF       t Value      Pr > |t|
 Intercept      2.7565   0.03791    2996         72.71        <.0001
```

估计结果显示：$\hat{\sigma}_{u0}^2$= 2.8282(P <0.0001), $\hat{\sigma}^2$=4.2493(P <0.0001), 二者均统计显著, 表明农户家庭的人均纯收入的初始水平显著不同, 且存在显著的对象内变异. 组内相关系数 ICC=$\hat{\sigma}_{u0}^2/(\hat{\sigma}_{u0}^2+\hat{\sigma}^2)$=0.3996, 表明约有 40%的总变异是由

研究对象 (农户家庭) 个体间的异质性引起的.

11.2.4.4 无条件两水平发展模型的估计

考虑无条件两水平发展模型 (或随机系数模型)

$$INC_{ij} = \beta_{0j} + \beta_{1j}t_{ij} + e_{ij} \tag{11.2.22}$$

$$\beta_{0j} = \gamma_{00} + u_{0j}, \quad \beta_{1j} = \gamma_{10} + u_{1j} \tag{11.2.23}$$

将式 (11.2.23) 代入式 (11.2.22), 得

$$INC_{ij} = \gamma_{00} + \gamma_{10}t_{ij} + (u_{0j} + u_{1j}t_{ij} + e_{ij}) \tag{11.2.24}$$

估计模型 (11.2.24) 的 SAS 程序如下:

```
*SAS program 8 ;
proc mixed covtest;
class id;
model inc =time/s ddfm=kr;
random int time/subject =id G type=un;
run;
```

SAS 程序 8 的输出结果　无条件两水平发展模型 (11.2.24) 的部分输出结果

Estimated G Matrix

Row	Effect	id	Col1	Col2
1	Intercept	1	2.2877	0.2704
2	time	1	0.2704	0.1107

Covariance Parameter Estimates

Cov Parm	Subject	Estimate	Standard Error	Z Value	Pr Z
UN(1,1)	id	2.2877	0.1689	13.54	<.0001
UN(2,1)	id	0.2704	0.08725	3.10	0.0019
UN(2,2)	id	0.1107	0.07526	1.47	0.0707
Residual		3.9187	0.1029	38.08	<.0001

```
                    Fit Statistics
          -2 Res Log Likelihood              40288.7
          AIC (smaller is better)            40296.7
          AICC (smaller is better)           40296.7
          BIC (smaller is better)            40320.7

              Null Model Likelihood Ratio Test
                DF     Chi-Square       Pr > ChiSq
                 3        1425.24           <.0001

                    Solution for Fixed Effects
                          Standard
 Effect      Estimate       Error      DF     t Value     Pr > |t|
 Intercept     2.2849     0.04350    2965       52.52       <.0001
 time          0.4750     0.02691    2942       17.65       <.0001

           Type 3 Tests of Fixed Effects
                      Num       Den
        Effect         DF        DF      F Value      Pr > F
        time            1      2942       311.58      <.0001
```

11.2.4.5 随机截距——斜率发展模型的估计

最后, 纳入水平 2 解释变量, 运用水平 2 解释变量来解释随机截距和随机斜率的变异, 得到

$$INC_{ij} = \beta_{0j} + \beta_{1j}t_{ij} + e_{ij}$$

$$\begin{aligned}\beta_{0j} =&\gamma_{00} + \gamma_{01}asset_j + \gamma_{02}area_j + \gamma_{03}econarea_j + \gamma_{04}labor_j + \gamma_{05}age_j \\ &+ \gamma_{06}edu_j + \gamma_{07}train_j + \gamma_{08}type_j + \gamma_{09}econrat_i + \gamma_{0,10}outrat_j + u_{0j}\end{aligned}$$

$$\begin{aligned}\beta_{1j} =&\gamma_{10} + \gamma_{11}asset_j + \gamma_{12}area_j + \gamma_{13}econarea_j + \gamma_{14}labor_j + \gamma_{15}age_j \\ &+ \gamma_{16}edu_j + \gamma_{17}train_j + \gamma_{18}type_j + \gamma_{19}econrat_i + \gamma_{1,10}outrat_j + u_{1j}\end{aligned} \tag{11.2.25}$$

估计模型 (11.2.25) 的 SAS 程序如下 (在估计模型的过程中, 逐步剔除了不显著的变量):

```
*SAS program 9;
proc mixed covtest;
class id;
model inc asset area type age edu econ econrat labor time
time*type time*econrat time*outrat time*labor1 time*train/s
  ddfm=kr;
random int time/subject =id G type=un;
run;
```

SAS 程序 9 的输出结果　发展模型 (11.2.25) 的部分输出结果

Convergence criteria met.

Estimated G Matrix

Row	Effect	id	Col1	Col2
1	Intercept	1	1.4992	0.1386
2	time	1	0.1386	0.07668

Covariance Parameter Estimates

Cov Parm	Subject	Estimate	Standard Error	Z Value	Pr Z
UN(1,1)	id	1.4992	0.1521	9.86	<.0001
UN(2,1)	id	0.1386	0.08483	1.63	0.1022
UN(2,2)	id	0.07668	0.07472	1.03	0.1524
Residual		3.9257	0.1031	38.06	<.0001

Fit Statistics

-2 Res Log Likelihood	39446.1
AIC (smaller is better)	39454.1
AICC (smaller is better)	39454.1
BIC (smaller is better)	39478.1

Null Model Likelihood Ratio Test

DF	Chi-Square	Pr > ChiSq
3	781.78	<.0001

Solution for Fixed Effects

Effect	Estimate	Standard Error	DF	t Value	Pr > |t|
Intercept	-1.7034	0.2852	3505	-5.97	<.0001
asset	0.08221	0.01048	3037	7.85	<.0001
area	0.1069	0.01599	2977	6.69	<.0001
type	0.4651	0.07746	3107	6.00	<.0001
age	0.05343	0.005837	2989	9.15	<.0001
edu	0.1346	0.01461	3094	9.22	<.0001
econ	0.08459	0.01742	2927	4.85	<.0001
econrat	1.2482	0.1983	3174	6.29	<.0001
labor1	-0.09356	0.04029	2972	-2.32	0.0203
time	0.3300	0.1057	2966	3.12	0.0018
type*time	0.09471	0.05058	3048	1.87	0.0612
econrat*time	0.4554	0.1244	2975	3.66	0.0003
time*outrat	-0.5322	0.2659	2951	-2.00	0.0455
labor1*time	-0.05598	0.02642	2938	-2.12	0.0342
time*train	0.3005	0.05910	3101	5.08	<.0001

Type 3 Tests of Fixed Effects

Effect	Num DF	Den DF	F Value	Pr > F
asset	1	3037	61.56	<.0001
area	1	2977	44.71	<.0001
type	1	3107	36.05	<.0001
age	1	2989	83.79	<.0001
edu	1	3094	84.98	<.0001
econ	1	2927	23.57	<.0001
econrat	1	3174	39.60	<.0001
labor1	1	2972	5.39	0.0203

time	1	2966	9.75	0.0018
type*time	1	3048	3.51	0.0612
econrat*time	1	2975	13.41	0.0003
time*outrat	1	2951	4.01	0.0455
labor1*time	1	2938	4.49	0.0342
time*train	1	3101	25.85	<.0001

11.2.5 应用 SAS 软件进行离散型结局测量的建模

11.2.5.1 离散型结局测量的多水平模型及 SAS 程序

与多层线性模型比较, 广义线性模型 (GLMM) 估计的最大似然较复杂, 其目的是将如下求积似然函数 (Integrated Likelihood Function) 最大化：

$$L(\beta,\theta,Y)=\int f(Y|u)p(u)\mathrm{d}u \tag{11.2.26}$$

其中, β 为固定效应; θ 为未知的方差/协方差参数; $f(Y|u)$ 为随机效应 u 的条件结局测量分布函数; $p\,(u)$ 为随机效应的分布函数. 参数估计采用积分法把随机效应消除而获得能使该似然函数最大化的参数.

对于线性模型, 该积分似然函数的似然值或限制似然值可直接最大化. 但对于非线性多层模型或离散型结局测量多层模型, 式 (11.2.26) 中所示的积分似然函数必须近似估计. 在许多近似估计方法中, 两个最基本的方法为：①线性化法. 此法用泰勒展开式等类技术来近似计算该积分似然函数. 此法不使用原始观察数据, 而是用原始观察数据中产生的虚拟数据来进行模型估计. ②数值法积分近似法. 该法估算边际积分似然函数的近似值 (即把随机因素用积分排除后的似然函数).

SAS 程序 PROC GLIMMIX 和 PROC NLMIXED 分别运用以上两种方法估计非线性多层模型. PROC GLIMMIX 运用线性化方法或虚拟似然法. 该 SAS 程序提供不同的线性化方法, 默认方法为限制性/残差虚拟似然法, 产生的虚拟似然函数可用不同的最优化技术加以最大化, 其默认优化技术为 Newton-Raphson 算法.

用线性化方法估计模型的优点有：①当模型的联合分布难于或无法确定时, 线性化方法依然可以进行估计; ②可拟合含有较多随机效应的模型; ③线性化方法允许模型的水平 1 残差方差/协方差有不同的结构, 即有不同形式的 R 矩阵; ④使用线性化方法, 模型的估计是基于线性混合模型进行迭代, 如同重复使用 SAS PROC MIXED 程序进行多次模型估计. 但使用线性化方法估计模型也存在缺点：①由于它使用虚拟数据进行迭代估计，不能提供真似然，因而其 −2LL 不能用于嵌套模型的比较；② PROC GLIMMIX 提供的随机效应的标准误估计有偏倚，不能用于随机效应的统计显著性检验；③虽然 PROC GLIMMIX 允许水平 1 残差方差/协方差有不同的结构，但相对 PROC MIXED 程序，它允许的范围有限.

SAS PROC NLMIXED 程序完全用不同的方法，即用数值积分法近似来估计 GLMM，其默认方法为适应性高斯求积法. 所产生的边际积分似然函数可用不同的最优化技术加以极大化，其默认的优化技术为二元拟牛顿算法 (Dual Quasi-Newton Algorithm). 与线性化方法相比较，数值积分近似估计的主要优点是它用原始观测数据估计似然函数，因而，其提供的 −2LL 可用于进行模型比较的似然比检验 (LR test). 此外，它也提供随机效应的统计显著性检验. 数值积分近似估计的局限性在于：①在实际运行非线性多层模型时，该方法不仅耗时，而且当模型有 1 个以上的随机效应时，模型估计常常不能收敛. ②在 PROC NLMIXED 程序中，可以设定不同的随机效应方差/协方差结构，但水平 1 残差方差/协方差 (即 R 矩阵) 结构只能是 $\sigma^2 I$. ③PROC NLMIXED 只能用极大似然法 (ML) 进行模型估计.

11.2.5.2 多层 Logistic 回归模型的变量与数据

我们以云南省某地 (州) 劳动力转移模型为例描述 SAS 软件拟合多层 Logit 模型的过程. 在本部分，给出 PROC GLIMMIX 的程序，但省略其 SAS 程序的输出结果. 对于 PROC NLMIXED 程序部分，给出部分输出结果.

例 11.2.3 劳动力转移的多层 Logistic 回归模型.

本例中所涉及的变量描述如下：

变量的定义与赋值

类别	变量名	变量说明
决策变量	y	1 为发生了劳动力转移，0 为没有发生劳动力转移;
水平 1 变量 (家庭因素)	$asset$	人均生产性固定资产原值 (家庭生产性固定资产原值/常住人口);
	$till$	人均耕地面积 (家庭拥有的耕地面积/常住人口);
	$train$	培训 (1 为有劳动力接受过培训，0 为没有);

水平 2 变量 (农户所处村的经济、社会和自然环境等因素)	*hedu*	教育, 家庭劳动力的最高受教育程度 (1 为文盲, 2 为小学程度, 3 为初中程度, 4 为高中程度, 5 为中专程度, 6 为大专及以上程度);
	*age*35	35 岁以下的劳动力数;
	elders	2008 年家庭里 60 岁以上老人数;
	students	2008 年家庭里在校学生数;
	vinc	2007 年村人均纯收入 (表示当地经济发展水平);
	vout	2007 年本村外出劳动力数 (迁移网络);
	grap	地势 (1 为平原, 0 为丘陵或山区);
	URdist	距最近县城的距离 (1 为 5km 以下, 0 为 5km 以上);
	traff	到最近的车站 (码头) 的距离 (1 为 2km 以下, 0 为 2km 以上);
	TV	收看电视节目情况 (1 为能接收电视节目, 0 为不能接收到电视节目);
	Nation	民族 (1 为少数民族村, 0 为汉族村);
	Site	行政村编码.

例 11.2.3 所用数据来源于云南省某地 (州) 统计局 2006~2008 年农村住户调查结果. 该调查覆盖了全州 13 个县市, 298 个行政村, 每个行政村随机抽取 10~15 户, 每户进行了三年的跟踪调查, 但本例中仅使用了 2007 年和 2008 年的部分数据.

11.2.5.3　空模型的拟合

为了检验数据中是否存在层次结构, 考虑如下无解释变量的空模型

$$\ln\frac{p_{ij}}{1-p_{ij}}=\beta_{0j} \tag{11.2.27}$$

$$\beta_{0j}=\gamma_0+u_{0j} \tag{11.2.28}$$

将式 (11.2.28) 代入式 (11.2.27), 得到一个具有随机效应的方差分析模型

$$\ln\frac{p_{ij}}{1-p_{ij}}=\beta_{0j}=\gamma_0+u_{0j} \tag{11.2.29}$$

首先, 我们给出数据结构检验的空模型估计程序.

(1)PROC GLIMMIX 程序

```
*SAS program 10;
Data data1
Set mydata.labor;
Proc GLIMMIX method=RSPL;
Class site;
Model y(event='1')=/S dist=binary Link=Logit ddfm=bw;
```

```
random int/subject=site;
Nloptions tech=nrridg;
run;
```

PROC GLIMMIX 程序与 PROC MIXED 程序非常相似. 需要注意的是, SAS 9.2 以上版本才含有 PROC GLIMMIX 模块, SAS 9.2 以下版本可以去 SAS 官方网站下载该模块. 该程序的默认参数估计方法为限制性/残差虚拟似然法 (Restricted/ Residual Pseudo Likelihood, RSPL). 通过 method 选项设定, 也可选择 ML 估计方法, 该程序的所有参数估计方法都是基于虚拟似然 (Pseudo Likelihood).

上述 SAS 程序的 Model 语句中, 在设定二分类结局变量 y 后, 括号内选项 event='1' 指示 SAS 在模型中分析结局测量 y=1 的概率. 在 model 语句的 "=" 右侧没有设定任何解释变量, 意味着该模型是空模型. 选项 Dist(Distribution) 默认选项是 Dist=binary, 即二项式分布 (Binomial Distribution). 使用该选项时, PROC GLIMMIX 程序只分析二分类结局测量中后一个类别的概率. 如果二分类结局测量 y 的值为 0 或 1, 在以上 SAS 程序中设定 event='0', SAS 便会分析结局测量 y=0 的概率.

Model 语句中的 S(solution) 选项要求在 SAS 输出结果中打印出固定效应的估计值、其标准误、t 值及 P 值. Link=Logit 选项设定模型的连接函数为 Logit 连接函数; 如果设定 Link=Probit, SAS 将运行 Probit 模型. ddfm 选项指定固定效应显著性检验的分母自由度的计算方法同前, Random 语句的内容同前面的介绍.

最后, Nloptions 语句中的 tech 选项可设定不同的非线性参数估计优化技术. 程序的默认优化法为二元准牛顿算法, 其应用于几乎所有的分布, 但在某些分布中可能存在收敛问题, 特别是二项分布中. 如果这种情况发生, 建议采用 Newton-Raphson 岭稳定优化法 (Ridge-Stabilized Newton-Raphson Algorithm).

(2)PROC NLMIXED `*SAS program 11;`

```
proc sort data=mydata.labor out=data1;
by site;
run;
proc NLMIXED;
PARMS B0=0 V_u0=1;
Z=B0+u0j;
If(y=1) then p=1/(1+exp(-Z));
```

```
else p=1- 1/(1+exp(-Z));
LL=log(p);
model y~GENERAL(LL);
random u0j~normal(0,V_u0) subject=site;
ESTIMATE 'ICC' V_u0/(V_u0+3.289868134);
Run;
```

PROC NLMIXED 程序与 PROC GLMMIX 程序有所不同, 需要更多的统计分析知识及较丰富的 SAS 应用经验. PARMS 代表参数 (Parameter) 语句, 用于设定模型参数及其初始值. 对没有在语句中设定的参数, 程序将自动设定其初始值为 1. 根据经验, 对于一个相对简单的模型, 该程序对参数初始值的设定并不敏感, 甚至所有参数初始值均取默认值都不影响模型估计. 但当模型较为复杂时, 若参数初始值的设定离其真值太远, 则模型估计不易收敛.

在上述 SAS 程序中, 事件发生的概率被定义为 p, LL=Log(p) 语句定义模型的对数似然函数. 利用 Model 语句中的 General() 选项, 条件概率分布被设定为广义对数似然函数 (General Log-Likelihood Function). 在 SAS 中, General() 选项表示广义分布. 对于 SAS 程序的内建分布, 我们可以在 model 语句中设定其分布 (如 y ~binary(p)), 也可以用 General() 选项设定相应的对数似然分布. 在非 SAS 内建分布中只能用 General() 选项来设定. ESTIMATE 'ICC' 语句用于估计模型的组内相关系数.

SAS 程序 11 的输出结果　模型 (11.2.29) 的输出结果

```
                    SAS 系统
              The NLMIXED Procedure
                 Specifications
Data Set                                WORK.DATA1
Dependent Variable                      Y
Distribution for Dependent Variable     General
Random Effects                          u0j
Distribution for Random Effects         Normal
Subject Variable                        cun
Optimization Technique                  Dual Quasi-Newton
Integration Method                      Adaptive Gaussian
                                        Quadrature
```

Dimensions

Observations Used	3000
Observations Not Used	0
Total Observations	3000
Subjects	298
Max Obs Per Subject	15
Parameters	2
Quadrature Points	5

Parameters

B0	V_u0	NegLogLike
0	1	1361.88646

Iteration History

Iter	Calls	NegLogLike	Diff	MaxGrad	Slope
1	3	965.052601	396.8339	107.9807	-2597.14
2	4	911.556436	53.49617	28.65243	-86.6524
3	6	894.917845	16.63859	26.12387	-11.8723
4	8	874.158889	20.75896	6.473369	-12.7668
5	10	868.625846	5.533043	1.660905	-3.54665
6	12	868.119795	0.506051	0.983998	-0.54797
7	14	868.031939	0.087857	0.672971	-0.13951
8	16	868.01661	0.015329	0.362898	-0.0317
9	18	868.014642	0.001968	0.053809	-0.00225
10	20	868.014298	0.000343	0.002562	-0.00051
11	22	868.014298	2.682E-7	7.067E-6	-5.33E-7

NOTE: GCONV convergence criterion satisfied.

Fit Statistics

-2 Log Likelihood	1736.0
AIC (smaller is better)	1740.0
AICC (smaller is better)	1740.0

```
        BIC (smaller is better)              1747.4
                  The NLMIXED Procedure
                  Parameter Estimates

                      Standard
Parameter Estimate     Error    DF   t Value   Pr > |t|  Alpha
B0         -3.5056    0.2301   297    -15.24     <.0001   0.05
V_u0        6.4172    1.0054   297      6.38     <.0001   0.05
Lower       Upper     Gradient
-3.9584    -3.0529    -7.07E-6
 4.4387     8.3957    1.089E-6

                  Additional Estimates
                  Standard
Label     Estimate     Error    DF   t Value   Pr > |t|    Alpha
ICC         0.6611   0.03510   297     18.83    <.0001      0.05
Lower     Upper
0.5920    0.7302
```

式 (11.2.29) 中,$p_{ij} = prob(y_{ij} = 1)$ 为第 j 个村中第 i 个农户家庭有劳动力发生转移的概率; γ_0 为农户家庭劳动力发生转移的 cos it 函数总平均; u_{0j} 为组水平的 cos it 函数随机变异, 代表第 j 个村的平均 Logit 与总平均间的差异. 在 Logistic 回归模型中, 残差项 e_{ij} 的方差 σ^2(即 $\mathrm{Var}(e_{ij})$) 代表了组内测量数据之间的差异, 被标准化为 $\pi^2/3 \approx 3.29$. 空模型估计的结果显示: $\hat{\sigma}_{u0}^2$=6.4172(P <0.0001), 统计显著, 表明农户家庭的劳动力转移概率存在显著的组间差异. 组内相关系数 ICC=$\hat{\sigma}_{u0}^2/(\hat{\sigma}_{u0}^2 + \hat{\sigma}^2)$=0.6611, 表明约有 66%的总变异是由农户所处村之间微观外部环境不同导致的.

11.2.5.4　加入水平 2 的解释变量

在空模型 (11.2.29) 中加入水平 2 解释变量, 来解释随机截距:

$$\ln\frac{p_{ij}}{1-p_{ij}} = \beta_{0j}$$

$$\beta_{0j} = \gamma_0 + \gamma_1 vinc_j + \gamma_2 vout_j + \gamma_3 grap_j + \gamma_4 URdist + \gamma_5 traff_j + \gamma_6 tv_j + \gamma_7 nation_j + u_{0j} \tag{11.2.30}$$

估计 (11.2.30) 的 SAS 程序如下.

```
*SAS Program 12;
proc NLMIXED;
PARMS B0=0 B1=0 B2=0 B3=0 B4=0 B5=0 B6=0 B7=0 V_u0=1;
Z=B0+B1*Vinc+B2*Vout+B3*grap+B4*URdist+B5*Traff+B6*TV+B7*Nation+u0j;
If(y=1) then p=1/(1+exp(-Z));
else p=1- 1/(1+exp(-Z));
LL=log(p);
model y~GENERAL(LL);
random u0j~normal(0,V_u0) subject=site;
Run;
```

SAS 程序 12 的部分输出结果

Parameters

B0	B1	B2	B3	B4	B5	B6	B7	V_u0
0	0	0	0	0	0	0	0	1

Parameters

NegLogLike
1361.88646

Fit Statistics

-2 Log Likelihood	1637.9
AIC (smaller is better)	1655.9
AICC (smaller is better)	1656.0
BIC (smaller is better)	1689.2

Parameter Estimates

Parameter	Estimate	Standard Error	DF	t Value	Pr > |t|	Alpha
B0	-7.0396	1.4817	297	-4.75	<.0001	0.05
B1	0.000554	0.000117	297	4.72	<.0001	0.05

```
B2        0.3492    0.04966  297    7.03    <.0001    0.05
B3        0.5049     0.4152  297    1.22    0.2249    0.05
B4        1.4258     0.6005  297    2.37    0.0182    0.05
B5        0.7518     0.3291  297    2.28    0.0231    0.05
B6        1.9691     1.3931  297    1.41    0.1586    0.05
B7       -0.7901     0.3935  297   -2.01    0.0456    0.05
V_u0      3.9981     0.6825  297    5.86    <.0001    0.05
Lower      Upper    Gradient
-9.9555   -4.1237   0.000258
0.000323  0.000784  0.485185
0.2515     0.4469   0.002224
-0.3122    1.3221   0.000673
0.2440     2.6077   0.005976
0.1041     1.3995   0.001086
Lower      Upper    Gradient
-0.7725    4.7108   -0.00077
-1.5646   -0.01563  0.002941
2.6548     5.3413   -0.00405
```

参数的统计显著性检验表明, 参数 $B3$, $B6$ 不显著, 剔除变量后重新估计:

```
*SAS program 13;
proc NLMIXED;
PARMS B0=0 B1=0 B2=0 B3=0 B4=0 B5=0 V_u0=1;
Z=B0+B1*Vinc+B2*Vout07+B3*URdistg+B4*Traff+B5*Nation+u0j;
If(y=1) then p=1/(1+exp(-Z));
else p=1-1/(1+exp(-Z));
LL=log(p);
model y~GENERAL(LL);
random u0j~normal(0,V_u0) subject=site;
Run;
```

SAS 程序 13 的部分输出结果

```
The NLMIXED Procedure
Fit Statistics
```

-2 Log Likelihood	1642.2
AIC (smaller is better)	1656.2
AICC (smaller is better)	1656.2
BIC (smaller is better)	1682.0

Parameter Estimates

Parameter	Estimate	Standard Error	DF	t Value	Pr > |t|	Alpha
B0	-5.0000	0.5368	297	-9.31	<.0001	0.05
B1	0.000587	0.000115	297	5.09	<.0001	0.05
B2	0.3546	0.04991	297	7.11	<.0001	0.05
B3	1.4856	0.6062	297	2.45	0.0148	0.05
B4	0.8203	0.3294	297	2.49	0.0133	0.05
B5	-0.9919	0.3754	297	-2.64	0.0087	0.05
V_u0	4.0719	0.6904	297	5.90	<.0001	0.05

Lower	Upper	Gradient
-6.0564	-3.9436	-4.87E-6
0.000360	0.000815	-0.01663
0.2564	0.4529	0.000024
0.2927	2.6785	-3.9E-7
0.1720	1.4686	-7.07E-6
-1.7308	-0.2530	-2.3E-6
2.7132	5.4307	-1.38E-7

11.2.5.5 加入水平 1 的解释变量

在模型中纳入水平 1 的解释变量：

$$\ln\frac{p_{ij}}{1-p_{ij}} = \beta_{0j} + \beta_1 asset_{ij} + \beta_2 till_{ij} + \beta_3 hedu_{ij} + \beta_4 train_{ij} + \beta_5 age35_{ij} + \beta_6 elders_{ij} + \beta_7 students_{ij} \tag{11.2.31}$$

$$\beta_{0j} = \gamma_0 + \gamma_1 vinc_j + \gamma_2 vout_j + \gamma_3 grap_j + \gamma_4 URdist + \gamma_5 traff_j + \gamma_6 TV_j + \gamma_7 nation_j + u_{0j} \tag{11.2.32}$$

估计模型 (11.2.31)、模型 (11.2.32) 的 SAS 程序如下：

```
   *SAS program 14;
proc NLMIXED;
PARMS B0=0 B1=0 B2=0 B3=0 B4=0 B5=0 B6=0 B7=0 B8=0 B9=0 B10=0
B11=0 B12=0 V_u0=1;
Z=B0+B1*Vinc+B2*Vout07+B3*URdistg+B4*Traff+B5*Nation+B6*asset+
B7*till+B8*hedu+B9*train+B10*age35+B11*elders+B12*students+u0j;
If(y=1) then p=1/(1+exp(-Z));
else p=1- 1/(1+exp(-Z));
LL=log(p);
model y~GENERAL(LL);
random u0j~normal(0,V_u0) subject=site;
Run;
```

SAS 程序 14 的部分输出结果

Parameters

B0	B1	B2	B3	B4	B5	B6	B7	B8
0	0	0	0	0	0	0	0	0

Parameters

B9	B10	B11	B12	V_u0	NegLogLike
0	0	0	0	1	1361.88646

Fit Statistics

-2 Log Likelihood	1508.0
AIC (smaller is better)	1536.0
AICC (smaller is better)	1536.1
BIC (smaller is better)	1587.8

Parameter Estimates

Parameter	Estimate	Standard Error	DF	t Value	Pr > |t|	Alpha
B0	-6.2821	0.6387	297	-9.84	<.0001	0.05
B1	0.000521	0.000124	297	4.20	<.0001	0.05
B2	0.3712	0.05269	297	7.05	<.0001	0.05

```
B3            1.1463     0.6389   297       1.79     0.0738     0.05
B4            0.9023     0.3481   297       2.59     0.0100     0.05
B5           -0.7687     0.4008   297      -1.92     0.0561     0.05
B6          0.000047   0.000021   297       2.25     0.0254     0.05
B7           -0.3801    0.09534   297      -3.99     <.0001     0.05
B8            0.5759    0.08771   297       6.57     <.0001     0.05
B9            0.8391     0.2460   297       3.41     0.0007     0.05
B10           0.2482    0.09227   297       2.69     0.0076     0.05
B11          -0.2834     0.1382   297      -2.05     0.0412     0.05
B12          -0.3111     0.1144   297      -2.72     0.0069     0.05
V_u0          4.4765     0.7668   297       5.84     <.0001     0.05
  Lower         Upper     Gradient
-7.5389       -5.0252     -0.01874
0.000277     0.000765        2.166
 0.2675        0.4749     0.001151
-0.1110        2.4037     -0.05403
 0.2173        1.5874     0.007203
-1.5575       0.02005      0.00008
5.767E-6     0.000087     2.684668
  Lower         Upper     Gradient
-0.5678       -0.1925     -0.00144
 0.4033        0.7485     0.002721
 0.3549        1.3233     0.002556
0.06658        0.4298     -0.00021
-0.5554      -0.01138     -0.00121
-0.5363      -0.08599     -0.00126
 2.9675        5.9855     -0.02007
```

与多层线性模型一样, 在多层 logistic 回归模型也需要进行随机斜率的检验. 但在例 11.2.3 中, 根据模型的经济含义, 不再进行随机斜率的检验. 下面我们仅假设模型具有 1 个随机截距和具有 1 个随机斜率 (变量 *till* 的斜率), 给出具有随机斜率和交互效应 (Till*grap) 的模型估计的 SAS 程序:

```
    *SAS program 15;
proc NLMIXED;
```

```
PARMS B0=0 B1=0 B2=0 B3=0 B4=0 B5=0 B6=0 B7=0 B8=0 B9=0
B10=0 B11=0 B12=0 B13=0 V_u0=1 V_u1=1 Cov_u01=0;
Z=B0+B1*Vinc+B2*Vout07+B3*URdistg+B4*Traff+B5*Nation+B6*asset+B7*
till
+B8*hedu+B9*train+B10*age35+B11*elders+B12*students+B13*grap*till+
(u0j+u1j*till);
If(y=1) then p=1/(1+exp(-Z));
else p=1- 1/(1+exp(-Z));
LL=log(p);
model y~GENERAL(LL);
random u0j u1j~normal([0,0],[V_u0,Cov_u01,V_u1]) subject=site;
Run;
```

11.3　多水平模型在 Stata 软件中的实现

11.3.1　Stata 软件介绍

Stata 作为一个小型的统计软件, 其统计分析能力远超过 SPSS, 在许多方面还超过了 SAS. Stata 在分析时是将数据全部读入内存, 在计算全部完成后才和磁盘交换数据, 因此计算速度极快 (一般来说, SAS 的运算速度要比 SPSS 至少快一个数量级, 而 Stata 的某些模块和执行同样功能的 SAS 模块比, 速度又快近一个数量级). Stata 也是采用命令行方式来操作, 但使用上远比 SAS 简单. 其生存数据分析、面板数据、抽样调查数据等分析模块的功能超过了其他计量软件. 用 Stata 绘制的统计图形相当精美, 很有特色. 它是由一些劳动经济学家开发出来的, 从开始就具有强大的经济学基础, 在微观计量方面的分析远超过其他计量软件.

Stata 的另一个特点是它的许多高级统计模块均是编程人员用其宏语言写成的程序文件 (Ado 文件), 这些文件可以自行修改、添加和下载. 用户可随时到 Stata 网站寻找并下载最新的升级文件, 这一特点使其成为几大统计软件中升级最快的一个软件. 在众多的统计软件中, Stata 凭借独特的优势得到了迅速发展. 首先, Stata 将统计功能与计量分析较完整的结合起来; 其次, Stata 除了强大的统计和计量分析功能之外, 还可以进行强大而方便的矩阵运算. 本节的介绍是基于 2007 年 6 月推出的 Stata 10.0 版本展开的.

11.3.2 Stata 软件的基本操作

11.3.2.1 Stata 软件使用界面

界面一共有四个窗口, 左上角回顾 (Review) 窗口, 记录曾经进行的命令; 右上角是输出结果 (Results) 窗口; 左下角是数据库的变量 (Variable) 信息; 右下角为命令 (Command) 窗口. 窗口颜色、字体、格式都可以进行调整.

Stata 突出的特色是既可以进行菜单操作, 又可以像 Dos 命令操作一样. 最上面一行是一级子菜单, 包括文件 (File)、编辑 (Edit)、数据 (Data)、画图 (Graphies)、统计 (Statistics)、用户 (User)、窗口 (Windows)、帮助 (Help). 根据更新需要, 随时都可以在 Command 窗口中输入 "update all". 帮助命令需要经常使用, 只要在 Help 输入感兴趣的问题, 就会在 Results 窗口中出来一系列信息, 包括语法、例子甚至一些经典的参考文献.

File 的下拉菜单中包括打开、保存文件以及导入、导出数据等功能; Edit 主要用于数据的管理和设置 Stata 的界面特征, 如文件合并、增加删除变量、矩阵操作等; Graphies 主要用于作图; Statistics 用于各种统计和计量分析; User 用于构建用户自己的菜单; Windows 用于对显示界面操作. 在主菜单的下方是常用功能的快捷图标, 如打开文件、保存、数据编辑器等 (图 11.1).

11.3.2.2 Stata 软件的语法

掌握 Stata 的语法构成是用户进行统计或计量分析的基础. Stata 所有的命令语句遵循共同的语法格式, 其基本格式为

[by varlist:] command [varlist] [=exp] [if exp] [in range] [weight] [using filename] [, option]

其中, 符号 [ ] 表示可选项. command 为 Stata 的命令函数, varlist 为变量, [if exp], [in range] 用于设定变量或观测值, [weight] 用于设定观测值的权重, [using filename] 表示使用的数据文件, [, option] 表示命令的选项, 不同命令的选项也不同. [by varlist:] 表示对 varlist(分类变量) 中的每一类分别执行命令 command. 在 Stata 的语法中, varlist 表示一个或多个变量, varname 表示单个变量, newvarlist 表示新变量. 对于数据中存在的变量, 允许的表达式包括 "*,? 和-". 其中, "*" 表示任意字符, "? " 表示一个字符, "-" 表示两个变量之间的所有变量. rang 表示观测值区间, 命令形式为 [in range].

例如, 计算基本统计指标的命令 summarize 的格式为

[by varlist:] summarize [varlist] [=exp] [if exp] [in range] [weight] [using filename] [, option]

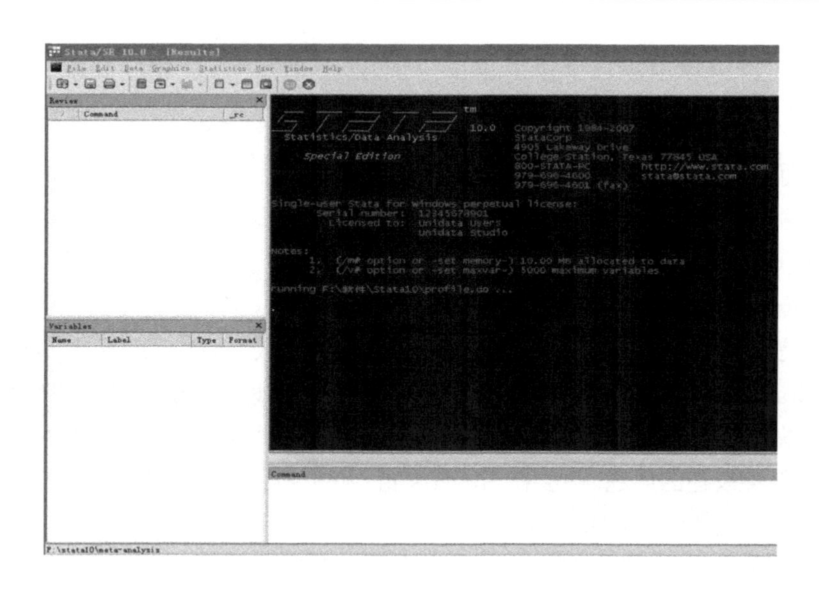

图 11.1　Stata10 运行界面

11.3.3　应用 Stata 软件进行多水平建模

11.3.3.1　适用数据类型及软件命令格式

应用 Stata 进行多水平建模, 仅能够分析具有面板结构的数据类型, 即存在一个截面层次与一个时间层次的数据类型. 但是这种面板结构允许在截面层次存在多个分层, 例如, 县嵌套于市, 市嵌套于省. 如果存在多个水平, 即变量的嵌套, 那么可以用 xtmixed 命令进行分析.

进行多水平模型建模的 Stata 命令为 xtmixed, 其命令格式为

xtmixed depvar [fe_equation] [||re_equation] [||re_equation...] [,options]

xtmixed 估计多水平混合效应模型, 被解释变量紧跟着固定效应模型, || 跟着随机效应, 多个 || 表示嵌套. 模型 $y_{ij} = \beta_{00} + u_{0i} + e_{ij}$ 的估计命令为 xtmixed y || panel:.

例如, Diggle等 (2002) 考察 48 头猪在连续 9 周的生长情况. 估计单水平随机效应模型 $weight_{it} = \beta_0 + \beta_1 week_{it} + u_{0i} + e_{it}$, 其软件命令为 xtmixed weight week || id:, 估计 $week$ 的随机斜率模型 $weight_{ij} = \beta_0 + \beta_1 week_{it} + u_{0i} + u_{1i} week_{it} + e_{it}$, 其软件命令为 xtmixed weight week || id:week.

11.3.3.2　数据导入及定义

Stata 可以分别用不同的语句读入几种不同的数据格式.

直接读入数据

input (varnamelist)

………(用空格分开)

end

save filename

label data “文件说明”

label variablename“变量注释”

以下是从已有的数据文件进行调用：

① dta 文件

这是 Stata 自身所生成的文件, 可以直接读入 use filename (包括文件的路径). 例如, Use c:\a.dta.

② csv 文件

insheet [varnames] using filename.csv 是以逗号分隔的 excel 格式文件. 例如：insheet y x using c:\file.csv.

③文本文件

infile [varnames] using filename

例如, infile y x using c:\file.txt.

不管采用何种方式导入数据, 其数据排版结构必须包括以下几个部分：地区标识 (*panel*)、时间标识 (*time*)、解释变量 (y)、被解释变量 (x)、常数项 (c).

数据导入之后要进行面板结构数据定义, 定义方法可以通过 xtset, 也可以通过 tsset. 其命令格式为

tsset panelvar(地区标识) timevar(时间标识)

xtset panelvar(地区标识) timevar(时间标识)

例如, 数据结构中定义 *panel* 为地区标识, *panel*=1,1,1,2,2,2,$\cdots$,31, 31, 31; *year* 为时间标识, *year*=1,2,3,1,2,3,$\cdots$,1,2,3; 定义该数据命令为

tsset panel year

xtset panel year

11.3.3.3 空模型

建立无条件两水平模型是两水平模型建模的基础. 其模型形式为

$$\text{水平1} \quad y_{ij} = \beta_{0i} + e_{ij} \tag{11.3.1}$$

$$\text{水平2} \quad \beta_{0i} = \beta_{00} + u_{0i} \tag{11.3.2}$$

将式 (11.3.2) 代入式 (11.3.1) 可得总模型为

$$y_{ij}=\beta_{00}+u_{0i}+e_{ij}$$

以上市公司发展与地区经济增长规律分析为例, 利用 Stata 估计模型 $\ln Y_{it}=\beta_{00}+u_{0i}+e_{it}$, 其计算结果如图 11.2 所示.

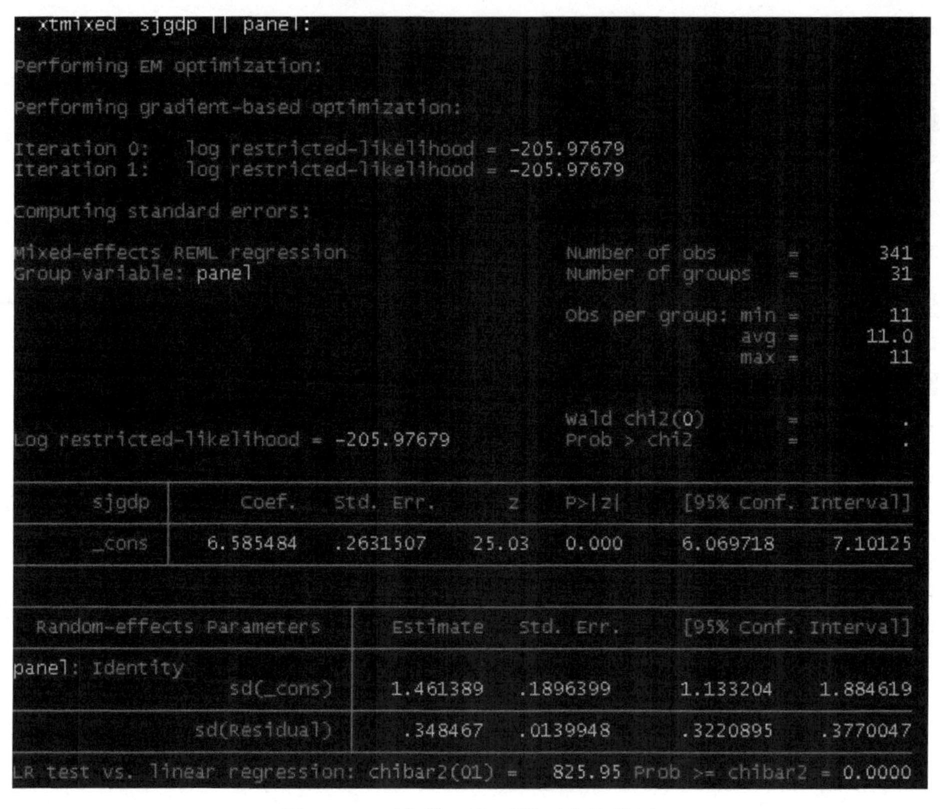

```
. xtmixed  sjgdp || panel:

Performing EM optimization:

Performing gradient-based optimization:

Iteration 0:   log restricted-likelihood = -205.97679
Iteration 1:   log restricted-likelihood = -205.97679

Computing standard errors:

Mixed-effects REML regression                   Number of obs      =       341
Group variable: panel                           Number of groups   =        31

                                                Obs per group: min =        11
                                                               avg =      11.0
                                                               max =        11

                                                Wald chi2(0)       =         .
Log restricted-likelihood = -205.97679          Prob > chi2        =         .

       sjgdp |      Coef.   Std. Err.      z    P>|z|     [95% Conf. Interval]
       _cons |   6.585484   .2631507    25.03   0.000     6.069718     7.10125

  Random-effects Parameters  |   Estimate   Std. Err.     [95% Conf. Interval]
panel: Identity              |
                   sd(_cons) |   1.461389   .1896399      1.133204    1.884619
                sd(Residual) |    .348467   .0139948      .3220895    .3770047
LR test vs. linear regression: chibar2(01) =   825.95 Prob >= chibar2 = 0.0000
```

图 11.2　无条件两水平模型估计结果

从回归结果中可以看出：Stata 进行参数估计采用的方法为限制极大似然估计法 (REML), 下面结合实际数据对回归结果进行解释. 对于固定效应部分, Coef 为参数估计值, β_{00} 的估计值为 6.585484; std.Err. 为参数的标准差, β_{00} 的标准差为 0.2631507; P 值为 0.000; [95% Conf. Interval] 为置信度 95%的参数区间估计, β_{00}, 置信度 95%的区间估计为 [6.069718, 7.10125]. 对于随机效应部分, sd(_cons) 为随机效应 u_{0i} 的估计值, 同样 std.Err. 和 [95% Conf. Interval] 分别为随机效应部分估计值的标准差与置信度为 95%的区间估计. LR test vs. linear regression 为与混合数据线性回归模型进行比较, 多水平模型具有较好的显著程度; Log restricted-likelihood 对数似然值, 通过该值可以比较不同多水平模型的优劣程度.

通过空模型可以计算组内相关系数 ICC, ICC 被定义为组间方差与总方差之比. 对于空模型而言, 其 ICC 定义为 $\text{ICC} = \sigma_{u0}^2/(\sigma_{u0}^2 + \sigma^2)$, 其中, σ_{u0}^2 为组间方差或组水平方差, σ^2 为组内方差或个体水平方差.

11.3.3.4 无条件两水平模型

ICC 值判断需要建立条件两水平模型. 条件两水平模型是在截距模型中加入了解释变量, 其中既包括一水平解释变量也可能包括二水平解释变量. 设 y 为因变量, x 为一水平解释变量, w 为二水平解释变量, 且均为线性函数形式的关系 (可以具有其他函数形式的关系).

当只有一水平解释变量时, 模型为

$$\text{水平1}\ y_{ij} = \alpha_i + \beta_i x_{ij} + e_{ij} \tag{11.3.3}$$

$$\text{水平2}\ \alpha_i = \alpha_0 + u_{0i}, \quad \beta_i = \beta_0 + u_{1i} \tag{11.3.4}$$

将式 (11.3.4) 代入式 (11.3.3) 可得总模型为

$$y_{ij} = \alpha_0 + \beta_0 x_{ij} + u_{0i} + u_{1i}x_{ij} + e_{ij} \tag{11.3.5}$$

在总模型中, $\alpha_0 + \beta_0 x_{ij}$ 可称为固定效应部分, 其中 α_0 为截距项的平均水平, β_0 为平均斜率. $u_{0i} + u_{1i}x_{ij} + e_{ij}$ 为随机效应部分.

与空模型类似, 其估计命令为

xtmixed y x||panel : c

以上市公司发展与地区经济增长规律分析为例, 利用 Stata 估计模型

$$\ln Y_{it} = \beta_{00} + \beta_{10}\ln X_{1it} + \beta_{20}X_{2it} + u_{0i} + \ln X_{1it}\cdot u_{1i} + e_{it} \tag{11.3.6}$$

其模型估计命令为

xtmixed ln $\mathrm{Y_{it}}$ $\mathrm{lnX_{1it}}$ $\mathrm{X_{2it}}$||panel : c

模型的固定效应成分为 $\beta_{00} + \beta_{10}\ln X_{1it} + \beta_{20}X_{2it}$; 其随机效应成分为 $u_{0i} + \ln X_{1it}\cdot u_{1i} + e_{it}$, 其中, u_{0i} 为各省平均实际 GDP 的差异; u_{1i} 为各省实际上市公司规模的差异. 利用 REML 对模型进行参数估计, 结果为

$$\widehat{\ln Y_{it}} = 3.0611 + 0.4435\ln X_{1it} + 0.0229X_{2it} \tag{11.3.7}$$

$\hat{\sigma}^2 = 0.0276(P<0.0001)$, $\hat{\sigma}^2_{u0}= 6.5198(P=0.0012)$, $\hat{\sigma}^2_{u1}= 0.1675(P=0.001)$, $\hat{\sigma}_{u01}= -0.9344(P=0.0023)$, 模型评价统计量为 $-2\ln(\text{likelihood}) = 6.7971$, AIC $=$ 12.7971, 参数估计均统计显著.

11.3.3.5 条件两水平模型

当无条件两水平模型各估计值均显著时, 可以考虑存在二水平解释变量时的两水平模型

$$\text{水平 1}\quad y_{ij} = \alpha_i + \beta_i x_{ij} + e_{ij} \tag{11.3.8}$$

$$\text{水平 2}\quad \alpha_i = \alpha_0 + \alpha_1 w_i + u_{0i}, \beta_i = \beta_0 + \beta_1 w_i + u_{1i} \tag{11.3.9}$$

将式 (11.3.9) 代入式 (11.3.8) 可得总模型为

$$y_{ij} = \alpha_0 + \alpha_1 w_i + \beta_0 x_{ij} + \beta_1 w_i x_{ij} + u_{0i} + u_{1i} x_{ij} + e_{ij}$$

在总模型中, $\alpha_0 + \alpha_1 w_i + \beta_0 x_{ij} + \beta_1 w_i x_{ij}$ 为固定效应部分. 其中, α_0 为截距项的平均水平; α_1 为二水平解释变量 w_i 的主效应; β_0 为一水平解释变量 x_{ij} 的主效应; β_1 为二水平解释变量 w_i 与一水平解释变量 x_{ij} 的交互效应; $u_{0i} + u_{1i} x_{ij} + e_{ij}$ 为随机效应部分.

与空模型类似, 其估计命令为

$$\text{xtmixed y x||panel : x}_\text{i}.$$

以上市公司发展与地区经济增长规律分析为例, 利用 Stata 估计模型

$$\ln Y_{it} = \beta_{00}+\beta_{10}\ln X_{1it}+\beta_{20}X_{2it}+\beta_{11}\ln X_{1it}\ln X_{3i.}+u_{0i}+\ln X_{1it}\cdot u_{1i}+e_{it} \tag{11.3.10}$$

其模型估计命令为

$$\text{xtmixed ln(Y}_\text{it}\text{)lnX}_\text{1it},\quad \text{X}_\text{2it}\text{||panel :lnX}_3.$$

由 REML 估计结果为

$$\widehat{\text{lnY}_{it}} = 3.067 + 0.6654\text{lnX}_{1it} + 0.0232\text{X}_{2it} - 0.0578\text{lnX}_{1it}\text{lnX}_{3i.} \tag{11.3.11}$$

$\hat{\sigma}^2 = 0.0275(P<0.0001)$, $\hat{\sigma}^2_{u0}= 6.6702(P=0.0012)$ 为给定上市公司规模与数量的基础上, 各省份实际 GDP 的差异程度; $\hat{\sigma}^2_{u1}=0.1449(P=0.0012)$ 为给定 $X_{3i.}$ 的基础上, 上市公司资本总量在各省份之间的差异程度; $\hat{\sigma}_{u01}= -0.8759(P=0.0025)$

表明给定 $X_{3i.}$ 的基础上, 上市公司规模与数量呈现负相关, 即上市公司规模与数量有一定的互补作用, 上市公司规模较大的省份其数量可能相对较小, 而上市公司规模较小的省份其数量可能很大, 这与现实意义比较吻合. $D = 2.4758$, 参数估计均统计显著.

11.4　多水平模型在 Matlab 软件中的实现

Matlab 是一个使用广泛的数学和统计软件. 其特点是易于编程处理新模型的计算问题. Matlab 中没有现成的多水平模型的计算程序. 我们在研究过程中编制了部分基于 IGLS 及 RIGLS 的多水平线性模型参数估计程序.

以 JSP 数据为例, 考虑以下模型

$$y_{ij} = \beta_0 + \beta_1 x_{1ij} + \beta_2 x_{2ij} + \beta_3 x_{3ij} + (e_{0i}^{(2)} + e_{1i}^{(2)} x_{1ij}) + e_{0ij}^{(1)} \tag{11.4.1}$$

其方差函数为

$$\mathrm{Var}(y_{ij}) = (\sigma_{u0}^2 + 2\sigma_{u01} x_{1ij} + \sigma_{u1}^2 x_{1ij}^2) + \sigma_{e0}^2 \tag{11.4.2}$$

其中, $\beta_0 + \beta_1 x_{1ij} + \beta_2 x_{2ij} + \beta_3 x_{3ij}$ 为固定效应部分, $(e_{0i}^{(2)} + e_{1i}^{(2)} x_{1ij}) + e_{0ij}^{(1)}$ 为随机效应部分. 在编写的程序中, 数据依矩阵的形式输入, 每一列对应一个变量, 每一行对应一个观测值. 第 1 列为 11 岁学生数学成绩的正态分布得分值; 第 2 列为元素全为 1 的向量, 对应模型 (11.4.1) 的常数参数; 第 3 列为 8 岁学生数学成绩; 第 4 列为性别数据; 第 5 列为社会背景数据; 第 6 列为学校的标号 (1 到 50, 其中, 10 和 43 缺失), 该列作为水平 2 的标记. 对模型 (11.4.1), Matlab 计算程序如下, 其中% 后面的是注释语句.

```
Z=[...]; % 将样本数据输入“· · ·”的位置, 并令整个样本数据集为 Z 矩阵.
n=length(z(:,1));% n 的值为 Z 矩阵第一列的所有行数, 即 Z 矩阵的行数.
n0=50;% 在此例中表示学校的数量.
'第一部分, OLS 估计的计算'
X=[z(:,2) z(:,3) z(:,4) z(:,5)];% 定义设计矩阵 X, 其有四列是 Z 矩阵的第 2~5 列
[n,p]=size(X);% 定义 n, p 为矩阵 X 的行和列的值.
Y=z(:,1); % 因变量定义为矩阵 Z 的第 1 列, 为 11 岁学生数学成绩的正态分
          %布得分值.
beta0=inv(X'*X)*X'*Y; % 根据 OLS 参数估计表达式: β̂ = (X'X)^{-1}X'Y, 本例
中
```

%$\beta=(\beta_0,\beta_1,\beta_2,\beta_3)$.

e0=Y−X*beta0;% 根据 OLS 参数估计表达式：$\hat{e}=Y-X\hat{\beta}$.

sigma0=e0'*e0/(n-4);% 根据 OLS 参数估计表达式：$\hat{\sigma}_{e0}^2=\hat{e}'\hat{e}/(n-p)$.

'第二部分, 参数起始值的设计'

qm0=[1,0;0,1]; % 由于水平 2 的方差协方差结构为 $\begin{bmatrix}\sigma_{u0}^2 & \sigma_{u01}\\ \sigma_{u01} & \sigma_{u1}^2\end{bmatrix}$,

% 因此将迭代计算的起始值设为 $qm0=\begin{bmatrix}\sigma_{u0}^2=1 & \sigma_{u01}=0\\ \sigma_{u01}=0 & \sigma_{u1}^2=1\end{bmatrix}$.

theta0=[sigma0,1,0,1]';% $\theta=(\sigma_{e0}^2,\sigma_{u0}^2,\sigma_{u01},\sigma_{u1}^2)'$, 其初始值设为 $(\hat{\sigma}_{e0}^2,\ 1,\ 0,\ 1)'$.

k=length(theta0); % k 的取值为 theta0 向量的长度.

'第三部分, 开始迭代计算'

dd=1;% dd 迭代的起始值.

inum=0;

while dd>1e-8 % 迭代计算时的收敛条件, 可自行规定.

aa=zeros(4); % 生成 4 阶零矩阵.

ay=zeros(4,1);% 生成 4 行 1 列的零向量.

bb=zeros(4); % 生成 4 阶零矩阵.

bz=zeros(4,1); % 生成 4 行 1 列的零向量.

DetV=0; % 将 Det$V$ 的初始值设为 0.

for i=1:n0 % 定义 i 的取值.

l=z(:,6)−i==0;% 对样本数据集 Z 矩阵, 按 Z 矩阵的第 6 列 (学校的标号) 与 i

% 的取值的一个数据截取, 从而形成 l 行的子矩阵.

zz=z(l,:);% 将不同的 l 行子矩阵定义为矩阵 ZZ.

nn=size(zz,1); % 矩阵 ZZ 第 1 列的行数定义为 nn 的值.

tt=[zz(:,2) zz(:,3)]; % 令 tt 矩阵为对于每一子矩阵, 在随机效应中二水平部分

% $(e_{0i}^{(2)}+e_{1i}^{(2)}x_{1ij})$ 的设计矩阵.

t1=zz(:,2);t2=zz(:,3); % $t1$, $t2$ 分别为 tt 矩阵的第 1、2 列.

vv=sigma0.*eye(nn)+tt*qm0*tt'; % 根据方差函数 $\mathrm{Var}(y_{ij})=(\sigma_{u0}^2+2\sigma_{u01}x_{1ij}+$

%$\sigma_{u1}^2x_{1ij}^2)+\sigma_{e0}^2$ 计算对应不同 i 的每一组数

% 据的方差协方差矩阵.

xx=[zz(:,2) zz(:,3) zz(:,4) zz(:,5)]; % 在不同的子矩阵中定义设计矩阵, 即解释变

% 量的矩阵形式.

yy=zz(:,1); % 在不同的子矩阵中定义被解释变量.

```
aa=aa+xx'*inv(vv)*xx; % 计算 X'V^{-1}X
ay=ay+xx'*inv(vv)*yy; % 计算 X'V^{-1}Y
ree=yy-xx*beta0;% 计算残差.
DetV=DetV+log(det(vv))+ree'*inv(vv)*ree;
zi=[vec(eye(nn)) vec(t1*t1') vec(t1*t2'+t2*t1') vec(t2*t2')];
ziv=[vec(inv(vv)*inv(vv)) vec(inv(vv)*t1*t1'*inv(vv))
        vec(inv(vv)*(t1*t2'+t2*t1')*inv(vv)) vec(inv(vv)*t2*t2'*inv(vv))];
bb=bb+zi'*ziv;
bz=bz+ziv'*vec(ree*ree');
clear zz xx tt vv nn t1 t2 zi l yy ree ziv;
        end
end
beta=inv(aa)*ay;
theta=inv(bb)*bz;
inum=inum+1
if theta(1)< 0
     theta(1)=0; % 在迭代中对 σ̂²_{e0} 值为正值的控制.
end
if theta(2)<0
     theta(2)=0; % 在迭代中对 σ²_{u0} 为正值的控制.
end
if theta(4)<0
     theta(4)=0; % 在迭代中对 σ²_{u1} 为正值的控制.
end
sigma0=theta(1);%定义 σ̂²_{e0}.
qm0=[theta(2),theta(3);theta(3),theta(4)]; % qm0 矩阵与 θ 向量的对应规律.
dd=(beta-beta0)'*aa*(beta-beta0)+(theta-theta0)'*bb*(theta-theta0)./2
beta0=beta
theta0=theta
end
'第四部分, 计算结果输出'
seb=sqrt(diag(inv(aa)));% 计算固定效应部分估计参数的标准差.
Tb=beta.^2./seb.^2; % 计算固定效应部分估计参数的 t-值.
```

Pb=1-chi2cdf(Tb,1); % 计算固定效应部分估计参数的 p-值.
set=sqrt(2.*diag(inv(bb))); % 计算随机效应部分估计参数的标准差.
Tt=theta.^2./set.^2; % 计算随机效应部分估计参数的 t-值.
Pt=1-chi2cdf(Tt,1); % 计算随机效应部分估计参数的 p-值.
n*log(2*pi)+DetV % 计算 −2ln(likelihood) 的值.
[beta seb] %输出固定效应的估计值与标准差.
[Tb Pb] %输出固定效应的 t-值与 p-值.
[theta set] %输出随机效应的估计值与标准差.
[Tt Pt] %输出随机效应的 t-值与 p-值.
clear z aa bb ay bz qm beta theta sigma dd beta0 theta0 inum;
diary off.

11.5 多水平模型在 R 软件中的实现

本书第 9 章关于西部地区劳动力转移影响因素分析的多水平 Logistic 模型的分析结果主要是采用 R 软件完成. R 软件具有强大的统计分析功能和展示各种类型图形能力, 同时在 R 官网上拥有大量随时可加载和全世界各个统计学家贡献的最新的软件包 (Package), 可以免费使用和更新.

多水平模型是混合模型的一种特例, 其多水平 Logistic 模型也是广义混合模型的一种特殊情况. R 软件通常采用 nlme 和 lme4 软件包分析处理混合模型, 前者是一个相对成熟的包, 它既可以分析线性混合模型也可以分析非线性混合模型, 后者也可以处理线性 (非线性) 混合模型, 运行速度较迅速一些. 软件包 nlme 和 lme4 的输入语言有些不同, 前者必须明确指明固定效应和随机效应的定义, 相对呆板, 而后者固定效应和随机效应表达语言比较灵活; 此外, 两个软件包的输出结果有些差异, 具体不举例细说, 在实战操作中可以慢慢体会.

我们以云南省某地 (州) 劳动力转移模型为例描述 R 软件拟合多层 Logistic 模型过程. 本节采用的 lme4 软件包. 首先进行空模型的拟合, 程序如下:

```
w=read.csv("F:\\书稿2013 2\\data\\zhuanyi.csv")
w$Y=factor(w$Y);w$train=factor(w$train);w$hedu=factor(w$hedu);
    w$grap=factor(w$grap);
w$Urdist=factor(w$Urdist);w$traff=factor(w$traff);w$tv=factor
(w$tv);
w$nation=factor(w$nation)
a = glmer(w$Y~1 + (1|cun), family=binomial, data=w)
```

```
summary(a)
```

空模型检验结果：

```
Generalized linear mixed model fit by maximum likelihood
   (Laplace Approximation) [glmerMod]
Family: binomial  ( logit )
Formula: w$Y ~ 1 + (1 | cun)
Data: w
 AIC      BIC   logLik deviance df.resid
1728.1   1740.1   -862.0   1724.1     2998
Scaled residuals:
   Min      1Q      Median      3Q      Max
 -2.2505  -0.2464  -0.0922   -0.0922  4.0581
Random effects:
Groups Name        Variance Std.Dev.
 cun    (Intercept)   8.716    2.952
 Number of obs: 3000, groups:  cun, 298
Fixed effects:
        Estimate   Std. Error   z value   Pr(>|z|)
(Intercept)    -4.0330     0.3527  -11.43     <2e-16 ***
---
Signif. codes:  0 '***' 0.001 '**' 0.01 '*' 0.05 '.' 0.1
      ' ' 1
```

其次加入层 1 和层 2 全部变量，确定随机截距即随机效应和固定效应变量，进行多水平 Logistic 模型建模，程序如下：

```
w=read.csv("F:\\书稿2013 2\\data\\zhuanyi.csv")
head(w)
asset_standard = scale(w$asset)
Vinc_standard = scale(w$Vinc)
head(asset_standard)
head(Vinc_standard)
library(Matrix)
library(nloptr)
library(lme4)
w$Y=factor(w$Y);w$train=factor(w$train); w$hedu=factor(w$hedu);
   w$grap=factor(w$grap);
w$Urdist=factor(w$Urdist);w$traff=factor(w$traff);w$tv=factor(w$tv);
     w$nation=factor(w$nation)
```

```
b<-glmer(w$Y~asset_standard + till +w$hedu + w$train + age35 +
    elders + students   + Vinc_standard + Vout + w$grap + w$Urdist +
     w$traff + w$tv + w$nation +(1 |cun)  , family=binomial, data=w)
summary(b)
```

全变量的广义多水平模型运行结果：

```
> summary(b)
Generalized linear mixed model fit by maximum likelihood (Laplace
  Approximation) [glmerMod]
 Family: binomial  ( logit )
Formula: w$Y ~ asset_standard + till + w$hedu + w$train + age35 +
    elders + students + Vinc_standard + Vout + w$grap + w$Urdist +
    w$traff +
    w$tv + w$nation + (1 | cun)
   Data: w
     AIC      BIC    logLik  deviance df.resid
  1533.0   1653.2    -746.5    1493.0     2980
Scaled residuals:
    Min       1Q     Median       3Q      Max
 -4.3948  -0.1981   -0.0941    -0.0469  6.7246
Random effects:
 Groups Name        Variance Std.Dev.
 cun    (Intercept) 4.378    2.092
Number of obs: 3000, groups:  cun, 298

Fixed effects:
               Estimate Std. Error z value Pr(>|z|)
(Intercept)    -6.48416    1.54374  -4.200 2.67e-05 ***
asset_standard  0.15142    0.07281   2.080  0.03755 *
till           -0.38481    0.09501  -4.050 5.12e-05 ***
w$hedu1         0.81444    0.63886   1.275  0.20237
w$hedu2         1.35035    0.62443   2.163  0.03058 *
w$hedu3         2.12997    0.65321   3.261  0.00111 **
w$hedu4         2.81326    0.68403   4.113 3.91e-05 ***
w$hedu5         2.20298    0.76306   2.887  0.00389 **
w$train1        0.80460    0.24529   3.280  0.00104 **
age35           0.23065    0.09313   2.477  0.01326 *
elders         -0.26725    0.13673  -1.955  0.05063 .
```

```
students        -0.28281    0.11430   -2.474  0.01335 *
Vinc_standard    0.68199    0.17125    3.982 6.82e-05 ***
Vout             0.36687    0.05251    6.987 2.80e-12 ***
w$grap1          0.14814    0.43343    0.342  0.73252
w$Urdist1        0.89207    0.63150    1.413  0.15777
w$traff1         0.83678    0.34031    2.459  0.01394 *
w$tv1            1.45852    1.36051    1.072  0.28370
w$nation1       -0.72445    0.41435   -1.748  0.08040 .
---
Signif. codes:  0 '***' 0.001 '**' 0.01 '*' 0.05 '.' 0.1 '
    ' 1

Correlation matrix not shown by default, as p = 19 > 12.
Use print(x, correlation=TRUE)  or
         vcov(x)         if you need it

convergence code: 0
Model failed to converge with max|grad| = 1.03436 (tol = 0.001,
    component 1)
```

再次, 我们构建普通的 Logistic 回归模型, 需要加载 glm 函数, 程序如下:

```
c<-glm(w$Y~asset_standard + till +w$hedu + w$train + age35 + elders
    + students  + Vinc_standard + Vout  + w$Urdist + w$traff + w$tv
    + w$nation  , family=binomial, data=w)
summary(c)
```

普通 Logistic 回归模型结果如下:

```
Call:
glm(formula = w$Y ~ asset_standard + till + w$hedu + w$train +
    age35 + elders + students + Vinc_standard + Vout + w$grap +
    w$Urdist + w$traff + w$tv + w$nation, family = binomial,
    data = w)

Deviance Residuals:
    Min       1Q   Median       3Q      Max
-2.1225  -0.5002  -0.3368  -0.1910   2.9562

Coefficients:
               Estimate Std. Error z value Pr(>|z|)
```

```
(Intercept)    -5.05040    1.17556   -4.296 1.74e-05 ***
asset_standard  0.12822    0.05295    2.422 0.015448 *
till           -0.34968    0.05767   -6.064 1.33e-09 ***
w$hedu1         0.89303    0.57345    1.557 0.119402
w$hedu2         1.30100    0.56553    2.300 0.021421 *
w$hedu3         1.78661    0.58112    3.074 0.002109 **
w$hedu4         2.50140    0.60027    4.167 3.09e-05 ***
w$hedu5         2.08504    0.65808    3.168 0.001533 **
w$train1        0.27869    0.13282    2.098 0.035879 *
age35           0.07063    0.07039    1.003 0.315635
elders         -0.34710    0.10762   -3.225 0.001258 **
students       -0.27900    0.08684   -3.213 0.001315 **
Vinc_standard   0.45603    0.06021    7.574 3.62e-14 ***
Vout            0.21224    0.01592   13.333  < 2e-16 ***
w$grap1         0.08274    0.15146    0.546 0.584878
w$Urdist1       0.72783    0.19561    3.721 0.000199 ***
w$traff1        0.54220    0.12523    4.330 1.49e-05 ***
w$tv1           1.96062    1.02372    1.915 0.055467 .
w$nation1      -0.47430    0.14646   -3.238 0.001202 **
---
Signif. codes:  0 '***' 0.001 '**' 0.01 '*' 0.05 '.' 0.1 '
    ' 1

(Dispersion parameter for binomial family taken to be 1)

    Null deviance: 2352.3  on 2999  degrees of freedom
Residual deviance: 1839.6  on 2981  degrees of freedom
AIC: 1877.6

Number of Fisher Scoring iterations: 7
```

对比多水平 Logistic 模型与普通 Logistics 回归模型结果, 经过分析需要删除 Grap 变量, Grap 变量在两种拟合中均不显著. 下面我将运行其变量剔除后的多水平 Logistic 模型与普通 Logistic 回归模型.

剔除 Grap 变量后的广义多水平模型如下:

```
w=read.csv("F:\\书稿2013 2\\data\\zhuanyi.csv")
head(w)
asset_standard = scale(w$asset)
```

```
Vinc_standard = scale(w$Vinc)
head(asset_standard)
head(Vinc_standard)
library(Matrix)
library(nloptr)
library(lme4)
w$Y=factor(w$Y);w$train=factor(w$train); w$hedu=factor(w$hedu);
    w$grap=factor(w$grap);
w$Urdist=factor(w$Urdist);w$traff=factor(w$traff);w$tv=factor(w$tv);
      w$nation=factor(w$nation)
d<-glmer(w$Y~asset_standard + till +w$hedu + w$train + age35 +
    elders + students  + Vinc_standard + Vout  + w$Urdist + w$traff
    + w$tv + w$nation +(1 |cun)  , family=binomial, data=w)
summary(d)
anova(d)
Generalized linear mixed model fit by maximum likelihood (Laplace
 Approximation) [glmerMod]
 Family: binomial  ( logit )
Formula: w$Y ~ asset_standard + till + w$hedu + w$train + age35 +
    elders + students + Vinc_standard + Vout + w$Urdist + w$traff +
    w$tv +
    w$nation + (1 | cun)
   Data: w
     AIC      BIC   logLik deviance df.resid
    1531.2   1645.3   -746.6   1493.2     2981
Scaled residuals:
    Min      1Q       Median      3Q      Max
-4.3499      -0.1970      -0.0932    -0.0457   6.9701

Random effects:
 Groups Name        Variance Std.Dev.
 cun    (Intercept) 4.481    2.117
Number of obs: 3000, groups:  cun, 298

Fixed effects:
               Estimate Std. Error z value Pr(>|z|)
(Intercept)    -6.77346    1.62496  -4.168 3.07e-05 ***
asset_standard  0.13862    0.07289   1.902 0.057221 .
```

```
till             -0.38304    0.09501  -4.032 5.54e-05 ***
w$hedu1           0.81077    0.63963   1.268 0.204960
w$hedu2           1.31039    0.62501   2.097 0.036029 *
w$hedu3           2.07876    0.65385   3.179 0.001477 **
w$hedu4           2.76727    0.68446   4.043 5.28e-05 ***
w$hedu5           2.18298    0.76371   2.858 0.004258 **
w$train1          0.92060    0.24713   3.725 0.000195 ***
age35             0.23589    0.09347   2.524 0.011611 *
elders           -0.27537    0.13736  -2.005 0.044994 *
students         -0.31439    0.11501  -2.734 0.006264 **
Vinc_standard     0.71140    0.17150   4.148 3.35e-05 ***
Vout              0.36155    0.05269   6.862 6.80e-12 ***
w$Urdist1         0.99826    0.63746   1.566 0.117353
w$traff1          0.79784    0.34269   2.328 0.019904 *
w$tv1             1.75260    1.44715   1.211 0.225870
w$nation1        -0.68996    0.39724  -1.737 0.082410 .
---
Signif. codes:  0 ‘***’ 0.001 ‘**’ 0.01 ‘*’ 0.05 ‘.’ 0.1 ‘
    ’ 1

Correlation matrix not shown by default, as p = 18 > 12.
Use print(x, correlation=TRUE)  or
         vcov(x)        if you need it

convergence code: 0
Model failed to converge with max|grad| = 1.0583 (tol = 0.001,
    component 1)

> anova(d)
Analysis of Variance Table
              Df Sum Sq Mean Sq F value
asset_standard 1  4.516   4.516  4.5155
till           1 11.445  11.445 11.4452
w$hedu         5 55.972  11.194 11.1943
w$train        1 17.547  17.547 17.5473
age35          1 10.521  10.521 10.5206
elders         1  4.448   4.448  4.4483
students       1  7.558   7.558  7.5584
```

```
Vinc_standard    1 11.296   11.296 11.2960
Vout             1 50.369   50.369 50.3687
w$Urdist         1   3.560   3.560  3.5596
w$traff          1   4.125   4.125  4.1247
w$tv             1   1.221   1.221  1.2208
w$nation         1   2.893   2.893  2.8928
```

普通 Logistic 回归模型:

```
e<-glm(w$Y~asset_standard + till +w$hedu + w$train + age35 + elders
    + students  + Vinc_standard + Vout  + w$Urdist + w$traff + w$tv
    + w$nation  , family=binomial, data=w)
> summary(e)

Call:
glm(formula = w$Y ~ asset_standard + till + w$hedu + w$train +
    age35 + elders + students + Vinc_standard + Vout + w$Urdist +
    w$traff + w$tv + w$nation, family = binomial, data = w)

Deviance Residuals:
    Min       1Q   Median       3Q      Max
-2.1540  -0.4996  -0.3383  -0.1914   2.9563

Coefficients:
               Estimate Std. Error z value Pr(>|z|)
(Intercept)    -5.03988    1.17554  -4.287 1.81e-05 ***
asset_standard  0.12614    0.05280   2.389 0.016901 *
till           -0.34889    0.05765  -6.052 1.43e-09 ***
w$hedu1         0.89373    0.57326   1.559 0.118990
w$hedu2         1.31049    0.56505   2.319 0.020383 *
w$hedu3         1.79796    0.58054   3.097 0.001955 **
w$hedu4         2.51907    0.59917   4.204 2.62e-05 ***
w$hedu5         2.09609    0.65751   3.188 0.001433 **
w$train1        0.28587    0.13214   2.163 0.030505 *
age35           0.06859    0.07033   0.975 0.329386
elders         -0.34759    0.10766  -3.229 0.001244 **
students       -0.27856    0.08681  -3.209 0.001332 **
Vinc_standard   0.46074    0.05981   7.703 1.33e-14 ***
Vout            0.21178    0.01590  13.318  < 2e-16 ***
```

```
w$Urdist1        0.72983    0.19577   3.728 0.000193 ***
w$traff1         0.54820    0.12476   4.394 1.11e-05 ***
w$tv1            1.97587    1.02356   1.930 0.053560 .
w$nation1       -0.49968    0.13892  -3.597 0.000322 ***
---
Signif. codes:  0 '***' 0.001 '**' 0.01 '*' 0.05 '.' 0.1 '
    ' 1

(Dispersion parameter for binomial family taken to be 1)

    Null deviance: 2352.3  on 2999  degrees of freedom
Residual deviance: 1839.9  on 2982  degrees of freedom
AIC: 1875.9

Number of Fisher Scoring iterations: 7
```

参考文献

白仲林. 2008. 面板数据的计量经济分析. 天津: 南开大学出版社.

卞国瑞, 吴立德, 李贤平, 汪嘉冈. 1979. 概率论. 北京: 人民教育出版社.

蔡昉, 都阳. 2000. 中国地区经济增长的趋同与差异. 经济研究, (10): 30-37.

蔡昉, 都阳. 2002. 迁移的双重动因及其政策含义. 中国人口科学, (4): 1-7.

蔡昉. 1996. 劳动力迁移和流动的经济学分析. 中国社会科学季刊 (春季卷), (33): 120-135.

蔡昉. 2001. 劳动力迁移的两个过程及其制度障碍. 社会学研究, (4): 44-51.

陈通. 宏观经济学. 2003. 天津: 天津大学出版社.

陈希孺, 王松桂. 1987. 近代回归分析: 原理方法及应用. 安徽: 安徽教育出版社.

陈秀山, 徐瑛. 2004. 中国区域差距影响因素的实证研究. 中国社会科学, (5)：117-129.

程海森, 石磊. 2010. 多水平 C-D 生产函数模型及其参数异质性研究. 统计与决策, (9): 4-7.

邓翔, 李建平. 2004. 中国地区经济增长的动力分析. 管理世界, (11): 68-76.

董先安. 2004. 浅释中国地区收入差距：1952-2002. 经济研究, (9): 48-59.

杜鹰. 1997. 现阶段中国农村劳动力流动的群体特征与宏观背景分析. 中国农村经济, (6)：4-11.

段进朋. 2004. 宏观经济学. 北京: 中国政法大学出版社.

樊新生, 李小建. 2008. 欠发达地区农户收入的地理影响分析. 中国农村经济, (3): 16-23.

费宇, 潘建新. 2006. 线性混合效应模型影响分析. 北京: 科学出版社.

高波, 张志鹏. 2008. 发展经济学: 要素、路径与战略. 南京: 南京大学出版社.

高国力. 1995. 区域经济发展与劳动力迁移. 南开经济研究, (2): 27-32.

高梦滔, 姚洋. 2006. 农户收入差距的微观基础: 物质资本还是人力资本. 经济研究, (12): 71-80.

葛珺沂, 李兴绪, 刘曼莉. 2010. 边疆民族地区农户收入影响因素分析. 农业经济问题, (3): 104-109.

顾海, 孟令杰. 2002. 中国农业 TFP 的增长及其构成. 数量经济技术经济研究, (10): 15-18.

郭庆旺, 赵志耘, 贾俊雪. 2005. 中国省份经济的全要素生产率分析. 世界经济, (5): 46-33.

郭志仪, 常晔. 2007. 农户人力资本投资与农民收入增长. 经济科学, (3): 26-35.

郝睿. 2006. 经济效率与地区平等: 中国省际经济增长与差距的实证分析 (1978—2003). 世界经济文汇, (2): 11-29.

何枫, 陈荣, 何林. 2003. 我国资本存量的估算及其相关分析. 经济学家, (5): 29-33.

贺菊煌. 1992. 我国资产的估算. 数量经济与技术经济研究, (9): 29-33.

黄乾. 2005. 中国农户人力资本投资及区域差距变化的实证分析. 中国人口科学, (6): 58-64.

黄颂文. 2004. 西部民族地区农村剩余劳动力转移研究. 广东社会科学, (5): 56-60.

蒋乃华, 黄春燕. 2006. 人力资本、社会资本与农户工资性收入: 来自扬州的实证. 农业经济问题, (11): 46-50.

金剑. 2007. 生产率增长测算方法的系统研究. 大连: 东北财经大学.

金玮. 2008. 西部制度变迁对经济增长的贡献研究: 基于西部六省 1978-2004 年宏观经济制度变迁的实证研究. 西安: 西北大学.

克雷伏特 · 里夫. 2007. 多层次模型分析导论. 邱皓政, 译. 重庆: 重庆大学出版社.

赖明勇, 张新, 彭水军, 等. 2005. 经济增长的源泉: 人力资本、研究开发与技术外溢. 中国社会科学, (2): 32-46.

李京文, 龚飞鸿, 明安书. 1996. 生产率与中国经济增长. 数量经济技术经济研究, (12): 27-40.

李京文, 郑友敬, 杨树庄, 龚飞鸿. 1992. 中国经济增长分析. 中国社会科学, (1): 15-36.

李实, 古斯塔夫森. 2002. 中国农村少数民族与汉族居民收入差距的分析. 中国人口科学, (3): 17-25.

李巍. 2007. 山东经济增长源泉分析及对策研究. 济南: 山东大学.

李小建, 周雄飞, 乔家君. 2009. 不同环境下农户自主发展能力对收入增长的影响. 地理学报, (6): 643-653.

李兴绪, 刘曼莉, 葛珺沂. 2010. 西南边疆民族地区农户收入的地理影响分析. 地理学报, 65 (2), 235-243.

李兴绪, 刘曼莉. 2011. 边疆民族地区农户收入影响因素的实证分析: 以云南红河州农户为例. 数理统计与管理, (4): 604-613.

李衍龙. 1994. 总要素生产率增长的测定和分解. 数量经济技术经济研究, (7): 34-39.

李治国, 唐国兴. 2003. 资本形成路径与资本存量调整模型: 基于中国转型时期的分析. 经济研究, (2): 34-42.

理查德 · R. 纳尔森. 2000. 经济增长的源泉. 北京: 中国经济出版社.

林毅夫, 刘明兴. 2003a. 中国的经济增长收敛与收入分配. 世界经济, (8): 3-14.

林毅夫, 刘培林. 2003b. 经济发展战略对劳均资本积累和技术进步的影响－基于中国经验的实证研究. 中国社会科学, (4): 18-32.

林毅夫, 蔡昉, 李周. 1998. 中国经济转轨时期的地区差距分析. 经济研究, (6): 3-10.

林毅夫. 2003. 深化农村体制改革, 加速农村劳动力转移. 中国行政管理, (11): 20-22.

刘金山, 夏强. 2016. 基于 MCMC 算法的贝叶斯统计方法. 北京: 科学出版社.

刘强. 2001. 中国经济增长的收敛性分析. 经济研究, (6): 70-77.

刘伟, 黄桂田, 李绍荣. 2002. 关于我国转轨期所有制变化的历史 “合理性” 考察. 北京大学学报 (哲学社会科学版), (1): 5-14.

刘伟, 李绍荣, 黄桂田, 盖文启. 2003. 北京市经济结构分析. 中国工业经济, (1): 23-30.

刘伟, 李绍荣. 2001. 所有制变化与经济增长和要素效率提升. 经济研究, (1): 3-9.

刘伟, 李绍荣. 2002. 产业结构与经济增长. 中国工业经济, (5): 14-21.

刘伟. 1995. 工业化进程中的产业结构研究. 北京: 中国人民大学出版社.

刘夏明, 魏英琪, 李国平. 2004. 收敛还是发散-中国区域经济发展争论的文献综述. 经济研究, (7): 70-81.
刘秀梅, 田维明. 2005. 我国农村劳动力转移对经济增长的贡献分析. 管理世界, (1): 91-95.
龙志和, 陈芳妹. 2007. 土地禀赋与农村劳动力迁移决策研究. 华中师范大学学报 (人文社会科学版), (3): 11-17.
罗蓉, 陈彧, 谢宝剑. 2006. 西部民族地区农民增收的现状分析. 农村经济, (7): 61-62.
马栓友, 于红霞. 2003. 转移支付与地方经济收敛. 经济研究, (3): 26-33.
马颖, 朱红艳. 2007. 地区收入差距、剩余劳动力流动与中西部城镇化战略. 福建论坛 (人文社会科学版), (3): 10-15.
曼昆. 2000. 宏观经济学. 4 版. 北京：中国人民大学出版社.
峁诗松, 王静龙, 濮晓龙. 2004. 高等数理统计学. 北京: 高等教育出版社.
峁诗松, 王静龙, 安定华, 等. 2003. 统计手册. 北京: 科学出版社.
梅金平. 2003. 不确定性、风险与中国农业劳动力区际流动. 农业经济问题, (6): 34-37.
潘士远, 史晋川. 2002. 内生经济增长理论: 一个文献综述. 经济学 (季刊), (4): 753-786.
彭国华. 2005. 中国地区收入差距、全要素生产率及其收敛分析. 经济研究, (9): 19-29.
秦敬云. 2007. 要素投入与我国城市经济增长. 厦门: 厦门大学.
申海. 1999. 中国区域经济差距的收敛性分析. 数量经济技术经济研究, (8): 55-57.
沈汉溪, 林坚. 2007. 农民工对中国经济的贡献测算. 中国农业大学学报 (社会科学版), (l): 114-121.
沈汉溪. 2007. 中国经济增长源泉分析: 基于 Solow 增长核算、SFA 和 DEA 的比较分析. 杭州: 浙江大学.
沈坤荣. 1997. 中国综合要素生产率的计量分析与评价. 数量经济技术经济研究, (11): 53-62.
石磊, 向其凤, 张炯. 2011. 物质资本、人力资本、就业结构与西部地区农户收入增长. 数理统计与管理, 6: 1030-1038.
石磊. 2008. 多水平模型及其统计诊断. 北京: 科学出版社: 52-63.
斯蒂芬 · W. 劳登布什, 安东尼 · S. 布里克. 2007. 分层线性模型: 应用与数据分析方法. 郭志刚, 等译. 北京: 社会科学文献出版社.
宋洪远, 黄华波, 刘光明. 2002. 关于农村劳动力流动的政策问题分析. 管理世界, (5): 55-65.
孙琳琳, 任若恩. 2005. 资本投入测量综述. 经济学 (季刊), 4(4): 823-842.
田孟. 2007. 从全要素生产率看中国的地区收入差距. 天津: 天津财经大学.
王焕英, 石磊. 2010. 基于多水平模型的中国区域经济增长收敛性特征分析. 统计与决策, (17): 110-113.
王济川, 谢海义, 姜宝法. 2008. 多层统计模型: 方法与应用. 北京：高等教育出版社.
王静, 叶冬青. 2006. 多水平统计模型简介及 MLwiN 软件的应用实例说明. 疾病控制杂志, (5): 518-522.
王林辉. 2007. 我国经济增长主要因素的理论研究与实证分析. 长春: 吉林大学.
王松桂, 史建红, 尹素菊, 吴密霞. 2004. 线性模型引论. 北京: 科学出版社.

王小波. 1992. 全要素生产率的指数估计与分解. 统计研究, (2): 58-65.

王小鲁, 樊纲. 2004. 中国地区差距的变动趋势和影响因素. 经济研究, (1): 33-44.

王月, 张跃平. 2009. 我国西部劳动力转移影响因素分析. 广西民族研究, (1): 138-143.

王志刚, 龚六堂, 陈玉宇. 2006. 地区间生产效率与全要素生产率增长率分解 (1978-2003). 中国社会科学, (2): 55-66.

威廉 · H. 格林. 1998. 经济计量分析. 王明舰, 王永宏, 等译, 靳云汇, 主审. 北京: 中国社会科学出版社.

韦博成, 鲁国兵, 史建清. 1992. 统计模型诊断. 南京: 东南大学出版社.

魏后凯. 1997. 中国地区经济增长机及其收敛性. 中国工业经济, 3: 31-37.

吴晓云, 曾庆, 周燕荣. 2003. 多水平模型的最新进展. 数理医药学杂志, (2): 152-154.

伍德里奇. 2003. 计量经济学导论: 现代观点. 北京：中国人民大学出版社.

伍德里奇. 2007. 横截面与面板数据的经济计量分析. 北京：中国人民大学出版社.

向国成, 韩绍凤. 2005. 农户兼业化: 基于分工视角的分析. 中国农村经济, (8): 4-10.

辛翔飞, 秦富, 王秀清. 2008. 中西部地区农户收入及其差异的影响因素分析. 中国农村经济, (2): 40-52.

徐现祥, 李郇. 2004. 中国城市经济增长的趋同分析. 经济研究, (5): 40-48.

严善平. 2004. 地区间人口流动的年龄模型及选择. 中国人口科学, (3): 30-39.

杨珉, 李晓松. 2007. 医学和公共卫生研究常用多水平统计模型. 北京：北京大学医学出版社.

杨晓纯. 2006. 西部民族乡农民收入状况考察: 以四川省进安回族乡为例. 青海民族研究, (4): 158-162.

尹德挺. 2007. 多水平分析方法在老年健康研究中的应用. 南京人口管理干部学院学报, (2): 20-23.

张车伟. 2006. 人力资本回报率变化与收入差距: “马太效应”及其政策含义. 经济研究, (12): 59-70.

张积良. 2004. 甘肃省少数民族地区农民收入问题研究. 西北民族大学学报 (哲学社会科学版), (2): 72-76.

张建深, 李辉. 2006. 我国西部农村剩余劳动力转移的制约因素及有效途径. 西北民族大学学报 (哲学社会科学版), (5): 39-35.

张军, 吴桂英, 张吉鹏. 2004. 中国省际物质资本存量估算: 1952-2000. 经济研究, (10): 35-44.

张军. 2002. 增长、资本形成与技术选择: 解释中国经济增长下降的长期因素. 经济学 (季刊), 1(2): 301-318.

张雷, 雷雳, 郭伯良. 2002. 多层线性模型应用. 北京: 教育科学出版社.

张敏, 鲁筠, 石磊. 2017. 基于高层次结构数据的多水平发展模型设计及应用. 数量经济技术经济研究, (6): 134-147.

张贤达. 2004. 矩阵分析与应用. 北京: 清华大学出版社.

张旭, 石磊. 2010. 多水平模型及静态面板数据模型的比较研究. 统计与信息论坛, (3): 22-26.

赵耀辉. 1997. 中国农村劳动力流动及教育在其中的作用. 经济研究, (2): 37-73.

中国国家统计局. 2005. 新中国五十五年统计资料汇编 (1949—2004). 北京: 中国统计出版社.

中国国家统计局. 2009. 中国统计年鉴 2008. 北京: 中国统计出版社.

周业安, 章泉. 2008. 参数异质性、经济趋同与中国区域经济发展. 经济研究, (1): 60-75.

朱慧明, 韩玉启. 2006. 贝叶斯多元统计推断理论. 北京: 科学出版社.

邹薇, 张芬. 2006. 农村地区收入差异与人力资本积累. 中国社会科学, (2): 67-79.

邹薇, 周洁. 2007. 中国省际增长差异的源泉的测算与分析 (1978—2002): 基于“反事实”收入法的经验研究. 管理世界, (7): 37-46.

Abraham B, Box G E P. 1979. Bayesian analysis of some outlier problems in time series. Biomertrika, 66(2): 229-236.

Andersen E B. 1992. Diagnostics in categorical data analysis. Journal of the Royal Statistiety Society Series, B, 54(3): 781-791.

Anscombe F J. 1960. Rejection of outliers. Technometrics, 2(2): 123-147.

Atkinson A C. 1985. Plots, Transformations and Regression. Oxford: Clarendon Press.

Atkinson A C. 1998. Discussion on ‘Some algebra and geometry for hierarchical models, applied to diagnostics’ (by Hodges J S). Journal of The Royal Statistical Society B, 60: 521-523.

Atkinson A, Riani M. 2000.Robust Diagnostic Regression Analysis. New York: Springer.

Baltagi B H. 2005. Econometric Analysis of Panel Data. Chichester: John Wiley.

Banerjee S, Carlin B P, Gelfand A E. 2015. Hierarchical Modeling and Analysis for Spatial Data Second Edition, New York, Taylor and Francis Group: CRC Pressed.

Barnett V, Lewis T. 1994. Outliers in Statistical Data. New York: John Wiley & Sons.

Barnett V. 1978 .The study of outliers: Purpose and model. Applied Statistics, 27(3): 242-250.

Barro R, Sala-i-Martin X. 1992. Regional growth and migration: a Japanese-US comparison. Journal of the Japanese and International Economy, 6(4): 312-346.

Barro R. 1991. Economic growth in a cross section of countries. Quarterly Journal of Economics. 106(2): 407-443.

Barro R. 1998. Determinants of Economic Growth: A Cross-Country Empirical Study. Cambridge: The MIT Press.

Barro R. Sala-i-Martin X. 2003 . Economic Growth. 2nd ed. Cambridge: The MIT Press.

Baumol W J. 1986. Productivity Growth, Convergence and Welfare. American Economic Review 76, 1072-1085.

Beckman R J, Cook R D. 1983. Outliers··· Technometrics, 25(2): 119-149.

Beckman R J, Nachtsheim C J, Cook R D. 1987. Diagnostics for mixed-model analysis of variance Technometrics, 29(4): 413-426.

Belsley D A, Kuh E, Welsch R E. 1980. Regression Diagnostics: Identifying /influential Data and Sources of Collinearity. New York: John Wiley & Sons.

Bernard A B, Jones C I. 1996. Comparing apples to orange: productivity convergence and measurement across industries and countries. The American Economic Review. 86(5): 1216-1238.

Bernoulli D. 1961.The most probable choice between several discrepant observations and the formation from of the most likely induction Biomertrika, , 48(1-2): 3-18.

Bickel R. 2007. Multilevel Analysis for Applied Research, New York, Guilford Pressed.

Box G E P, Tiao G C. 1975. Intervention analysis with applications in economics and environment al problems. Journal of the American Statistical Association, 70(349): 70-79.

Box G E P. 1979.Strategy of scientific model building // Launer R L, Wilkinson G N. Robustness in Statistics. New York: Academic Press.

Box G E P. 1980.Sampling and Bayes' inference in scientific modeling and robustness. Journal of the Royal Statistical Society A, 143(4): 383-430.

Breslow N E, Clayton, D G. 1993. Approximate inference in generalized linear mixed model. Journal of the American Statistical Association, 88(42): 9-25.

Breslow N E, Lin X H. 1995. Bias correction in generalised linear mixed models with a single component of dispersion. Biometrika, 82(1): 81-91.

Browne W J, Draper D. 2000. Implementation and performance issues in the Bayesian and likelihood fitting of multilevel models. Computational Statistics, 15(3): 391-420.

Browne W J, Draper D A. 2006. Comparison of Bayesian and Likelihood-based Methods for Fitting Multilevel Models. Bayesian Analysis, (3): 473-514.

Browne WJ, 2015. MCMC Estimation in MLwiN2.32. United Kingdom, Centre for Multilevel Modeling University of Bristol Pressed.

Bruce A G, Martin R D. 1989. Leave-k-out diagnostics for time series. Journal of the Royal Statistical Society B, 51(3), 363-424.

Bryk A S, Driscoll M E. 1998. An empirical investigation of school as a community. Madison: University of Wisconsin Research Center on Effective Secondary Schools.

Bryk A S, Raudenbush S W. 1992. Hierarchical Linear Models: Applications and Data Analysis Methods. Thousand Oaks: Sage Publications.

Canova F. 2004. Testing for convergence clubs in income per capita: a predictive density approach. International Economic Review, 45(1): 49-77.

Carithers R L, Herlong H F, Dichl A M, Shaw E W, Combes B, Fallon H J and Maddrey W C. 1989. Methylprednisolone therapy in patients with severe alcoholic hepatitis. Annals of Internal Medicine, 110: 685-690.

Centre for Multilevel Modelling. MLwiN 1.10 (training) software. Institute of Education, University of London, 2002, July.

Centre for Multilevel Modelling. MLwiN 2.10. A User's Guide to MLwiN. Updated for University of Bristol, October 2005 and February 2009.

Chang I, Tiao G C, Chen C. 1988. Estimation of time series parameters in the presence of outliers. Technometrics, 30(2): 193-204.

Chatterjee S, Hadi A S. 1988. SensitivityAnalysis in Linear Regression. New York: John Wiley & Sons.

Christensen R, Johnson W, Pearson L M. 1992. Prediction diagnostics for spatial linear models. Biometrika, 79(3): 583-591.

Christensen R, Pearson L M. Johnson W. 1992. Case-deletion diagnostics for mixed models. Technometrics , 34(1): 38-45.

Christensen R. 1991. Linear Models for Multivariate, Time Series and Spatial Data. New York: Springer.

Cochrane D, Orcutt G. 1949. Application of least squares regression to relationships containing autocorrelated error terms. Journal of the American Statistical Association, 44(245): 32-61.

Collings L M, Wugalter S E. 1992. Latent class models for stage-sequential dynamic latent variables. Multivariate Behavioral Research, 27(1): 131-157.

Congdon P D. 2010. Applied Bayesian Hierarchical Methods. New York, Taylor and Francis Group: CRC Pressed.

Cook R D, Holschuh N, Weisberg S. 1982. A note on an alternative outlier model. Journal of the Royal Statistical Society B, 44(3): 370-376.

Cook R D, Weisberg S. 1982. Residuals and Influence in Regression. New York: Chapman and Hall.

Cook R D, Weisberg S. 1999. Applied Regression Including Computing and Graphics. New York: John Wiley & Sons.

Cook R D. 1977. Detection of influential observations in linear regression. Technometrics, 19(1): 15-18.

Cook R D. 1986. Assessment of local influence. Journal of The Royal Statistical Society B, 48(2): 133-169.

Cox D R, Hinkley D V. 1974. Theoretical Statistics. Chapman and Hall: New York.

Critchley F, Marriott P. 2004. Data-informed influence analysis. Biometrika, 91(1): 125-140.

Critchley F. 1985. Influence in principal components analysis. Biometrika, 72(3): 627-636.

Daniel C. 1960. Locating outliers in factorial experiments. Technometrics, 2: 149-156.

De Gruttola V, Ware J H, Louis T A. Influence analysis of generalized least squares estimators. Journal of the American Statistical Association, 82(399): 911-917.

Deaton A. Data and econometric tools for development analysis. Handbook of Development Economics , Elsevier Science. Amsterdam, 3: 1785-1882.

Demirhan H, Kalaylioglu Z. 2015. Joint prior distribution for variance parameters in Bayesian analysis of normal hierarchical models. Journal of Multivariate Analysis, 163-174.

Dempster A P, Laird M N, Rubin D B. 1977. Maximum likelihood from incomplete data via the EM algorithm. Journal of the Royal Statistical Society B, 39(1): 1-38.

Dempster A P, Rubin D B, Tsutakawa R K. 1981. Estimation in covariance components models. Journal of the American Statistical Association, 76: 341-353.

Dempster A P. 1987. Comment on Tanner and Wong. Journal of the American Statistical Association. 82: 541.

Diggle P J, Heagerty P J, 2002. Liang K Y, Zeger S L. Analysis of Longitudinal Data. Oxford: Oxford University Press.

Dixon W J. 1950. Analysis of extreme value. Annals of Mathematical Statistics, 21(4): 488-506.

Dowrick S, Rogers M. 2002. Classical and technological convergence: beyond the solow growth model. Oxford Economic Papers. 54: 369-385.

Durbin J, Watson G. 1950. Testing for serial correlation in least squares regression: I. Biometrika, 37(314): 409-428.

Durbin J, Watson G. 1951. Testing for serial correlation in least squares regression: II. Biometrika, 38(112): 159-177.

Durbin J. 1970. Testing for serial correlation in least squares regression when some of the regressors are lagged dependent variables. Econometrica, 38(3): 410-421.

Durlaufer S, Johnson N, Temple J. 2005. Growth Econometrics//Aghion, Durlauf S. Handbook of Econometrics Growth, New York: Elsevier.

Ebrenberg R G. 1984. Labor Markets and Integrating National Economies. Brookings Institution Press.

Edgeworth F Y. 1887. On discordant observation. Philosophical Magazine, 23(5): 364-375.

Elston R C, Grizzle J E. 1962. Estimation of time response curve and their confidence bands. Biometrics, 18: 148-159.

Ferguson T S. 1961. On the rejection of outliers. Proceedings of the Fourth Berkeley Symposium on Mathematical Statistics and Probability : 1. Berkeley and Los Angeles: University of California Press.

Finch W H, Bolin J E, Kelley K. 2014. Multilevel Modeling Using R. New York, Taylor and Francis Group: CRC Pressed.

Fox A J. 1972. Outliers in time series. Journal of the Royal Statistical Society B, 34(3): 350-363.

Gelman A, Hill J. 2007. Data Analysis Using Regression and Multilevel/Hierarchical Models. New York: Cambridge University Press.

Geman S, Geman D. 1984. Stochastic relaxation, Gibbs distributions and the Bayesian Restoration of Images. IEEE Transactions on Pattern Analysis and Machine Intelligence, 6: 721-741.

Gilks, W R, Richardson S , Spiegelhalter D J. 1996. Markov Chain Monte Carlo in Practice. London:Chapman and Hall.

Glesjer H. 1969. A new test for heteroskedasticity. Journal of the American Statistical Association, 64(325): 316-323.

Goldfeld S, Quandt R. 1965. Some tests for homoscedasticity. Journal of the American Statistical Association, 60(310): 539-547.

Goldstein H, et al. 2000. Meta analysis using multilevel models with an application to the study of class size effects. Journal of the Royal Statistical Society Series C, 49(3): 399-412.

Goldstein H, Rasbash J, Plewis I, et al. 1998. A User's Guide to MLwiN. London: University of London.

Goldstein H, Rasbash J. 1992. Efficient computational procedures for the estimation of parameters in multilevel models based on iterative generalized least squares. Computational Statistics and Data Analysis, 13(1): 63-71.

Goldstein H. 1986. Multilevel mixed linear model analysis using iterative generalized least squares. Biometrika, 73(1): 43-56.

Goldstein H. 1989. Restricted unbiased iterative generalized least squares estimation. Biometrika, b, 76(3): 622-623.

Goldstein H. 1995. Multilevel Statistical Models. 2nd ed. New York: Halsted Press.

Goldstein H. 2003. Multilevel Statistical Models. 3rd ed. New York: John Wiley & Sons, Ltd: 102-132.

Goldstein H. 2010. Multilevel Statistical Models. New York: Halsted Press.

Goldstein H, Rasbash J, Steele F, Browne W J. 2014. A User's Guide to MLwiN2.32, United Kingdom, Halsted Pressed.

Granovetter M. 1985. Economic action and social structure: the problem of embeddedness. American Journal of Sociology, 91(3): 481-510.

Grieve R, Nixon R, Thompson S G, Cairns J. 2007. Mutilevel models for estimating incremental net benefits in multinational studies. Health Economics, 16: 815-826.

Grieve R, Nixon R, Thompson S G, Normand C. 2005. Using multilevel models for assessing the variability of multinational resource use and cost data. Health Economics, 14: 185-196.

Grizzle J E, Allen D M. 1969. Analysis of growth and dose response curves. Biometrics, 25(2): 357-381.

Grubbs F E. 1950. Sample criteria for testing outlying observations. Annals of Mathematical Statistics, 21(1): 27-58.

Grubbs F E. 1969. Procedures for detecting outlying observations in samples. Technometrics, 11(1): 1-21.

Hampel F R, et al. 1986. Robust Statistics, the Approach Based on Influence Functions. New York: John Wiley & Sons.

Hansen, B E. 2007. Least squares model averaging. Econometrica, 75: 1175-1189.

Hartley H O, Rao J N K. 1967. Maximum-likelihood estimation for the mixed analysis of variance of variance model. Biometrika, 54(112): 93-108.

Haslett J, Dillance D. 2004. Application of 'delete-replace' to deletion diagnostics for variance components estimation in the linear mixed model. Journal of the Royal Statistical Society B, 66: 131-143.

Haslett J, Hayes K. 1998. Residuals for the linear model with general covariance structure. Journal of the Royal Statistical Society B, 60(1): 201-215.

Haslett J. 1999. A simple derivation of deletion diagnostic results for the general linear model with correlated errors. Journal of the Royal Statistical Society B, 61: 603-609.

Hastings W K. 1970. Monte Carlo sampling methods using Markov chains and their applications. Biometrika, 57: 97-109.

Haville D A. 1977. Maximum likelihood approaches for variance component estimation and to related problem. Journal of the American Statistical Association, 72(358): 320-338.

Hawkins D M. 1972. Analysis of a slippage test for the Chi-Squared distribution. South African Statistics Journal, 6: 11-17.

Hawkins D M. 1980. Identification of outliers. New York: Chapman and Hall.

Hermalin A. 1986. The multilevel approach: theory and concepts: the methodology for measuring the impact of family planning programs on fertility. Addendum Manual IX Popul. Stud., 66: 15-31.

Hodges J S. 1998. Some algebra and geometry for hierarchical models, applied to diagnostics. Journal of the Royal Statistical Society B, 60(13): 497-536.

Hoerl A E, Kennard R W. 1970. Ridge regression: biased estimation for non-orthogonal problems, Technometrics, 12(1): 55-67.

Hox J J, Kyle Roberts J. 2011. Hand Book of Advanced Multilevel Analysis. New York, Routledge, Taylor & Francis Group.

Hox J J. 1995. Applied Multilevel Analysis. Amsterdam: TT-Publikaties.

Hsiao C. 2005. Analysis of Panel Data. Cambridge: Cambridge university Press C 影印版: 北京: 北京大学出版社, 1-170.

Huq N M, Cleland J. 1990. Bangladesh Fertility Survey 1989. Dhaka: National Institute of Population Research and Training.

Huttenloacher J E, Haigh W, Bryk A S, Seltzer M. 1991. Early vocabulary growth: relation to language input and gender. Developmental Psychology, 27(2): 236-249.

Johnson D G. 2000. Reducing the urban-rural income disparity. Office of Agricultural Economics Research ,The University of Chicago: 1-7.

Jorgenson D W. 1961. The development of a dual economy. The Economic Journal, 71(2-82): 309-334.

Kourtellos A. 2002. Modeling Parameter Heterogeneity in Cross. Country Growth Regression Models. Mimeo, University of Cyprus.

Kreft I G G, de Leeuw J, var der Leeden R. 1994. Review of five multilevel analysis programs: BMDP-5V, GENMOD, HLM, ML3, VARCL. The American Statistician, 48(4): 324-335.

Kuh, A Y C. 1995. Asymptotically unbiased estimation in generalized linear models with random effects. Journal of the Royal Statistical Society B, 57(2): 395-407.

Laird N M, Ware J H. 1982. Random-effects models for longitudinal data. Biometrics, 38(4): 963-974.

Lancaster P, Tismenetsky M. 1985. The Theory of Matrices. 2nd ed. London: Academic Press.

Langford I H, Lewis T. 1998. Outliers in multilevel data. Journal of the Royal Statistical Society A, 161(2): 121-160.

Lawrance A J. 1988. Regression transformation diagnostics using local influence. Journal of the American Statistical Association, 83(404): 1067-1072.

Leeuw J D, Meijer E, 2008. Handbook of Multilevel Analysis, New York: Springer Pressed.

Lesaffre E, Verbeke G. 1998. Local influence in linear mixed models. Biometrics, 54(2): 570-582.

Lewis W A. 1954. Economic development with unlimited supplies of labor. Manchester school of Economic and Social Studies, 22: 139-191.

Lin X, Breslow N E. 1996. Bias correction in generalized linear mixed model with multiple components of dispersion. Journal of the American Statistical Association, 91(435): 1007-1016.

Lindley D V, Smith A F M, 1972. Bayes estimates for the linear model. Journal of the Royal Statistical Society Series B: Methodological, 34(1): 1-41.

Longford N T. 1987. A fast scoring algorithm for maximum likelihood estimation in unbalanced mixed models with nested random effects. Biometrika, 74(4): 817-827.

Longford N T. 1993. Random Coefficients Models. New York: Oxford University Press.

Longwoth W J, Brown C G, Williamson G J. 1997. "Second generation" problems associated with economic reform in the pastoral region of China. International Journal of Social Economics, 24: 139-159.

Lu J D, Ko D J, Chang T. 1997. The standardized influence matrix and its application. Journal of the American Statistical Association, 92(440): 1572-1580.

Macunoxich D J. 1997. A Conversation with Richard Easterlin. Journal of Population Economics, 10: 119-136.

Mankiw N G, Romer D, Weil D N. 1992. A contribution to the empirics of economic growth. Quarterly Journal of Economics, 107(2): 407 -437.

Martin R J. 1992. Leverage, influence and residuals in regression models when observations are correlated. Communication in Statistics-Theory and Method, 21(5): 1183-1212.

Mason W M, Wong G Y, Entwisle B. 1983.Contextual analysis through the multilevel linear model // Leinhardt S. Sociological Methodology. San Francisco: Jossey-Bass.

Massy W F. 1965. Principle components regression in exploratory statistical research. Journal of the American Statistical Association, 60(2): 234-266.

McCullagh P, Nelder J A. 1989. Generalized linear models. 2nd. London: Champman and Hall.

McCulloch C E, Searle S R. 2001. Generalized, Linear and Mixed Models. New York: John Wiley & Sons.

McCulloch C E. 1994. Maximun likelihood variance components estimation for binary data. Journal of the American Statistical Association, 89(425): 330-335.

McCulloch C E. 1997. Maximun likelihood algorithms for generalized linear mixed models. Journal of the American Statistical Association, 92(437): 162-170.

Mello M, Novo Á. 2002. The New Empirics of Economic Growth: Estimation and Inference of Growth Equations with Quantile Regression. Manuscript. University of Illinois at Urbana-Champaign.

Metropolis N, Rosenbluth A W, Rosenbluth M N, Teller A H, Teller E. 1953. Equations of state calculations by fast computing machines. Journal of Chemical Physics, 21: 1087-1091.

Mincer J. 1974. Schooling, Experience and Earnings. New York: National Bureau of Economic Research.

Mortimore P, Sammons P, Stou L. 1988. School Matters. Wells: Open Books.

Ouwens M, Tan F, Berge M. 2001. Local influence to detect influential data structures for generalized linear mixed models. Biomatrics, 57(4): 1166-1172.

Patterson H D, Thompson R. 1971. Recovery of inter-block information when block sizes are unequal. Biometrika, 78: 609-619.

Pena D, Yohai V J. 1995 The detection of influential subsets in linear regression by using an influence matrix. Journal of the Royal Statistical Society B, 57(1): 145-156.

Pena D. 1990. Influential observations in time series. Journal of Business and Economic Statistics, 8(2): 235-241.

Pituch K A. 2001. Using multilevel modeling in large-scale planned variation educational experiments: improving understanding of intervention effects. The Journal of Experimental Education, 69(4): 347-372.

Polson N, Scott J. 2012. On the half-Cauchy prior for a global scale parameter. Bayesian Analysis, 7(4): 887-902.

Poon W Y, Poon Y S. 1999. Conformal normal curvature and assessment of local influence. Journal of the Royal Statistical Society B, 61(1): 51-61.

Prais S, Winsten C. 1954. Trend Estimation and Serial Correlation. Discussion Paper, 383, Chicago: University of Chicago.

Pregibon D. 1981. Logistic regression diagnostics. The Annals of Statistics, 9(4): 705-724.

Prosser R, Rasbash J, Goldstein H. 1990. Software for Tree Level Analysis. London Institute of Education, London: University of London.

Prosser R, Rasbash J, Goldstein H. 1991. Data Analysis with ML3. London: Institute of Education, University of London.

Quah, D T. 1996. Empirics for Economic Growth and Convergence. European Economic Review, 40: 1353-1375.

Ranis G , Fei J C H. 1961. A theory of economic Development. Amrerican Economic Review, 51: 533-558.

Rao R C, Toutenburg H. 1995. Linear Models: Least Square and Alternatives. 2nd ed. New York: Springer Verlag.

Rasbash J, Woodhouse G, Goldstein H. 1995. MLn: Command Reference Guide. London: Institute of Education, University of London.

Raudenbush S W, Bryk A S. 2002. Hierarchical Linear Models: Applications and Data Analysis Methods. 2nd ed. Thousand Oaks: Sage Publications.

Rosenberg B. 1973. Linear regression with randomly dispersed parameters. Biometrika, 60: 61-75.

Rousseeuw P J, Leroy A M. 1987. Robust Regression and Outlier Detection. New York: John Wiley & Sons.

Sala-i-Martin, X. 1990. On Growth and States. Unpublished Ph.D. Dissertation, Cambridge, MA: Harvard University.

Schall R, Dunne T T. 1992. A note on the relationship between parameter collinearity and local influence. Biometrika, 79(2): 399-404.

Schall R, Duune T T. 1988. A unified approach to outliers in the general linear model. Sankhya B, 50(2): 157-167.

Schall R, Duune T T. 1991. Diagnostics for regression-ARMA time series//Stahel W, Weisbergs S. Directions in Robust Statistics and Diagnostics. Part 2: 205-221.

Scott M A, Simonoff J S, Marx B D. 2013.The SAGE Handbook of Multilevel Modeling, London: SAGE Publishing, Inc.

Searle S R, Casella G, McCulloch C E. 1991. Variance Components. New York: John Wiley & Sons.

Seltzer M H, Wong W H, Bryk A S. 1996. Bayesian Analysis in Application of Hierarchical Models: Issues and Methods. Journal of Educational and Behavioral Statistics Summer. 21(2): 131-167.

Seltzer M H. 1993. Sensitivity analysis for fixed effects in the hierarchical model: a Gibbs sampling approach. Journal of Educational Statistics, 18: 207-235.

Shi L Chen G. 2009. Influence measures for general linear models with correlated errors. The American Statistician, 63(1): 40-42.

Shi L, Chen G. 2008a. Case deletion diagnostics in multilevel models. Journal of Multivariate Analysis, 99(9): 1860-1877.

Shi L, Chen G. 2008b. Detection of outliers in multilevel models. Journal of Statistical Planning and Inference, 138(10): 3189-3199.

Shi L, Chen G. 2008c. Local influence in multilevel models. Canadian Journal of Statistics, 36(2): 259-275.

Shi L, Ojeda M M. 2004. Local influence in multilevel regression for growth curve. Journal of Multivariate Analysis, 91: 282-304.

Shi L, Wang X R. 1999. Local influence in ridge regression. Computational Statistics & Data Analysis, 31(3): 341-353.

Shi L. 1997. Local influence in principal components analysis. Biometrika, 84(1): 175-186.

Shrout P E, and Fleiss J E. 1979. Intraclass correlations: uses in assessing rater reliability. Psychological Bulletin, 86: 420-428.

Shu X L, Zhu Y F, Zhang Z X. 2007. Global economy and gender inequalities: the case of the urban chinese labor market. Social Science Quarterly, 88(5): 1307-1332.

Sibson R. 1979. Studies in the robustness of multidimensional scaling: perturbational analysis of classical scaling, J. R. Statist, Society B, 41: 217-229.

Singer J D. 1998. Using SAS PROC MIXED to fit multilevel models, hierarchical models and individual growth models. Journal of Educational and Behavioral Statistics. 23(4): 323-355.

Smith R B. 2011. Multilevel Modeling of Social Problems. USA, Springer Pressed, MA: Social Structural Research Inc.

Snijders T A B, Bosker R J. 2003. Multilevel Analysis: An introduction to Basic and Advanced Multilevel Models. Thousand Oaks, CA: Sage Publications.

Srikantan K S. 1961. Testing for the single outlier in a regression model. Sankhyā A, 23(3): 251-260.

St. Laurent R T, Cook R D. 1993. Leverage, local influence and curvature in nonlinear regression, Biometrika, 80(1): 99-106.

Stein C. 1956. Inadmissibility of the usual estimator for the mean of a multivariate normal distribution//Neyman J. Proceedings of the Third Berkeley Symposium on Mathematical Statistics and Probability: I. BerKeley: University of California Press: 197-206.

Strenio J F, Weisberg H I, Bryk A S. 1983. Empirical Bayes estimation of individual growth-curve parameters and their relationship to covariates. Biometrics, 39(1): 71-86.

Sturtz S, Ligges U, Gelman A. 2005. R2WinBUGS: A Package for Running WinBUGS from R. Journal of Statistical Software, 12 (3): 1-16.

Thomas W, Cook R D. 1990. Assessing influence on predictions from generalized linear models. Technometrics, 32(1): 59-65.

Todaro M P, Smith S C. 2009. 发展经济学. 余向华, 陈雪娟, 译. 北京: 机械工业出版社: 230.

Townsend E C. 1968. Unbiased estimators of variance components in simple unbalanced designs. PhD. Thesis, Cornell University.

Tsai C L, Wu X Z. 1992. Assessing local influence in linear regression models with first-order autoregressive or heteroscedastic error structure. Statistics & Probability Letters, 14(3): 247-252.

Tsay R S. 1986. Time series model specification in the presence of outliers. Journal of the American Statistical Association, 81(393): 132-141.

Tsay R S. 1988. Outliers, level shifts and variance changes in time series. Journal of Forecasting, 7(1): 1-20.

Vonesh E F, Chinchilli V M. 1997.Linear and nonlinear models for the analysis of repeated measurements.154. New York: Marcel Dekker.

Wan G H, Zhou Z Y. 2005. Income inequality in rural China: regression-based decomposition using household data. Review of Development Economics, 9(1):107-120.

Weissfeld L A, Kshirsagar A M. 1992. A modified growth curve model and its application to clinical studies. Australian Journal of Statistics, 34(2): 161-168.

White H. 1980. A heteroskedasticity-consistent covariance matrix estimator and a direct test for heteroskedasticity. Econometrica, 48(4): 817-838.

Wilks S S. 1963. Multivariate statistical outliers. Sankhyā A, 25(4): 407-426.

Wu X Z, Luo Z. 1993. Second-order approach to local influence. Journal of the Royal Statistical Society, B 55(4): 929-936.

Wu C F J. 1983. On the convergence properties of the EM algorithm. The Annals of Statistics, 11(1): 95-103.

Yang M, Goldstein H, Rasbash J, Barbosa M. 1996. MLwin macros for advanced multilevel modeling. Institute of Education, University of London.

Zeger S L, Karim M R. 1991. Generalized linear model with random effects: a gibbs sampling approach. Journal of the American Statistical Association, 86(413): 79-86.

Zhao Y H. 1999. Labor migration and earnings differences: the case of rural China. Economic Development and Cultural Change, 47(4): 767-782, July.

Zhao Y H. 2002. Causes and consequences of return migration: recent evidence from China. Journal of Comparative Economics, 30(2): 376-396.

Zhu H T, Ibrahim J G, Lee S Y. and Zhang H P. 2007 Perturbation selection and influence measures in locla influence analysis. The Annals of Statistics, 35(6): 2565-2588.

Zhu H T, Lee S Y, Wei B C, Zhou J. 2001. Case deletion measures for models with incomplete data. Biometrika, 88(3): 727-737.

Zimmerman D L, Núñez-Antón V 2001. Gregoire T G, et al Parametric modelling of growth curve data: an overview (with discussion). Test, 10(1): 1-73.

索　引